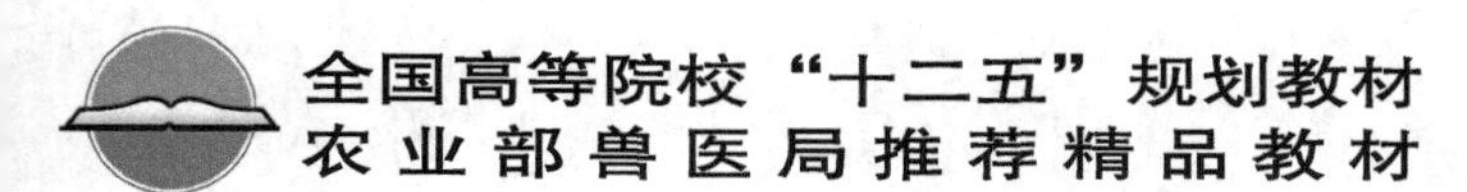

新编动物解剖与组织胚胎学

【兽医及相关专业】

翟向和　金光明　主编

中国农业科学技术出版社

图书在版编目（CIP）数据

新编动物解剖与组织胚胎学／翟向和，金光明主编．—北京：中国农业科学技术出版社，2012.7

ISBN 978－7－5116－0965－6

Ⅰ.①新…　Ⅱ.①翟…②金…　Ⅲ.①动物解剖学②动物学：组织学（生物）：胚胎学　Ⅳ.①Q954

中国版本图书馆 CIP 数据核字（2012）第 124752 号

责任编辑　闫庆健
责任校对　贾晓红

出 版 者　中国农业科学技术出版社
　　　　　北京市中关村南大街 12 号　邮编：100081
电　　话　(010)82106632(编辑室)(010)82109704(发行部)
　　　　　(010)82109709(读者服务部)
传　　真　(010) 82106632
网　　址　http://www.castp.cn
经 销 者　各地新华书店
印 刷 者　北京建宏印刷有限公司
开　　本　787 mm×1 092 mm　1/16
印　　张　18.875
字　　数　470 千字
版　　次　2012 年 7 月第 1 版　2021 年 3 月第 6 次印刷
定　　价　35.00 元

《新编动物解剖与组织胚胎学》编委会

主　　编　翟向和　金光明

副 主 编　秦睿玲　吕建存　田莉莉　李升和

参 编 者（按姓氏笔画为序）

卢华伟（贵州遵义职业技术学院）

田莉莉（辽宁医学院牧医学院）

刘　刚（唐山职业技术学院）

刘庆新（江苏职业技术学院）

吕建存（河北农业大学中兽医学院）

李升和（安徽科技学院）

法林荣（云南农业职业技术学院）

金光明（安徽科技学院）

秦睿玲（河北北方学院）

耿梅英（河北农业大学中兽医学院）

高　婕（保定职业技术学院）

翟向和（河北农业大学中兽医学院）

序

中国是农业大国，同时又是畜牧业大国。改革开放以来，中国畜牧业取得了举世瞩目的成就，已连续20年以年均9.9%的速度增长，产值增长近5倍。特别是“十五”期间，中国畜牧业取得持续快速增长，畜产品质量逐步提升，畜牧业结构布局逐步优化，规模化水平显著提高。2005年，中国肉、蛋产量分别占世界总量的29.3%和44.5%，居世界第一位，奶产量占世界总量的4.6%，居世界第五位。肉、蛋、奶人均占有量分别达到59.2千克、22千克和21.9千克。畜牧业总产值突破1.3万亿元，占农业总产值的33.7%，其带动的饲料工业、畜产品加工、兽药等相关产业产值超过8 000亿元。畜牧业已成为农牧民增收的重要来源，建设现代农业的重要内容，农村经济发展的重要支柱，成为中国国民经济和社会发展的基础产业。

当前，中国正处于从传统畜牧业向现代畜牧业转变的过程中，面临着政府重视畜牧业发展、畜产品消费需求空间巨大和畜牧行业生产经营积极性不断提高等有利条件，为畜牧业发展提供了良好的内外部环境。但是，中国畜牧业发展也存在诸多不利因素。一是饲料原材料价格上涨和蛋白饲料短缺；二是畜牧业生产方式和生产水平落后；三是畜产品质量安全和卫生隐患严重；四是优良地方畜禽品种资源利用不合理；五是动物疫病防控形势严峻；六是环境与生态恶化对畜牧业发展的压力继续增加。

中国畜牧业发展要想改变以上不利条件，实现高产、优质、高效、生态、安全的可持续发展道路，必须全面落实科学发展观，加快畜牧业增长方式转变，优化结构，改善品质，提高效益，构建现代畜牧业产业体系，提高畜牧业综合生产能力，努力保障畜产品质量安全、公共卫生安全和生态环境安全。这不仅需要全国人民特别是广大畜牧科教工作者长期努力，不断加强科学研究与科技创新，不断提供强大的畜牧兽医理论与科技支撑，而且还需要培养一大批掌握新理论与新技术并不断将其推广应用的专业人才。

培养畜牧兽医专业人才需要一系列高质量的教材。作为高等教育学科建设的一项重要基础工作——教材的编写和出版，一直是教改的重点和热点之一。为了支持创新型国家建设，培养符合畜牧产业发展各个方面、各个层次所需的复合型人才，中国农业科学技术出版社积极组织全国范围内有较高学术水平和多年教学理论与实践经验的教师精心编写出版面向21世纪全国高等农林院校，反映现代畜牧兽医科技成就的畜牧兽医专业精品教材，并进行有益的探索和研究，其教材内容注重与时俱进，注重实际，注重创新，注重拾遗补缺，注重对学生能力、特别是农业职业技能的综合开发和培养，以满足其对知识学习和实践能力的迫切需要，以提高中国畜牧业从业人员的整体素质，切实改变畜牧业新技术难以顺利推广的现状。我衷心祝贺这些教材的出版发行，相信这些教材的出版，一定能够得到有关教育部门、农业院校领导、老师的肯定和学生的喜欢。也必将为提高中国畜牧业的自主创新能力和增强中国畜产品的国际竞争力作出积极有益的贡献。

国家首席兽医官
农业部兽医局局长

二○○七年六月八日

前　　言

2008年2月由中国农业科学技术出版社出版的《动物解剖与组织胚胎学》教材，经过近五年的时间，通过各个院校在教学中使用，效果良好。结合现代畜牧业生产实际的需求，根据各院校在教学实践中对本教材的反映意见，于2012年3月对本教材进行修订。

在修订过程中，各位参编教师对原教材进行了深入细致的讨论、研究，制订了各章节的修改要求和修改内容，提出在原《动物解剖与组织胚胎学》教材内容的基础上进行修改，根据学科特点，突出以牛（猪）解剖学和组织学特征为主线，适当增加了犬、猫、兔等小动物的解剖内容和近几年本学科发展的新理论、新成果。进一步提高本教材的科学性、先进性、启发性和实践性。

全书共分十二章和实训指导，在修改过程中原则上每位教师负责修改所编写章节，但由于部分教师工作忙或单位变动等原因，对部分章节的修改人员进行了变更。翟向和、刘刚负责修改绪论、家禽解剖；金光明负责修改运动系统；李升和负责修改细胞和基本组织；秦睿玲负责修改消化系统和呼吸系统；吕建存、高婕负责修改实训指导和神经系统；耿梅英、法林荣负责修改内分泌系统、感觉器官和胚胎学基础；田莉莉负责修改被皮系统和泌尿系统；卢华伟负责修改生殖系统；刘庆新负责修改淋巴系统和心血管系统。

在修改过程中，所有编者本着高度负责的态度，对原教材进行了认真修改，同时查阅的大量相关资料，对教材内容进行了合理、科学地增减。书中插图是根据书后所列参考文献绘制或修改的，在此对原书作者和出版社表示衷心的感谢。

由于认识和水平有限，经过修改后的教材会存在一些问题，我们真诚希望广大读者提出宝贵意见。

编　者

2012年5月

目　　录

绪　论

一、动物解剖学及组织胚胎学的概念

动物解剖学及组织胚胎学是研究正常畜（禽）有机体各器官的形态构造、位置关系及发生发展规律的科学。包括解剖学、组织学和胚胎学三部分。

（一）解剖学

广义上的解剖学包括大体解剖学和显微解剖学。大体解剖学主要是借助解剖器械（刀、剪等）用分离切割的方法，通过肉眼观察研究畜禽各器官的形态、结构、位置及相互关系的科学。

根据解剖学的研究目的和叙述方法不同，又分为系统解剖学、局部解剖学、比较解剖学、发育解剖学、X射线解剖学等。系统解剖学是按照畜体的功能系统阐述畜体的形态结构；局部解剖学是根据临床需要把畜体分为头、颈、胸、腹、四肢、尾等部位，研究局部器官的形态结构、排列顺序和相互关系；比较解剖学是用比较的方法研究各种动物体同类器官的形态、结构、位置的变化；发育解剖学是研究畜体不同生长发育阶段，各器官的变化规律；X射线解剖学是用X射线观察动物机体器官的结构。

（二）组织学

组织学又称显微解剖学，主要是借助显微镜研究动物微细结构及其与功能关系的科学。组织学的研究内容包括细胞、基本组织和器官组织三部分。

细胞是动物形态结构和功能的基本单位，是动物新陈代谢、生长发育、繁殖分化的形态基础。因此，只有在了解细胞的基本结构和功能的基础上才能学习基本组织。

组织是由形态相似和功能相关的细胞和细胞间质构成，根据形态、功能和发生将组织分为上皮组织、结缔组织、肌组织和神经组织四大类。

器官是由几种不同的组织按一定的规律组合成具有一定形状、执行特定生理功能的结构，器官组织是研究畜体各器官的微细结构及其功能。

（三）胚胎学

胚胎学是研究动物个体发生规律的科学。即研究从受精卵开始到个体形成，整个胚胎发育过程中形态、功能变化规律及其与环境条件的关系。胚胎学的研究内容包括胚胎的早期发育（卵裂、原肠形成、三胚层形成与分化等）、器官发生、胎盘和胎膜。

二、学习动物解剖学及组织胚胎学应持有的基本观点和目的

（一）形态与功能统一的观点

畜体的各个器官都有其固有的功能，如眼司视，耳司听等。形态结构是器官完成功能活动的物质基础，功能的变化也会影响器官形态结构的发展。因此，形态结构与功能是相

互依存又相互影响的。一个器官的成型，除在胚胎发生过程中有其内在的因素外，还受出生后周围环境和功能条件的影响。理解形态结构与功能相互制约的规律，人们可以在生理限度的范围内，有意识地改变生活条件和功能活动，促使形态结构向人类所需要的方向发展。

（二）局部与整体统一的观点

畜体是一个完整的有机体，任何器官系统都是有机体不可分割的组成部分，局部可以影响整体，整体也可以影响局部。我们应该从整体的角度理解局部，认识局部，以建立局部与整体统一的观念。

（三）发生发展的观点

学习动物解剖学和组织胚胎学应该运用发生发展的观点，联系种系的发生和个体的发生，了解畜体由低级到高级，由简单到复杂的演化过程，这样既学习了解剖学的知识，又增进了对畜体的由来、发展规律以及器官变异的理解，使分散的、孤立的器官形态描述成为有规律的、更加接近事物内在本质的科学知识。

（四）理论联系实际的观点

理论联系实际是进行科学实验的一项重要原则，学习动物解剖及组织胚胎学更应遵循这一原则。畜体结构复杂，名词繁多，需要记忆的内容比较多，所以在学习过程中，要把理论和实际结合起来，把课堂讲授知识、书本知识与尸体标本模型和活体观察以及必要的生产应用联系起来；还要密切结合各种教具进行学习，以帮助记忆和加深立体印象。

三、畜体各部位名称

为了便于说明畜体身体的各部分，可将畜体划分为头部、躯干和四肢三部分，各部分的划分和命名主要以骨为基础（图绪－1）。

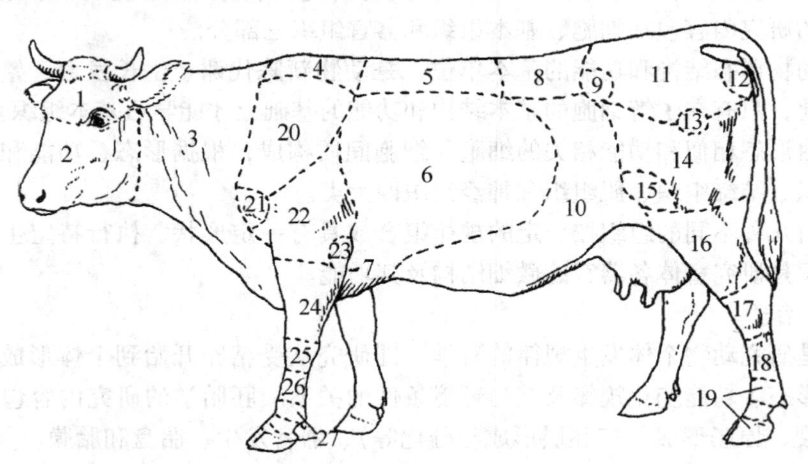

图绪－1　牛体各部位名称

1. 颅部；2. 面部；3. 颈部；4. 鬐甲部；5. 背部；6. 肋部；7. 胸骨部；8. 腰部；9. 髋结节；10. 腹部；11. 荐臀部；12. 坐骨结节；13. 髋关节；14. 股部；15. 膝部；16. 小腿部；17. 跗部；18. 跖部；19. 趾部；20. 肩胛部；21. 肩关节；22. 臂部；23. 肘部；24. 前臂部；25. 腕部；26. 掌部；27. 指部

（一）头部

头部位于畜体的最前方，以内眼角和颧弓为界可分为上方的颅部与下方的面部。

1. 颅部　又可分为枕部、顶部、额部、颞部、耳廓部、眼部、腮腺部。

2. 面部　又可分为眶下部、鼻部、唇部、咬肌部、颊部、颏部。

（二）躯干部

包括颈部、背胸部、腰腹部、荐臀部和尾部。

1. 颈部　以颈椎为基础，颈椎以上称为颈背侧部，颈椎以下称为颈腹侧部，颈椎两侧称为颈侧部。

2. 背胸部　位于颈部和腰荐部之间，其外侧被前肢的肩胛部和臂部所覆盖，前方背侧较高的部位称为鬐甲部；后方为背部；侧面以肋骨为基础称为肋部；前下方称胸前部；下部称胸骨部。

3. 腰腹部　位于胸部和荐臀部之间。上部为腰部，两侧和下部称腹部。

4. 荐臀部　位于腰腹部后方。上方为荐部，侧面为臀部，后方与尾部相连。

5. 尾部　位于荐部之后，可分为尾根、尾体和尾尖。

（三）四肢部

包括前肢和后肢。

1. 前肢　前肢借肩胛和臂部与躯干的背胸部相连。自上而下可分为肩胛部、臂部、前臂部和前脚部。前脚部包括腕部、掌部和指部。

2. 后肢　由臀部与荐部相连。可分为股部、小腿部和后脚部。后脚部包括跗部、跖部和趾部。

四、畜体的轴、面与方位术语

为了说明畜体各部结构的位置关系，必须了解有关定位用的轴、面和方位术语（图绪-2）。

（一）轴

其身体长轴（或称纵轴），从头侧至尾侧。是和地面平行的，长轴也可用于四肢和各器官，均以纵长的方向为基准。

（二）面

1. 矢状面　与躯体的长轴平行而与地面垂直的切面。在躯体正中的矢状面，可将畜体分为左右对称的两部分，叫正中矢状面；与正中矢状面平行的其它矢状面叫侧矢状面。

2. 横断面　与躯体长轴垂直的切面，横断面可将躯体分为前后两部分。与器官长轴垂直的切面也叫横断面。

3. 额面　又称水平面，与躯体的长轴平行与矢状面和横断面垂直的切面。额面可将畜体分为背侧和腹侧两部分。额面也可将躯体的器官分为上、下两面，上面叫背侧面，下面叫腹侧面。

（三）方位术语

靠近躯体头端的称前或头侧；靠近尾端的称后或尾侧；靠近脊柱的一侧称背侧；靠近腹部的一侧称腹侧；靠近正中矢状面的一侧称内侧；远离正中矢状面的一侧称外侧。

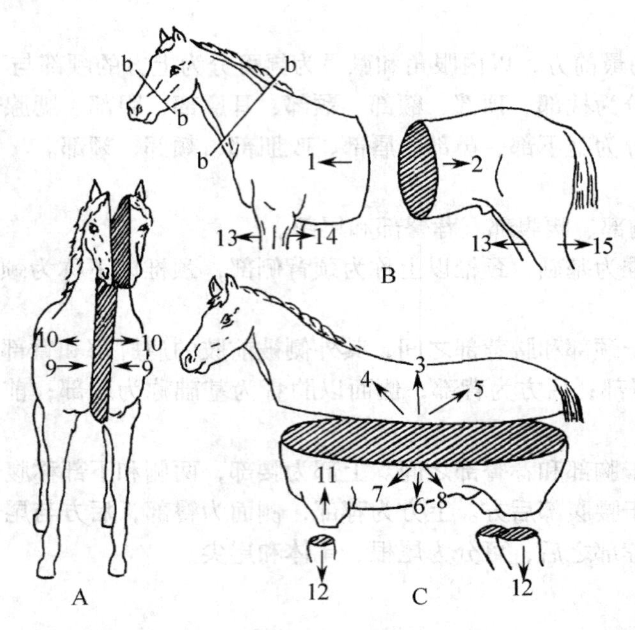

图绪－2　三个基本切面及方位

A. 正中矢状面；B. 横断面；C. 额面；b－b 横断面

1. 前；2. 后；3. 背侧；4. 前背侧；5. 后背侧；6. 腹侧；7. 前腹侧；8. 后腹侧；9. 内侧；10. 外侧；11. 近端；12. 远端；13. 背侧（四肢）；14. 掌侧；15. 跖侧

四肢靠近躯体的一端称近端；远离躯体的一端称远端；前肢和后肢的前面称背侧；前肢的后方称掌侧，前肢的内侧称桡侧，前肢的外侧称尺侧；后肢的后方称跖侧，后肢的内侧称胫侧，后肢的外侧称腓侧。

五、组织结构的立体形态与断面形态

组织和细胞的结构是立体的，但是在光学显微镜和透射电子显微镜下观察组织和细胞的结构必须制成普通切片或超薄切片，在切片上所看到的都是组织和器官的某一个断面形态，而真实的结构是立体的，所以学习组织学就是要通过不同的断面观察，运用空间想象能力，将所看到的二维图形还原为事物本身的三维构象，在头脑中建立一个立体的概念。

同一结构的组织和器官，不同的切面表现为不同的形态，如图绪－3 所示一个鸡蛋由于切面不同，其断面形态各异。图绪－4 所示为不规则的管状器官不同平面的切面图像。因此，观察切片要善于分析切片中出现的各种现象，把不同的断面与立体形态结合起来。

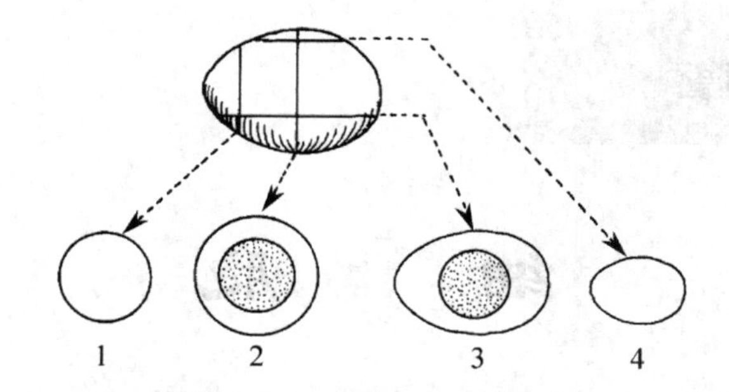

图绪-3　鸡蛋各种切面模式图

1. 偏锐端横切；2. 正中切面；3. 偏侧纵切；4. 近卵壳处纵切

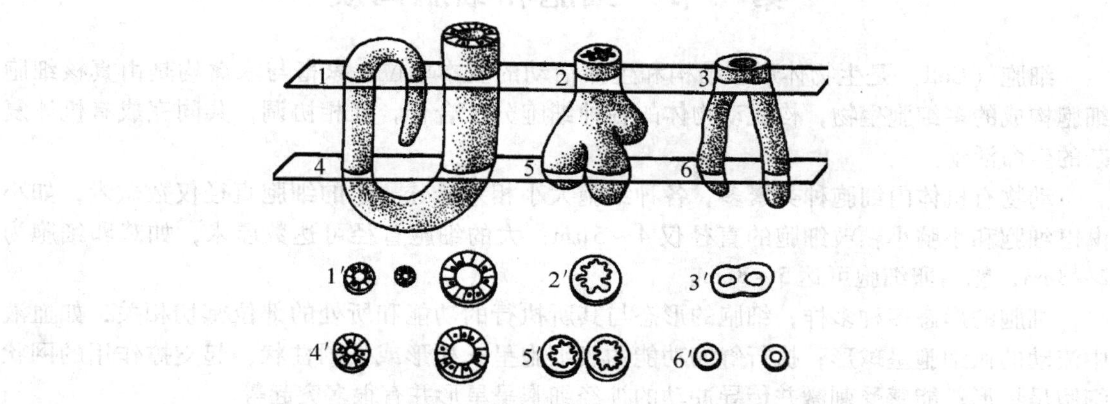

图绪-4　不规则的管状器官不同平面的切面图像

标本切面的形象（1′、2′、3′、4′、5′、6′）因所在平面不同（1、2、3、4、5、6）而异

第一章

细　　胞

第一节　细胞和细胞间质

细胞（Cell）是生物体形态结构和生命活动的基本单位；家畜与家禽均是由真核细胞细胞构成的多细胞生物，构成动物体的各种细胞分工合作，互相协调，共同完成有机体复杂的生命活动。

动物有机体内细胞种类繁多，各种细胞大小相差悬殊。小的细胞直径仅数微米，如小淋巴细胞和小脑小颗粒细胞的直径仅4～5μm；大的细胞直径可达数厘米，如鸡卵细胞为2～3cm，鸵鸟卵细胞可达5～8cm。

细胞的形态多种多样，细胞的形态与其所执行的功能和所处的部位密切相关，如血液中流动的血细胞呈球形；执行舒缩功能的肌细胞呈长梭形或长圆柱状；起支撑作用的网状细胞呈星形；能感受刺激并传导冲动的神经细胞呈星形并有很多突起等。

各种细胞尽管大小不一，形态各异，但基本结构相同，光镜下可分为细胞膜、细胞质和细胞核三部分；电镜下，根据其超微结构性质，可分为膜性结构和非膜性结构。膜性结构包括细胞膜、膜性细胞器和核被膜，其中膜性细胞器有线粒体、内质网、高尔基复合体、溶酶体、过氧化物酶体等；非膜性结构有核糖体、中心体、核仁、染色质（体）和细胞骨架等结构（图1－1）。

一、细胞的结构与功能

（一）细胞膜

1. 细胞膜的结构　细胞膜（Cell membrane）又称质膜（Plasma membrane），是包在细胞最外层的界膜。除细胞膜外，细胞内部还有构成某些细胞器的细胞内膜，细胞膜和细胞内膜统称生物膜。光镜下细胞膜的结构难以辨认；电镜下，细胞膜可分为内、中、外三层，每层厚约2.5nm，其中内、外两层电子密度高，深暗；中间层电子密度低，明亮。通常称具有这样暗—明—暗三层结构的膜为单位膜（Unit membrane）。

（1）*细胞膜的化学成分*　细胞膜主要由脂类和蛋白质组成，其中脂类包括磷脂、糖脂和胆固醇，以磷脂为主；蛋白质按其分布可分为表在蛋白和嵌入蛋白两类。此外细胞膜还含有糖类、水、无机盐和金属离子等。

（2）*细胞膜的分子结构*　目前被大多数学者所接受的是Singer和Nicolson（1972）提出的液态镶嵌模型（Fluid mosaic model）（图1－2）。该模型认为，细胞膜是以类脂双分子层为基础构成膜的连续性主体，蛋白分子以不同方式镶嵌在脂质双分子中或结合在其表

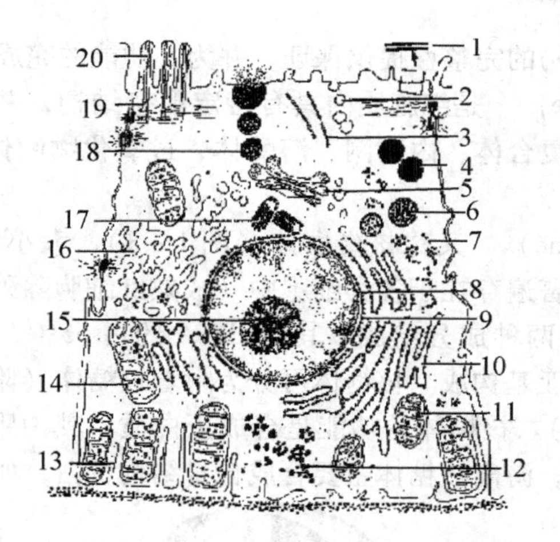

图 1-1 细胞超微结构模式图

1. 基膜；2. 吞饮小泡；3. 微管；4. 脂滴；5. 高尔基复合体；6. 溶酶体；7. 核糖体；8. 核孔；9. 核被膜；10. 粗面内质网；11. 线粒体；12. 糖原颗粒；13. 质膜内褶；14. 基质；15. 核仁；16. 滑面内质网；17. 中心体；18. 分泌颗粒；19. 微丝；20. 微绒毛

面。该模型强调膜的流动性和不对称性。

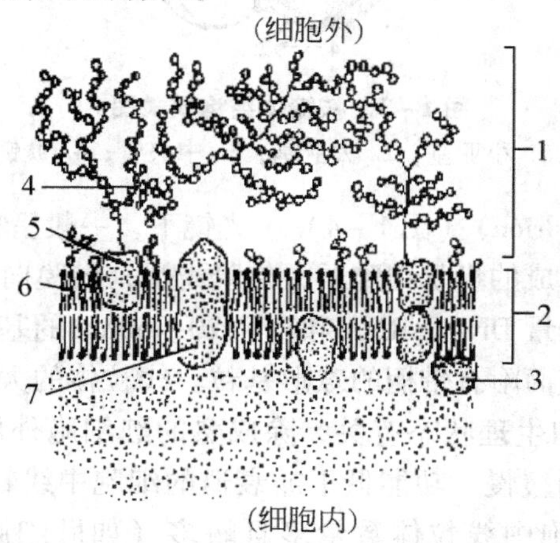

图 1-2 细胞膜液态镶嵌模型图

1. 糖衣；2. 脂质双层；3. 表在蛋白；4. 糖链；5. 糖蛋白；6. 糖脂；7. 嵌入蛋白

2. 细胞膜的功能 细胞膜作为细胞与其周围环境相隔的界膜，除有维持细胞形状、抵御外界有害物质、防止细胞内物质外流等屏障作用外，还在物质转运、信息传递、细胞识别、抗原特异性及细胞间连接等一系列重要活动中起关键作用。电镜下细胞膜外表面被覆一层多糖物质，称为细胞衣，具有黏着、支持、保护和物质交换以及参与细胞的吞噬和吞饮作用。

（二）细胞质

细胞质（Cytoplasm）由基质、细胞器和内含物组成。

1. 基质（Matrix） 细胞质中的胶状物质，是细胞的重要结构成分，其体积约占细胞质的一半。化学成分主要包括蛋白质、糖、无机盐、水等。基质是细胞进行某些生化活动的场所，为各种细胞器结构的完整性提供保证，并为其功能的完成供应一切底物。

2. 细胞器（Organelle） 是细胞质内具有特定形态结构，并执行一定生理功能的成分。包括线粒体、高尔基复合体、内质网、溶酶体、过氧化物酶体、中心粒、核糖体、微管、微丝等。

（1）核糖体（Ribosome） 又称核蛋白体（图1-3），大小约15nm×25nm，是细胞内最小的颗粒状细胞器，普遍存在于各类细胞中（成熟红细胞除外）。核糖体由rRNA（核糖体核糖核酸）和蛋白质两种成分组成，其中rRNA约占55%，蛋白质约占45%；电镜下，核糖体由大、小两个亚基构成。核糖体可分为附着核糖体（附着于内质网表面）和游离核糖体（游离于基质中）。核糖体的功能是合成蛋白质，其中附着核糖体主要合成分泌蛋白，如抗体、消化酶等；游离核糖体主要合成自身结构蛋白，如膜蛋白、基质蛋白等。

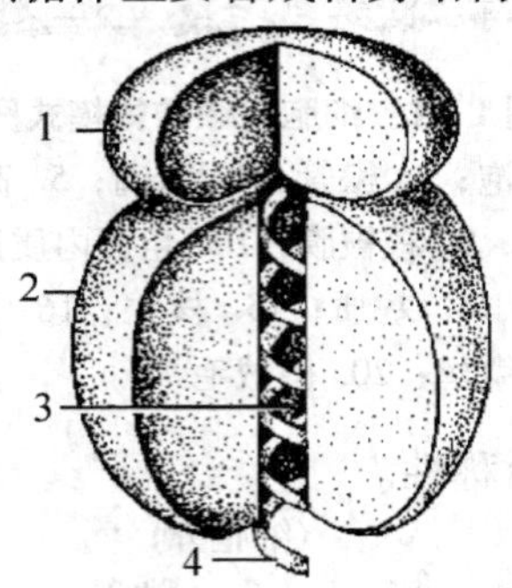

图1-3 核糖体结构模式图

1. 小亚基；2. 大亚基；3. 中央管；4. 肽链

（2）线粒体（Mitochondrion）（图1-4） 光镜下，一般呈粗线状或颗粒状。电镜下，线粒体为双层单位膜包围而成的囊状细胞器，外膜光滑，内膜向内折叠成线粒体嵴并围成内室，室内充满基质，含少量DNA、RNA和直径20~60nm的基质颗粒。内、外膜之间为膜间腔或外室。内膜的内室面附有带柄的球形基粒。线粒体的大小、形态、数量、分布及其嵴的数目与细胞的种类和生理状态有关，除成熟的红细胞外所有的细胞都有线粒体存在。一般分化程度低、代谢缓慢、功能低下或衰退的细胞中线粒体数量少；分化程度高、代谢旺盛、功能活跃的细胞中线粒体数量多且嵴多（如肝细胞、骨骼肌细胞和心肌细胞等）。

线粒体的功能是通过三羧酸循环，呼吸链的氢和电子传递，以及氧化磷酸化反应合成ATP，为细胞提供能量。线粒体可为细胞提供80%以上的能量，故称之为细胞内的“供能站”。

（3）内质网（Endoplasmic reticulum）（图1-5） 是由单位膜构成的封闭的、相互通连的网状结构。电镜下，呈管状、扁平囊状或泡状。根据内质网表面有无核糖体附着，可分为粗面内质网和滑面内质网两种。

粗面内质网（rough endoplasmic reticulum，RER），多呈扁平囊状，排列较为整齐，表面附有大量核糖体而显粗糙。主要功能是合成分泌蛋白和多种膜蛋白，故在合成和分泌蛋白质功能旺盛的细胞内粗面内质网特别丰富。此外，粗面内质网可合成少量结构蛋白，并对合成的物质起运输和分隔的作用。

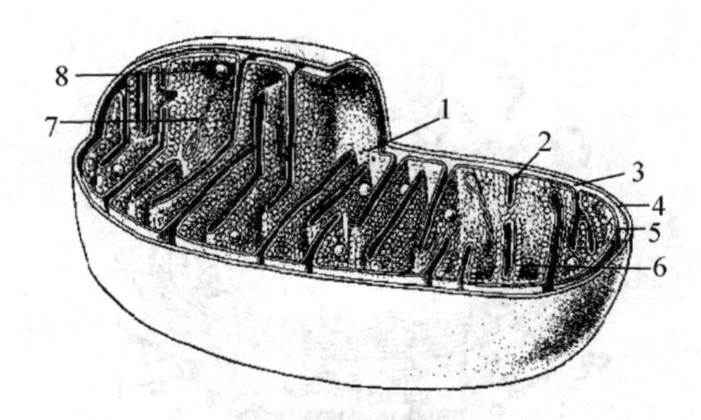

图 1－4 线粒体立体结构模式图

1. 线粒体 RNA；2. 线粒体嵴；3. 外室；4. 外膜；5. 内膜；6. 内室；7. 线粒体 DNA；8. 基质颗粒

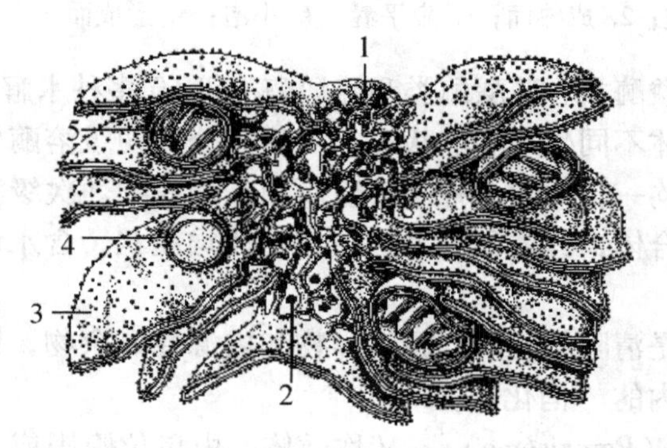

图 1－5 粗面内质网和滑面内质网模式图

1. 滑面内质网；2. 糖原颗粒；3. 粗面内质网；4. 溶酶体；5. 线粒体

滑面内质网（smooth endoplasmic reticulum，SER），一般呈管泡状分支的立体网状结构，膜表面无核糖体附着而显平滑。滑面内质网含有多种酶系，不同细胞其酶系相差甚大，因此滑面内质网的功能常因细胞不同而可能迥异。例如，肾上腺皮质细胞、睾丸间质细胞、卵巢黄体细胞内的滑面内质网与类固醇激素合成有关；肝细胞内的滑面内质网与细胞的解毒作用、药物代谢、脂质合成、胆汁合成及糖原代谢等密切相关；横纹肌细胞内的滑面内质网与肌浆内钙离子调节有关等。

（4）高尔基复合体（Golgi complex） （图 1－6）又称高尔基器或高尔基体，几乎存在所有细胞中。光镜下，HE 染色标本上不易着色而难以见到，银染或锇酸浸染标本上呈黑褐色或黑色网状结构；电镜下，高尔基复合体由扁平囊泡、小囊泡和大囊泡三部分组成。扁平囊泡由 3～10 层相互通连的扁平囊泡平行排列而成，构成高尔基复合体的主体；扁平囊泡有两个面，其中凸面朝向胞核，称未成熟面或形成面；凹面朝向胞膜，称成熟面或分泌面。小囊泡呈球形，大小不等，散布于扁平囊泡周围，形成面多；其与扁平囊泡融合后，将载有的由内质网合成的蛋白质运输入扁平囊泡，故又称为运输小泡或转运小泡。大囊泡又称浓缩泡或分泌泡，球形，由扁平囊泡周边或其分泌面局部球形膨大脱落而成。

高尔基复合体的主要功能是参与细胞的分泌活动，进行细胞分泌物的加工、浓缩、加膜和运输等过程，故被喻为细胞内的“加工厂”。此外，高尔基复合体还参与糖脂与多糖的合成以及溶酶体的形成过程。

（5）溶酶体（Lysosome） 为单位膜包被而成的近似球形小泡，大小差异甚大，溶酶

图1-6　高尔基复合体模式图

1. 大泡；2. 成熟面；3. 扁平囊；4. 小泡；5. 形成面

体内含有蛋白酶类、核酸酶类、磷酸酶类和硫酸酶类等60多种水解酶，其中酸性磷酸酶为其标志性酶。根据溶酶体不同生理功能状态，可将其分为初级溶酶体、次级溶酶体和残余体。初级溶酶体内容物均一，内含多种水解酶而无作用底物。次级溶酶体是初级溶酶体和作用底物融合而成的复合体，其体积较大，内容物非均质状，含水解酶、相应作用底物及消化产物。

溶酶体的主要功能是清除细胞的外源性异物和内源性残余物，以保护细胞的正常结构与功能，故被喻为细胞内的“消化器官”。

（6）过氧化物酶体（Peroxisome）　又称微体，由单位膜围成，形状和大小与动物及细胞的类型有关，一般为圆形或卵圆形小泡，内含过氧化物酶和过氧化氢酶等40多种酶。过氧化氢酶的主要功能是分解代谢产物，产生 H_2O_2，并同时将 H_2O_2 还原为水，以防细胞过量 H_2O_2 对细胞的毒害作用。此外，过氧化物酶体还参与脂肪转化为糖的糖异生过程等。

（7）中心粒（Centriole）　为细胞核附近的一对杆状小粒，两个小粒相互垂直构成双心体；中心粒周围常有特化的细胞质，称为中心球。中心粒和中心球构成中心体。

中心粒具有自我复制特性，主要功能是参与细胞的有丝分裂过程。在有鞭毛或纤毛的细胞，中心粒形成基粒（基体），参与鞭毛和纤毛的形成。

（8）微管（microtubule）　一种不分支的中空状小管，粗细均匀，外形笔直或稍弯曲。微管长度因细胞不同而异，如神经细胞内微管可与轴突等长。微管的化学成分为微管蛋白和少量微管结合蛋白。微管无收缩性，但有一定弹性，能滑动，对细胞有明显支持和定形作用。

（9）微丝（microfilament）　普遍存在于细胞质内的一种细丝状结构，具有收缩功能，与细胞的运动直接相关。微丝的数量及分布因细胞类型而异，其中肌细胞的微丝特别发达，形成稳定的肌丝。微丝依据粗细不同可分为细微丝和粗微丝两种。微丝除可构成细胞的支架外，还与细胞的胞吞和胞吐作用、微绒毛的收缩、伪足的伸缩、分泌颗粒的移动和排出及细胞器的移位等有关。

（10）中间丝（intermrdiate filament）　又称中等纤维，直径介于粗微丝与细微丝之间。中间丝除构成细胞骨架外，还有启动核内DNA的复制与转录、充当信息分子传递信息、对细胞器进行空间定位等作用。

(11) 微梁网 (microtrabecular lattice) 直径最细 (2~3nm), 胞质内交织成细密的立体网架, 微梁网以许多固着点与细胞膜及各种细胞器相连接。

3. 内含物 (Inclusion) 泛指细胞质内储积并具有一定形态的各种代谢物质, 包括糖原、脂滴、蛋白颗粒和色素颗粒等。随着对细胞结构研究的不断深入, 目前对光镜时代描述的某些"内含物"已有新的认识, 某些内含物在电镜下实为某种细胞器的不同发育阶段。如早期一直视为"内含物"的脂褐素和含铁血黄素, 电镜下证实为次级溶酶体的残余体。

(三) 细胞核

细胞核 (Nucleus) (图1-7) 是细胞遗传物质的贮存场所, 是细胞遗传和代谢活动的控制中心。细胞通常只有一个核, 但少数细胞可无核 (如哺乳动物的成熟红细胞) 或有多个核 (如肝细胞和骨骼肌细胞)。细胞核一般位于细胞中央, 但有时因胞质内特殊结构的大量形成, 核的位置可偏向一侧或位于周边。细胞核的大小约为细胞体积的1/4~1/3, 幼稚细胞的核较大, 成熟细胞的核较小。细胞核由核被膜、核基质、核仁和染色质构成。

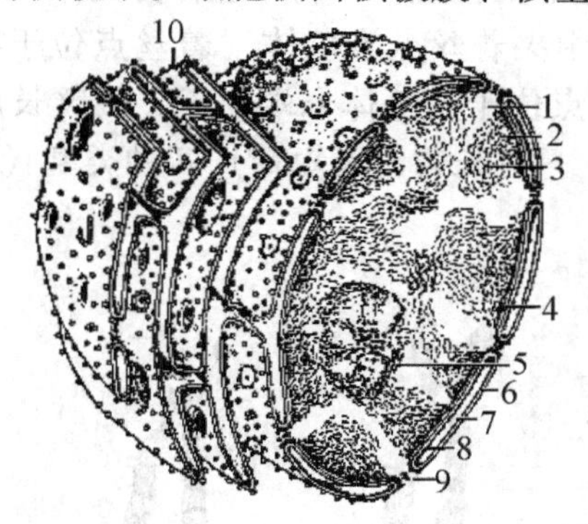

图1-7 细胞核超微结构模式图

1. 核液; 2. 异染色质; 3. 常染色质; 4. 核纤层; 5. 核仁; 6. 外核膜; 7. 核周隙; 8. 内核膜; 9. 核孔; 10. 粗面内质网

1. 核被膜 (Nuclear envelope) 为包在细胞核表面的界膜。电镜下, 由外核膜、内核膜、核周隙、核孔和核纤层组成。外核膜和内核膜均属单位膜, 彼此平行排列, 两者间的腔隙为核周隙; 外核膜的胞质面常附有核糖体, 有些部位外核膜与内质网膜相连, 借此核周隙与内质网腔相通。核孔是核被膜上由内、外核膜相互融合贯穿而成的环形孔道, 是细胞核与细胞质之间进行物质交换的通道。核纤层是紧贴内核膜内面的一层网格状纤层, 其作用是为核被膜提供支架, 以保持核轮廓的基本结构。

2. 核基质 (Nuclear matrix) 又称核液, 是核内无结构的透明胶状物质, 成分与细胞质的基质相似, 含有多种酶和无机盐等。

3. 核仁 (Nucleolus) 见于某些间期细胞的核内, 呈球形, 多为1~2个, 也有3~5个的, 个别细胞无核仁。核仁位置不定, 数量和大小常随细胞类型及功能状态而改变。一般蛋白质合成活跃、生长旺盛的细胞, 其核仁大而明显, 如胰腺泡细胞; 反之, 核仁小或缺, 如精子细胞。核仁的化学成分主要是RNA、蛋白质和DNA; 功能是合成rRNA和核糖体大、小亚基的前体。

4. 染色质 (Chromatin) 指间期细胞核内能被碱性染料着色的物质, 由DNA、

RNA、组蛋白和非组蛋白构成。光镜下染色质呈细丝状、颗粒状或小块状，电镜下呈纤维状。染色质的基本结构单位是由DNA和组蛋白组成的核小体，染色质依据其形态可分为常染色质和异染色质两种。常染色质弱嗜碱性，染色浅，多位于胞核中央；间期细胞核内其处于伸展状态，有转录活性。异染色质强嗜碱性，染色深，块状，多位于核膜下；间期细胞核内其处于浓缩状态，转录活性低或不转录。

染色体（chromosome） 细胞分裂时，染色质高度螺旋化，卷曲折叠形成光镜下可见的染色体。染色质和染色体是同一物质在细胞不同时期不同功能状态的存在形式。

（1）染色体形态结构 每个染色体由两条并列的染色单体组成，两条染色单体相连处的中心为着丝粒，其将每个染色单体分为两臂。在着丝粒处两条染色单体的外侧表层，各有一个与纺锤体微管相连的部位，称为着丝点。着丝粒和着丝点所在的部位，染色体缢缩变细称主缢痕；有些染色体除主缢痕外，还有特别细窄的次缢痕，并在次缢痕的远端连有球形随体。

（2）染色体类型 按着丝点的位置，可将染色体分为中央着丝点染色体（着丝点位于染色体中部，两臂等长）、亚中央着丝点染色体（着丝点位于染色体近中部，两臂长度相差不大）、近端着丝点（着丝点位于染色体末端附近，两臂长度相差悬殊）和顶端部着丝点（着丝点位于染色体末端，只有长臂，无短臂）四种类型（图1－8）。

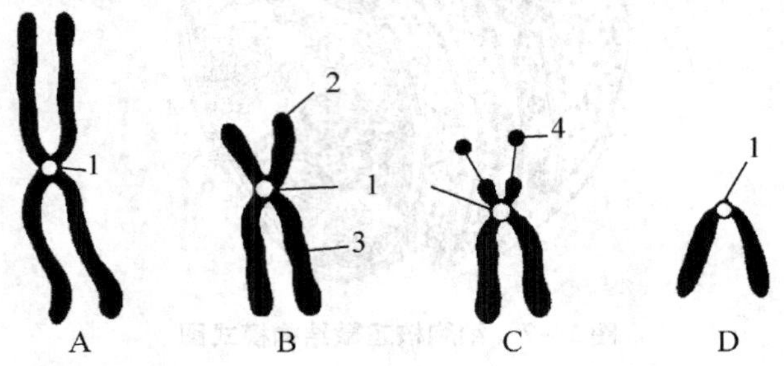

图1－8 染色体类型模式图

A. 中央着丝点染色体；B. 亚中央着丝点染色体；C. 近端着丝点染色体；D. 顶端着丝点染色体

1. 着丝点；2. 短臂；3. 长臂；4. 随体

（3）染色体数目 染色体具有种属特异性，同种生物细胞的染色体数目相同。常见动物的染色体数目是：黄牛60、水牛48、马64、驴62、猪38、山羊60、绵羊54、犬78、猫38、兔44、鸡78、鸭80。

（4）常染色体、性染色体 动物成熟生殖细胞的染色体数为单倍体，体细胞为二倍体。体细胞内，同源染色体配对，其中1对与性别有关，称为性染色体，其余则称为常染色体。哺乳动物的性染色体为XX-XY型，其雄性决定因子位于Y染色体上，故雄性为XY，雌性为XX。禽类的性染色体为ZW-ZZ型，雌性决定因子位于W染色体上，因此禽类的雌性为ZW，雄性为ZZ。

（5）性染色质 雌性哺乳动物的性染色体中，有一个X性染色体在间期核内不伸展，而依然浓缩为圆形或扁圆形的异染色质块紧贴核膜或位于核仁旁，在中性粒细胞内其呈鼓槌状连于分叶核的一个小叶上，称为X性染色质或X小体，雄性无此小体。荧染标本上，雄性动物体细胞间期核中的Y性染色质（Y小体）在荧光显微镜下呈明亮小颗粒状，雌性则无。因此，可通过检查X或Y小体的有无来鉴定个体的性别。

二、细胞间质

细胞间质是由细胞产生的非细胞物质，包括纤维、基质和不断流动的体液（如血浆、淋巴和组织液等）。细胞间质构成细胞生存的微环境，对细胞起支持、营养、保护和联系作用，对细胞的增殖、分化、运动及信息沟通等有着重要影响。

第二节 细胞的基本生命现象

一、细胞增殖

细胞增殖（cell proliferation）是通过细胞分裂来实现的。细胞分裂有三种形式：①有丝分裂，是最主要的分裂方式；②无丝分裂，一种简单的细胞分裂方式；③减数分裂，生殖细胞成熟过程中的一种特殊有丝分裂，分裂时染色体数目减半。细胞从上一次分裂结束到下一次分裂完成所经历的时间称为细胞周期（cell cycle），每个细胞周期又可分为分裂间期和分裂期两个阶段（图1-9）。

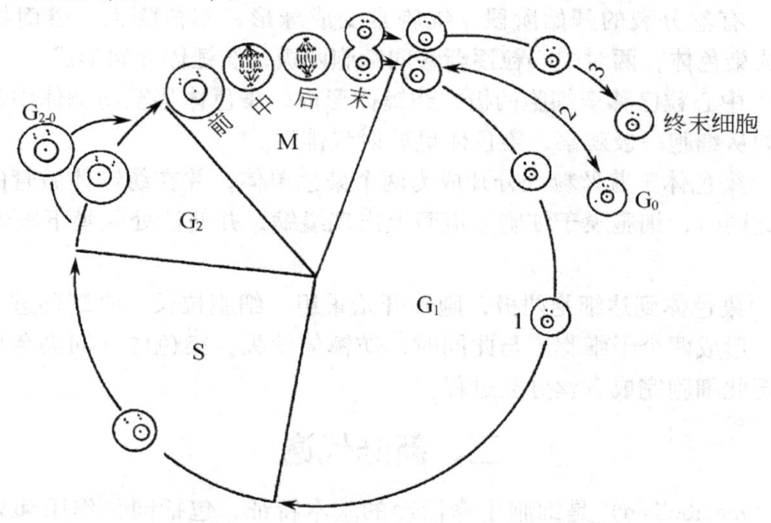

图1-9 细胞周期示意图

1. 连续增殖的细胞；2. 暂时增殖的细胞；3. 无增殖力的细胞

1. 分裂间期（interphase） 分裂间期，细胞进行活跃的合成代谢，可进一步分为：①DNA合成前期（G_1期），主要合成结构蛋白、酶蛋白、核苷酸等；②DNA合成期（S期），DNA复制加倍；③DNA合成后期（G_2期），主要合成RNA和其他蛋白质，为细胞分裂作准备。

细胞进入G_1期后可有三种去向，一是不再继续进行分裂活动，始终处于G_1期（称终末细胞），经分化、衰老直至死亡，如神经细胞和红细胞；二是暂时处于休止状态（称G_0期细胞），仅在一定条件下（如器官受损伤需修复时）才出现增殖活动，如肝细胞和肾细胞；三是持续进行分裂活动，经历细胞周期的各个阶段，完成细胞分裂，如造血干细胞和消化道黏膜上皮细胞。

2. 分裂期（division stage） 根据有丝分裂中细胞的形态变化特征可将分裂期分为前期、中期、后期和末期四个时期（图1－10）。

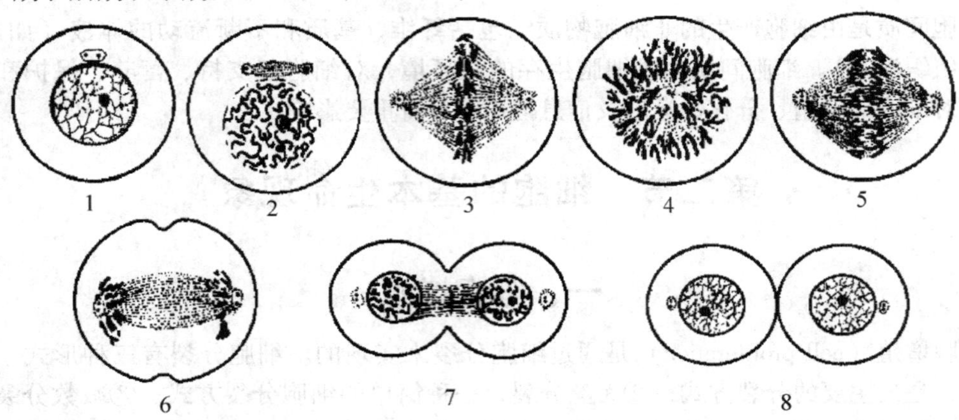

图1－10 细胞有丝分裂各期模式图

1. 间期；2. 前期；3. 中期；4. 中期（从细胞一极观察）；5、6. 后期；7、8. 末期

（1）*前期* 有丝分裂的开始阶段，细胞常变成球形，胞核膨大，继而核膜、核仁解体，染色质变成染色体，两对中心粒逐渐移向细胞两极，纺锤体开始形成。

（2）*中期* 中心粒已移至细胞两极，纺锤体形成。染色体移至纺锤体中部，整齐排列在赤道面上，如从细胞一极观察，染色体呈放射状排列。

（3）*后期* 染色体于着丝粒处分开成为两个染色单体，并在纺锤体微管的牵引下逐渐移向两极。与此同时，细胞膜于细胞赤道面上出现缢缩，并使该处胞膜下陷形成裂沟（收缩环）。

（4）*末期* 染色体到达细胞两极，胞核开始重组，细胞拉长，收缩环进一步缩小，最后将胞质分开，形成两个子细胞。与此同时，纺锤体消失，染色体变回染色质，核膜、核仁重新出现。至此细胞完成有丝分裂过程。

二、新陈代谢

新陈代谢（metabolism）是细胞生命活动的基本特征，包括同化作用和异化作用两个相互依存、互为因果、对立统一的过程。同化作用（或称合成代谢）是细胞从外界摄入物营养物质，并经一系列过程转变为细胞自身所需物质的过程；异化作用（或称分解代谢）是细胞不断分解自身物质，释放能量，以供细胞各种功能活动需要，并将代谢产物排出细胞外的过程。通过新陈代谢可使细胞内的物质不断得到更新，使细胞内、外环境的动态平衡及细胞的生命活动得以维持。所以说新陈代谢是细胞一切功能活动的基础，如果新陈代谢停止，就意味着细胞的死亡。

三、感应性

感应性（irritability）是细胞对外界刺激产生反应的能力。细胞种类不同，其感应性有所不同，如神经细胞受到刺激后可产生兴奋并传导冲动；肌细胞受到刺激后可发生收缩；

腺细胞受到刺激后可发生分泌活动；浆细胞受抗原刺激后可合成分泌抗体；巨噬细胞受到细菌或异物刺激后可引起变形运动进行吞噬活动。

四、细胞的运动

活细胞在各种环境刺激下，能表现出不同的运动形式，常见的运动形式有变形运动（如中性粒细胞和单核细胞）、舒缩运动（如肌细胞）、纤毛（鞭毛）运动（如气管纤毛上皮的摆动和精子的游动等）。

五、细胞分化、衰老与死亡

（一）细胞分化

细胞分化（cell differentiation）是指在个体发育中，由一种相同的细胞类型经细胞分裂后逐渐在形态、结构和功能上形成稳定的差异，产生不同细胞类群的过程。细胞分化存在于动物体整个生命过程中，其中胚胎期表现最为明显；只有通过细胞分化，一个受精卵才能形成一个复杂的生命个体。细胞分化是细胞核和细胞质相互作用的结果，其实质是基因选择性表达的结果。

细胞分化和细胞分裂是两个既有密切联系又有本质区别的概念，细胞分裂的结果是细胞数量的增加，细胞分化则是细胞种类的增多；正常情况下，细胞的不断分裂，常伴随细胞的逐步分化；在细胞分化的不同阶段，细胞分裂的速度和能力不同。

动物体内的细胞依据其分化程度一般可分为：①高分化细胞，丧失了再分化为其他细胞的潜能，细胞分裂增殖能力较弱，甚至丧失分裂增殖能力，如神经细胞和成熟红细胞等；②低分化细胞：保持继续分化为其他细胞的潜能，细胞分裂增殖能力较强，如结缔组织的间充质细胞和骨髓造血干细胞等。

（二）细胞的衰老与死亡

细胞的衰老与死亡是细胞的正常发育过程，是动物有机体发育的必然规律。细胞的种类不同，其寿命长短不一，如神经细胞可与个体寿命等长，血细胞和某些上皮细胞的寿命则较短。

1. 细胞衰老 是细胞适应环境变化和维持细胞内环境稳定的能力降低，并以形态结构和生化改变为基础。其结构变化主要表现为核固缩、结构不清，核质比减小，内质网、线粒体等细胞器减少，色素、脂褐素等沉积于细胞内；生化改变主要为酶活性与含量下降、氨基酸和蛋白质合成速率降低等。

2. 细胞死亡 细胞生命现象不可逆的终止。细胞死亡形式有两种：一是细胞意外性死亡或称细胞坏死，它是由某些外界因素（如局部贫血、高热、物理性或化学性损伤、生物侵袭等）造成的细胞急速死亡；二是细胞自然死亡或称细胞凋亡，也称细胞程序性死亡，它是细胞衰老过程中其功能逐渐衰退的结果，受基因的调控。

细胞坏死与细胞凋亡的形态学特征：细胞坏死时，细胞外形不规则变化，细胞膜通透性增加，胞核肿胀，染色质不规则位移，内质网扩张，线粒体肿胀，溶酶体破坏，最后细胞膜破裂，胞质外溢。细胞凋亡时，细胞体积首先变小，胞质凝缩而深染，染色质凝集并与核膜一起形成新月形；继而胞核固缩为致密物或碎裂，胞膜出芽、脱落形成大小不等的有膜包裹的凋亡小体。凋亡过程中，细胞膜保持完整，胞质不外溢。

复习思考题

1. 概念：细胞；细胞器；内含物；细胞周期；细胞分化。
2. 简述细胞膜的构造和功能。
3. 简述细胞有丝分裂的过程。
4. 染色质和染色体有何区别。
5. 简述核仁的结构及功能。
6. 简述线粒体、核糖体、内质网、高尔基复合体、溶酶体的构造和功能。

第二章

基本组织

组织（tissue）是由形态和功能相同或相似的细胞和细胞间质组成。依据结构与功能不同，可分为四种基本组织，即上皮组织、结缔组织、肌组织和神经组织。

第一节　上皮组织

上皮组织（epithelial tissue），简称上皮，是由大量形态较规则并紧密排列的细胞和少量的细胞间质构成。上皮组织的一般结构特点是：①细胞成分多，细胞间质成分少，细胞排列紧密且较规则；② 大多上皮细胞有明显极性，其中朝向体表或管腔面的一面称游离面，与之相对的一面称基底面；③一般无血管和淋巴管分布，但富含神经末梢，其营养主要依靠深层结缔组织的血管供给，来自血液的营养物质透过基膜渗透入上皮组织。

上皮组织按其分布与功能可分为被覆上皮、腺上皮和感觉上皮。

一、被覆上皮

（一）被覆上皮的类型与功能

被覆上皮（covering epithelium）常根据其细胞排列层数和细胞形态进行分类与命名。按细胞层数可分为单层上皮和复层上皮；被覆上皮的主要类型及分布见表 2－1。

表 2－1　被覆上皮的类型与主要分布

类型		分布
单　层	单层扁平上皮	内皮：心脏、血管和淋巴管的腔面 间皮：胸膜、心包膜和腹膜 其他：肺泡、肾小囊壁层和肾小管细段等处
	单层立方上皮	肾小管、甲状腺滤泡和肝小叶间胆管
	单层柱状上皮	胃、肠、胆囊和子宫等腔面
假复层	假复层柱状纤毛上皮	呼吸道、附睾等腔面
	变移上皮	肾盂、肾盏、输尿管、膀胱等腔面
复　层	复层扁平上皮	角质化：皮肤表皮 非角质化：口腔、食管、阴道等腔面
	复层柱状上皮	眼睑结膜

1. 单层扁平上皮（simple squamous epithelium）（图 2－1）　最薄的上皮，由一层扁平细胞组成。从表面看，细胞呈不规则形或多边形，细胞核扁圆形，位于细胞中央，细胞边缘呈锯齿状并相互嵌合；从侧面看，细胞扁薄呈长梭形，胞质很少，有核处较厚，无核

处较薄。依据分布与功能不同，单层扁平上皮可分为：①内皮，衬于心脏、血管和淋巴管的腔面，内皮表面光滑，利于血液和淋巴液的流动；②间皮，被覆于胸膜、心包膜和腹膜表面，可分泌少量浆液，利于内脏器官运动。

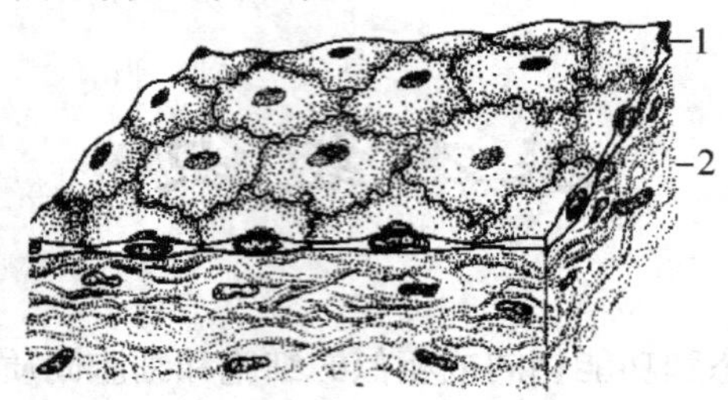

图 2－1　单层扁平上皮模式图

1. 扁平细胞；2. 结缔组织

2. 单层立方上皮（simple cuboidal epithelium）（图 2－2）　由一层近似立方形的细胞组成。从表面看，细胞呈六边形或多边形，有的细胞游离面有微绒毛；从侧面看，细胞呈立方形，核圆，居细胞中央。单层立方上皮分布于肾小管、甲状腺滤泡和腺体导管等处，具有分泌和吸收功能。

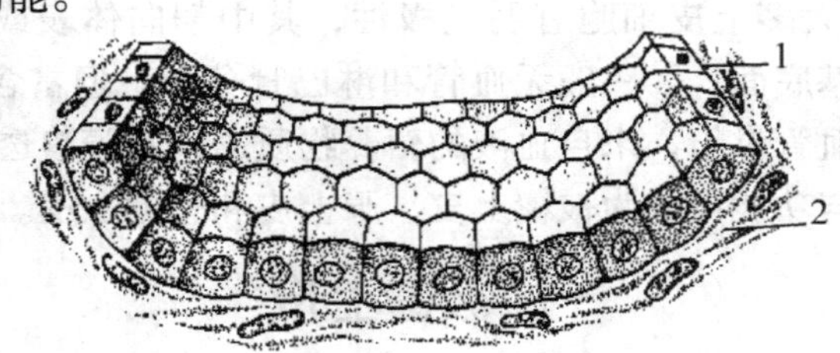

图 2－2　单层立方上皮模式图

1. 立方上皮；2. 结缔组织

3. 单层柱状上皮（simple couumnar epithelium）（图 2－3）　由一层棱柱状细胞紧密排列而成。从表面看，细胞为多边形；从侧面看，细胞呈柱状，游离面常可见微绒毛，胞核卵圆形，位于细胞近基底部，长轴与细胞长轴平行。单层柱状上皮主要分布于胃、肠、胆囊、输卵管和子宫的腔面，具有吸收和分泌功能。细胞间常夹有杯状细胞。杯状细胞形似高脚酒杯，顶部膨大，胞质内充满黏原颗粒，核小，呈三角形或扁圆形，位于细胞基部。杯状细胞是单细胞腺，分泌黏液，润滑和保护上皮。

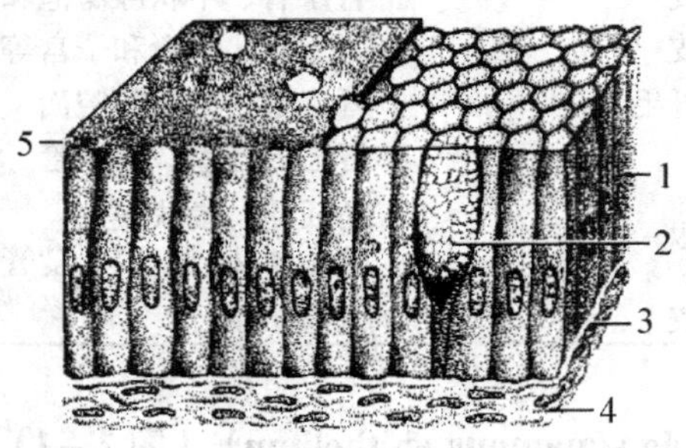

图 2－3　单层柱状上皮模式图

1. 柱状细胞；2. 杯状细胞；3. 基膜；4. 结缔组织；5. 纹状缘

4. 假复层纤毛柱状上皮（pseudostratified ciliated columnar epithelium）（图2－4） 由一层形状不同、高矮不等的柱状细胞、杯状细胞、梭形细胞和锥形细胞组成。这些细胞的基底面均附于基膜上，但只有柱状细胞和杯状细胞的顶端到达腔面。由于细胞高矮不一，胞核不在同一平面，从侧面观察很像复层，但实为单层上皮；柱状细胞游离面有纤毛存在，故称假复层纤毛柱状上皮。该上皮主要分布于呼吸道腔面，具有保护和分泌功能。

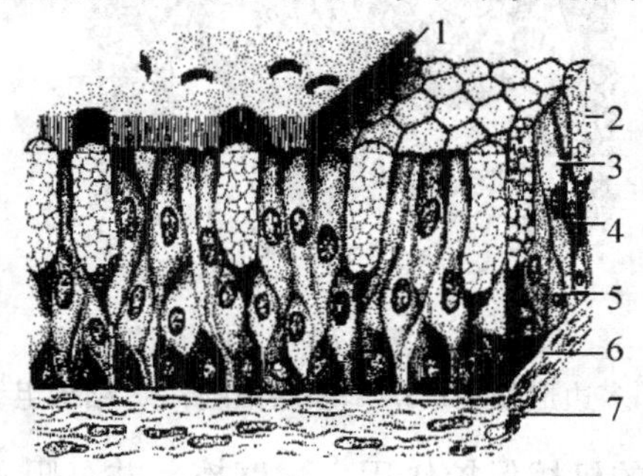

图2－4　假复层纤毛柱状上皮模式图

1. 纤毛；2. 杯状细胞；3. 柱状细胞；4. 梭型细胞；5. 椎体型细胞；6. 基膜；7. 结缔组织

5. 变移上皮（transitional epithelium）（图2－5）　又称移行上皮，分布在肾盂、肾盏、输尿管、膀胱及尿道近端的腔面，细胞的形态和层数可随所在器官的收缩和扩张状态而改变。器官收缩时，细胞变高，层数增多，其中表层细胞呈立方形，体积较大，胞质丰富，有的含有双核，称为盖细胞，有防止尿液侵蚀的作用；中间数层细胞呈柱状或网球拍形；基底层细胞较小，呈锥体形或多边形，位于基膜上。器官扩张时，细胞变低，层数减少，仅有2～3层。电镜下观察可见，变移上皮的表层和中间层细胞下方均有细长突起附着于基膜。

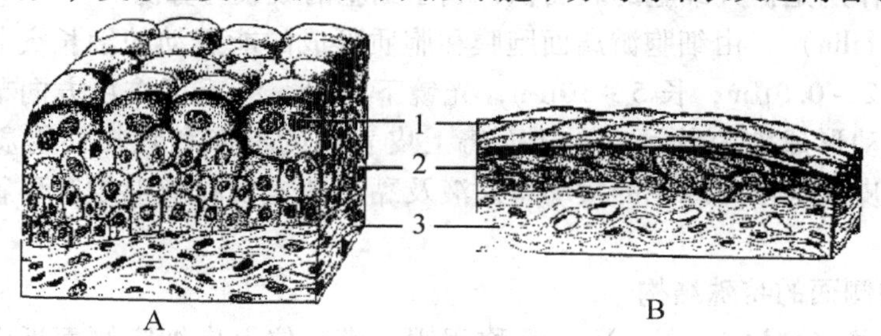

图2－5　变移上皮模式图

A. 膀胱空虚时；B. 膀胱膨胀时

1. 表层细胞；2 深层细胞；3. 结缔组织

6. 复层扁平上皮（stratifed squamous epithelium）（图2－6）　由多层细胞组成，因表层细胞呈扁平鳞片状，故又称为复层鳞状上皮。从侧面看，复层扁平上皮细胞由深至浅大致可分为：①基底细胞层：紧贴基膜的一层细胞，细胞立方形或矮柱状，有较强分裂增生能力，新生细胞逐渐向浅层迁移，以补充表层不断脱落的细胞，基底层借基膜与深层结缔组织相连，连接面凹凸不平可增大两者接触面积，扩大结缔组织对上皮的营养供给；②棘细胞层（中间层）：由多层呈多边形或梭形细胞组成，细胞体积较大，核卵圆形，由基底层细胞分化而来；③表层：为几层与表面平行的扁平状细胞，核固缩变小，胞质嗜酸性增强，其中最表层细胞退化并逐渐脱落。

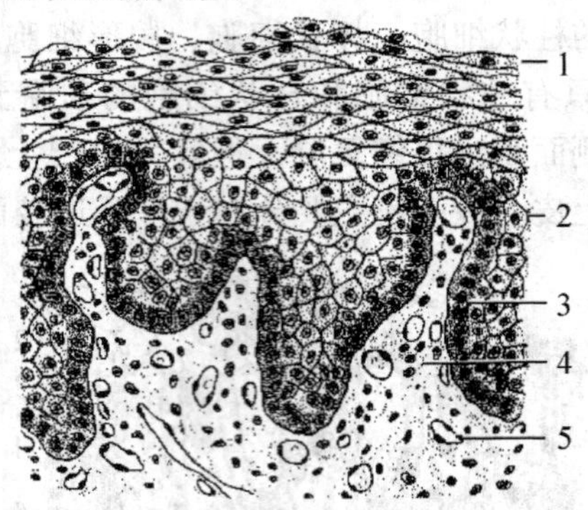

图 2-6　复层扁平上皮模式图

1. 扁平细胞；2. 多边形细胞；3. 基底层细胞；4. 结缔组织；5. 血管

复层扁平上皮具有较强的机械保护作用，耐摩擦，并可阻止异物入侵，受损后再生修复能力很强。主要分布于皮肤、口腔、咽、食管、肛门和阴道等处。

（二）上皮组织的特殊结构

上皮组织为了与其功能相适应，常在细胞的游离面、侧面和基底面分化形成多种特殊结构。这些结构除存在于上皮组织外，也可见于其他组织内。

1. 上皮细胞游离面的特殊结构（图 2-7）

（1）微绒毛（microvillus）　由上皮细胞游离面的细胞膜和细胞质共同形成的微细指状突起。微绒毛直径约 0.1μm，长度和数量因细胞种类或生理状态而有很大差异，在吸收功能旺盛的细胞（如小肠柱状上皮细胞），微绒毛长而密集，排列整齐，构成纹状缘和刷状缘。微绒毛的作用是扩大细胞的表面积，利于细胞的吸收与分泌。

（2）纤毛（cilia）　由细胞游离面胞膜和胞质形成的能摆动的细长突起。纤毛比微绒毛粗长，直径 0.2～0.5μm，长 5～10μm，光镜下可见。纤毛可作单方向节律性摆动，众多纤毛的协调摆动形成波浪状运动，从而将上皮表面的黏液和颗粒性物质朝同一方向推送。如呼吸道上皮就是借助纤毛的摆动将黏液及黏附的尘埃和微生物等异物向喉口推移并排出。

2. 上皮细胞侧面的特殊结构

（1）紧密连接（tight junction）　又称闭锁小带，位上皮细胞侧面近游离面处。电镜下，相邻细胞的细胞膜呈网格状融合，融合处细胞间隙消失，非融合处可见 10～15nm 的间隙。紧密连接可阻止大分子物质通过细胞间隙进入深部组织，并防止组织液外溢。

（2）中间连接（intermediate junction）　又称黏合小带，位紧密连接下方。电镜下，相邻细胞间有 15～20nm 的间隙，间隙内有细丝状物质相连相邻细胞膜，两细胞膜的胞质面有薄层致密物质和横行细丝附着，细丝伸向胞质内构成终末网。中间连接有黏着、保持细胞形状和传递细胞收缩力的作用。

（3）桥粒（desmosme）　又称黏着斑，位于中间连接的深部。电镜下，相邻细胞间有 20～30nm 的间隙，间隙内有电子密度较低的丝状物，丝状物质在间隙中央交织成一条与胞膜平行的中间线；间隙两侧细胞膜的胞质面附有致密物质构成的附着板，胞质中有许多直径约 10nm 的张力丝附于板上，并常折回胞质内，起固定和支持作用。在易受机械牵拉的

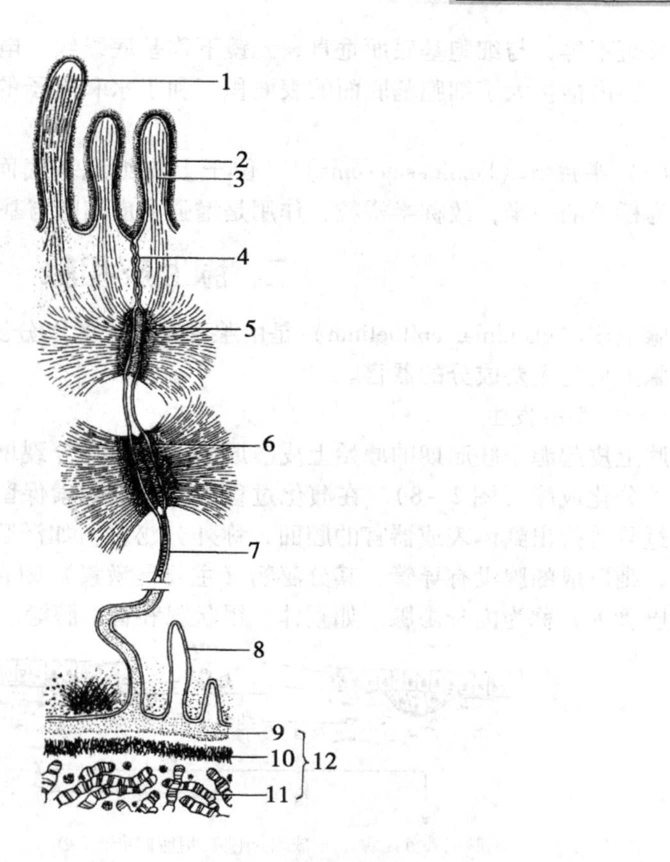

图 2－7　上皮细胞特殊结构模式图

1. 纤毛；2. 细胞衣；3. 微绒毛；4. 紧密连接；5. 中间链接；6. 桥粒；7. 缝隙连接；8. 质膜内褶；9. 透明板；10. 基板；11. 网板；12. 基膜

组织中分布广泛，如皮肤、食管等易受摩擦的复层扁平上皮内特别发达。

（4）缝隙连接（gap junction）　又称通讯连接，位桥粒深处，是由大量连接小体有规律排列成的盘状结构。电镜下，缝隙连接处的细胞间隙很窄，仅有 2～3nm，内有许多连接点，可进行物质交换和传递细胞间的信息，还见于平滑肌、心肌和神经突触等处。

（5）镶嵌连接（interdigitation）　又称指间连接，位上皮细胞侧面深处。相邻两细胞间胞膜凹凸不平，相互嵌合形成的锯齿状连接，具有加强细胞间连接和扩大细胞间接触面积的作用。

紧密连接、中间连接、桥粒和缝管连接四种细胞连接中，如果有两种或两种以上同时存在时，则称为连接复合体（junctional complex）。

3. 上皮细胞基底面的特殊结构

（1）基膜（basement membrane）　是位于上皮基底面和深层结缔组织间的一层连续而均质状的薄膜。电镜下基膜可分为：上层的基板，密度较高，可分为透明层和致密层两层；下层的网板，较厚，较疏松，由网状纤维和基质构成。基膜具有支持、连接和物质交换等功能。

（2）质膜内褶（plasma membrane infolding）　由上皮细胞基底面的细胞膜折向胞质形

成，长短不等，与细胞基底面垂直，光镜下称基底纵纹。电镜下内褶周围有许多纵行线粒体。质膜内褶扩大了细胞基底面的表面积，利于水和离子的迅速转运，线粒体可为此提供能量。

（3）半桥粒（hemidesmosome） 位于上皮细胞基底面与基膜接触处的细胞膜内侧，结构为桥粒的一半，故称半桥粒；作用是增强上皮细胞与基膜的连接。

二、腺上皮和腺

腺上皮（glandular epithelium）是由腺细胞组成的以分泌功能为主的上皮；腺（gland）是以腺上皮为主要成分的器官。

（一）腺的发生

腺上皮起源于胚胎期的原始上皮。原始上皮通过分裂增殖形成细胞索，迁入深部结缔组织并分化成腺（图2－8）。在演化过程中，若细胞索保留并发育成导管，则腺的分泌物可通过导管排出到体表或器官的腔面，称外分泌腺，如汗腺、乳腺和唾液腺等；若细胞索消失，则形成的腺没有导管，其分泌物（主要是激素）则直接进入腺细胞周围的毛细血管和淋巴管内，称为内分泌腺，如垂体、甲状腺和肾上腺等。

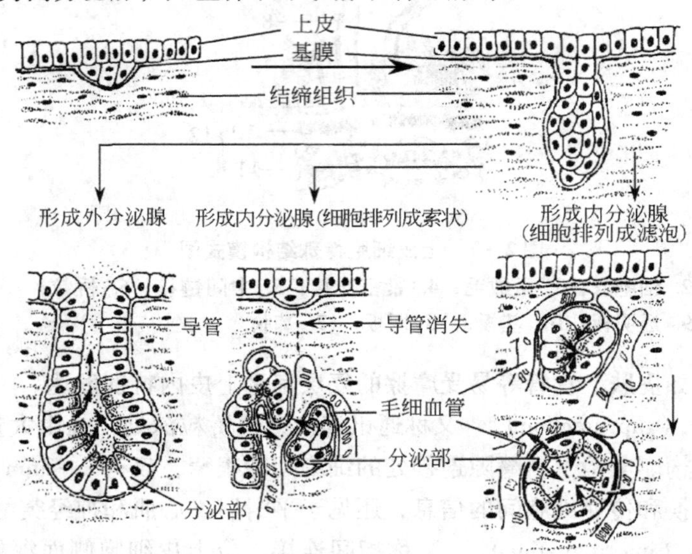

图2－8 腺发生模式图

（二）外分泌腺的结构

外分泌腺可分为单细胞腺（unicellular gland）和多细胞腺（multicellular gland）。单细胞腺是单独分布于上皮细胞间的腺细胞，如杯状细胞。多细胞腺由许多腺细胞组成，其结构一般包括分泌部和导管部两部分。

1. 分泌部（secretory portion） 又称腺泡，形态不一，可为管状、泡状或管泡状。腺泡一般由单层腺上皮细胞围成，中央有腔。有的腺体的分泌部与基膜间有扁平、多突起的肌上皮细胞，其收缩有助于分泌物的排出。

2. 导管（duct） 由单层或复层上皮构成，其一端与分泌部通连，另一端开口于体表或器官腔面。导管是分泌物的排出通道。

（三）多细胞腺的类型

1. 按腺的形态分类（图2－9）　依据导管的分支和分泌部形状，多细胞腺可分为管状腺、泡状腺和管泡状腺。其中管状腺又可分为单管状腺（如肠腺）、分支管状腺（如胃腺）和复管状腺（如肝）；泡状腺可分为单泡状腺（如小皮脂腺）、分支泡状腺（如大皮脂腺）和复泡状腺（如胰腺）；管泡状腺可分为单管泡状腺（如嗅腺）、单分支管泡状腺（如小唾液腺）和复管泡状腺（如乳腺）。

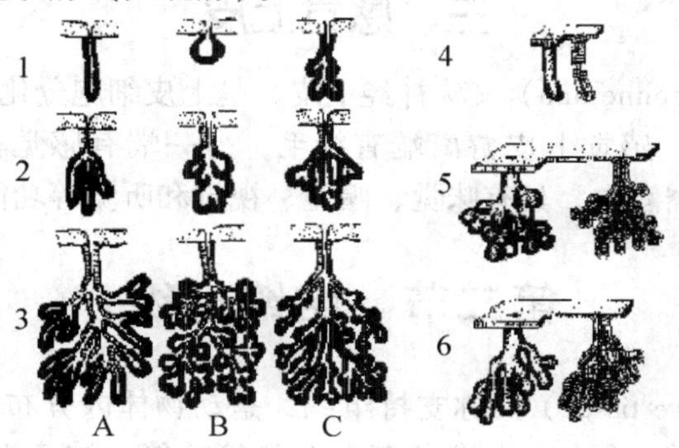

图2－9　各种多细胞腺模式图

A. 管状腺；B. 泡状腺；C. 管泡状腺

1. 单腺；2. 分支腺；3. 复腺；4. 单管状腺；5. 复泡状腺；6. 复管泡状腺

2. 按腺细胞分泌物的性质分类　可分为浆液腺、黏液腺、混合腺三种。

（1）浆液腺（serors gland）　腺泡由浆液性腺细胞构成，分泌物稀薄，含有多种酶和少量黏液，如腮腺和胰腺。

（2）黏液腺（mucous gland）　腺泡由黏液性腺细胞构成，分泌物黏稠，主要含有黏液，如十二指肠腺。

（3）混合腺（mixed gland）　腺泡由两种腺细胞共同组成。

3. 按腺细胞分泌的方式分类（图2－10）

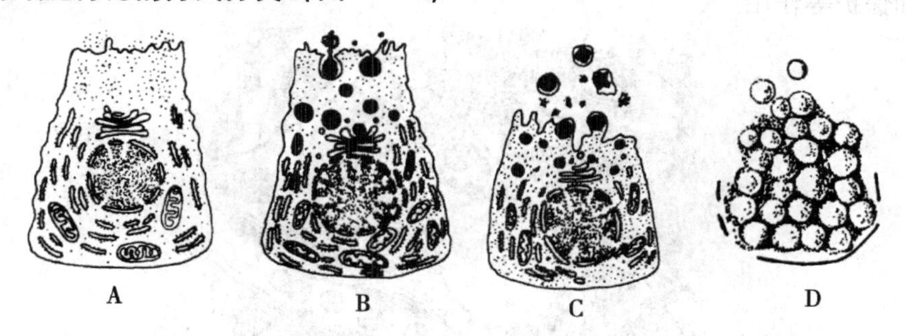

图2－10　腺细胞分泌方式示意图

A. 透出分泌；B. 局浆分泌；C. 顶浆分泌；D. 全浆分泌

（1）透出分泌（merocrine）　腺细胞形成的分泌物不形成分泌颗粒，以分子形式经细胞膜渗出释放，如肾上腺皮质细胞，胃壁细胞和性腺内分泌细胞等。

（2）局浆分泌（merocrine）　分泌物以分泌颗粒形式集中于细胞游离端，以胞吐形式排出分泌物，如胰腺腺泡、腮腺细胞和腺垂体细胞等。

（3）顶浆分泌（apocrine） 指腺细胞内的分泌颗粒移向细胞顶部，并向游离面膨出呈泡状，最后连同包在其周围的部分胞膜和胞质一同释放脱落。如乳腺和大汗腺等。

（4）全浆分泌（holocrine） 成熟的腺细胞内充满分泌物；分泌时整个细胞崩溃解体连同分泌物一起排出，与此同时，分泌部内的未分化细胞增殖分化形成新的腺细胞予以补充。如皮脂腺和禽尾脂腺的分泌。

三、感觉上皮

感觉上皮（sensory epithelium）又称神经上皮，是上皮细胞分化过程中，形成的具有特殊感觉功能的上皮组织；感觉上皮游离端有纤毛，另一端有感觉神经纤维相连，分布在舌、鼻、眼、耳等感觉器官内，具有味觉、嗅觉、视觉和听觉等功能。

第二节 结缔组织

结缔组织（connective tissue）又称支持组织，是动物体内分布最广的一种组织，具有支持、连接、填充、营养、保护、创伤修复及防御等功能。结缔组织的一般结构特点是：①细胞种类较多，数量少，无极性，散布于细胞间质中；②细胞间质丰富，主要由基质（可呈液态、胶态或固态）和纤维组成；③富含血管和神经；④不直接与外界环境接触。

结缔组织可分为：固有结缔组织（包括疏松结缔组织、致密结缔组织、脂肪组织、网状组织）、软骨组织、骨组织、血液和淋巴。

一、疏松结缔组织

疏松结缔组织（loose connective tissue）由细胞、纤维和基质组成。（图2－11）其结构疏松呈蜂窝状，故又称蜂窝组织。结构特点是细胞种类较多，纤维数量较少，细胞和纤维散在分布于大量基质中。疏松结缔组织广泛分布于器官、组织和细胞之间，起支持、连接、营养和保护等作用。

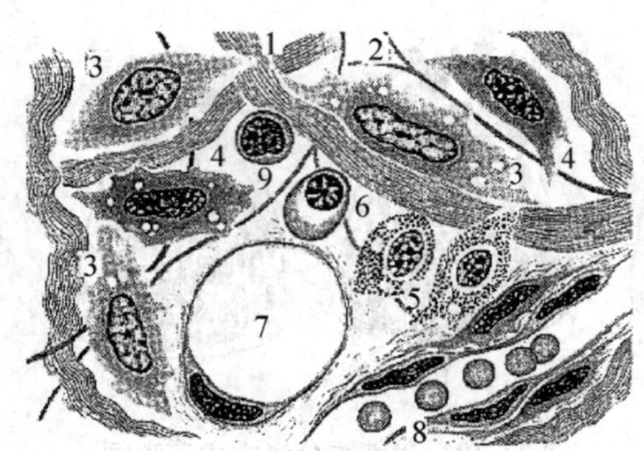

图2－11 疏松结缔组织铺片

1. 胶原纤维；2. 弹性纤维；3. 成纤维细胞；4. 组织细胞；5. 肥大细胞；6. 浆细胞；7. 脂肪细胞；8. 毛细血管；9. 淋巴细胞

（一）细胞

疏松结缔组织的细胞种类较多，一般包括成纤维细胞、巨噬细胞、浆细胞、肥大细胞、脂肪细胞和非分化间充质细胞等。

1. 成纤维细胞（fibroblast）　最多的一种细胞，常紧贴胶原纤维分布。细胞胞体较大，扁平多突起；胞质弱嗜碱性；胞核扁卵圆形，较大，核仁明显。电镜下，胞质内富含粗面内质网和核糖体，高尔基复合体发达。成纤维细胞功能是形成纤维和基质，参与创伤的修复。在手术及创伤修复等情况下，纤维细胞可转化为成纤维细胞。

2. 巨噬细胞（macrophage）　又称组织细胞，由血液中单核细胞穿出血管后分化而来。细胞形态不规则，表面有些短而钝的突起；胞质嗜酸性，常含空泡和异物颗粒；胞核小，着色深，核仁不明显。电镜下，细胞表面有许多皱褶及伪足样突起，胞质内高尔基复合体发达，含大量的溶酶体和较多的微丝、微管。巨噬细胞的功能：①趋化运动：巨噬细胞受趋化因子（如细菌的产物、炎症组织的变性蛋白等）刺激时可以变形运动向释放趋化因子的部位定向移动并聚集；②吞噬作用：巨噬细胞具有很强的吞噬功能，能识别并吞噬细菌、异物、肿瘤细胞及衰老变性、死亡的细胞；③分泌作用：巨噬细胞可合成与分泌多种生物活性物质，如溶菌酶、干扰素、补体、血小板活化因子等；④抗原提呈作用：巨噬细胞能捕捉、吞噬、加工处理抗原，并将处理后的抗原信息传递给淋巴细胞，启动免疫应答反应。

3. 浆细胞（plasma cell）　浆细胞由 B 淋巴细胞受抗原刺激后转化而来。细胞圆形或卵圆形，大小不一；胞质嗜碱性，胞核圆形，多偏居于细胞的一端，核内粗大的异染色质多沿核膜内侧呈辐射状排列，形似车轮。电镜下，胞质内充满粗面内质网和大量游离核糖体。浆细胞的功能是合成、贮存和分泌抗体，参与体液免疫反应。

4. 肥大细胞（mast cell）　数量较多，常沿小血管或小淋巴管分布。细胞圆形或椭圆形；胞核小而圆，胞质内充满粗大的嗜碱性、异染性颗粒，颗粒易溶于水。电镜下，细胞表面有许多微绒毛，胞质内有很多大小不一、圆形或卵圆形的分泌颗粒，颗粒中含组胺、白三烯、嗜酸性粒细胞趋化因子和肝素等生物活性物质。有参与抗凝血、增加毛细血管的通透性和促使血管扩张等作用，并参与变态反应。

5. 脂肪细胞（fat cell）　细胞体积较大，呈球形或卵圆形，胞质内含有大量脂滴，胞核和少量胞质常被挤至细胞一侧。HE 染色标本上，脂滴被溶解而成空泡状。脂肪细胞功能是合成、储存脂肪，参与脂类代谢。

6. 未分化间充质细胞（undifferentiated mesenchymal cell）　细胞体积较小，形态与成纤维细胞相似，保持着间充质细胞多向分化的潜能。在炎症或创伤修复时可增殖分化为成纤维细胞、脂肪细胞及血管内皮与平滑肌细胞。

（二）纤维

疏松结缔组织中的纤维成分有三种，即胶原纤维、弹性纤维和网状纤维，其中以胶原纤维和弹性纤维为主要纤维成分。

1. 胶原纤维（collagenous fiber）　三种纤维中数量最多、分布最广。新鲜时呈白色，故又称白纤维，HE 染色标本上，被染成粉红色。胶原纤维粗细不等，直径 1～20μm，呈波浪状，有分支相互交织成网。具有韧性好，抗拉力强的特性。

2. 弹性纤维（elastic fiber）　新鲜时呈黄色，故称黄纤维，HE 染色标本上，着色淡红，不易与胶原纤维区分；特殊染色（醛复红或地衣红染色）可清晰显示弹性纤维。弹性纤维较细，直径 0.2～1.0μm。具有弹性强、韧性差的特性。

3. 网状纤维（reticular fiber） HE 染色标本上不易着色，银染标本上呈黑色细丝状，故称嗜银纤维。网状纤维较细，直径 0.2～1.0μm，分支多，交织成网。主要分布于网状组织及结缔组织与其他组织交界处。弹性和韧性均较弱。

（三）基质

基质（ground substance）是一种无色、透明的胶状物质，填充于纤维和细胞之间。化学成分主要为透明质酸，基质中还含有大量的组织液。

二、致密结缔组织

致密结缔组织（dence connective tissue）是一种以纤维成分为主要成分的固有结缔组织。根据纤维的性质和排列方式，可分为规则致密结缔组织和不规则致密结缔组织。

1. 规则致密结缔组织 主要构成肌腱和腱膜。结构特点是大量胶原纤维束密集平行排列，纤维束间有成行排列的形态特殊的成纤维细胞，称腱细胞（图 2－12）。

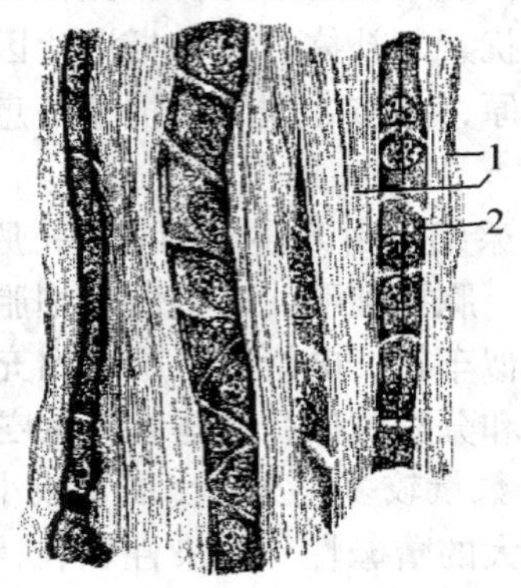

图 2－12　致密结缔组织（肌腱）

1. 胶原纤维束；2. 腱细胞

2. 不规则致密结缔组织 构成真皮、硬脑膜、巩膜及器官的被膜等。结构特点是粗大的胶原纤维束彼此交织成致密的板层结构，纤维束间夹有少量成纤维细胞。

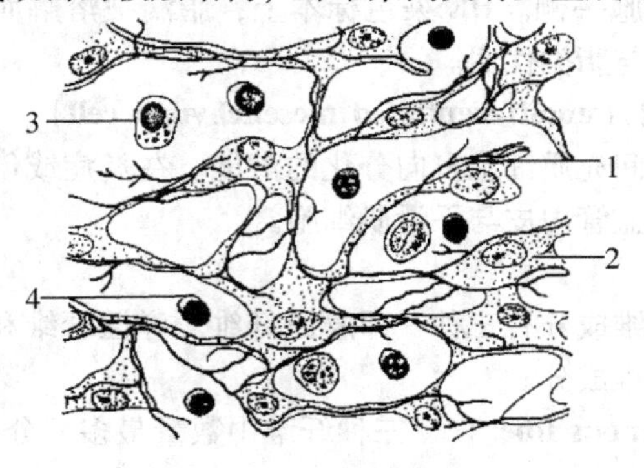

图 2－13　网状组织

1. 网状纤维；2. 网状细胞；3. 巨噬细胞；4. 淋巴细胞

三、网状组织

网状组织（reticular tissue）（图 2－13）由网状细胞、网状纤维和基质构成。网状细胞为多突起的星形细胞，相邻细胞的突起彼此连接成网；细胞核较大，着色较浅，核仁明显。网状细胞产生的网状纤维，并交织成网。网状组织在体内不单独存在，主要参与构成器官（组织）和造血器官，为血细胞的发生和淋巴细胞的发育提供适宜的微环境，并在其中起调节作用。

四、脂肪组织

脂肪组织（adipose tissue）（图 2－14）一种以脂肪细胞为主要成分的固有结缔组织。少量疏松结缔组织和小血管伸入到脂肪内部将脂肪分隔成许多脂肪小叶。脂肪细胞呈球形、卵圆形，细胞内充满脂滴，细胞质和细胞核被挤到细胞的外围，呈一狭窄的指环状。在 HE 染色中，脂滴被溶解，细胞呈现大空泡状。脂肪组织主要分布于皮下和腹腔，其主要功能为贮存脂肪参与能量代谢。此外还有支持、保护和维持体温的作用。

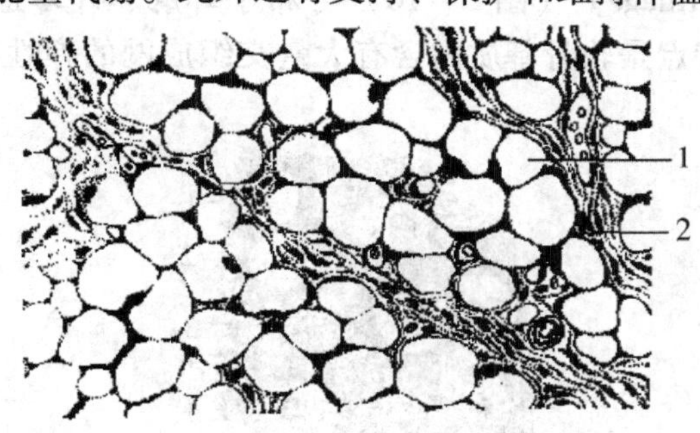

图 2－14　脂肪组织

1. 脂肪细胞；2. 结缔组织

五、软骨组织与软骨

软骨组织是特化的具有支持作用的结缔组织，由软骨细胞和软骨基质组成。软骨组织及其周围的软骨膜构成软骨，软骨具有一定的弹性和韧性，并耐摩擦。软骨细胞深陷在软骨间质陷窝内，大小形状不一，有小扁平状的，有大圆球形的；有的分散，有的集聚成群。间质呈固体的凝胶状，由基质和纤维构成。细胞群周围的基质浓稠，染色较深，形成深色环，称软骨囊，纤维分布在基质中。根据软骨基质中所含纤维的不同，软骨可分为透明软骨、纤维软骨和弹性软骨三种。

（一）透明软骨

透明软骨（hyaline cartilage）新鲜时呈乳白色半透明状，较脆、易折断、耐摩擦。透明软骨分布较广，关节软骨、肋软骨、鼻软骨、部分喉软骨、气管和支气管软骨等均属于透明软骨。细胞间质中含胶原纤维，基质丰富。

（二）纤维软骨

纤维软骨（fibrous cartilage）（图 2－15）分布于椎间盘、关节盘和耻骨联合等处，肉眼观察呈白色。结构特点是软骨基质内含有大量平行或交织排列的胶原纤维束；软骨细胞数量较少，体积较小，常成行分布于纤维束间的软骨陷窝内；纤维软骨的韧性强。

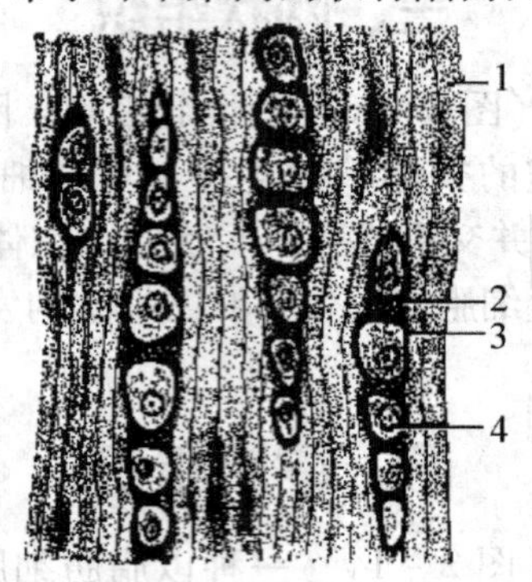

图 2－15 纤维软骨

1. 胶原纤维束；2. 软骨基质；3. 软骨囊；4. 软骨细胞

（三）弹性软骨

弹性软骨（elastic cartilage）（图 2－16）分布于耳廓、外耳道、咽鼓管和会厌等处，肉眼观察呈黄色。结构特点是软骨基质内含有大量交织成网的弹性纤维；弹性软骨具有很强的撑性。

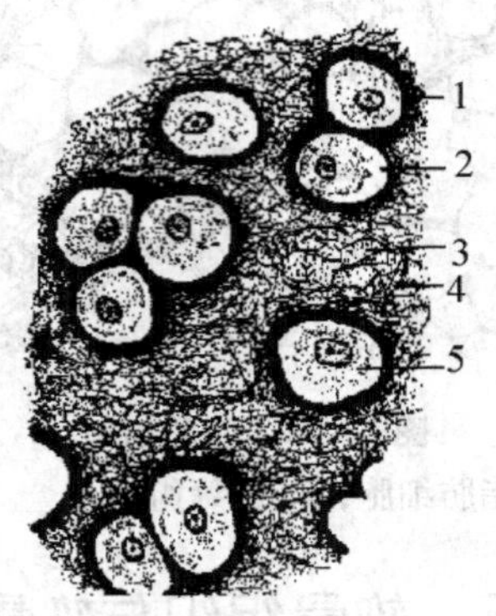

图 2－16 弹性软骨

1. 软骨囊；2. 软骨陷窝；3. 软骨基质；4. 弹性纤维；5. 软骨细胞

六、骨组织

骨组织（osseous tissue）是坚硬而有一定韧性的结缔组织，由大量钙化的细胞间质和细胞组成。钙化的细胞间质称骨基质；细胞包括骨原细胞、成骨细胞、骨细胞和破骨细胞，其中骨细胞数量最多，位于骨基质内，其余三种细胞则位于骨组织边缘。骨组织是动物体重要的钙、磷贮存库，体内 99% 的钙和 85% 的磷贮存于骨组织中。

1. 骨组织的细胞（图 2－17）

（1）*骨原细胞*（osteogenitor cell）　骨组织的干细胞，位于骨组织表面。细胞较小，呈不规则梭形，核椭圆形，胞质弱嗜碱性。当骨组织生长、改建或骨折修复时，骨原细胞可分裂分化为成骨细胞。

（2）*成骨细胞*（osteoblast）　位骨组织表面，幼年时多，成年后较少。成骨细胞常排

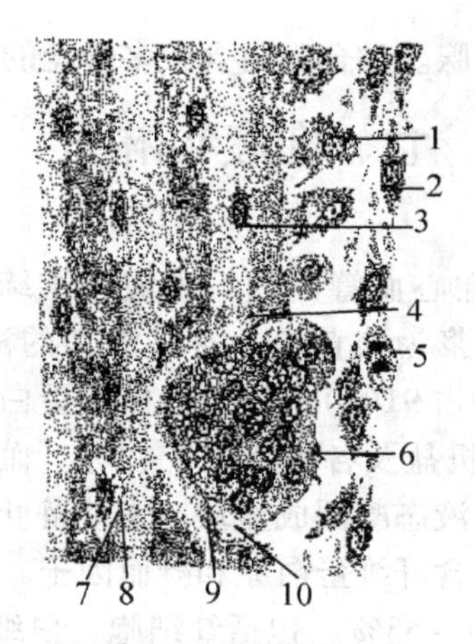

图 2－17　骨组织的细胞

1. 成骨细胞；2. 骨原细胞；3. 骨细胞；4. 溶解中的骨基质；5. 骨原细胞分裂；6. 破骨细胞；7. 骨板；8. 骨陷窝；9. 皱褶缘；10. 亮区

成一层，胞体较大，呈立方形或矮柱状；胞核大而圆，位于远离骨组织的一端，核仁明显，胞质嗜碱性。细胞表面有许多细小突起，可与邻近成骨细胞或骨细胞的突起形成缝隙连接。成骨细胞可合成、分泌骨胶纤维和基质，称为类骨质；当成骨细胞被类骨质包埋并有钙盐沉积时，便成为骨细胞。

（3）*骨细胞*（ostecocyte）　单个分散于骨板内或骨板间。胞体较小，呈扁椭圆形，有许多细长突起。骨细胞胞体所在的腔隙为骨陷窝；胞体所在的腔隙为骨小管。骨细胞具有一定的成骨和溶骨作用，对骨基质的更新和维持有重要作用；此外，骨细胞对骨组织中钙的维持和血钙、血磷的平衡有一定调节作用。

（4）*破骨细胞*（osteoclast）　数量少，无分裂能力，常位于骨组织表面的小凹陷内。破骨细胞是一种多核大细胞，胞质呈泡沫状，嗜酸性。破骨细胞具有很强的溶解和吸收骨基质的作用。破骨细胞和成骨细胞相辅相成，共同参与骨的生长与改建。

2. 骨基质（bone matrix）　由有机成分和无机成分组成。有机成分占干骨重的 1/3，由大量骨胶纤维和少量无定形基质组成。无机成分又称骨盐，约占干骨重的 2/3，主要为羟基磷灰石结晶。

骨基质呈板层状的骨板，同层骨板内骨胶纤维相互平行，相邻两层骨板的骨胶纤维相互垂直或成一定夹角，骨胶纤维可分支伸至相邻骨板，这种相互连接的三维结构使骨具有很强的支撑力。以骨板排列松密程度不同，可分为两种：

（1）*骨松质*　在长骨骨端和短骨内部。树层骨板构成粗细不同的骨小梁，骨小梁纵横交错成网，网孔内充满红骨髓。

（2）*骨密质*　分布在骨的表面，结构复杂。以长骨为例，横断面上可见：

①环骨板和内环骨板：是环绕骨干外表和骨髓腔的骨板。

②骨单位：夹于内环骨板和外环骨板之间，由多层同心圆排列的纵长骨板构成，同心圆中央形成的纵长管为中央管，中央管与横行排列的穿通管相通，与内外骨板相连，还与骨小管相通，使每一个骨单位中的骨细胞通过骨小管获取营养，进行物质交换。

③骨间板：填充于骨单位之间，为形状不规则的骨板，是旧的骨单位被吸收后的残留

部分，它与骨单位之间有一黏合腺。黏合腺由含较多骨盐的骨基质形成。

七、血液和淋巴

（一）血液

血液（blood）是循环流动在心血管内的一种液态结缔组织，约占动物体重的7%～8%，由血细胞和血浆组成。血浆为淡黄色、有黏滞性的液体，约占血液容积的45%～65%。血浆的主要成分是水（约占91%），其余为血浆蛋白（白蛋白、球蛋白和纤维蛋白原等）、酶、激素、维生素、无机盐及各种代谢产物等。血凝时，血浆中的纤维蛋白原转变为不溶性的纤维蛋白，血液由液态凝固成血块，血块静止后析出淡黄色透明液体，称为血清，其与血浆的主要区别是不含纤维蛋白原和凝血因子。

血细胞约占血液容积的35%～55%，包括红细胞、白细胞和血小板。其中红细胞始终在血液内循环流动，直至细胞死亡；白细胞由红骨髓或胸腺进入血液，经血液循环运至全身各处，而后穿过血管壁进入组织，执行各自的免疫功能，除部分淋巴细胞外，其余白细胞均不再返回血液；血小板不离开血液，其在血管壁受到损伤时可凝集成血栓以阻止血液外流。

1. 红细胞（erythrocyte，red blood cell，RBC） 大多数哺乳动物的成熟红细胞呈双凹圆盘状（骆驼和鹿的呈卵圆形），无细胞核和细胞器，胞质内含大量血红蛋白。新鲜单个红细胞为黄绿色，大量红细胞聚集在一起才呈红色。红细胞呈中央薄，周缘厚的形态。血红蛋白是一种含铁的蛋白质，易与酸性染料结合，染为橘红色，功能是运输氧气和二氧化碳。（彩图）

哺乳动物红细胞的大小和数量随动物的种类不同而有差异（表2－2）。此外，红细胞的数量还与品种、性别、年龄、营养状况及生活环境有关，一般幼龄动物比成年动物多，雄性动物比雌性动物多，生活在高原的动物比平原的多，营养好的动物比营养不良的多。红细胞的平均寿命约120天。新生红细胞从骨髓产生，衰老的红细胞多在脾、骨髓和肝等处被巨噬细胞吞噬。

表2－2　常见动物各种血细胞的参数

动物种类	红细胞		细胞数（$\times10^3/mm^3$）	各种白细胞百分比					血小板数（$\times10^3/mm^3$）
	直径（μm）	数量（$\times10^6/mm^3$）		中性粒细胞	嗜酸性粒细胞	嗜碱性粒细胞	单核细胞	淋巴细胞	
猪	6.2	7.0	14.8	44.5	4.0	1.4	2.1	48.0	115～425
马	5.6	8.5	8.8	52.4	4.0	0.6	3.0	40.0	150～400
奶牛	5.1	4.0～11	6.0～12	16～42	3～18	0～11	2～15	40～70	150～650
绵羊	5.0	9.0	8.2	34.2	4.5	0.6	3.0	57.7	170～530
山羊	4.1	14.4	9.6	49.2	2.0	0.8	6.0	42.0	20～70
兔	6.8	5.6	5.7～12.0	8～50	1～3	0.5～30	1～4	20～90	120～800
狗	7.0	6.8	3.0～11.4	42～77	0～14	0～1	1～6	9～50	218～230
猫	5.9	7.5	8.6～32.0	31～85	1～10	0～2	1～3	10～69	290～420
鸡	7.5×12.0	3.5	30.0	24.1	12.0	4.0	6.0	53.0	13～70

2. 白细胞（leukocyte，white blood cell，WBC） 白细胞是有细胞核和细胞器的球形细胞，能作变形运动，参与机体的防御和免疫功能。白细胞种类较多，体积较红细胞大，但数量远比红细胞少。白细胞的数量因动物种类不同而有差别，并与动物的年龄和生理状况有一定关系，常见动物各种血细胞参数见表2－2。（彩图）

根据白细胞胞质内有无特殊颗粒，可分为有粒白细胞和无粒白细胞两大类。有粒白细胞又依据其特殊颗粒嗜色性，分为嗜中性粒细胞，嗜酸性粒细胞和嗜碱性粒细胞；无粒白细胞又可分为单核细胞和淋巴细胞。

（1）嗜中性粒细胞（neutrophilic granulocyte，neutrophil） 细胞球形，直径7～15μm。细胞核杆状或分叶状，一般2～5叶，以3叶核多见，叶间有细丝相连；一般认为胞核的分叶越多，细胞越近衰老。细胞质染成粉红色，含有许多细小的、分布均匀的、染成淡紫色或淡红色的嗜中性颗粒。电镜下，颗粒分为两种：嗜天青颗粒，约占颗粒总数20%，体积较大，圆形或卵圆形；特殊颗粒，约占颗粒总数80%，体积较小，卵圆形或哑铃形。有些动物嗜中性粒细胞的颗粒嗜酸性，故称为异嗜性粒细胞，如鸡、狗、猫、兔等。

嗜中性粒细胞的功能是：①具有很强的趋化性，可作变形运动；②吞噬和杀灭细菌。当机体受到细菌等病原微生物侵害时，以变形运动穿出毛细血管，聚集到细菌侵害部位，吞噬细菌并消化分解。与此同时，嗜中性粒细胞变性坏死成为脓细胞。

（2）嗜酸性粒细胞（acidophilic granulocyte） 细胞球形，直径10～20μm。细胞核多为双叶核，少数为杆状或多叶。胞质内充满粗大的、鲜红色的嗜酸性颗粒；电镜下，颗粒圆形或卵圆形，内含电子密度中等或高的均质状基质和方形或长方形的致密结晶体。嗜酸性颗粒属于溶酶体，含酸性磷酸酶、组胺酶、芳基硫酸酯酶和过氧化物酶等。不同动物嗜酸性颗粒的数量和大小差异较大，如反刍动物的较小，马属动物的粗大且密集；猫的多而狗的很少，有的动物仅2～3个。

嗜酸性粒细胞的功能：①具有趋化性，能做变形运动，吞噬异物或抗原-抗体复合体，释放组胺酶灭活组胺，从而减弱过敏反应；②借助抗体与某些寄生虫表面结合，释放颗粒内物质，杀死寄生虫体或虫卵。因此，在过敏性疾病或寄生虫感染时，血液中嗜酸粒细胞增多。

（3）嗜碱性粒细胞（basophilic granulocyte） 数量最少，细胞球形，直径10～12μm。胞核分叶或不规则形或呈“S”形，着色较浅，常被胞质颗粒掩盖。胞质内含有大小不等、分布不均的蓝紫色嗜碱性颗粒。颗粒内含有肝素、组胺、白三烯和嗜酸性粒细胞趋化因子等物质，具有抗凝血和参与过敏反应的作用。

（4）单核细胞（monocyte） 细胞球形或卵圆形，体积最大，直径10～20μm。胞核形态多样，呈卵圆形、肾形、马蹄形或不规则形等。胞质丰富，弱嗜碱性，染成灰蓝色，含有细小的嗜天青颗粒。电镜下，细胞表面有皱褶和短小微绒毛；嗜天青颗粒为溶酶体结构，含酸性磷酸酶、过氧化物酶和溶菌酶等。

单核细胞具有活跃的变形运动和明显的趋化性。血液中单核细胞穿过血管壁进入组织和体腔后，在体内不同的微环境内，转化为形态和功能不完全相同但均具有吞噬功能的细胞，如结缔组织的巨噬细胞、肝脏的枯否氏细胞等。单核细胞及其转化而成的各种具有吞噬能力的细胞，统称为“单核吞噬细胞系统”，具有吞噬、参与免疫、分泌多种生物活性物质和参与机体造血调控等功能。

（5）淋巴细胞（lymphocyte） 细胞球形，大小不等，按细胞体积大小可分为小淋巴细胞、中淋巴细胞和大淋巴细胞三类，外周血中主要为小淋巴细胞。大、中淋巴细胞的核椭圆形或肾形，染色质较疏松，着色较浅；胞质较多，含少量嗜天青颗粒。大淋巴细胞主要存在于红骨髓、脾脏和淋巴结等部位。小淋巴细胞直径为 5 ~ 8μm，细胞核圆形，一侧常有小凹陷，染色质致密呈粗块状，深染；胞质很少，嗜碱性，染成天蓝色，含少量嗜天青颗粒。

淋巴细胞根据其发生来源、形态结构、表面标志及功能的不同，可分为 T 细胞（胸腺依赖淋巴细胞）、B 细胞（骨髓依赖淋巴细胞）、NK 细胞（自然杀伤细胞）和 K 细胞（杀伤细胞）四大类。各类淋巴细胞所占淋巴细胞的比例、来源、寿命、转化及功能等（表 2 - 3）。

表 2 - 3 淋巴细胞的类型及其特点比较

淋巴细胞类型	占外周血淋巴细胞比例	发生来源	抗原刺激后转化	主要功能
T 细胞	60% ~ 75%	胸腺	转化为效应细胞	参与细胞免疫；调节免疫应答
B 细胞	10% ~ 15%	红骨髓（哺乳类） 腔上囊（禽类）	转化为浆细胞	产生抗体；参与体液免疫
K 细胞	5% ~ 7%	骨髓造血干细胞		借助受体与抗体结合杀伤靶细胞
NK 细胞	2% ~ 3%			直接杀伤靶（肿瘤）细胞

3. 血小板（blood platelet） 哺乳动物的血小板是骨髓巨核细胞脱落下来的一些胞质碎片，呈双凸圆盘状，表面有完整的胞膜，无细胞核但有细胞器。血涂片上，血小板常呈星形或多角形，聚集成群。光镜下，血小板中央有密集的紫色颗粒，称颗粒区；周边胞质透明，弱嗜碱性，称透明区。血小板的主要功能是参与止血和凝血。（见彩图）

4. 禽类血细胞的特点

禽类的血细胞由红细胞、白细胞和血栓细胞组成，与哺乳动物血细胞相比较，具有以下结构特点。（见彩图）

（1）红细胞（erythrocyte） 椭圆形，体积较大，长径约 12.5μm，横径约 7.5μm；胞核卵圆形，染色质呈颗粒状；胞质内含大量血红蛋白、线粒体和高尔基复合体等。

（2）异嗜性粒细胞（heterophilic granulocye） 相当于哺乳动物的嗜中性粒细胞；细胞球形，直径 8 ~ 10μm；胞质内含有杆状或纺锤形颗粒（鸭为圆形），染成暗红色，故又称假嗜酸性粒细胞。

（3）血栓细胞（凝血细胞）（thrombocyte） 与红细胞相似，但体积小，胞核较大，染成玫瑰紫色；胞质染成浅蓝色，其中含有少量的颗粒。血涂片上，血栓细胞常成群聚集一起。血栓细胞功能类似哺乳动物的血小板，参与止血和凝血。

（二）淋巴

淋巴（lymph）是流动在淋巴管内的液体，由组织液渗入毛细淋巴管内形成，一般由淋巴浆和淋巴细胞组成。淋巴浆的成分与血浆相似，有凝固性，但较慢。淋巴细胞主要为小淋巴细胞，有时还有少量的嗜酸性粒细胞和单核细胞。

第三节　肌组织

肌组织（muscle tissue）主要由具有收缩功能的肌细胞组成，肌细胞间有少量结缔组织。肌细胞细长，呈纤维状，故称肌纤维。肌纤维的细胞膜称肌膜；细胞质称肌浆，其内的滑面内质网称肌浆网；肌浆中有许多与细胞长轴平行排列的肌丝，是肌纤维舒缩活动的物质基础。

根据结构和功能特点，肌组织可分为骨骼肌、心肌和平滑肌（图 2-18），其中骨骼肌和心肌属于横纹肌。骨骼肌收缩迅速有力，受躯体神经支配，属随意肌；心肌收缩持久有节律性，平滑肌收缩缓慢持久，两者均受植物神经支配，属不随意肌。

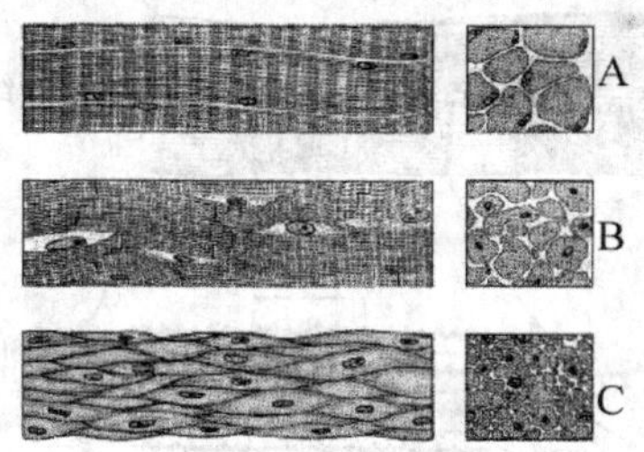

图 2-18　三种肌组织

A. 骨骼肌；B. 心肌；C. 平滑肌

一、骨骼肌

骨骼肌（skeletal muscle）大多借肌腱附于骨骼上，由骨骼肌纤维和结缔组织构成。因其有横纹，所以又叫横纹肌。

（一）骨骼肌纤维的显微结构

长圆柱形，有明显横纹，横径 10～100μm，长 1～40mm，有的可超过 10cm；多核，一条肌纤维含有几十个至几百个胞核，核扁椭圆形，淡染，核仁明显，位于细胞周缘紧贴肌膜内面。肌浆内含许多沿肌纤维长轴平行排列的肌丝束，称肌原纤维，在骨骼肌纤维横切面上，呈点状。

肌原纤维呈细丝状，直径 1～2μm，沿肌纤维长轴平行排列，每条肌原纤维上均有明暗相间的带，明带又称 I 带，I 带中央有一条色深的 Z 线；暗带又称 A 带，暗带中央有一条着色较浅的 H 带，H 带中央有一条深色的 M 线。横纹由明带和暗带组成。相邻两条 Z 线间的一段肌原纤维称为肌节，包括 1/2 I 带 + A 带 + 1/2 I 带，长约 2～2.5μm，是骨骼肌纤维收缩的基本结构单位（图 2-19）。

（二）骨骼肌纤维的超微结构

1. 肌原纤维（myofibril）　电镜下，肌原纤维由粗、细两种肌丝有规律的排列而成。粗肌丝，位于肌节 A 带，中央固定于 M 线上，两端游离。细肌丝，一端固定在 Z 线上，另一端游离，插入粗肌丝之间，止于 H 带外缘。因此，I 带是由细肌丝组成；H 带由粗肌丝组成，H 带两侧的 A 带则由粗、细两种肌丝组成。

2. 横小管（transverse tubule）　又称 T 小管，为肌膜向肌浆内凹陷形成的管状结构，

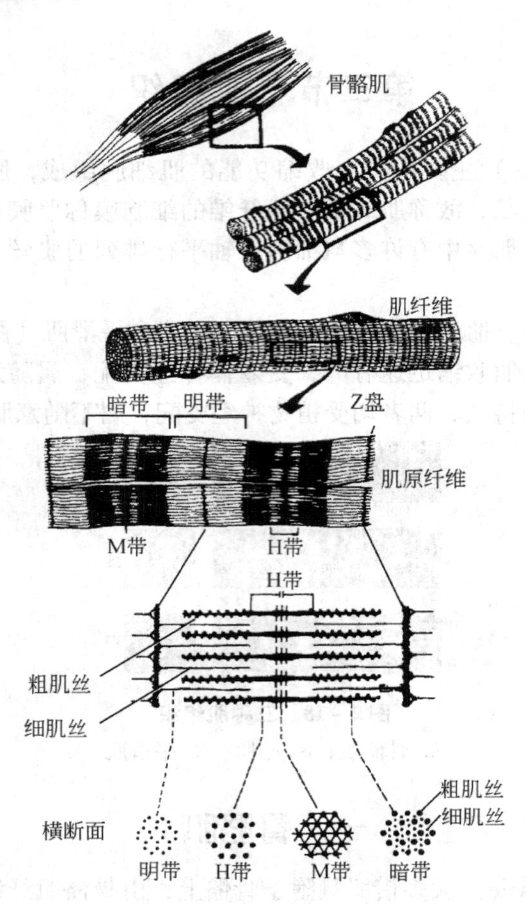

图 2－19　骨骼肌肌原纤维结构示意图

走向与肌纤维长轴垂直。在哺乳动物中，横小管位于 A 带和 I 带交界处，并分支环绕每根肌原纤维表面；功能是将肌膜的电兴奋快速、同步地传至每个肌节。

3. 肌浆网（sarcoplasmic reticulum）　肌纤维内特化的滑面内质网，位于相邻横小管之间，纵行包绕每条肌原纤维，又称纵小管。紧靠横小管两侧的肌浆网膨大形成与横小管平行的终池。横小管与两侧的终池合称三联体。肌浆网膜上有钙通道和钙泵，具有调节肌浆中 Ca^{2+} 浓度功能。

（三）骨骼肌纤维的分型

1. 红肌纤维　较细小，暗红色，肌浆内富含肌红蛋白和线粒体，肌原纤维少而细。肌纤维收缩缓慢持久。肋间肌和股四头肌以红肌纤维为主。

2. 白肌纤维　较粗大，淡红色，肌浆内肌红蛋白和线粒体较少，肌原纤维较多。肌纤维收缩迅速有力但持续时间短。臂二头肌、半膜肌和鸟类飞翔肌以白肌纤维为主。

3. 中间型肌纤维　肌纤维的结构与功能介于白肌纤维和红肌纤维之间。

通常一块肌肉内，三种肌纤维均有，比例随不同肌肉而异。如动物四肢肌肉内红肌纤维较多，适于持续保持姿势；鸟的飞翔肌以白肌纤维为主，适于快速而灵敏的运动。

二、心肌

心肌（cardiac muscle）由心肌纤维组成，主要分布于心壁和邻近心脏的大血管基部管壁。

（一）心肌纤维的显微结构

心肌纤维短柱状，有分支，分支相互连接成网。心肌纤维间的连接处称闰盘。HE 染色标本中，闰盘呈深色的横线或阶梯状。心肌纤维一般有一个卵圆形的核，位于细胞中央，偶见双核细胞。心肌纤维有明暗相间的横纹，但不及骨骼肌纤维那样明显。

（二）心肌纤维的超微结构特点

1. 肌丝不形成肌原纤维而是被大量纵行排列的线粒体分隔成粗细不等、界限不太明显的肌丝束，故肌原纤维没有骨骼肌纤维那样规则、明显，横纹不及骨骼肌纤维明显。

2. 横小管较粗，位于 Z 线水平。

3. 肌浆网较稀疏，终池少而小，横小管多与一侧的终池组成二联体，故心肌肌浆网贮存 Ca^{2+} 的能力较差。

4. 闰盘位于 Z 线水平，常呈阶梯状，由相邻心肌纤维的肌膜相互嵌合而成，在横向连接的部位有中间连接和桥粒，起牢固连接作用，在纵向连接的部位，有缝隙连接，利于细胞间的信息传导，保证心肌纤维的同步收缩和舒张。

三、平滑肌

平滑肌（smooth muscle）由成束或成层的平滑肌细胞构成，排列整齐。主要分布在胃肠道、呼吸道、泌尿生殖道以及血管和淋巴管的管壁。平滑肌纤维无横纹，收缩较为缓慢而持久，属不随意肌。

（一）平滑肌纤维的显微结构

长梭形，无横纹，长短不一，每个平滑肌纤维有一个长椭圆形或杆状的胞核，位于细胞中央，收缩时胞核可扭曲呈螺旋形。平滑肌纤维横断面为大小不一的圆形或不规则形，有的可见胞核。

（二）平滑肌纤维的超微结构特点

1. 肌膜向肌浆内凹陷形成众多小凹，相当于横纹肌的横小管。

2. 肌浆网不发达，呈稀疏小管状，位于肌膜下，邻近小凹。没有肌原纤维，不形成明显的肌节。

3. 细胞骨架系统比较发达，由密斑、密体和中间丝组成。密斑为细肌丝附着点；密体是细肌丝和中间丝共同附着点，相邻密体间有中间丝相连。

4. 肌纤维周边肌浆中，含有粗、细两种肌丝，细肌丝一端固定在密斑或密体上，另一端游离，粗肌丝均匀分布于细肌丝之间。若干条粗肌丝和细肌丝聚集形成肌丝单位或称收缩单位。

5. 相邻平滑肌纤维之间存有缝隙连接，便于化学信息和神经冲动的传递，有利于众多平滑肌纤维同时收缩而形成功能上的整体。

第四节　神经组织

神经组织（nervous tissue）主要由神经细胞和神经胶质细胞组成，它们都是高分化细胞且均有突起。神经细胞是神经系统的结构和功能单位，亦称神经元，具有感受刺激、整合信息和传导冲动的能力，有些神经元还具有内分泌功能。神经元通过突触彼此连接，形成复杂的神经通路和网络，以实现神经系统的各种功能。神经胶质细胞也称神经胶质，数量约为神经元的10~50倍，遍布于神经元胞体和突起之间，对神经元起支持、营养、保护、绝缘和引导等作用。

一、神经元

神经元（neuron）的形态多种多样，但均可分为胞体和突起两部分，突起又可分为树突和轴突两种（图2-20）。

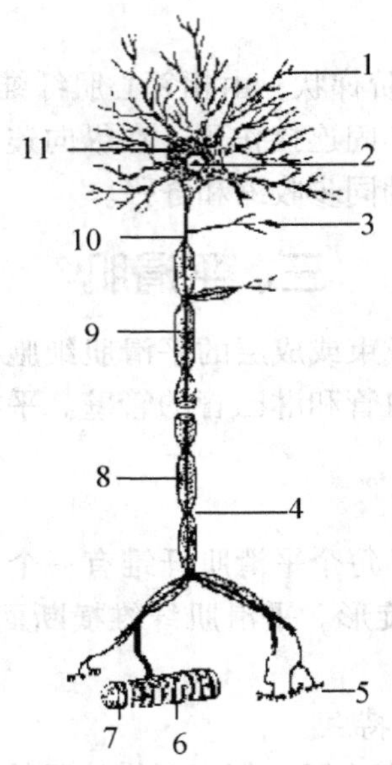

图2-20　运动神经元结构模式图

1. 树突；2. 细胞核；3. 侧枝；4. 郎飞氏结；5. 轴突末梢；6. 运动终板；7. 骨骼肌纤维；8. 施万细胞核；9. 髓鞘；10. 轴突；11. 尼氏体

（一）神经元的结构

1. 胞体　胞体的形态有球形、锥形、梭形或星形等，大小不一，包括细胞膜、细胞核和核周质（胞核周围的胞质），是神经元的代谢、营养中心。

（1）细胞膜　为可兴奋的单位膜，具有接受刺激和传导神经冲动的功能。

（2）细胞核　大而圆，位胞体中央，着色浅，核仁大而明显。

（3）核周质　除含有线粒体、高尔基复合体和溶酶体等一般细胞器外，还含有两种特殊结构：

①尼氏体（Nissl′s bodies）：又称嗜染质（图2-21），光镜下为颗粒状或小块状的嗜

碱性物质，主要分布于胞体和树突内，运动神经元的尼氏体丰富而发达，呈虎斑样；电镜下，尼氏体由许多平行排列的粗面内质网及其间游离的核糖体组成；尼氏体的功能是合成神经递质、神经分泌物和神经元的结构蛋白。当神经元疲劳或受损时，尼氏体减少或消失，因此尼氏体可作为神经元功能状态的一种判定标志。

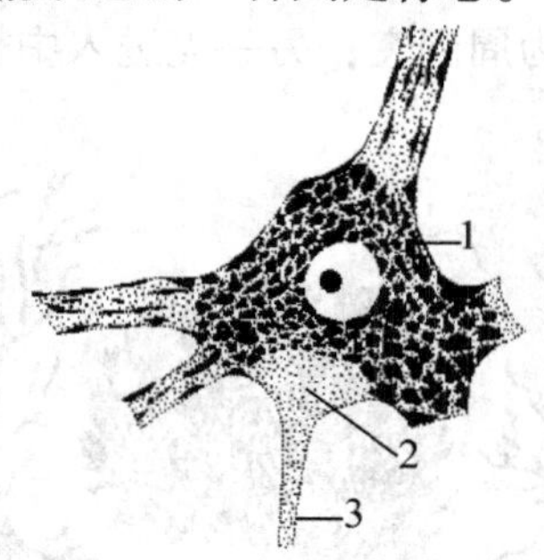

图 2－21　神经元的尼氏体

1. 尼氏体；2. 轴丘；3. 轴突

②神经原纤维（neurofibril）（图 2－22）：光镜下，银染标本上呈棕黑色细丝状结构，胞体内交织成网，伸入突起内平行排列；电镜下，神经原纤维由排列成束的神经丝和微管组成；神经原纤维的功能是构成神经元的细胞骨架，参与物质的运输。

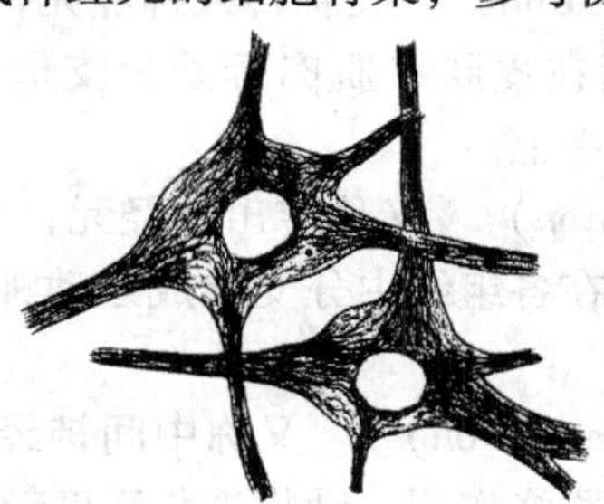

图 2－22　神经元的神经原纤维

2. 突起

（1）树突（dendrite）　1 个至多个，多呈树枝状分支；内部结构与核周质相似，含有尼氏体、神经原纤维和高尔基复合体等。树突表面常有许多棘状突起，称树突棘，是形成突触的主要部位。树突的分支和树突棘扩大了神经元接受刺激的面积。树突的功能接受刺激并将冲动传向胞体。

（2）轴突（axon）　细索状，直径均匀，分支少，一个神经元一般只有一根轴突。轴突长短不一，短的直径仅数微米，长的可达 1 米以上，可有侧支呈直角分出。轴突的起始部呈圆锥形隆起，称轴丘；末端分支较多，形成轴突终末。轴突表面的细胞膜称轴膜，其内的胞质称为轴质（浆），轴质内没有尼氏体和高尔基复合体，但含有神经原纤维和线粒体。轴突的功能是将神经冲动从胞体传向终末。

（二）神经元的分类

1. 根据神经元突起的数目

（1）多极神经元（multipolar neuron）　有一个轴突和多个树突，如脑和脊髓内的运动神经元。

（2）双极神经元（bipolar neuron）　有一个轴突和一个树突，如嗅觉器官、内耳和视网膜上的感觉神经元。

（3）假单极神经元（pseudounipolar neuron）　从胞体发出一个突起，距胞体不远处呈“T”形分支，一支走向外周，称为周围突；另一支进入中枢神经系统，称中枢突，如脊神经节内的感觉神经元（图 2－23）。

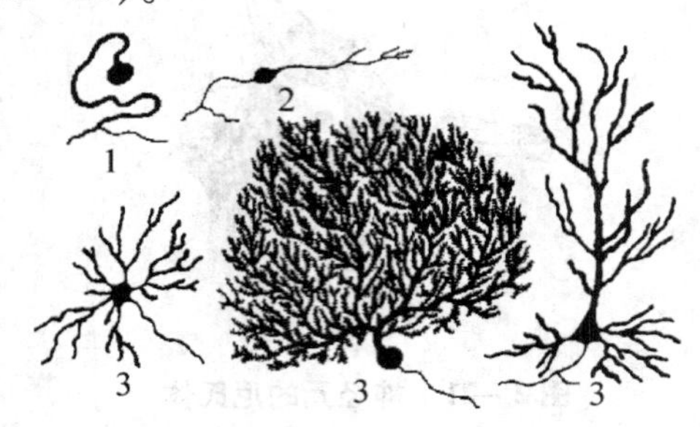

图 2－23　神经元的几种类型

1. 假单极神经元；2. 双极神经元；3. 多极神经元

2. 根据神经元的功能

（1）感觉神经元（sensory neuron）　又称传入神经元，多为假单极神经元，胞体位于脑脊神经节内，其周围突的末梢在皮肤和肌肉等处分支形成感觉神经末梢，功能是接受内、外环境刺激，并将刺激传向中枢。

（2）运动神经元（motor neuron）　又称传出神经元，多为多极神经元，胞体位于脑、脊髓和自主神经节内，其长轴突在各组织中分支形成运动神经末梢，功能是将神经冲动传给肌肉或腺体，产生效应。

（3）联络神经元（association neuron）　又称中间神经元，多为多极神经元，位于感觉神经元和运动神经元之间，起联络作用。动物进化程度越高，体内中间神经元数目越多。

3. 根据神经元所释放的神经递质　胆碱能神经元、胺能神经元、肽能神经元和氨基酸能神经元四类。

二、突触

突触（synapse）是神经元与神经元之间，或神经元与非神经元（肌细胞、腺细胞等）之间一种特化的细胞连接，是神经元传递信息的功能部位。一个神经元的冲动可传给多个神经元，并可接受多个神经元传来的冲动。

（一）突触的分类

1. 根据神经元的连接部位及信息在突触的传导方向可分为：轴－树突触、轴－棘突触、轴－体突触、轴－轴突触和树－树突触等。

2. 根据突触传导信息的方式可分为：

（1）化学性突触　以神经递质（化学物质）作为传递信息的媒介，神经冲动的传导为单向传导。哺乳动物神经系统内以此类突触为主。

（2）电突触　通过缝隙连接直接传递电信息（电流），神经冲动的传导为双向传导。哺乳动物中较少见。

（二）化学性突触的结构

光镜下，呈蝌蚪状或扣环状；电镜下，可分为突触前成分、突触间隙和突触后成分三部分（图2－24）。

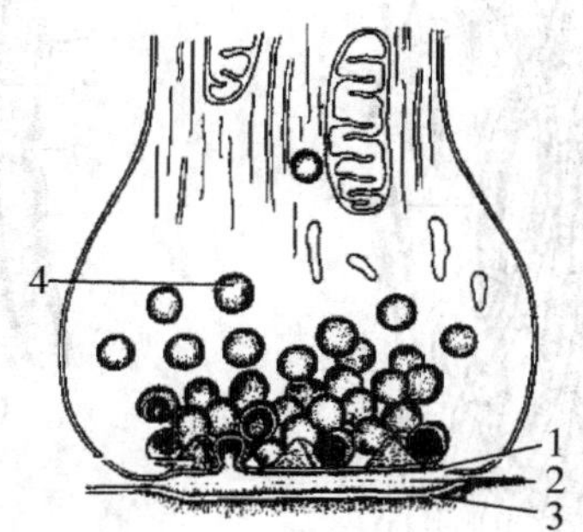

图2－24　突触超微结构模式图

1. 突触前膜；2. 突触间隙；3. 突触后膜；4. 突触小泡

1. 突触前成分（presynapeic element）　通常为轴突终末的球形膨大部分，主要由突触前膜和突触小泡组成。突触前膜是轴突终末与另一个神经元相接触处的细胞膜特化增厚的部分；突触前膜胞质面有些电子密度高的锥形致密突起，突起间容纳有突触小泡。突触小泡位于突触前膜内侧轴质内，大小不一，形态多样，一般呈圆形或扁圆形，内含乙酰胆碱、去甲肾上腺素和5-羟色胺等神经递质或神经调质。

2. 突触间隙（synaptic cleft）　突触前膜与突触后膜间的狭小间隙，含有糖蛋白和一些细丝状物质，能与神经递质结合，促进神经递质传递。

3. 突触后成分（postsynaptic element）　包括突触后膜和递质受体。突触后膜胞质面附着有致密的突触后致密物，含有与相应神经递质特异性结合的受体。

（三）化学性突触的信息传递

当神经冲动沿轴膜传至轴突终末时，触发并开启突触前膜上的钙通道，细胞外 Ca^{2+} 进入突触前成分，突触小泡通过胞吐释放神经递质入突触间隙；部分神经递质与突触后膜上的特异性受体结合，改变突触后膜内、外离子的分布，产生兴奋或抑制性变化，进而影响突触后神经元或非神经元（效应细胞）的活动。随后，神经递质被相应的水解酶降解而失活，以保证突触传递神经冲动的敏感性。

三、神经纤维

神经纤维（nerve fiber）由神经元的长突起（轴突和长树突）和包在它外面的神经胶质细胞构成。根据神经纤维有无髓鞘，可将神经纤维分为有髓神经纤维和无髓神经纤维（图2－25）。

1. 有髓神经纤维　数量较多，哺乳动物周围神经系统的神经和中枢神经系统白质中的神经纤维大多是有髓神经纤维。光镜下，有髓神经纤维由中央的轴索与其外包裹的髓鞘组成。髓鞘的主要化学成分是髓磷脂，电镜下其呈明暗相间的板层结构，具有绝缘和保护作用。有髓神经纤维的髓鞘由少突胶质细胞（中枢神经系统）或神经膜细胞（又称施旺细胞）（外周神经系统）形成，呈节段状，节段间缩窄、无髓鞘包裹的部分称神经纤维结或郎飞氏结；相邻两神经纤维结间的一段神经纤维称结间体。有髓神经纤维轴膜兴奋的传导

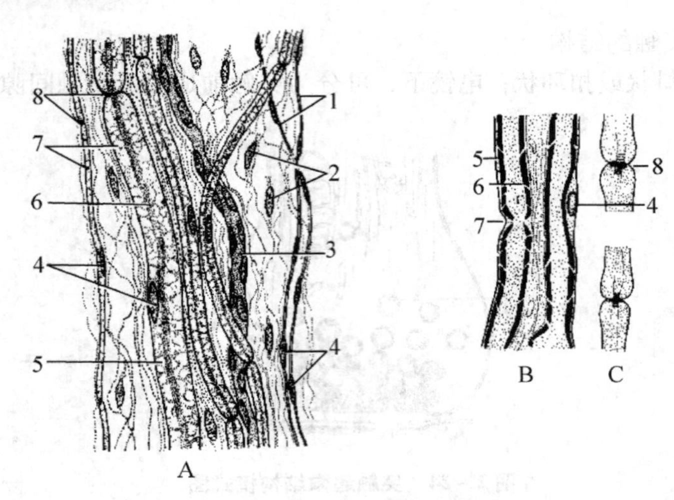

图 2-25　周围有髓神经纤维

A. 神经铺片示有髓和无髓神经纤维；B. 锇酸固定染色示髓鞘；C. 银染色法示甫　结

1. 无髓神经纤维；2. 成纤维细胞；3. 毛细血管；4. 施旺细胞；5. 髓鞘；6. 轴突；7. 有髓神经细胞；8. 甫　结

为跳跃式传导，故传导速度快。

2. 无髓神经纤维　周围神经系统无髓神经纤维由较细的轴突和包在其外面的神经膜细胞组成，轴突位于神经膜细胞表面深浅不一的纵沟内。神经膜细胞沿轴突连续排列，不形成髓鞘和神经纤维节，一个神经膜细胞可包埋数条轴索。中枢神经系统的无髓神经纤维的轴突外面没有任何鞘膜，因此为裸露的轴突。

四、神经末梢

神经末梢（nerve ending）是周围神经纤维的终末部分，分布于全身各组织或器官内。按其功能可分为感觉神经末梢和运动神经末梢。

（一）感觉神经末梢

感觉神经末梢（sensory nerve ending）是感觉神经元周围突的终末部分，其与附属结构共同构成感受器。其功能是接受内、外环境的各种刺激，并将刺激转化为神经冲动，传向中枢，产生感觉。按结构可分为：

1. 游离神经末梢（图 2-26）　结构简单，由神经纤维终末部分失去神经膜细胞后，轴突裸露并反复分支形成。分布于上皮组织、结缔组织和肌组织内，具有感受冷、热、疼痛和轻触刺激的功能。

2. 有被囊神经末梢　形式较多，大小不一，外面包有结缔组织被囊，主要有：

（1）触觉小体（图 2-27）　椭圆形，分布于皮肤的真皮乳头内，主要具有感受触觉的功能。

（2）环层小体（图 2-27）　体积较大，球形或椭球形，广泛分布于真皮深层、皮下组织、肠系膜、韧带和关节囊等处，具有感受压力、振动觉和张力觉等功能。

（3）肌梭（图 2-28）　广泛分布于骨骼肌内的梭形小体，一种本体感受器，具有感受肌纤维伸缩变化及机体位置变化，调节骨骼肌活动等功能。

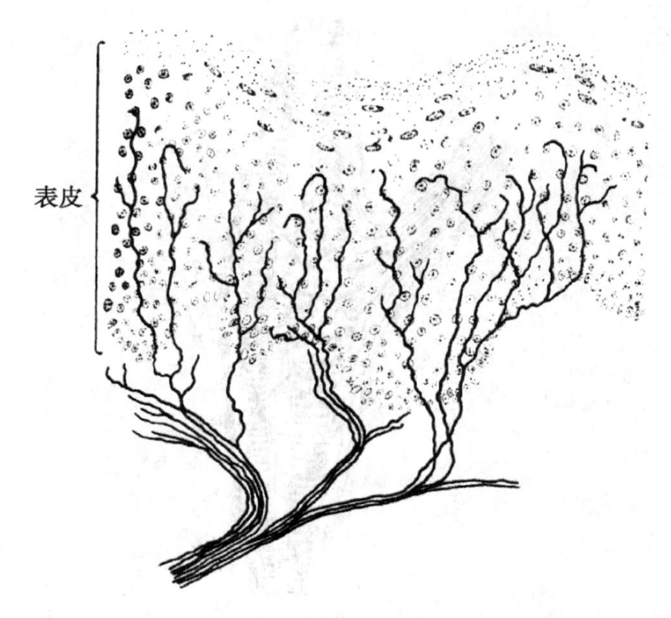

图 2－26　游离神经末梢

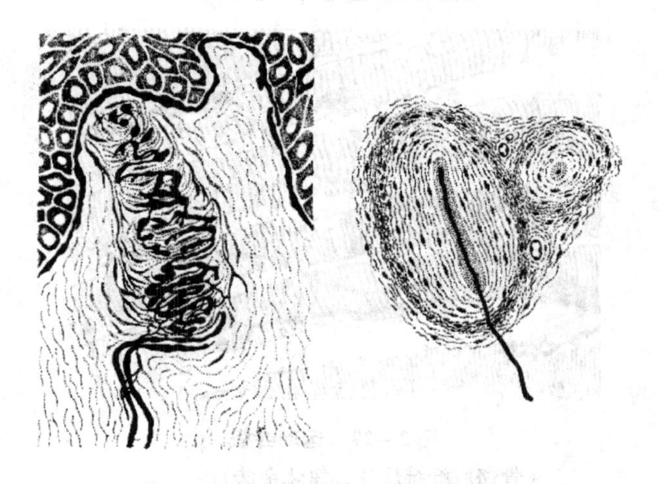

图 2－27　触觉小体（左）和环层小体（右）

（二）运动神经末梢

运动神经末梢（motor nerve ending）是运动神经元的长轴突分布于肌组织和腺体内的终末结构，支配肌肉的收缩和腺体的分泌。运动神经末梢与其邻近组织共同组成效应器。常见的运动神经末梢有躯体运动神经末梢和内脏运动神经末梢两种。

1. 躯体运动神经末梢　分布于骨骼肌内。轴突离开中枢神经抵达骨骼肌时，髓鞘消失，轴突反复分支，每一分支末端形成纽扣状膨大与骨骼肌形成化学突触连接，此连接区域呈椭圆形板状隆起，称运动终板（图 2－29）。一个神经元可支配多条肌纤维。

2. 内脏运动神经末梢（图 2－30）　为分布于心肌、腺上皮细胞及内脏和血管平滑肌等处的自主性神经末梢。神经纤维较细，无髓鞘，其轴突终末分支常呈串珠状膨大，称为膨体，是与效应细胞建立突触联系的部位。膨体内有许多圆形或颗粒型突触小泡，内含乙

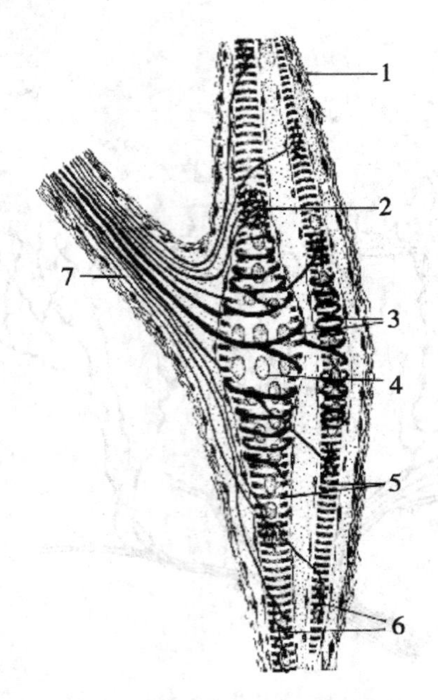

图 2-28 肌梭结构模式图

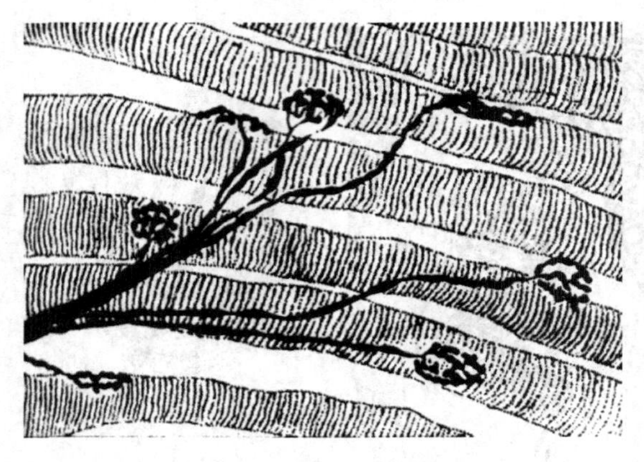

图 2-29 运动终板

（骨骼肌纤维压片，氯化金法）

酰胆碱或去甲肾上腺素、肽类神经递质。

五、神经胶质细胞

神经胶质细胞广泛分布于中枢和周围神经系统，其细胞体积较小，胞质内没有尼氏体和神经原纤维；细胞具有突起，但无树突和轴突之分，且无传导神经冲动的功能。

（一）中枢神经系统的神经胶质细胞

1. 星状胶质细胞（astrocyte）（图 2-31-A、B） 体积最大、数量最多的一种神经胶质细胞，胞体呈星状，核大，呈圆形或卵圆形，染色较浅。胞体形成许多放射状突起，末端膨大，形成脚板，附于毛细血管壁上或附着在脑和脊髓表面，形成胶质界膜。室管膜细胞与星状胶质细胞共同构成脑-脑脊液或血-脑脊液屏障，对神经元的代谢具有调节作用。星状胶质细胞的脚板与毛细血管紧密连接处构成血-脑屏障，有筛选某些药物、染料以及其

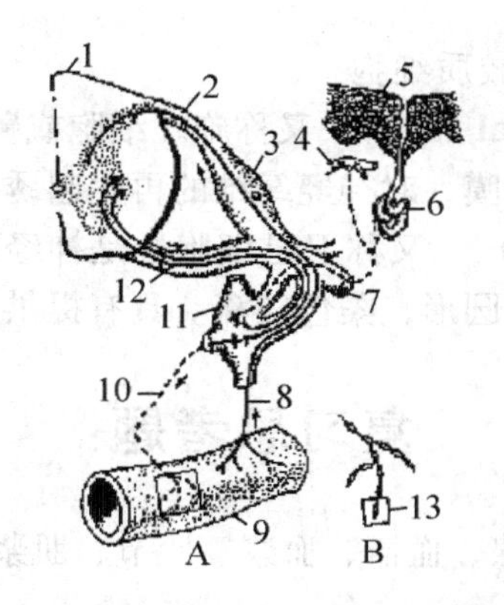

图 2－30 内脏运动神经纤维及其末梢

A. 内脏神经分布图解；B. 内脏运动神经末梢

1. 脊髓（左半）；2. 后根；3. 脊神经节；4. 血管；5. 皮肤；6. 汗腺；7. 脊神经；8. 内脏传入神经；9. 肠；10. 节后神经；11. 交感神经节；12. 节前神经；13 膨体

他化学物质进入脑组织的作用。

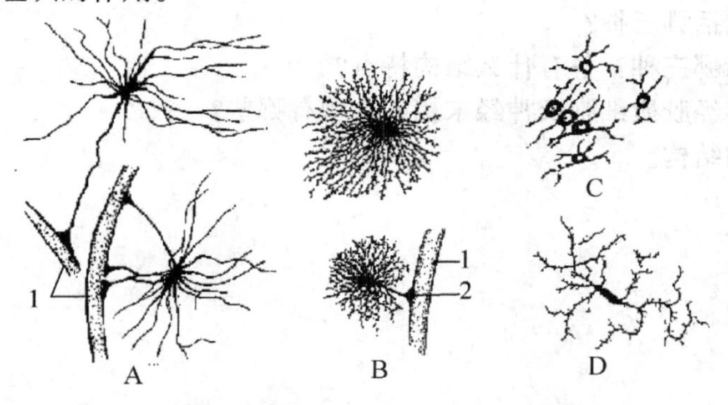

图 2－31 中枢神经系统的神经胶质细胞

A. 纤维性星状胶质细胞；B. 原浆性星状胶质细胞；

C. 少突胶质细胞；D. 小胶质细胞

1. 血管；2. 脚板

2. 少突胶质细胞（oligodendrocyte）（图 2－31－C） 银染标本中，胞体较星形胶质细胞小，突起较少，常呈串珠状；特异性免疫细胞化学染色标本上，可见其有较多突起，且突起分支较多。少突胶质细胞是中枢神经系统内形成髓鞘的细胞，其突起末端扩展成扁平薄膜，包绕神经元的轴突形成髓鞘。

3. 小胶质细胞（microglia（图 2－31－D） 最小的神经胶质细胞，分布于灰质与白质内。胞体细长或椭圆形；核小，扁平或三角形，深染；突起细长有分支，表面有许多小棘突。小胶质细胞属于单核吞噬细胞系统，此外，小胶质细胞还是中枢神经系统的抗原呈递细胞和免疫效应细胞。

4. 室管膜细胞（ependymal cell） 立方形或柱状，单层，分布于脑室和脊髓中央管的腔面形成室管膜。细胞游离面有许多微绒毛，有的细胞游离面有纤毛；有的细胞基部发出细长突起伸入至脑和脊髓的深层，称为伸长细胞。室管膜细胞的功能是支持和保护作用；参与脑脊液的形成。

（二）周围神经系统的神经胶质细胞

1. 神经膜细胞（neurilemmal cell） 又称施旺细胞或鞘细胞，形成周围神经纤维的髓鞘。神经膜细胞外表面有一层基膜，对神经纤维的再生起诱导作用。

2. 被囊细胞（capsular cell） 又称卫星细胞，是神经节内包裹神经元胞体的一层扁平或立方形细胞，胞核圆形或卵圆形，染色较深。具有提供营养和保护神经元的作用。

复习思考题

1. 概念：组织、腺上皮、腺、血清、血浆、肌节、肌浆网、闰盘、尼氏体、神经原纤维、突触、神经纤维。
2. 简述上皮组织、结缔组织的一般结构特点。
3. 被覆上皮按照细胞层次和形态分为哪几类？各分布于哪些器官？
4. 疏松结缔组织的细胞和纤维成分有哪些？其形态结构与功能特点是什么？
5. 血液的构成及各种血细胞的形态结构、染色特点与功能。
6. 软骨组织包括哪三种？
7. 肌组织包括哪三种？各有什么结构特点？
8. 神经元、神经胶质细胞及神经末梢的类型有哪些？
9. 简述突触的结构。

第三章

运动系统

家畜的运动系统由骨、骨连结和骨骼肌三部分共同组成。骨是构成有机体坚硬支架和运动杠杆，骨通过骨连结构成骨骼；骨连结指相邻骨借软骨、纤维和滑膜等相互连接，是运动的枢纽；骨骼肌是运动的动力器官。运动系统约占家畜体重的70%～80%，它直接影响着家畜的屠宰率、肉的品质和使役能力。此外，家畜体表的一些骨性和肌性标志在畜牧兽医生产实践中常作为确定内脏器官的位置、体尺测量和针灸穴位的依据。

第一节　骨和骨连结

一、概　述

骨（*os*）由骨组织构成，有丰富的血管和神经等，具有新陈代谢和生长发育的特点，还具有改建和再生以及造血能力。另外，骨还具有贮存Ca和P，并参与有机体的Ca和P调节和平衡等。有机体全身骨的数量、大小、形态、结构等特征因品种不同而有些差异。牛（羊）210枚；猪270～288枚；马205枚。

（一）骨的类型

畜体全身各骨，因功能不同，形态表现各异。一般分为：长骨、短骨、扁骨和不规则骨。

1. 长骨（*os longum*）　分管状长骨和弓形长骨。管状长骨呈圆筒状，分骨体和骨端，骨多分布于四肢，起支撑和运动杠杆作用。弓形长骨呈弓形狭长，大多数无骨髓腔，主要分布于胸廓，起支撑和保护作用。

2. 短骨（*os breve*）　呈纺锤形，小而坚实，短骨多分布于运动灵活、受力较大的部位，如四肢长骨之间，腕骨、跗骨、趾骨等。具有分散压力，缓冲震动，支持和杠杆作用。

3. 扁骨（*os planum*）　呈板状，扁而宽。扁骨主要提供宽大肌肉附着面和保护作用。如头部各骨、肩胛骨、骨盆骨等。

4. 不规则骨（*os irregulare*）　形态不规则，多位于畜体中轴且不对称。如椎骨等。

（二）骨的构造

骨由骨膜、骨质、骨髓以及血管、神经等构成（图3－1）。

1. 骨膜（*periosteum*）　指被覆于骨表面的一层结缔组织膜，富含血管和神经，新鲜时呈粉红色。在肌腱和韧带附着处显著增厚。骨膜有深浅之分。浅层（纤维层）具有营养和保护作用；深层（成骨层）含成骨细胞，具有修补和再生能力。

2. 骨质（*substantia*）　骨的主要成分，分松质骨和密质骨。密质骨位于骨的表面，由

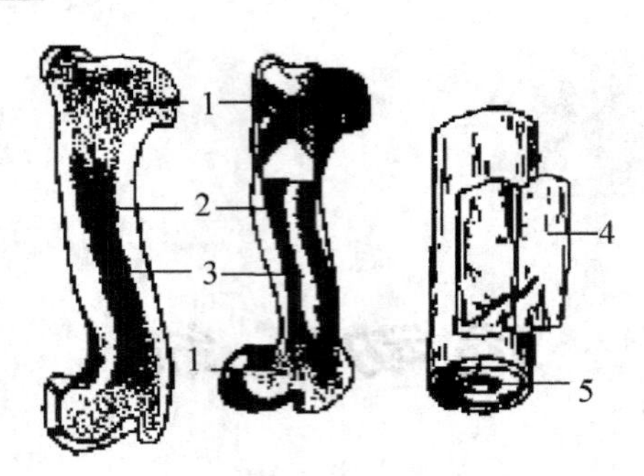

图 3－1　骨的构造

1. 骨松质；2. 骨密质；3. 骨髓腔；4. 骨膜；5. 骨髓

紧密排列的骨板构成，致密而坚硬。松质骨位于骨内部和骨骺部，由许多骨针和骨小板构成，呈海绵状，骨针和骨小板排列方向与该骨所承受压力和张力方向一致。

3. 骨髓（*medulla ossium*）　位于骨髓腔和松质骨间隙内，富含血管，分红骨髓和黄骨髓。红骨髓：多见于幼畜，具有造血功能；黄骨髓：成畜和老年畜，主要为脂肪组织，贮存营养物质。当机体大失血时，可恢复造血功能。

（三）骨的化学成分和物理特性

1. 物理特性　骨是体内最坚固的组织，具有一定的弹性，能够承受相当大的压力和拉力。这种物理特性不仅与骨的形态和内部结构有关，而且还与其化学成分有关。

2. 化学成分　骨的化学成分包括有机质和无机质。有机质主要是骨胶原，具有弹性，柔软易弯曲，无支撑力；无机质主要是磷酸钙、碳酸钙和氟化钙等。具有坚固性，能承受压力，有支撑力。骨的化学成分与家畜的年龄、饲养管理条件等直接有关，一般来说，幼年家畜有机质较多，老年家畜无机质较多，易发生骨折。另外，饲料中长期钙磷不平衡，可产生“软骨症”。

（四）骨连结

骨与骨之间借纤维、软骨和骨等结缔组织相连，形成骨连结。按照连结方式可分为直接连结和间接连结两大类。

1. 直接连结　分为纤维连结、软骨连结和骨性结合三种。

（1）纤维连结　两骨之间以纤维结缔组织连结，比较牢固，一般无活动性，如头骨的连结、桡骨和尺骨间的韧带联合等。当老龄时常骨化，变成骨性结合。

（2）软骨连结　软骨连结又可分为纤维软骨连结和透明软骨连结。纤维软骨连结终生不骨化，如椎骨间的椎间盘；透明软骨连结随家畜年龄的增长而骨化，转变为骨性结合。

（3）骨性结合　两骨的相对面以骨组织连结，完全不能运动，骨性结合常由软骨连结和纤维连结骨化而成，如荐椎椎体间的融合，髂骨、坐骨和耻骨间的结合等。

2. 间接连结　骨与骨之间不直接相连结，关节面间有滑膜包围的腔隙，能进行灵活的运动。又称滑膜连结，简称关节。

（1）关节基本结构　包括关节面与关节软骨、关节囊、关节腔三部分（图 3－2）。

① 关节面与关节软骨　关节面（*facies articularis*）是骨与骨相接触的面，致密而平滑，形状相互吻合。关节面表面被有一层透明软骨，光滑而有弹性和韧性，具有减少摩擦和震动等作用。

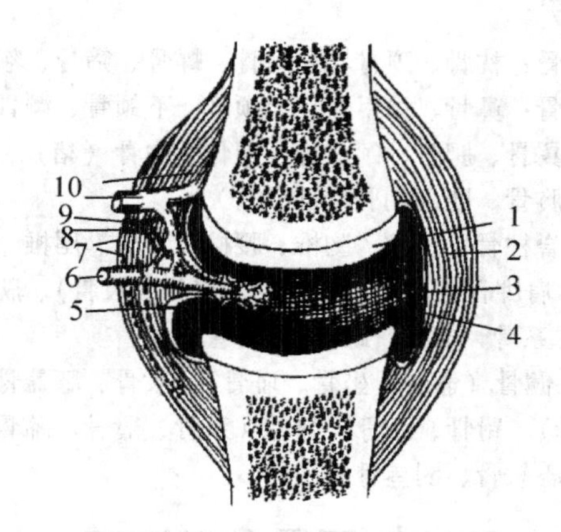

图 3－2　关节构造模式图

1. 关节软骨；2. 关节囊纤维层；3. 关节囊滑膜层；4. 关节腔；5. 滑膜绒毛；6. 动脉；7、8. 感觉神经纤维；9. 植物性神经；10. 静脉

② 关节囊（*capsula articularis*）　由结缔组织构成的膜，附着在相邻两骨的关节面周围，囊壁分两层：外层为纤维层，厚而坚韧；内层为滑膜层，薄而柔软，能分泌滑液。

③ 关节腔（*cavum articularis*）　为关节软骨与关节囊之间的密闭的腔隙。内含少量滑液，滑液为无色透明或淡黄色，具有黏性。有滑润关节、缓冲震动、减少关节损耗和营养关节软骨等作用。

（2）关节的辅助结构　包括关节韧带、关节盘、缘软骨或关节唇等。

①关节韧带　见于多数关节，由致密结缔组织构成，将关节两骨连在一起，以加固关节，韧带配置与关节运动特点有关。分布于关节两侧的韧带称侧韧带，分布于关节内的韧带称内韧带，分布于骨间的韧带称骨间韧带。

②关节盘（*discus articularis*）位于关节面之间的纤维软骨板，使关节面相互吻合，扩大运动范围，减少冲击和震动等。如椎骨间的椎间盘、膝关节中的半月板等。

③缘软骨或关节唇　附着于关节窝周缘的纤维软骨环，可加深关节窝，扩大关节面，防止边缘破裂等作用。如髋臼周围的缘软骨。

④ 关节的血管和神经　关节的血管主要来自附近的血管分支，在关节周围形成血管网，再分支到骨骺和关节囊。神经也来自附近的神经分支，分布于关节囊和韧带。

（3）关节运动　关节在骨骼肌作用下产生各种运动，运动形式取决于关节面形状和韧带排列。主要的运动形式有滑动、伸屈运动、内收与外展运动、旋转运动等。

（4）关节类型　根据功能和要求有不同的分类形式。

根据组成关节骨的数量可分为单关节和复关节两种。仅有两枚骨构成的关节称为单关节，如肩关节；由两枚以上骨构成的关节称为复关节，如膝关节、腕关节等。

根据关节运动的轴数可分为单轴关节、双轴关节和多轴关节三种。

（五）畜体全身骨骼的划分

家畜全身骨骼可划分为中轴骨、四肢骨和内脏骨。中轴骨包括躯干骨和头骨；四肢骨包括前肢骨和后肢骨。现将家畜全身骨骼的划分列表如下：

- 中轴骨
  - 头骨
    - 颅骨：枕骨、顶骨、顶间骨、蝶骨、筛骨、额骨、颞骨
    - 面骨：鼻骨、鼻甲骨、上颌骨、下颌骨、颧骨、泪骨、犁骨、翼骨、腭骨、颌前骨、舌骨、吻骨（猪）
  - 躯干骨
    - 胸骨、肋（肋骨和肋软骨）
    - 脊柱骨：颈椎、胸椎、腰椎、荐椎、尾椎
- 四肢骨
  - 前肢骨：肩胛骨、肱骨、前臂骨（挠骨和尺骨）、腕骨、掌骨、指骨（系骨、冠骨、蹄骨）、籽骨
  - 后肢骨：髋骨（髂骨、坐骨、耻骨）、股骨、膝盖骨、小腿骨（胫骨和腓骨）、跗骨、跖骨、趾骨（系骨、冠骨、蹄骨）、籽骨
- 内脏骨　心骨、心软骨、阴茎骨等

二、躯干骨及其连结

（一）躯干骨

躯干骨包括椎骨、肋和胸骨。椎骨由颈椎、胸椎、腰椎、荐椎和尾椎组成（图 3－3、图 3－4、图 3－5）。

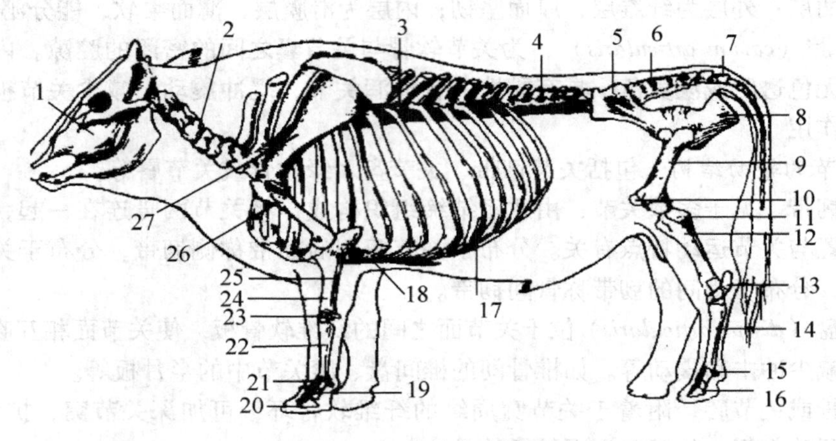

图 3－3　牛的全身骨骼

1. 头骨；2. 颈椎；3. 胸椎；4. 腰椎；5. 髂骨；6. 荐骨；7. 尾椎；8. 坐骨；9. 股骨；10. 髌骨；11. 腓骨；12. 胫骨；13. 跗骨；14. 跖骨；15. 近籽骨；16. 远籽骨；17. 肋；18. 胸骨；19. 冠骨；20. 蹄骨；21. 系骨；22. 掌骨；23. 腕骨；24. 桡骨；25. 尺骨；26. 肱骨；27. 肩胛骨

脊柱位于畜体背侧正中，由一系列椎骨借软骨、关节和韧带连接而成，可支持体重、保护和悬挂内脏器官；椎管还可以容纳和保护脊髓。参与形成胸腔、腹腔和骨盆腔等。脊柱骨包括：颈椎、胸椎、腰椎、荐椎和尾椎。

1. 椎骨

（1）椎骨的一般性构造　椎骨由于各段部位和功能不同，其形态结构有一定差异，但基本结构相似。由椎体、椎弓和突起三部分组成（图 3－6、图 3－7、图 3－8、图 3－9）。

①椎体：位于椎骨的腹侧呈短柱状，前面为突出的椎头，后面为略凹的椎窝，相邻椎骨的椎头和椎窝借椎间盘（椎间软骨形成）相连形成脊柱。

②椎弓：呈弓形，位于椎体背侧，椎弓与椎体围成椎孔，所有椎孔连成椎管，容纳和

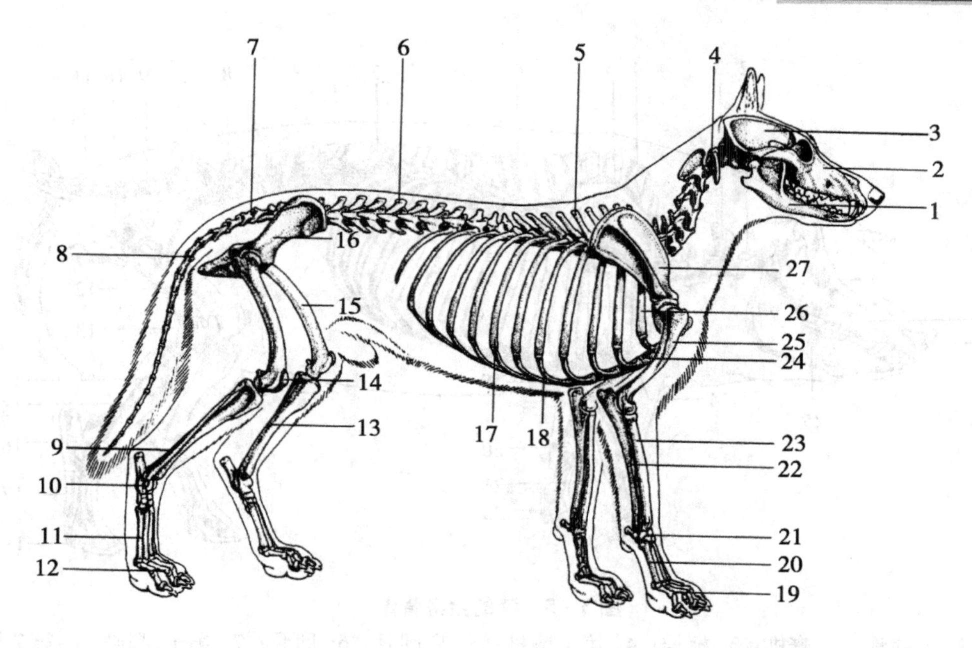

图3-4 犬的全身骨骼

1. 下颌骨；2. 上颌骨；3. 顶骨；4. 寰椎；5. 胸椎；6. 腰椎；7. 荐椎；8. 尾椎；9. 腓骨；10. 跗骨；11. 跖骨；12. 趾骨；13. 胫骨；14，膝盖骨；15. 股骨；16. 髂骨；17. 第8肋骨；18. 肋软骨；19. 指骨；20. 掌骨；21. 腕骨；22. 尺骨；23. 桡骨；24. 胸骨；25. 肱骨；26. 第2肋骨；27. 肩胛骨

保护脊髓，椎弓基部的前后缘两侧各有一切迹，相邻的切迹合成椎间孔，供血管、神经通过。

③突起：有三种，均从椎弓发出。棘突一个，由椎弓背侧正中向上伸出；横突一对，由椎弓或椎体与椎弓交界处向两侧伸出；关节突两对，分别位于椎弓背侧前后缘两侧，称前或后关节突。

（2）脊柱各段椎骨的主要特征

①颈椎（*vertebreae cervicales*）：哺乳动物颈椎有7枚。第一、二和第七颈椎形态特异，第三至六颈椎构造基本相似。

第三至六颈椎　椎头、椎窝明显，前后关节突发达，横突分前后两支，横突基部有横突孔，各颈椎横突孔连成横突管，供血管、神经通过。棘突不发达。牛的棘突从第3~7颈椎逐渐增高。

寰椎（*atlas*）又称第一颈椎，呈环形，分背侧弓和腹侧弓，前面形成较深的关节窝，与头骨枕髁成关节，后面形成鞍状关节面，与枢椎齿状突成关节。寰椎两侧呈板状，为寰椎翼，翼腹侧为窝，窝前方外侧为翼孔，内侧为椎外侧孔。牛无横突孔。

枢椎（*axis*）　第二颈椎，椎体前端形成齿状突，与寰椎鞍状关节面形成关节，棘突发达，前关节突形成齿状关节面，横突仅有一支，伸向后方，横突孔时有时无。

第七颈椎　短而宽，棘突发达，横突短而粗，不分支，无横突孔，椎窝两侧有一对肋窝，与第一对肋骨小头成关节。

② 胸椎（*vertebrae thoracales*）：牛（羊）13枚；猪14~15枚；马18枚。胸椎与肋和胸骨共

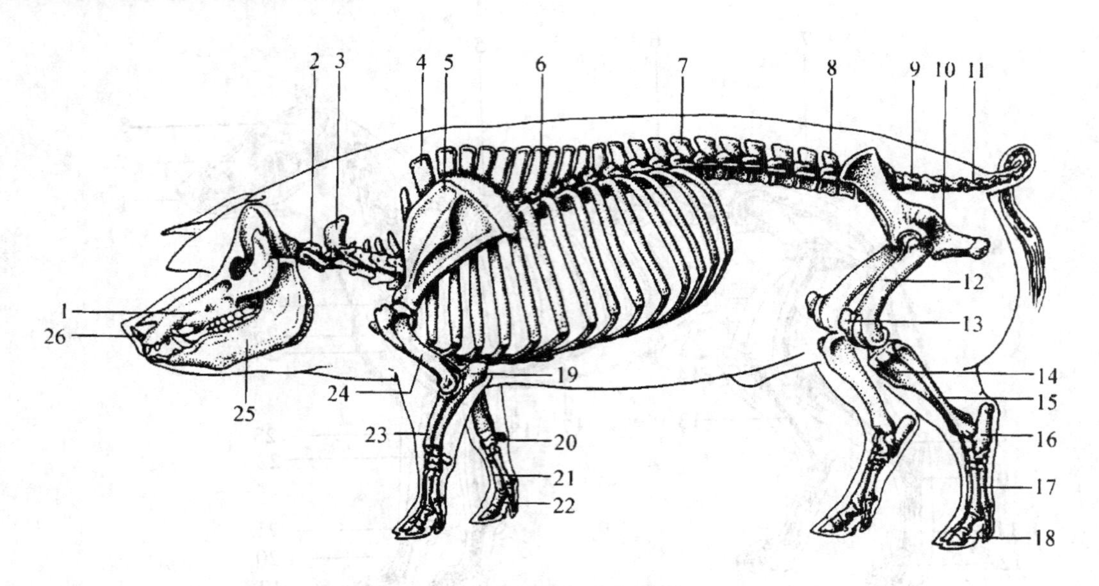

图 3-5　猪的全身骨骼

1. 上颌骨；2. 寰椎；3. 枢椎；4. 第 1 胸椎；5. 肩胛骨；6. 肋骨；7. 第 1 腰椎；8. 第 7 腰椎；9. 荐骨 10. 髋骨；11. 尾椎；12. 股骨；13. 膝盖骨；14. 胫骨；15. 腓骨；16. 跗骨；17. 跖骨；18. 趾骨；19. 凡骨；20. 腕骨；21. 掌骨；22. 指骨；23. 桡骨；24. 肱骨；25. 下颌骨；26. 吻骨

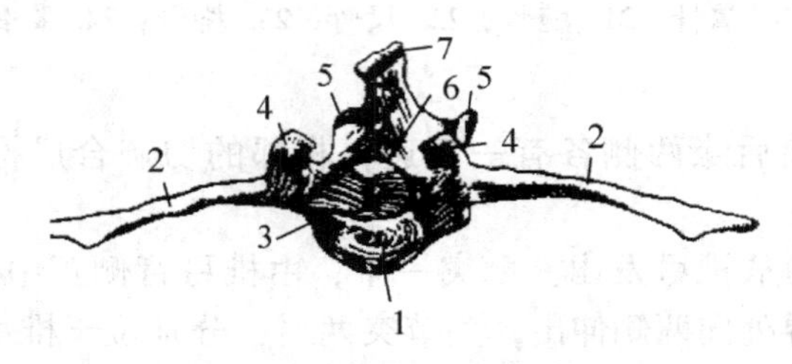

图 3-6　典型椎骨的构造：牛腰椎（前面）

1. 椎头；2. 横突；3. 椎孔；4. 前关节突；5. 后关节突；6. 椎弓；7. 棘突

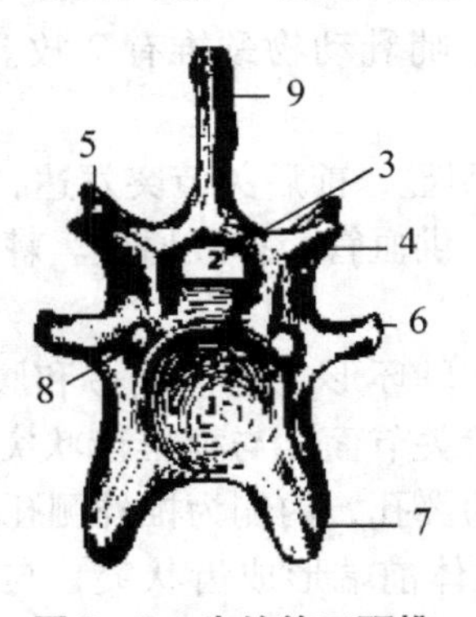

图 3-7　牛的第三颈椎

1. 椎体；2. 椎孔；3. 椎弓；4. 后关节突；5. 前关节突；6. 横突背侧支；7. 横突腹侧支；8. 横突孔；9. 棘突

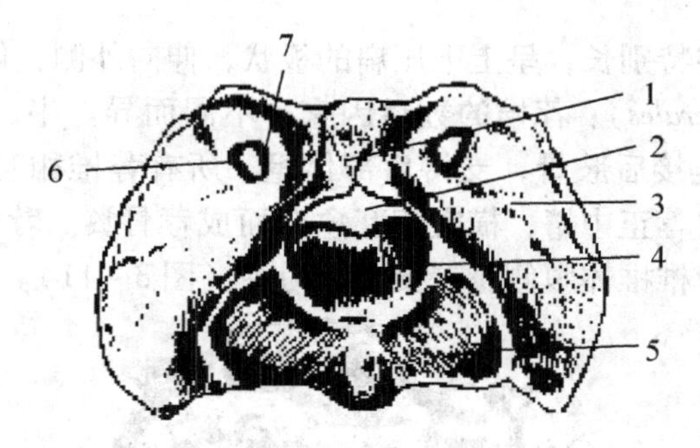

图 3-8 牛的寰椎

1. 背侧弓；2. 椎孔；3. 寰椎翼；4. 腹侧弓；5. 鞍状关节面；6. 翼孔；7. 椎外侧孔

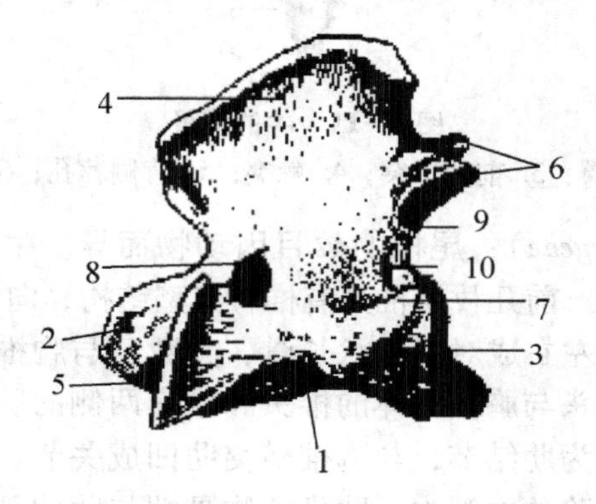

图 3-9 牛的枢椎

1. 椎体；2. 齿状突；3. 椎窝；4. 棘突；5. 鞍状关节面；6. 后关节突；7. 横突；8. 椎外侧孔；9. 椎后切迹；10. 横突孔

同构成骨性胸廓。胸椎特征表现为椎头和椎窝两侧均有与肋骨小头成关节的小关节窝（肋窝），关节突不发达，横突短，游离端有与肋结节成关节的关节面，无横突孔（图 3-10）。

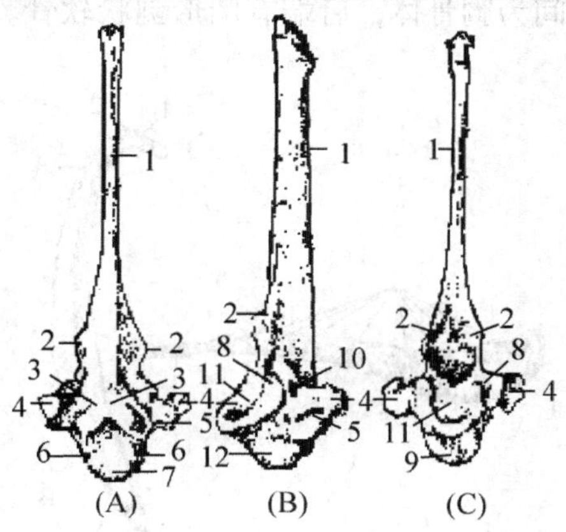

图 3-10 牛的胸椎

（A）前面观；（B）侧面观；（C）后面观

1. 棘突；2. 后关节突；3. 前关节突；4. 横突；5. 横突肋凹；6. 前肋凹；7. 椎头；8. 后肋凹；9. 腹侧嵴；10. 椎外侧孔；11. 椎窝；12. 椎体

③ 腰椎（*vertebrae lumbales*）：腰椎的数目因不同家畜而异，牛、马 6 枚；猪、羊 7 枚。

腰椎的特征表现为：横突特别长，呈上下压扁的板状，伸向外侧，体表可触摸。

④荐椎（*vertebrae sacrales*）：荐椎的数目因家畜不同而异。牛、马 5 枚；猪、羊 4 枚。荐椎构成骨盆腔基础，连接后肢骨，支持后部体重。所有荐椎相互愈合成一块，称荐骨。荐椎的棘突相互融合形成荐正中嵴，横突相互愈合而成荐骨翼。荐骨背侧和腹侧各有 4 对背侧或腹侧荐孔，第一荐椎椎体腹侧缘较突出称为岬（图 3－11）。

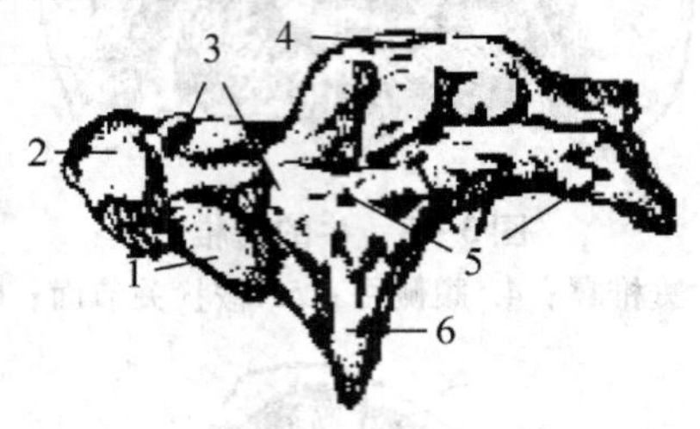

图 3－11　牛的荐骨

1. 椎头；2. 荐骨翼；3. 前关节突；4. 棘突；5. 背侧荐孔；6. 耳状关节面

⑤ 尾椎（*vertebrae coccygeae*）：尾椎的数目因动物而异。牛 18～20 枚；羊 3～24 枚；猪 20～24 枚；马 14～21 枚。前几枚尾椎具有椎骨典型结构，向后逐渐退化，仅保留椎体。

2. 肋（*costae*）　肋为左右成对的弓状长骨，其数目与胸椎数目相同，肋构成胸廓的侧壁。肋骨椎骨端有肋骨小头与胸椎椎体的椎头和椎窝两侧的肋窝成关节。肋骨小头下方缩细为肋骨颈，肋骨颈颈后为肋结节，与胸椎横突肋凹成关节。后几枚肋骨小头与肋结节愈合。肋骨内侧后缘有一凹陷的血管沟。肋骨的胸骨端与肋软骨相连接。前 8 对肋骨借肋软骨直接与胸骨连结称真肋或胸肋；其余称弓肋或假肋；各弓肋的肋软骨顺次相连而成肋弓；肋软骨末端游离的称浮肋。

3. 胸骨和胸廓

（1）胸骨（*sternum*）　（图 3－12）位于胸廓底壁正中，由 6～8 节胸骨节片和软骨组成，第一节为胸骨柄，中间为胸骨体，后端有圆形剑状软骨。胸骨节片两侧有肋窝，与肋软骨成关节。

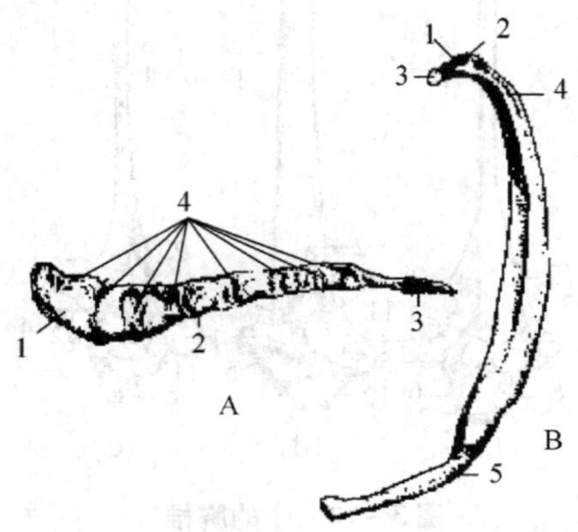

图 3－12　牛的胸骨和肋

A. 胸骨：1. 胸骨柄；2. 胸骨体；3. 剑状软骨；4. 肋窝

B. 肋：1. 肋颈；2. 肋结节；3. 肋头；4. 肋骨；5. 肋软骨

（2）胸廓　由背侧胸椎、两侧肋骨和腹侧胸骨共同构成前窄后宽的圆锥形腔。前部狭窄，坚固性大；后部宽大，活动性大，形成呼吸运动的杠杆。胸廓前口小，由第一胸椎、第一对肋骨和胸骨柄组成。胸廓后口大，由最后胸椎、肋弓和剑状软骨组成。胸廓的形状和体积大小随动物品种不同而异。

（二）躯干骨的连结

躯干连结包括脊柱连结和胸廓连结。

1. 脊柱连结　包括椎体间连结、椎弓间连结、脊柱总韧带以及寰枕和寰枢关节。

（1）椎体间连结　相邻椎骨的椎头和椎窝之间借纤维软骨和韧带相连结，纤维软骨形成椎间盘，外周为纤维环。中央为柔软的髓核，起弹性垫作用。椎间盘愈厚，运动范围愈大。

（2）椎弓间连结　相邻椎骨的椎弓之间连结，主要为相邻椎骨的关节突构成的关节。

（3）脊柱韧带　是连接大部分椎骨的韧带。可分为长韧带和短韧带。短韧带包括棘间韧带、横突间韧带、弓间韧带；长韧带包括棘上韧带、背侧纵韧带和腹侧纵韧带（图3－13）。

图3－13　胸腰椎的椎间连结

1. 棘上韧带；2. 棘间韧带；3. 椎间盘；4. 椎体；5. 背侧纵韧带；6. 腹侧纵韧带

棘上韧带位于棘突顶端，由枕骨伸延至荐骨。牛棘上韧带在颈部特别发达，色黄而富有弹性，称项韧带（图3－14）。项韧带由弹性组织构成，分索状部和板状部。索状部呈圆

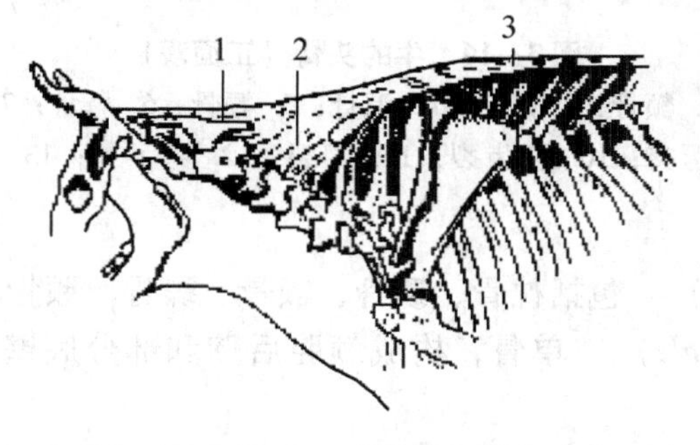

图3－14　牛的项韧带

1. 项韧带索状部；2. 项韧带板状部；3. 棘上韧带

索状，由枕骨沿颈的背侧缘向后伸至第三、第四胸椎棘突，后接棘上韧带。板状部呈板状，位于索状部和颈椎棘突之间，呈三角形，起于第二、第三胸椎棘突及索状部，向前向下止于第2～6颈椎棘突。背侧纵韧带位于椎骨椎体背侧面，在椎管底部，起自枢椎，止于

荐骨。腹侧纵韧带位于椎体和椎间盘的腹侧面，起于第七胸椎，止于荐骨的骨盆面。

2. 胸廓连结 包括肋椎关节、肋胸关节、肋骨与肋软骨连结、肋骨与胸椎连结。

三、头骨及其连结

（一）头骨

头骨主要为扁骨和不规则骨，分颅骨和面骨，颅骨主要围成颅腔，面骨主要形成鼻腔、口腔和眼眶等支架，以保护脑、眼和耳等器官（图3－15、图3－16、图3－17）。

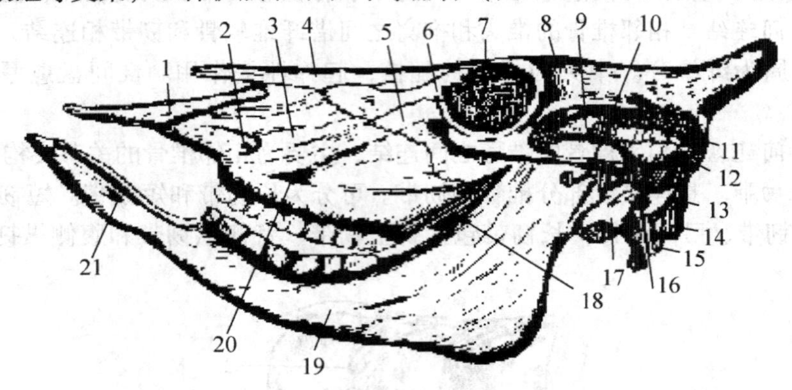

图3－15 牛的头骨（侧面观）

1. 切齿骨；2. 眶下孔；3. 上颌骨；4. 鼻骨；5. 颧骨；6. 泪骨；7. 眶骨；8. 额骨；9. 冠状突；10. 下颌骨突；11. 顶骨；12. 颞骨；13. 枕骨；14. 枕髁；15. 颈静脉突；16. 外耳道；17. 颞骨岩部；18. 腭骨；19. 下颌支；20. 面结节；21. 颏孔

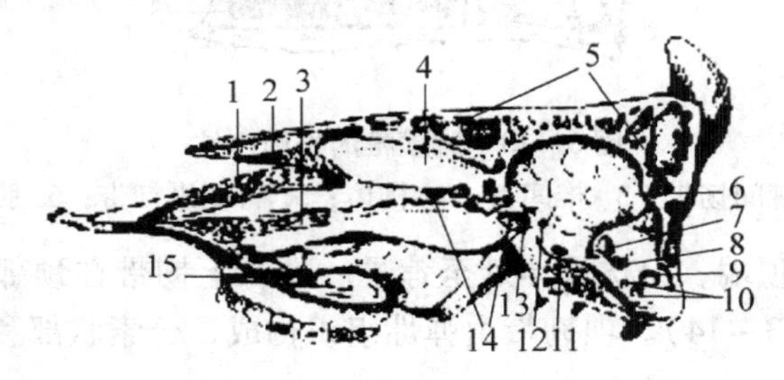

图3－16 牛的头骨（正面观）

1. 额隆起；2. 额骨；3. 颞骨；4. 泪骨；5. 颧骨；6. 鼻骨；7. 上颌骨；8. 切齿骨；9. 切齿骨腭突；10. 切齿裂；11. 腭裂；12. 眶下孔；13. 眶窝；14. 眶上孔；15. 角突

1. 颅骨（*ossa cranii*） 包括枕骨、顶骨、额骨、蝶骨、颞骨、筛骨和顶间骨。

（1）枕骨（*os occipitale*） 单骨，构成颅腔后壁和部分底壁。通过枕骨大孔与椎管相通。

基底部即枕骨体，构成颅腔底壁；侧部位于枕骨大孔两侧和背侧小部分，有与寰椎成关节的枕髁，枕髁外侧有向下伸的颈静脉突；鳞部连接顶间骨和顶骨，较粗糙，供骨骼肌附着。

（2）顶间骨（*os interparietale*） 单骨，位于顶骨和枕骨之间，构成颅腔顶壁（马、猪）或后壁（牛），常与邻近各骨相愈合。

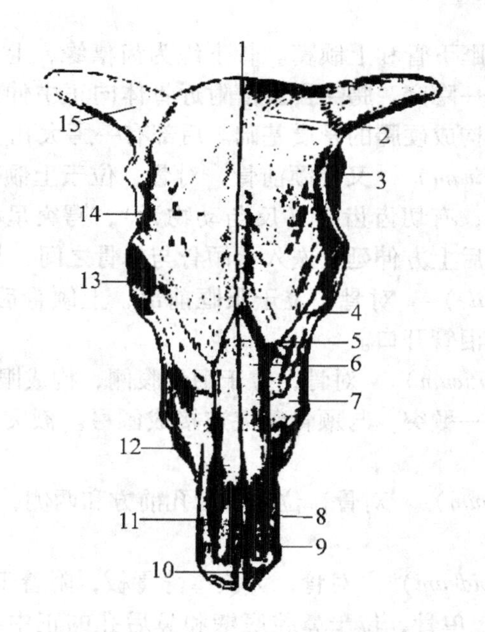

图3-17　牛的头骨（正中矢状面）

1. 下鼻甲骨；2. 上鼻甲骨；3. 犁骨；4. 筛骨；5. 额骨；6. 颅腔；7. 内耳道；8. 颈静脉孔；9. 髁孔；10. 舌下神经；11. 卵圆孔；12. 眶圆孔；13. 视神经沟；14. 蝶窦；15. 腭窦

（3）顶骨（*os parietale*）　对骨，位于额骨和枕骨之间，构成颅腔顶壁或后壁（黄牛），外表面凹，内面凹。

（4）额骨（*os frontale*）　对骨，前接鼻骨和筛骨，后接顶骨，两侧接颞骨。额骨前部有向两侧伸出的眶上突，构成眼眶上界。牛额骨特别发达，构成整个颅腔顶壁，其后外方有角突，供角附着。额骨内外骨板之间和筛骨共同形成额窦。

（5）颞骨（*os temporale*）　对骨，构成颅腔侧壁，分鳞颞部、岩颞部和鼓部。

（6）蝶骨（*os sphenoidale*）　单骨，构成颅腔底壁前部，形似蝴蝶。骨体位于正中，呈上下略扁圆柱体，眶翼位于眼眶窝底，颞翼则与鳞颞部相接，翼突由骨体和颞翼之间向前下方突出，形成鼻后孔侧壁的腹外侧缘。

（7）筛骨（*os ethmoidale*）　单骨，构成颅腔前壁，分垂直板、筛板和侧块三部分。垂直板位于正中线上，构成鼻中隔后部。筛板位于垂直板两侧，颅腔与鼻腔之间，脑面有筛窝，容纳嗅球，筛板上有许多筛状小孔，供嗅神经通过。侧块又称筛骨迷路，有两块，分别位于垂直板两侧，呈圆锥状，后部大，附着筛板，前端尖，突入鼻腔，两侧块内有许多卷曲状薄骨板（鼻甲骨），支持嗅黏膜。

2. 面骨（*ossa faciei*）　由12种骨组成，构成鼻腔、眼眶和口腔等的骨性支架。包括成对的鼻骨、上颌骨、切齿骨、泪骨、颧骨、腭骨、翼骨、鼻甲骨和不成对的下颌骨、犁骨、舌骨、吻骨（猪）等。

（1）鼻骨（*os nasale*）　对骨，位于额骨前方，构成鼻腔顶壁，前端尖而游离称鼻棘，外面凸而平滑，鼻腔面凹，有供上鼻甲附着的嵴。

（2）上颌骨（*os maxillare*）　对骨，最大，几乎与所有面骨相连接。骨外侧面有纵走的面嵴和眶下孔；骨内有眶下管和上颌窦。骨下缘为齿槽缘，上有臼齿齿槽，后端圆而突出，为上颌结节，内侧有一隐窝。腭突自齿槽附近骨体向正中伸出与对侧相接而成水平状骨板，隔开鼻腔和口腔，构成硬腭的骨质基础。后部有一腭大孔。

（3）切齿骨（*os incisivum*） 又称颌前骨，对骨，位于上颌骨前方，分骨体、腭突和鼻突三部，骨体位于前部，有切齿齿槽（反刍动物无），腭突呈板状，自骨体向后伸，接上颌腭突。鼻突自骨体向后上方伸延，嵌入上颌骨与鼻骨之间，与鼻骨之间形成鼻颌切迹。

（4）泪骨（*os lacrimale*） 对骨，位于眼眶前部，上颌骨后上方，构成眼眶前上壁，眶面有漏斗状泪囊窝和鼻泪管开口。

（5）颧骨（*os zygomaticum*） 对骨，位于泪骨腹侧，构成眼眶前下壁，外侧面有纵走的面嵴，颧骨向后端伸出一颞突，与颞骨颧突连接成颧弓。额突朝向背侧，与额骨的眶上突相结合。

（6）腭骨（*os palatinum*） 对骨，位于鼻后孔前方和两侧，构成鼻后孔的侧壁与硬腭后部的骨质基础。

（7）翼骨（*os pterygoideum*） 对骨，为狭窄薄骨板，附着于蝶骨翼突内侧。

（8）犁骨（*vomer*） 单骨，位于鼻腔底壁和鼻后孔的正中线上，接鼻中隔软骨和筛骨垂直板，将鼻后孔分为左右两半。黄牛的犁骨后部不与鼻腔底壁接触。

（9）鼻甲骨（*ossa conchae nasalis*） 对骨，为两对卷曲状薄骨片，上下鼻甲骨分别附着在鼻骨和上颌鼻腔面，将鼻腔分为上、中、下和总四个鼻道。

（10）下颌骨（*mandibula*） 单骨，为面骨中最大的骨，分左右两半，每半又分骨体和骨支，骨体前部有切齿齿槽，后部有臼齿齿槽。骨体向后上方伸出的宽骨板为下颌骨支，骨支上端有两个突起，一为下颌髁，与颞髁成关节；二为冠状突。下颌骨体和骨支之间间隙为下颌间隙。在下颌体和下颌支之间的下缘有下颌血管切迹。

（11）舌骨（*os hyoideum*） 单骨，位于左右下颌骨骨支之间，构成舌、咽和喉的支架。舌骨分舌骨体和舌骨支，舌骨体呈横位短圆柱状骨，向前伸出舌突支持舌根。舌骨支包括甲状舌骨、角舌骨、上舌骨和茎舌骨。甲状舌骨从舌骨体两端向后伸延，连接喉的甲状软骨。角舌骨从舌骨体两端向前伸延，并与上舌骨成关节。上舌骨向后上，与长板状茎舌骨相连。茎舌骨上端分为背腹两支，背侧支为鼓舌骨，与岩颞骨相连，腹侧支为肌角，供骨骼肌附着。

3. 鼻旁窦（*sinus paranasale*） 在一些头骨的内部，形成直接或间接与鼻腔相通的腔，称为鼻旁窦或副鼻窦。鼻旁窦可增加头骨的体积，而不增加重量，并对脑和眼起保护作用。鼻旁窦包括：上颌窦、额窦、蝶窦、筛窦、腭窦等，其中上颌窦和额窦最大（图3－18）。

（1）上颌窦（*sinus maxillaris*） 主要位于上颌骨、泪骨和颧骨内，前界至面结节，背侧界在眶下孔与眼眶背侧缘的连线上，后方伸入泪泡。窦底不规则，最后3～4枚臼齿根突入其中。在窦的背内侧有一短而窄的口通入中鼻道，上颌窦在眶下管内侧的部分很发达，伸人上颌骨腭突与腭骨内，故又称腭窦。

（2）额窦（*sinus frontalis*） 很大，伸延于整个额骨、顶顶骨和部分后壁，并与角突相通。窦正中有一中隔，将窦分为左右两部分，窦的前界达两眼眶前缘的连线，两侧伸入眶上突，每侧额窦又分为一个大的额后窦和两个小的额前窦，各窦有小孔通入筛鼻道，间

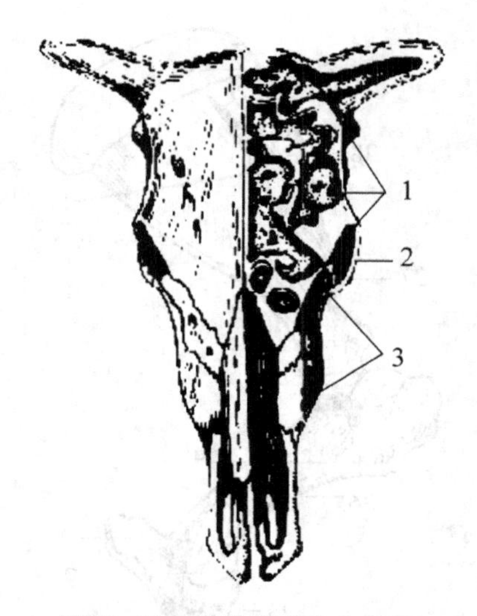

图 3－18 牛的额窦和上颌窦

1. 额窦；2. 眼眶；3. 上颌窦

接与中鼻道相通。

（二）头骨的连结

头骨除颞下颌关节外，大部分为不动连结，多借缝、软骨或骨直接连结，彼此间结合牢固，起保护和缓冲振动作用。另外，舌骨也具有一定的活动性。

颞下颌关节　由下颌髁和颞髁构成的关节。其间夹有椭圆形纤维软骨盘，周缘厚，中央薄。关节囊强厚，紧包关节周围。滑膜层被关节盘分为上、下两个关节腔。关节囊外侧具有外侧副韧带，以加固关节的连结。属双轴复关节，可进行开、闭口和较大范围的侧动。

四、四肢骨及其连结

（一）前肢骨

家畜的前肢骨（图 3－19、图 3－20）是由肩带骨、肱骨、前臂骨和前脚骨所组成。肩带骨包括肩胛骨、锁骨和乌喙骨。家畜因前肢运动简单，锁骨和乌喙骨已退化。前臂骨包括桡骨和尺骨。前脚骨（图 3－21、图 3－22、图 3－23）包括腕骨、掌骨、指骨和籽骨。

1. 肩胛骨（*scapula*）　为三角形扁骨，斜位于胸廓两侧前上部，由后上方斜向前下方。肩胛骨外侧面有一纵向隆起的肩胛冈，冈中部形成粗糙的冈结节，冈上方和冈下方形成冈上窝和冈下窝。内侧面有一大而浅的肩胛下窝，其上方有两个三角形粗糙面，称踞肌面，肩胛骨前缘薄，后缘较厚。近端附着有半月状肩胛软骨。远端粗大，形成一浅窝称肩臼。与肱骨头成关节。肩臼的前方有两个突起，外侧称肩胛结节，内侧称喙突。

2. 肱骨（*humerus*）　为管状长骨，分骨干和骨端。骨干呈螺旋状圆柱体，螺旋从近端后面经外侧达远端前面，为螺旋形臂肌沟。外侧面上 1/3 处有三角肌粗隆，内侧面有大圆肌粗隆，供骨骼肌附着。近端前方有肱二头肌沟，后方有一发达的肱骨头。肱骨头前方有两个结节，外侧为大结节，内侧为小结节，结节间为肱二头肌沟。远端形成横圆柱形髁状关节面，与前臂骨成关节，髁后方有一深的肘窝或称鹰嘴窝，肘窝两侧隆起形成上髁。

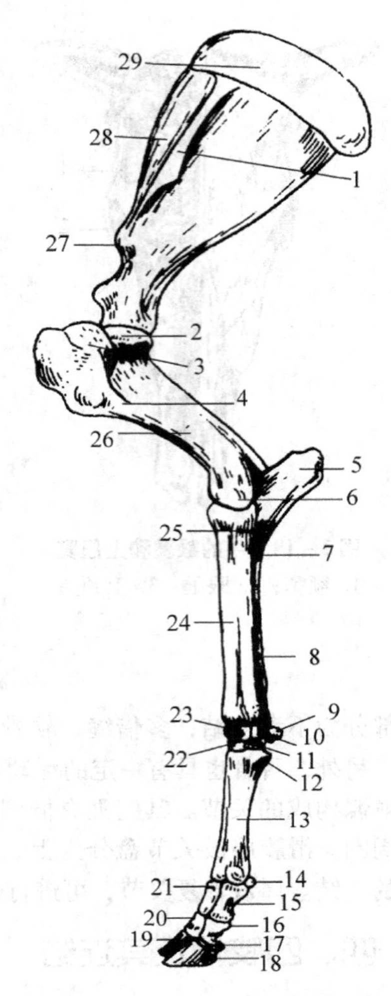

图 3－19 牛的前肢骨（外侧面）

1. 肩胛冈；2. 肱骨头；3. 外侧结节；4. 三角肌粗隆；5. 鹰嘴；6. 肱骨头外侧上髁；7. 前臂近骨间隙；8. 前臂远骨间隙；9. 副腕骨；10. 尺腕骨；11. 第四腕骨；12. 第五掌骨；13. 第三、第四掌骨；14. 近籽骨；15. 第四指近指节骨；16. 第四指中指节骨；17. 远籽骨；18. 第四指远指节骨；19. 第三指远指节骨；20. 第三指中指节骨；21. 第三指近指节骨；22. 第三腕骨；23. 中间腕骨；24. 桡骨；25. 尺骨；26. 肱骨；27. 肩峰；28. 肩胛骨；29. 肩胛软骨

3. 前臂骨（*ossa antebrachii*） 由挠骨和尺骨组成。挠骨位于前内侧，较发达，近端与尺骨共同构成髁状关节面与肱骨远端成关节，桡骨近端两侧有韧带粗隆，前内侧有桡骨粗隆。尺骨位于后外侧，较桡骨细长而小，近端粗大，与桡骨共同形成髁状关节面和肘突或鹰嘴，肘突顶端粗糙，称鹰嘴结节。尺骨的骨干呈三棱形，尺骨与桡骨形成近、远前臂间隙。家畜的桡骨和尺骨愈合程度随家畜品种不同而异。马的尺骨保留近 1/3，远端退化。

4. 腕骨（*ossa carpi*） 腕骨位于前臂骨与掌骨之间，由短骨组成，全数为 8 枚，分两列排列。近列 4 枚，由内向外依次是桡腕骨、中间腕骨、尺腕骨、副腕骨。远列 4 枚，由内向外依次是第一、第二、第三、第四腕骨。近列腕骨与前臂骨和远列腕骨成关节，远列腕骨与

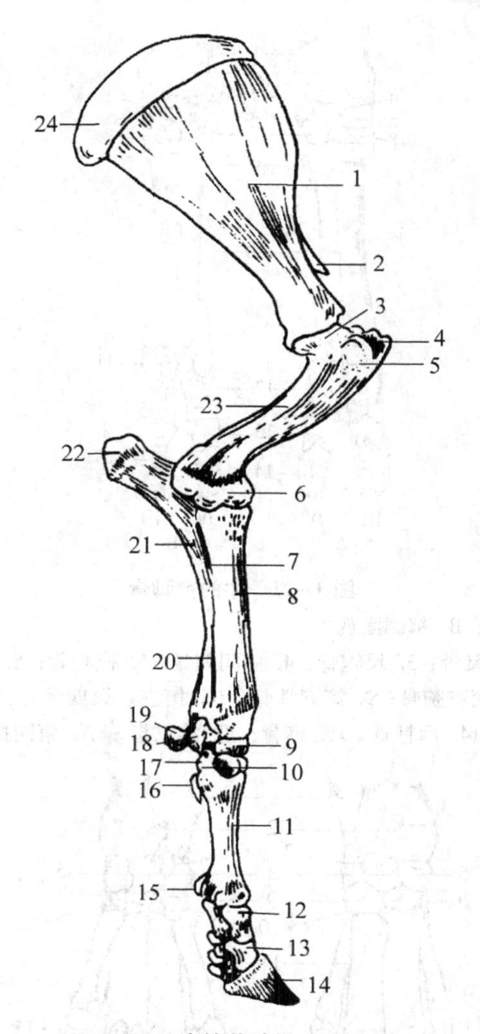

图 3－20　牛的前肢骨（内侧面）

1. 肩胛骨；2. 肩峰；3. 肱骨头；4. 外侧结节；5. 内侧结节；6. 肱骨头外侧上髁；7. 前臂近骨间隙；8. 桡骨；9. 桡腕骨；10. 第二、第三腕骨；11. 第三、第四掌骨；12. 第三指近指节骨；13. 第三指中指节骨；14. 第三指远指节骨；15. 近籽骨；16. 第五掌骨；17. 第四腕骨；18. 尺腕骨；19. 副腕骨；20. 前臂远骨间隙；21. 尺骨；22. 鹰嘴；23. 肱骨；24. 肩胛软骨

近列腕骨和掌骨成关节。不同家畜腕骨的数量不同，猪 8 枚；牛 6 枚，近列 4 枚，远列 2 枚（缺第 1 腕骨，第 2 和第 3 腕骨愈合成一块）；马 7 枚，近列 4 枚，远列 3 枚（缺第 1 腕骨）。

5. 掌骨（*ossa metacarpalia*）　为管状长骨，全数有 5 枚，分别为第一、第二、第三、第四和五掌骨。掌骨近端与腕骨成关节，远端与指骨成关节。牛第三、第四掌骨最发达，称大掌骨，且愈合在一起。背侧面圆隆，正中有一血管沟，沟两端有孔，掌侧面平直。第一、第二、第五掌骨较小或退化。牛掌骨远端形成两个滑车关节面与第三、第四指的近指节骨和近籽骨成关节。马仅第三掌骨发达。第一、第二、第四、第五退化。猪掌骨同牛相似。

6. 指骨（*ossa digitorum manus*）　全数有五指，分别称第一、第二、第三、第四和第五指。每指包括三枚指节骨，分别称近指节骨（系骨）、中指节骨（冠骨）和远指节骨（蹄

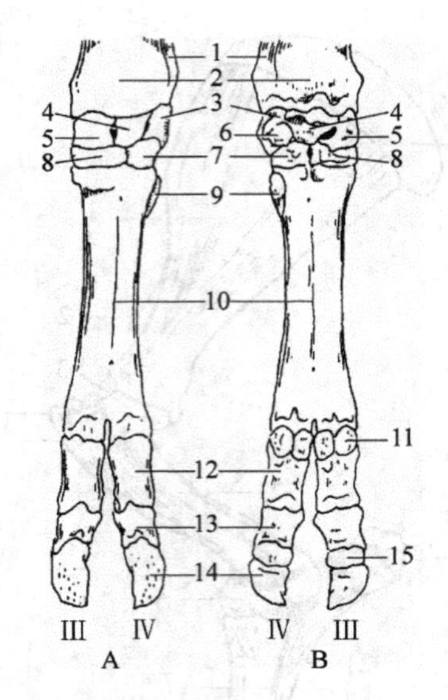

图 3－21　牛的前脚骨

A. 背侧面观；B. 掌侧面观

1. 桡骨；2. 尺骨；3. 尺腕骨；4. 中间腕骨；5. 桡腕骨；6. 副腕骨；7. 第四腕骨；8. 第二、第三腕骨；9. 第五掌骨；10. 第三、第四掌骨；11. 近籽骨；12. 系骨；13. 冠骨；14. 远籽骨；15. 蹄骨；Ⅲ. 第三指 ；Ⅳ. 第四指

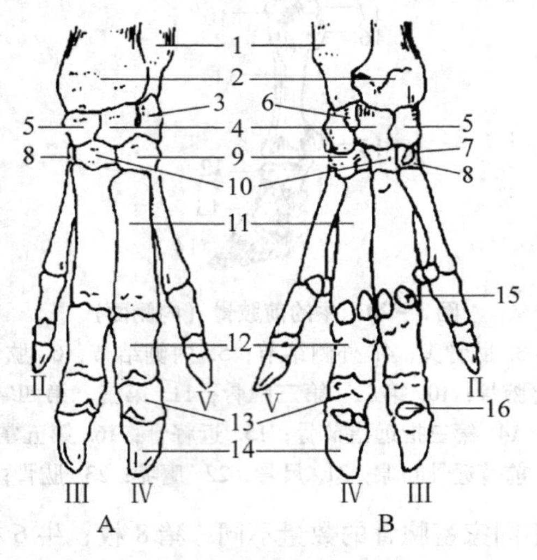

图 3－22　猪的前脚骨

A. 背侧面观；B. 掌侧面观

1. 尺骨；2. 桡骨；3. 尺腕骨；4. 副腕骨；5. 中间腕骨；6. 桡腕骨；7. 第三腕骨；8. 第四腕骨；9. 第二腕骨；10. 第一腕骨；11. 掌骨；12. 近籽骨；13. 近指节骨；14. 中指节骨；15. 远籽骨；16. 远指节骨；Ⅱ. 第二指；Ⅲ. 第三指；Ⅳ. 第四指；Ⅴ. 第五指

骨）。另外，还有两枚近籽骨和一枚远籽骨。近籽骨位于掌骨和系骨之间，远籽骨位于冠骨和蹄骨之间。

①系骨：较短，呈前后稍扁的圆柱状，近端与掌骨远端成关节；远端与冠骨构成关节。

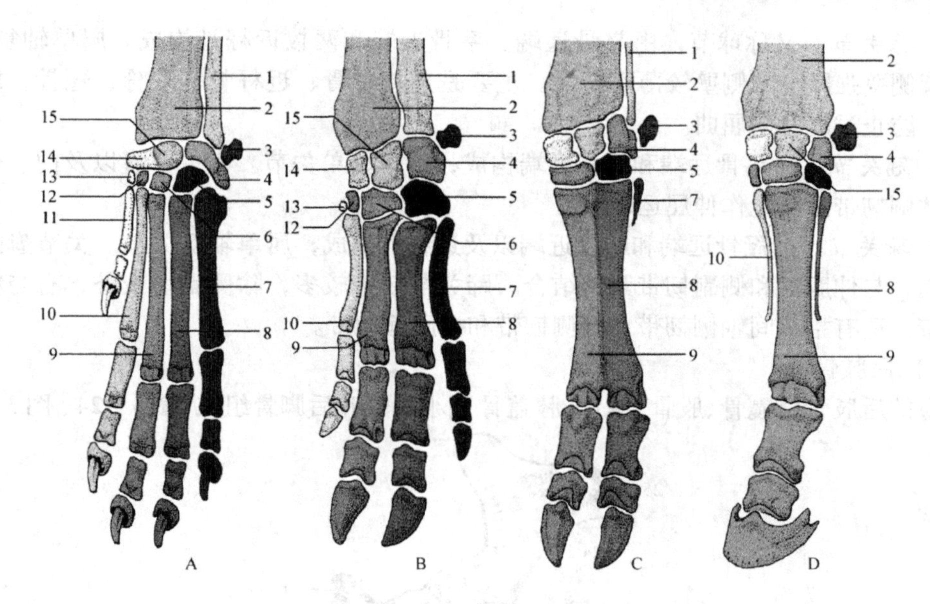

图 3－23 不同动物前脚骨示意图

A. 犬；B. 猪；C. 牛；D. 马

1. 尺骨；2. 桡骨；3. 副腕骨；4. 尺腕骨；5. 第 4 腕骨；6. 第 3 腕骨；7. 第 5 腕骨；8. 第 4 掌骨；9. 第 3 掌骨；10. 第 2 掌骨；11. 第 1 掌骨；12. 第 2 腕骨；13. 第 1 腕骨；14. 桡腕骨；15. 中间腕骨

②冠骨：较短，与系骨相似。

③蹄骨：近似三棱锥形，外形与蹄相似。蹄骨前上缘有伸键突，底面后端粗厚，为屈肌键附着处。第二指和第五指大部分退化，称悬指，每指仅有 2 枚不规则的小骨，借结缔组织与系关节的掌侧相连。

7. 籽骨（*ossa sesamoidea*） 又分近籽骨和远籽骨。近籽骨呈三角锥形，每主指有 2 枚。远籽骨呈横向四边形，每主指各有 1 枚。悬指无籽骨。

（二）前肢骨的连结

前肢与躯干间不形成骨性连结，借助肩带部肌与躯干骨连结。前肢关节由上向下依次为肩关节、肘关节、腕关节和指关节，指关节包括系关节、冠关节和蹄关节。

1. 肩关节（*art. Humeri*） 由肩胛骨的肩臼和肱骨头构成，关节角顶朝前，关节囊宽松，无侧副韧带，属多轴关节，但在活体上由于受内外侧骨骼肌的限制，只能作伸屈运动和小范围内收外展运动。

2. 肘关节（*art. Cubiti*） 由肱骨远端的肱骨髁和前臂骨近端的关节面构成，为单轴复关节，关节角朝向后方。关节囊掌侧稍薄；有内外侧副韧带，外侧副韧带短而厚，内侧副韧带薄而长。只能作伸屈运动。

3. 腕关节（*art. Carpi*） 由前臂骨远端、腕骨和掌骨近端关节面构成。属单轴复关节。关节角为平角。包括桡腕关节、腕间关节和腕掌关节。关节囊有一总的纤维层，滑膜层分三个互不相通的腔。腕关节除具有内、外侧副韧带外，在腕骨之间还有一些短的骨间韧带等。腕关节只能作后屈运动，不能背屈。

4. 指关节（*art. Digitorum manus*） 指关节包括系关节、冠关节和蹄关节。

(1) 系关节　又称球节，由掌骨远端、系骨近端和两枚近籽骨构成。属单轴复关节。关节囊背侧壁强厚，掌侧壁较薄而松大。主要是连接掌骨、近籽骨、系骨、冠骨，加固掌指关节，防止过度背侧屈曲。

(2) 冠关节　由系骨远端和冠骨近端构成，属单轴单关节。有关节囊以及内、外侧副韧带和掌侧韧带。只能作伸屈运动。

(3) 蹄关节　由冠骨远端和蹄骨近端以及远籽骨构成，属单轴复关节。关节囊附着于关节周围，与伸肌键和侧副韧带紧密结合。蹄关节韧带较多，除侧副韧带外，有与籽骨相关的韧带，还有指节间轴侧韧带、背侧韧带和指间远韧带。

(三) 后肢骨

家畜的后肢骨由髋骨、股骨、髌骨(膝盖骨)、小腿骨和后脚骨组成(图3－24、图3－25)。

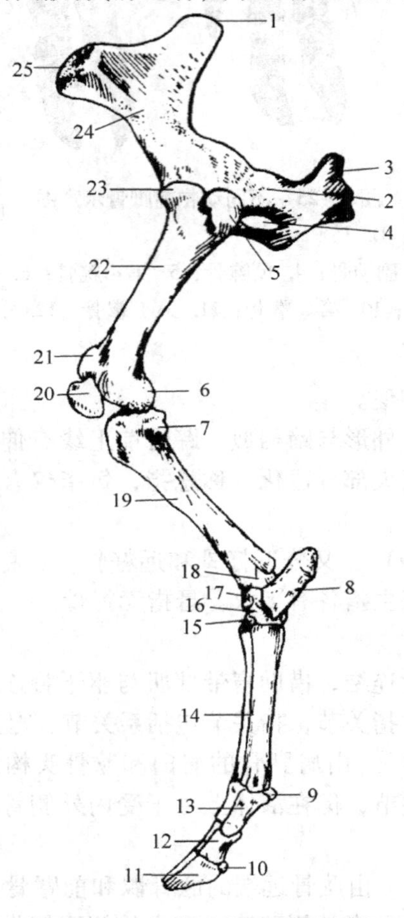

图3－24　水牛后肢骨 (外侧观)

1. 荐结节；2. 坐骨；3. 坐骨结节；4. 闭孔；5. 大转子；6. 股骨外侧髁；7. 腓骨；8. 跟骨；9. 近籽骨；10. 远籽骨；11. 远指节骨；12. 中指节骨；13. 近指节骨；14. 第三、第四跖骨；15. 第二、第三跗骨；16. 中央、第四跗骨；17. 距骨；18. 踝骨；19. 胫骨；20. 髌骨；21. 股骨滑车；22. 股骨；23. 股骨头；24. 髂骨；25. 髋结节

1. 髋骨 (*os coxae*) (图3－26)　由髂骨、耻骨和坐骨愈合而成。与躯干骨的荐骨相连结，以支持后肢。三骨结合处形成深而圆的关节窝，称髋臼，与股骨成关节。两侧髋骨

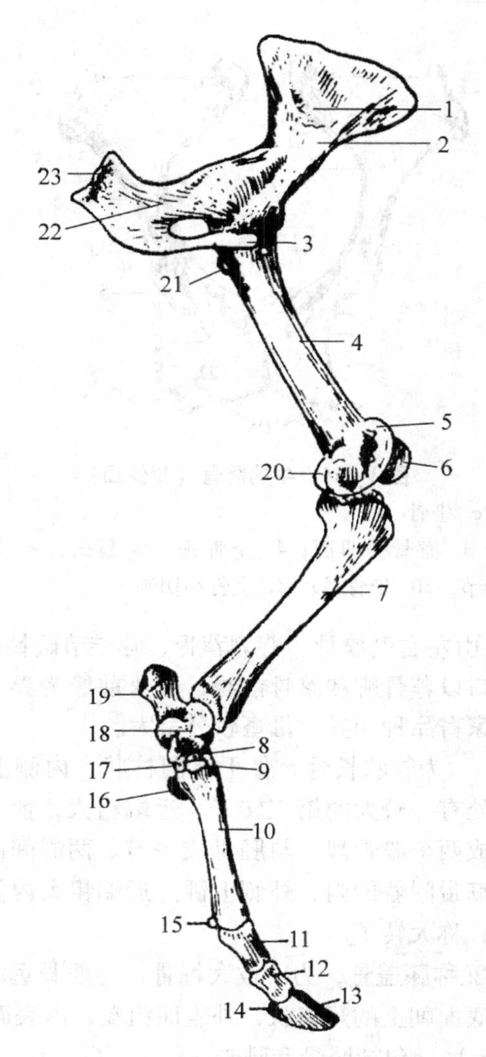

图 3－25 水牛后肢骨（内侧观）

1. 耳状关节面；2. 髂骨；3. 耻骨；4. 股骨；5. 股骨滑车；6. 髌骨；7. 胫骨；8. 中央、第四跗骨；9. 第二、第三跗骨；10. 第三、第四跖骨；11. 近趾节骨；12. 中趾节骨；13. 远趾跗骨；14. 远籽骨；15. 近籽节骨；16. 第二跖骨；17. 第一跗骨；18. 距骨；19. 跟骨；20. 股骨内侧髁；21. 小转子；22. 坐骨；23. 坐骨结节

在腹侧相互连结形成骨盆联合。

（1）髂骨（*os ilium*） 三角形扁骨，位于髋骨前上方，分髂骨体和髋骨翼，翼外侧粗糙，形成髋结节，内侧形成荐结节，后部参与形成髋臼，外侧面为臀肌面，内侧面为骨盆面，上有粗糙的耳状关节面，与荐骨翼的耳状面成关节。翼的内侧面凹，称坐骨大切迹。

（2）耻骨（*os pubis*） 三骨中最小，位于前下方，构成盆腔底壁前部，并参与形成闭孔前缘，内侧与对侧耻骨相结合，形成骨盆联合，外侧参与形成髋臼。

（3）坐骨（*os ischii*） 位于后下方，构成盆腔底壁后部，外侧角形成坐骨结节，内侧与对侧相连结形成骨盆联合后部，两侧坐骨后缘形成弓状坐骨弓。前缘参与形成闭孔，外侧参与形成髋臼。背外侧缘凹称坐骨小切迹。

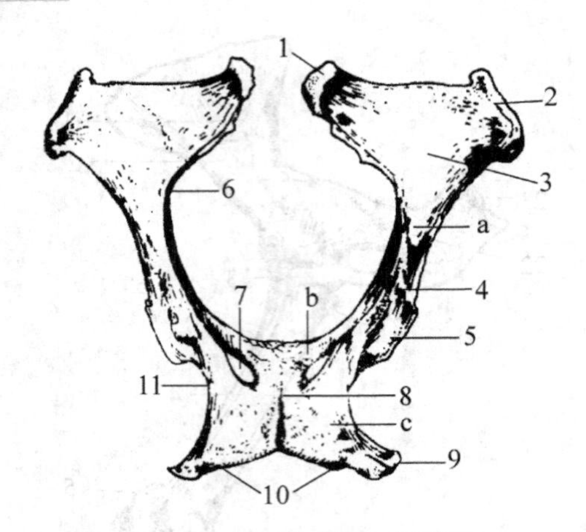

图 3-26 牛的髋骨（背侧面）

a. 髂骨；b. 耻骨；c. 坐骨

1. 荐结节；2. 髋结节；3. 髂骨臀肌面；4. 坐骨棘；5. 髋臼；6. 坐骨大切迹；7. 闭孔；
8. 骨盆联合；9. 坐骨结节；10. 坐骨弓；11. 坐骨小切迹

（4）骨盆（*pelvis*） 由左右侧髋骨、背侧荐骨、荐结节阔韧带和前几枚尾椎共同构成前宽后窄的圆锥形腔。前口以荐骨岬和髂骨前缘、耻骨前缘为界。后口以尾椎和坐骨弓为界。骨盆的形状和大小因家畜品种而异，母畜较公畜大。

2. 股骨（*os femoris*） 为管状长骨。骨干呈圆柱状，内侧上 1/3 处有一粗糙的小转子，外侧缘与小转子相对处有一较大的第三转子。远端粗大，前方形成滑车状关节面，与膑骨成关节；远端后方形成两个股骨髁，与胫骨成关节。两髁间的凹陷称髁间窝。两髁的内外侧上方有供骨骼肌、韧带附着的内、外侧上髁。近端粗大内侧形成球形关节面的股骨头，外侧形成粗大的突起，称大转子。

3. 髌骨（*patella*） 又称膝盖骨，为一枚大籽骨。与股骨远端前面的滑车状关节面成关节。膑骨呈顶端向下，底面朝上的短楔状，外表面粗糙，内表面为关节面。

4. 小腿骨（*ossa cruris*） 包括胫骨和腓骨。

（1）胫骨（*tibia*） 较发达，骨干稍向内侧弓隆，位于内侧，骨干上半部呈三棱形，下半部呈前后压扁的圆柱体。近端粗大，有与股骨髁成关节的内、外髁状关节面，内、外髁间的突起称髁间隆起。前方有粗厚的胫骨结节，向下延续为胫骨嵴，远端有与距骨成关节的滑车状关节面。

（2）腓骨（*fibula*） 较小或退化，位于小腿外侧，腓骨与胫骨形成小腿间隙。腓骨与股骨或跗骨多不成关节。腓骨远端形成独立的踝骨，呈四边形。不同家畜腓骨发达程度各异。

5. 跗骨（*ossa tarsi*） 全数共有 7 枚，均为短骨，排列成三列。近列有 2 枚，前方为距骨，具有与胫骨成关节的滑车状关节面；后方为跟骨；中间列 1 枚，为中央跗骨；远列有 4 枚，为第 1、2、3 和第 4 跗骨。距骨形成一滑车状关节面与胫骨远端成关节。跟骨近端粗大，形成跟结节突向后上方，供肌腱附着。各列跗骨间形成关节面。不同家畜跗骨发达程度各异，猪共有 7 枚；牛有 5 枚，其中第 4 跗骨与中央跗骨愈合成一块，第 2 和第 3 跗骨愈合成一块；马仅有 6 枚，第 1 和第 2 跗骨愈合成一块。

6. 跖骨（*ossa metatarsi*）　与前肢掌骨相似，共有5枚，退化程度与前肢相同。跖骨较前肢掌骨稍圆长。大跖骨为第3和第4跖骨的愈合体。

7. 趾骨（*ossa digitorum pedis*）和籽骨　与前肢的指骨和籽骨相同，包括近指节骨（系骨）、中指节骨（冠骨）和远指节骨（蹄骨）（图3－27、图3－28）。

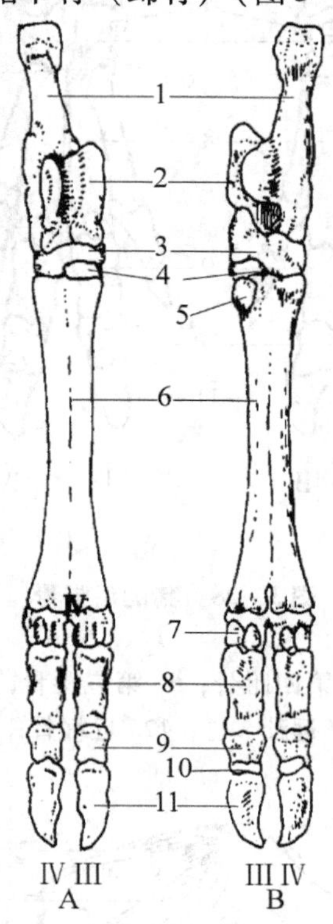

图3－27　牛的后脚骨

A. 背侧面；B. 趾侧面

1. 跟骨；2. 距骨；3. 中央、第四跗骨；4. 第二、第三跗骨；5. 第二跖骨；6. 第三、第四跖骨；7. 近籽骨；8. 系骨；9. 冠骨；10. 远籽骨；11. 蹄骨；Ⅲ. 第三趾；Ⅳ. 第四趾

（四）后肢骨的连结

家畜的后肢在运动过程中起推动作用，不仅骨骼和骨骼肌发达，而且骨连结同样发达。后肢连结包括：盆带连结和游离部关节。盆带连结包括荐髂关节和骨盆韧带。游离部关节包括髋关节、膝关节、跗关节、趾关节等。

1. 荐髂关节（*art. sacroiliaca*）　由荐骨翼和髂骨翼的耳状关节面构成。属单轴复关节。关节面粗糙，周围关节囊强厚，外包一层短韧带。荐髂关节几乎不能运动。荐骨与髂骨之间还有一些强大的关节韧带，包括荐髂背侧韧带和荐结节阔韧带（图3－29）。

两侧耻骨和坐骨在正中联合为骨盆联合，幼畜为软骨连结，可动；成年家畜为骨性结合，不能运动。

2. 髋关节（*art. coxae*）（图3－30）　由髋臼和股骨头构成，属多轴复关节。髋臼边缘附有缘软骨以加深髋臼。关节角顶向后，关节囊宽松，外侧厚，内侧薄。圆韧带和股骨头韧带，位于股骨头和髋臼之间，短而厚，可限制股骨外展作用。马属动物尚有副韧带。

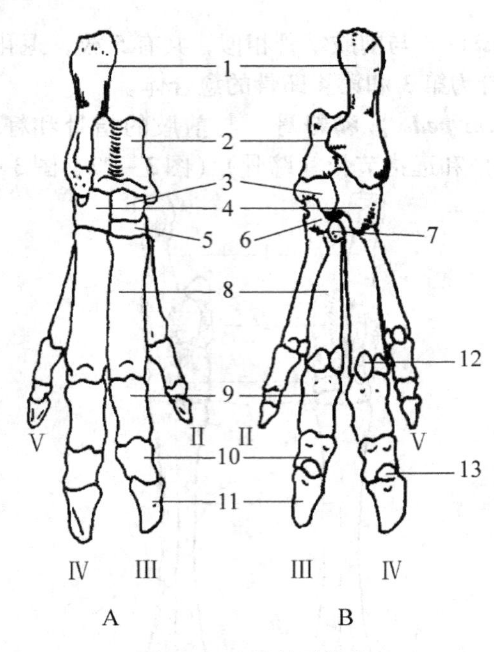

图3－28　猪的后脚骨

A. 背侧面；B. 趾侧面

1. 跟骨；2. 距骨；3. 中央跗骨；4. 第四跗骨；5. 第三跗骨；6. 第二跗骨；7. 第一跗骨；8. 跖骨；9. 近趾节骨；10. 中趾节骨；11. 远趾节骨；12. 近籽骨；13. 远籽骨；Ⅱ. 第二趾；Ⅲ. 第三趾；Ⅳ. 第四趾；Ⅴ. 第五趾

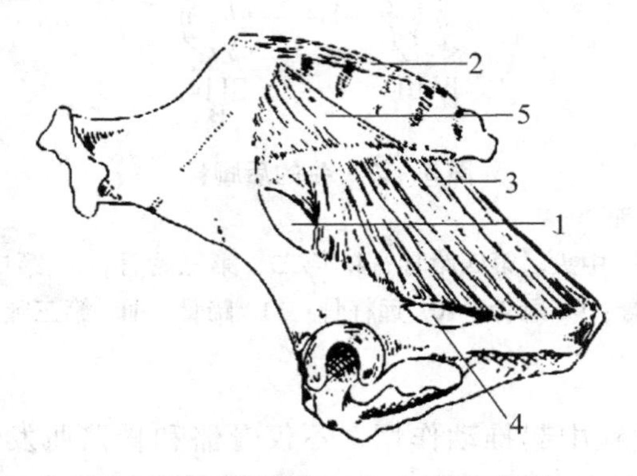

图3－29　牛骨盆韧带（左侧面观）

1. 坐骨大孔；2. 荐髂背侧韧带；3. 荐结节阔韧带；4. 坐骨小孔；5. 荐髂外侧韧带

髋关节能作伸屈运动、内收外展运动和旋转运动。

3. 膝关节（*art. genus*）（图3－31）　由股骨远端、胫骨和髌骨共同构成，包括股髌关节和股胫关节。

（1）股髌关节　由髌骨和股骨远端的滑车状关节面构成。髌骨内侧缘有纤维软骨构成的软骨板。关节囊宽松且薄。具有内、外侧副韧带和膝直韧带。

（2）股胫关节　由股骨远端、胫骨内、外侧髁和其间的两块半月板构成。属双轴复关节。关节囊附着于股胫关节周围和半月板上，前壁薄，后壁厚，滑膜层在其对应的两个关节面形成内、外侧两个关节腔，可相交通（牛）或不通（马）。半月板为半月状软骨板，

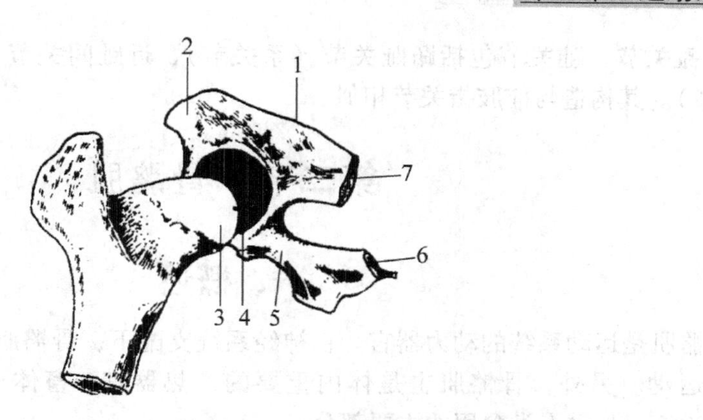

图 3-30 水牛的髋关节（内侧面拉开）

1. 坐骨棘；2. 髂骨；3. 股骨头；4. 圆韧带；5. 耻骨体；6. 耻骨断面；7. 坐骨断面

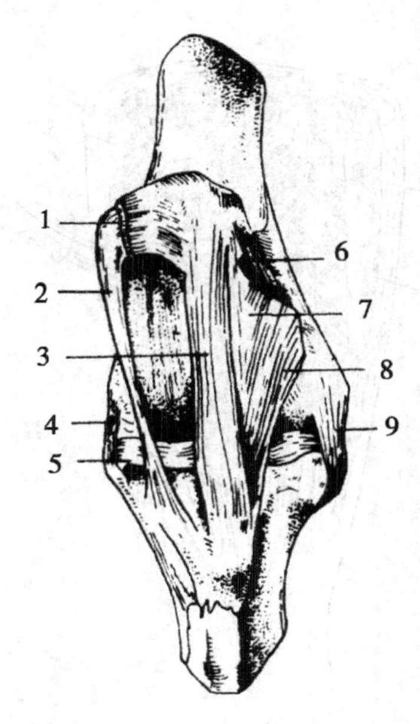

图 3-31 膝关节韧带（背侧面）

1. 股内侧肌断端；2. 髌内侧韧带；3. 髌中间韧带；4. 股胫内侧副韧带；5. 半月板；6. 股髌外侧副韧带；7. 髌外侧韧带；8. 臀股二头肌；9. 股胫外侧副韧带

可吻合关节面，减少震动，周缘厚而凸，中央薄而凹。股胫关节可作伸屈运动和小范围的旋转运动。

（3）*胫骨与腓骨间连结* 腓骨近端与股骨外侧髁之间紧密结合或借厚而紧张的关节囊相连。不能活动。腓骨远端形成单独的踝骨，分别与胫骨远端、跟骨、距骨成关节（马无）。

4. 跗关节（*art. tarsi*） 又称飞节，属单轴复关节。包括胫距关节、近跗间关节、远跗间关节和跗跖关节。有内、外侧副韧带、背侧韧带、跖侧韧带和跗骨间韧带。跗关节能作伸屈运动。

5. 趾关节　趾关节包括跖趾关节（系关节）、近趾间关节（冠关节）和远趾间关节（蹄关节）。其构造与前肢指关节相似。

第二节　骨骼肌

一、概述

骨骼肌是运动系统的动力器官。在神经系统支配下，骨骼肌收缩产生动力，以实现躯体各种运动。另外，骨骼肌也是体内重要的产热器官。畜体全身骨骼肌总量约占体重30% ~50%，是供人类食用的主要部分。

（一）骨骼肌的构造

每一块骨骼肌就是一个器官，由肌腹（*venter musculi*）和肌腱（*tendo musculi*）构成（图3－32）。

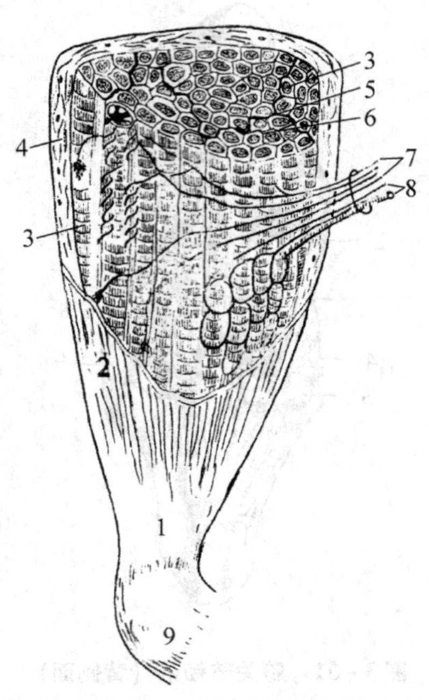

图3－32　肌器官构造模式图

1. 肌腱；2. 肌腹；3. 肌纤维；4. 肌外膜；5. 肌束膜；6. 肌内膜；7. 神经；8. 血管；9. 骨

1. 肌腹　功能性部分，由骨骼肌纤维构成，肌纤维按一定方向排列形成肌腹。肌腹外表面包裹着一层结缔组织膜称肌外膜（*epimysium*）。肌外膜伸入骨骼肌纤维中，将肌腹分隔成各级肌束，称肌束膜。肌束膜伸入每一根肌纤维外围并包裹其外表面，称肌内膜。另外，骨骼肌中还含有脂肪、血管和神经等。脂肪使骨骼肌呈大理石状，能改善肉的品质与味道。

2. 肌腱　机械性部分，由平行排列的腱纤维构成，多位于骨骼肌两端或一端或肌腹中央。坚韧有强抗拉力，另一端固定于骨上，以传导骨骼肌收缩力，并缓冲骨骼肌收缩时产生的震动。纺锤形肌或长肌的肌腱呈圆索状称腱索，扁平肌的肌腱呈膜状称腱膜。腱束或腱带存在骨骼肌表面称腱划。

（二）骨骼肌的形态和分布

骨骼肌因功能和位置结构不同，形态各异。

1. 依据形态与功能分

（1）长肌　肌腹呈纺锤形或圆柱状，肌腱位于两端，收缩快而有力，多分布于四肢。

（2）短肌　具有明显地分节性，各肌束可单独存在，亦可相互结合成一块肌肉。收缩缓慢，运动幅度小，多分布于脊柱。

（3）阔肌或板状肌　扁而宽，呈薄板状，形状不一，有扇形，带状或锯齿状等。具有运动和保护内脏的功能。

（4）环形肌　呈环形，多分布于自然孔周围，形成括约肌，收缩时可缩小自然孔。

2. 依据肌纤维和腱纤维含量分

（1）动力肌　肌腹仅由骨骼肌纤维构成，肌纤维方向与骨骼肌长轴一致，收缩快而有力，运动幅度大，但耗能多，易疲劳。

（2）静力肌　肌腹仅由腱纤维构成，肌纤维含量很少或无。无收缩能力，主要起机械性连接作用。

（3）动静力肌　肌腹中含有不同比例的腱质结构，较复杂。收缩缓慢，运动幅度小，不易疲劳。

（三）骨骼肌的起止点和作用

骨骼肌一般均以其两端附着于两块或两块以上能活动的骨上或软骨或筋膜或韧带或皮肤上。中间跨越一个或多个关节。骨骼肌收缩时，牵引骨发生位移而运动。收缩时，不动的附着点称起点；活动的附着点称止点。但骨骼肌的起点和止点常随一定条件而相互转化。

畜体的任何一个动作都是有关肌肉共同活动的结果。对某一动作来说，有多块骨骼肌参与活动，在活动中起主要作用的为主动肌，起次要作用的为辅助肌，作用相同的骨骼肌称协同肌，作用相反的骨骼肌称对抗肌，起固定作用的骨骼肌称固定肌。对某一块肌肉来说，在某一动作中起主要作用，而另一动作中起次要作用。

（四）骨骼肌的命名

为了掌握畜体全身骨骼肌的形态位置和结构特征，根据骨骼肌的作用、形状、位置、结构、肌纤维起止点等特征进行命名或综合命名。例如：根据功能作用命名伸肌、屈肌、内收肌、外展肌、张肌等；根据形状命名圆肌、锯肌、方肌、三角肌等；根据位置命名腹肌、颞肌、胫骨前肌等；根据结构命名二头肌、三头肌、二腹肌等；根据肌纤维方向命名斜肌、横肌、直肌等；根据起止点命名臂头肌、胸头肌等；根据综合法命名腕桡侧伸肌、腹外斜肌、胸骨甲状舌骨肌等。

（五）骨骼肌的配布与关节运动

骨骼肌配布与关节运动有关，大多数骨骼肌配布在关节周围，并与关节运动形式相适应。例如：伸肌组骨骼肌配布在关节的伸面；屈肌组骨骼肌配布在关节的屈面；内收肌组骨骼肌配布在关节的内侧面；外展肌组骨骼肌配布在关节的外侧面；旋转肌组骨骼肌配布较为复杂。

（六）骨骼肌的辅助器官

1. 筋膜（*fascia*） 指覆盖在骨骼肌外面的结缔组织膜。在不同部位有不同的厚度和密度，可形成各种特殊结构以辅助肌肉活动。分浅筋膜和深筋膜。

（1）浅筋膜 位于皮下，又称皮下筋膜，由疏松结缔组织构成，覆盖在骨骼肌表面，内含皮肌和脂肪等。厚薄不一，具有连接深部组织、保护、贮存脂肪、参与体温调节等作用。

（2）深筋膜 位于浅筋膜深层，由致密结缔组织构成，紧贴在骨骼肌表面或伸入肌群形成筋膜鞘，或深入肌间形成肌间隔，或形成韧带固定肌腱，或成为骨骼肌起止点。深筋膜一方面能限制炎症扩散；另一方面形成筋膜间隙导致病变蔓延。

2. 黏液囊（*bursa mucosae*）（图3－30） 又称滑膜囊，是结缔组织构成的密闭囊，囊壁薄，囊内衬有滑膜，并含有黏液。起减少摩擦作用。多位于肌腱、韧带和皮肤等与骨突起之间，分别称肌下、腱下、韧带下、皮下黏液囊。关节附近的黏液囊常与关节腔相通。

3. 腱鞘（*vagina synovialis tendinis*）（图3－33） 呈长筒状，为黏液囊包围腱外面而形成，多位于活动性较大的关节部（腕、跗、指、趾部等）。腱鞘分两层：纤维层位于外层，由深筋膜构成，厚而坚实，呈纤维鞘状，有约束腱的作用；滑膜层位于内层，又分壁层和脏层。壁层紧贴在纤维层内面，脏层紧包在腱上，由壁层向脏层折转的皱褶，称腱系膜，有供给肌腱的血管通过。壁层和脏层之间含少量滑液，以减少腱活动时摩擦。腱鞘常因炎症而肿大，称腱鞘炎。

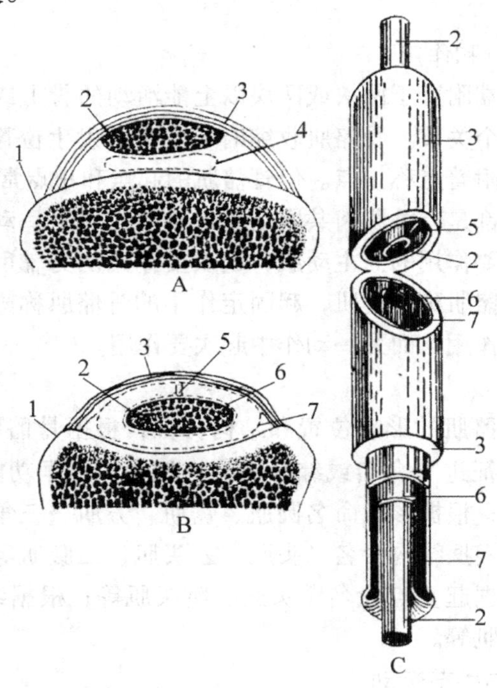

图3－33 黏液囊和腱鞘的构造模式图

1. 骨；2. 腱；3. 纤维膜；4. 滑膜；5. 腱系膜；6. 滑膜脏层；7. 滑膜壁层

A. 黏液囊；B. 腱鞘；C. 腱鞘和腱的关系

4. 滑车（*trochlea*）和籽骨 滑车指骨面上滑车状突起，表面被覆有软骨可减少肌腱和骨面之间的摩擦，防止肌腱移位。籽骨多位于关节部，有关节面与相邻骨成关节，籽骨可改变骨骼肌作用力的方向和减少摩擦。

二、皮肌

皮肌（*m. cutaneus*）分布于浅筋膜中，不覆盖畜体全身，紧贴在皮肤深面。根据皮肌所在部位分为面皮肌、颈皮肌、肩臂皮肌、躯干皮肌。其作用是颤动皮肤，驱赶蚊蝇，抖掉灰尘和水滴等。

三、头部肌

头部肌主要分为面部肌和咀嚼肌两组（图 3-34）。

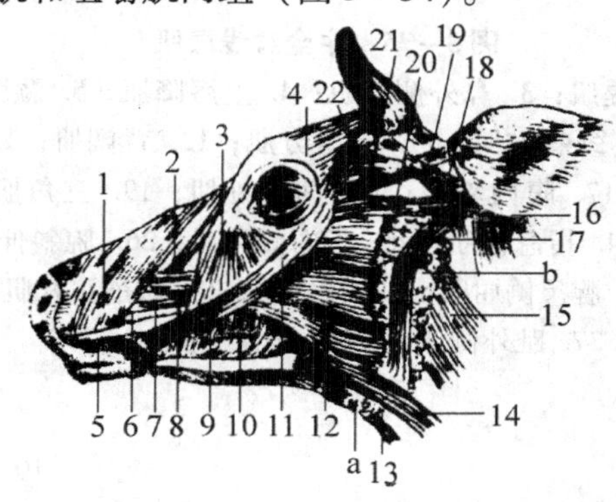

图 3-34 牛头部浅层肌

1、2. 鼻唇提肌；3. 下眼睑降肌；4. 额皮肌；5. 口轮匝肌；6. 上唇降肌；7. 犬齿肌；8. 上唇固有提肌；9. 下唇降肌；10. 颊肌；11. 颧肌；12. 咬肌；13. 胸骨舌骨肌；14. 胸头肌；15、16. 臂头肌（锁乳头肌和锁枕肌）；17～22. 耳肌；a. 下颌腺；b. 腮腺

（一）面部肌

位于面部，作用于口裂、鼻孔、眼眶等自然孔，分为浅层的张肌和深层的环形肌。主要包括：上唇固有提肌、下唇降肌、颧肌、鼻唇提肌、上唇降肌、鼻外侧开肌、犬齿肌、颊肌。

（二）咀嚼肌

较强大，主要是运动下颌的肌肉，起着开口、闭口、咀嚼的作用。包括闭口群和开口肌群两组。闭口肌有咬肌、颞肌、翼肌。开口肌有二腹肌、枕下颌肌。

四、躯干肌

躯干肌（图 3-35、图 3-36）作用于躯干各骨，亦与头骨、前肢骨和后肢骨发生联系。躯干肌包括脊柱肌、颈腹侧肌、胸壁肌、腹壁肌四部分。

（一）脊柱肌

脊柱肌包括脊柱背侧肌和脊柱腹侧肌。

1. 脊柱背侧肌 脊柱背侧肌又分颈部脊柱背侧肌和背腰部脊柱背侧肌。

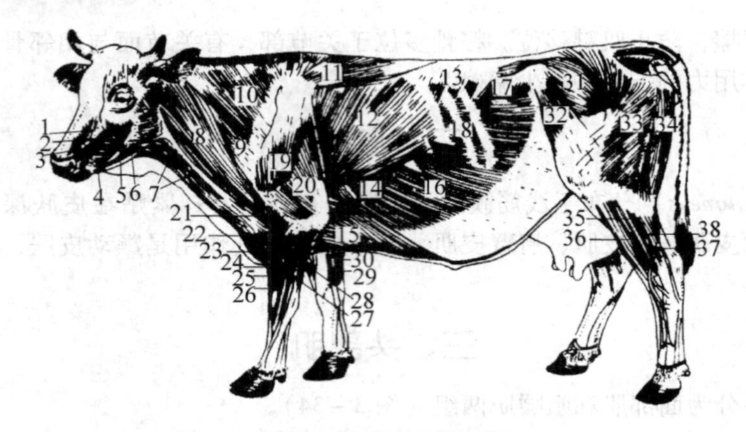

图 3－35　牛全身浅层肌

1. 鼻唇提肌；2. 上唇固有提肌；3. 鼻外侧开肌；4. 上唇降肌；5. 颧肌；6. 下唇降肌；7. 胸头肌；8. 臂头肌；9. 肩胛横突肌；10. 颈斜方肌；11. 胸斜方肌；12. 背阔肌；13. 后上锯肌；14. 胸下锯肌；15. 胸深后肌；16. 腹外斜肌；17. 腹内斜肌；18. 肋间外肌；19. 三角肌；20. 臂三头肌；21. 臂肌；22. 腕桡侧伸肌；23. 胸浅肌；24. 指总伸肌；25. 指内侧伸肌；26. 腕斜伸肌；27. 指外侧伸肌；28. 腕外侧屈肌；29. 腕桡侧屈肌；30. 腕尺侧屈肌；31. 臀中肌；32. 阔筋膜张肌；33. 股二头肌；34. 半腱肌；35. 腓骨长肌；36. 第三腓骨肌；37. 趾外侧伸肌；38. 趾深屈肌

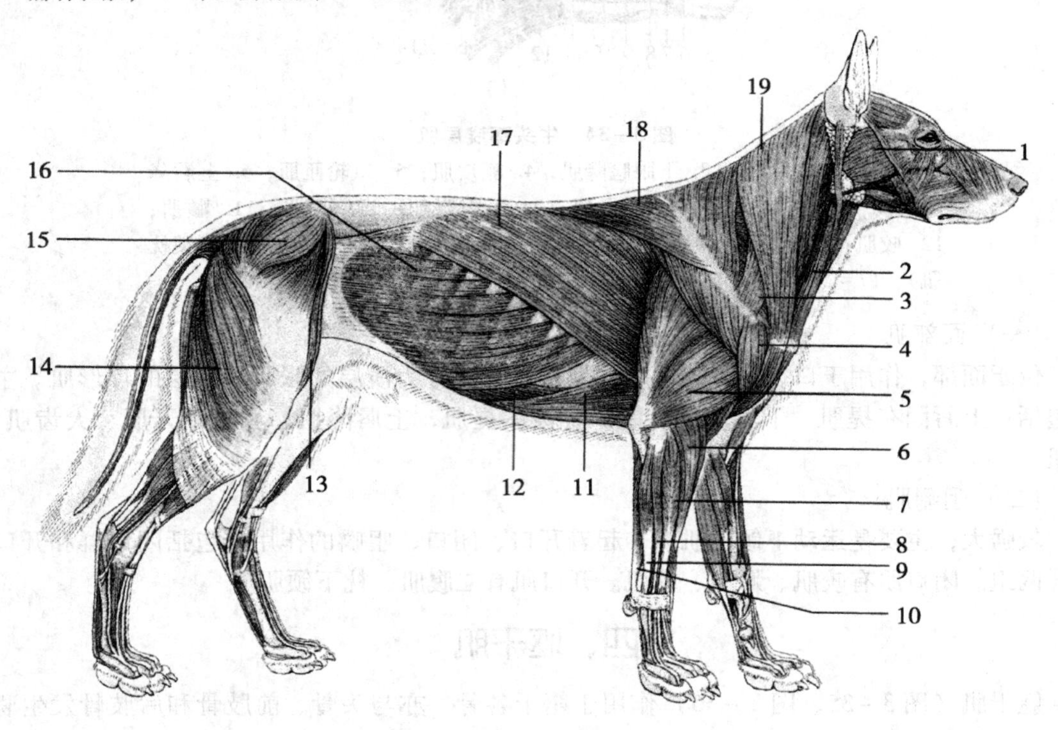

图 3－36　犬全身浅层肌

1. 咬肌；2. 胸骨舌骨肌；3. 肩胛横突肌；4. 三角肌肩峰部 5. 臂三头肌；6. 腕桡侧伸肌；7. 指总伸肌；8. 指外侧伸肌；9. 腕外侧屈肌；10. 腕尺侧屈肌；11. 胸深肌；12. 腹直肌；13. 缝匠肌；14. 股二头肌；15. 臀中肌；16. 腹外斜肌；17. 背阔肌；18. 斜方肌；19. 臂头肌

（1）颈部脊柱背侧肌　此肌群肌肉较多，大致分成五层。第一层有颈斜方肌；第二层有颈菱形肌和颈下锯肌；第三层有夹肌；第四层有头寰最长肌、头半棘肌、颈最长肌和颈髂肋肌；第五层有头背侧大（小）直肌、头前（后）斜肌、颈横突间肌和颈多裂肌等。第一、第二层骨骼肌在前肢骨骼肌中叙述。

①夹肌（*m. splenius*）　呈阔而薄的三角形，起自第三、第四胸椎棘突至第二颈椎项韧带索状部和背腰筋膜。分别止于枕骨、颞骨和寰椎翼。两侧夹肌同时收缩可抬头颈，一侧收缩则偏头颈。

②头半棘肌（*m. semispinalis capitis*）　位于夹肌深面，呈三角形。起自前九个胸椎横突和第三至第七颈椎关节突，以宽腱止于枕骨。作用同夹肌。

③头寰最长肌　位于夹肌深面，头半棘肌下面，头最长肌较宽大位于背侧，寰最长肌较窄位于腹侧。起自第一胸椎横突和第三至七颈椎关节突，止于颞骨和寰椎翼。作用同夹肌。

（2）背腰部脊柱背侧肌　位于背腰部背外侧，具有十多块肌肉，分四层排列。第一层有胸斜方肌和背阔肌；第二层有胸菱形肌和前（后）上锯肌；第三层有背最长肌和背髂肋肌；第四层有背多裂肌和腰横突间肌。

①背腰最长肌（*m. longissinus thoracis et lumborum*）　位于背部和腰部，富含腱质，位于胸椎、腰椎棘突和肋骨椎骨端以及腰椎横突之间。起自髂骨前缘和荐椎、腰椎以及后几枚胸椎的棘突，向前分二支，背支称背颈棘肌和半棘肌，止于前几个胸椎棘突和最后六个颈椎棘突。腹支止于腰椎、胸椎和第七颈椎横突以及肋骨外面，向前延伸为止于后四个颈椎横突的颈最长肌。两侧同时收缩，有很强的伸背腰作用，还有伸颈和帮助呼吸的作用，一侧收缩使脊柱侧屈。

②背髂肋肌（*m. iliocostalis dorsi*）　位于背最长肌外侧，起自前三个腰椎横突和后十个肋骨外侧面，止于前部肋骨椎骨端后缘和最后颈椎横突。向后牵引肋骨，协助呼气。

2. 脊柱腹侧肌

①颈长肌（*m. longus colli*）　分颈、胸两部，分别位于颈椎椎体和前 6～7 个胸椎椎体腹侧，由许多肌束组成。主要作用是屈颈。头腹侧直肌和头外侧直肌较小。

②腰小肌（*m. psoas minor*）　位于腰椎腹侧椎体两侧，起自后位胸椎和腰椎椎体，止于髂骨体的腰小肌结节。主要作用是屈腰荐关节和下掣骨盆。

③腰大肌（*m. psoas major*）　位于腰小肌外侧，起自最后 1～2 肋骨椎骨端和腰椎体腹外侧，与髂肌合并，称髂腰肌。共同止于股骨小转子，屈髋关节。

（二）颈腹侧肌

位于颈部腹侧皮下，包括胸头肌、胸骨甲状舌骨肌、肩胛舌骨肌。

1. 胸头肌（*m. sternocephalicus*）　位于颈部腹外侧皮下，自胸骨伸至头部，其背侧缘形成颈静脉沟的下界，分浅、深两部，浅层为胸下颌肌，起自胸骨柄与第一肋骨，以腱膜止于下颌骨和咬肌前缘，深层为胸头肌，较宽，位于气管腹侧，起自胸骨柄，经颈静脉深面止于颞骨乳突，屈头颈。

2. 胸骨甲状舌骨肌（*m. sternothrohyoiseus*）　呈扁平狭带状，位于气管腹侧，起自胸骨柄，与对侧同名肌紧密邻接，向前至颈中部时分为内侧的胸骨舌骨肌和外侧的胸骨甲状肌，分别止于舌骨和甲状软骨。吞咽后将舌和喉向后拉回原位，吸吮时，固定舌骨，有利于舌回缩。

3. 肩胛舌骨肌（*m. omohyoideus*） 为薄带状肌，起自第3～5颈椎横突，止于舌骨。在颈后部紧贴臂头肌，在颈前部形成颈静脉沟底。把颈动脉和颈静脉隔开，可拉舌向后。

（三）胸壁肌

主要位于相邻肋之间及胸骨上，参与构成胸廓的侧壁，收缩和舒张时可改变胸腔的体积，产生呼吸运动，亦称呼吸肌，可分呼气肌和吸气肌。

1. 肋间外肌（*mm. intercostals externi*） 位于肋间隙浅层，起自肋骨后缘，肌纤维向后下方，止于后一肋骨前缘，可向前外方牵引肋骨，扩大胸腔横径，引起吸气。

2. 肋间内肌（*mm. intercostals interni*） 位于肋间外肌的深面，肌纤维斜面向前下方，起自后一肋骨前缘，止于前一肋骨后缘，可向后牵引肋骨，引起呼气。

3. 膈肌（*diaphragma*） 为一大圆形板状肌，构成胸腔和腹腔的间隔。分中央的腱质部和周围的肉质部。肉质部根据其附着的部位分胸骨部、肋部、腰部，胸骨部附着在剑状软骨的腹腔面，腰部由附着在前位腰椎腹侧的左右膈脚构成，右膈脚大而长，肋部附着在胸侧壁的内面，从剑状软骨至第8肋骨肋软骨连接处，沿第9～11肋骨，逐渐向上至最后肋骨椎端10～15cm处的倾斜直线。肉品检验上常取左右膈脚检查旋毛虫。

膈呈穹隆状突向胸腔，凹面朝向腹腔。膈上有三个孔：自上向下分别为主动脉裂孔、食管裂孔、腔静脉裂孔。膈肌收缩时引起吸气动作。

（四）腹壁肌

腹壁肌呈薄板状阔肌，构成腹腔的侧壁和底壁，由外向内依次为：腹外斜肌、腹内斜肌、腹直肌、腹横肌（图3－37、图3－38）。腹壁肌外面被覆有坚固而富于弹性的腹黄膜，由弹性纤维构成，腹黄膜和腹壁肌紧密结合，具有很大的坚固性、柔软性和弹性，能承受腹腔脏器和胎儿的巨大重量，支持内脏；收缩时增大腹压，协助呼吸、分娩、排粪等。

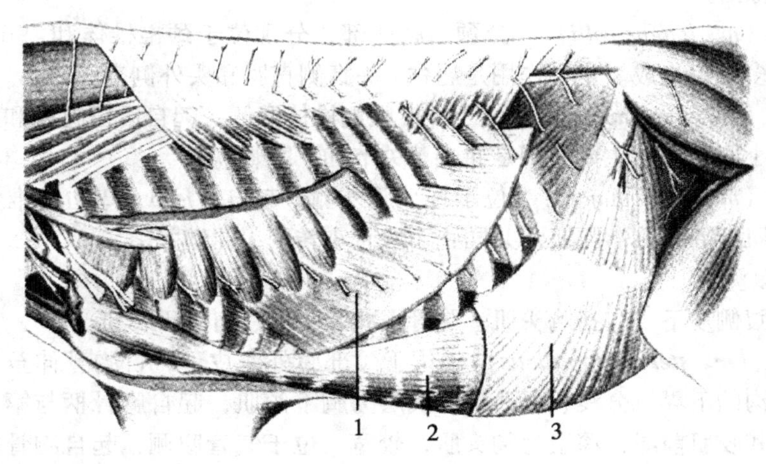

图3－37 牛腹壁肌（外侧）

1. 腹外斜肌；2. 腹直肌；3. 腹内斜肌

1. 腹外斜肌（*m. obliquus abdominis externus*） 为腹壁的最外层，肌纤维走向后方，

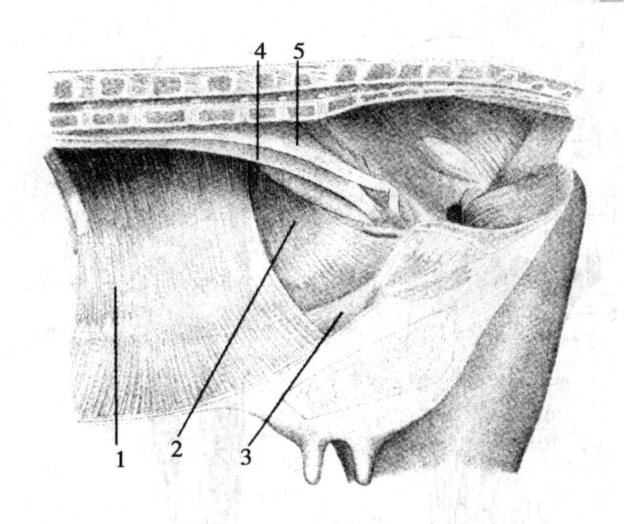

图 3－38　牛腹壁肌（内侧）

1. 腹横肌；2. 腹内斜肌；3. 腹直肌；4. 腰小肌；5. 腰大肌

以肌齿起自最后 9～10 肋骨外侧面及肋间外肌筋膜，以腱质止于腹白线、耻前腱和髋结节。分肉质部和腱质部。

2. 腹内斜肌（*m. obliquus abdominis internus*）　位于腹外斜肌深面，肌纤维从后上方斜向前下方，起自髋结节和第 3～5 腰椎横突，止于最后肋骨后缘、腹白线和耻前腱。肉质部呈扇形，位于腹协部，约在腹侧壁中部转为腱质部，腱膜分为内外两层，外层厚，与腹外斜肌腱膜结合，形成腹直肌外鞘，内层薄，与腹横肌腱膜结合形成腹直肌内鞘，且紧密地附着于腹直肌内面。

3. 腹直肌（*m. rectus abdominis*）　位于腹底壁，肌纤维纵走，起自胸骨和后 10 个肋软骨的外侧面，以强大的耻前腱止于耻骨前缘，肌表面有 3～5 条腱划。

4. 腹横肌（*m. transverses abdominis*）　为腹壁肌的最内层，肌纤维上下行，以肉质起于肋弓内面和前五个腰椎横突，以腱膜止于腹白线。腱膜构成腹直肌内鞘。

5. 腹股沟管（*canalis inguinalis*）　位于腹股沟部，是斜行穿过腹外斜肌和腹内斜肌之间的楔形缝隙，为胎儿时期睾丸从腹腔下降到阴囊的通道。有内外两个口：外口通皮下，称腹股沟皮下环，为腹外斜肌腱膜上的裂隙；内口通腹腔，称腹环，为腹内斜肌与腹股沟韧带之间的裂隙。马的皮下环长约 10～12cm，腹环长约 10cm，腹股沟管长约 10cm。公畜的腹股沟管明显，内有精索、血管通过；母畜的腹股沟管仅供血管和神经通过。

6. 腹白线　位于腹底壁正中线上的白色纤维索，自剑状软骨伸至耻前腱。主要由两侧腹内、外斜肌和腹横肌的腱膜交织而成，在腹白线中部有一脐孔，是胎儿脐孔的痕迹。

五、前肢肌

家畜的前肢肌可分为肩带肌、肩部肌、臂部肌、前臂及前脚肌（图 3－39）。

（一）肩带肌

前肢与躯干之间不形成骨连结，而是借助于骨骼肌将两者牢固地连结起来。这些骨骼肌多为扇形板状肌，一般起于躯干骨，止于肩胛骨、臂骨和前臂骨，将躯干悬吊在两前肢

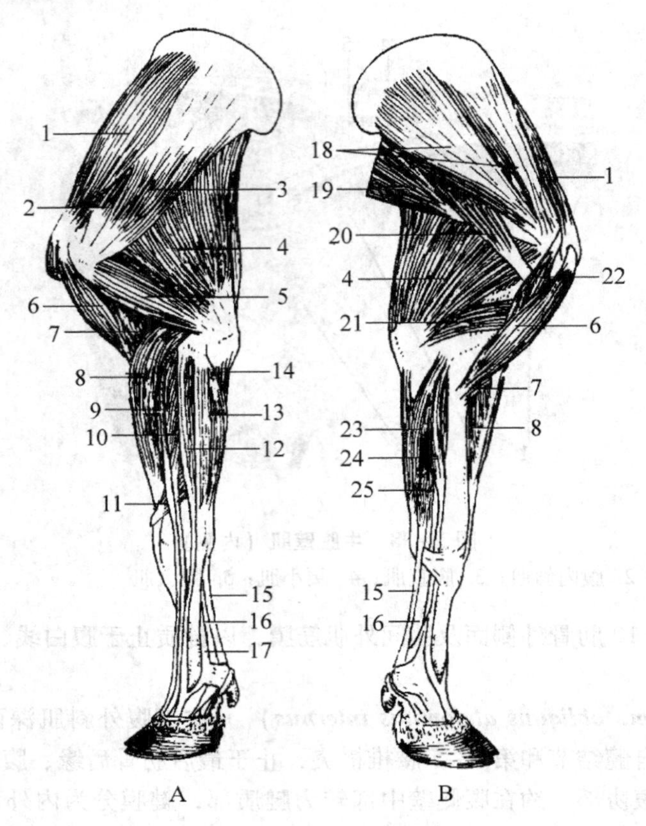

图 3-39　牛左前肢肌

A. 外侧观；B. 内侧观

1. 冈上肌；2. 冈下肌；3. 三角肌；4. 臂三头肌长头；5. 臂三头肌外侧头；6. 臂二头肌；7. 臂肌；8. 腕桡侧伸肌；9. 指内侧伸肌；10. 指总伸肌；11. 腕斜伸肌；12. 指外侧伸肌；13. 腕外侧屈肌；14. 指深屈肌；15. 指浅屈肌腱；16. 指深屈肌腱；17. 悬韧带；18. 肩胛下肌；19. 背阔肌；20. 大圆肌；21. 臂三头肌内侧头；22. 喙臂肌；23. 腕尺侧屈肌；24. 腕桡侧屈肌；25. 指浅屈肌

之间，收缩时使肩胛骨和臂骨在躯干上前后摆动，以扩大前肢运动范围，提举前肢。

前肢骨骼肌分背侧肌群和腹侧肌群。背侧肌群主要有斜方肌、菱形肌、臂头肌、背阔肌、肩胛横突肌；腹侧肌群主要有胸肌（浅、深）和腹侧锯肌等。

1. 斜方肌（*m. trapezius*）　呈顶端向下的扁三角形，位于项韧带索状部和棘上韧带与肩胛冈之间。起自项韧带和棘上韧带，止于肩胛冈。主要作用是提举前肢，摆动和固定肩胛骨。

2. 菱形肌（*m. rhomboideus*）　位于斜方肌和肩胛软骨深面，起于第 2 颈椎和第 5 胸椎之间的项韧带索状部、棘上韧带和胸椎棘突。止于肩胛软骨内侧面。分颈、胸两部。主要作用是向上牵引肩胛骨，前肢不动时，可伸颈。

3. 肩胛横突肌（*m. omotransversarius*）　呈薄带状，位于颈侧部，前部紧贴臂头肌深面，起自寰椎翼、枢椎横突（水牛至第 2、3 颈椎横突）止于肩胛岗和肩臂筋膜。主要作用是牵引前肢向前，或侧偏头颈。

4. 臂头肌（*m. brachiocephalicus*）　呈带状，位于颈侧部皮下，构成颈静脉沟上界，可明显地分为两部分，上部称锁枕肌，起于枕骨及项韧带，下部称锁乳肌，起于颞骨乳突以及夹肌和胸头肌总腱，两部合并后止于臂骨嵴。主要作用是牵引前肢向前，伸肩关节，在前肢踏地而两侧同时动作时，可伸展头颈，一侧动作时偏头颈。

5. 背阔肌（*m. latissimus dorsi*）　位于胸侧壁上部，呈扇形扁平状，肌纤维由后上方斜向前下方，以宽的腱膜起于背腰筋膜、第 9～12 肋骨、肋间外肌、腹外斜肌表面筋膜，止于大圆肌腱膜、臂三头肌长头腱膜和臂骨内侧结节。主要作用是向上方牵引臂骨，屈肩关节，当前肢踏地时，牵引躯干向前，可协助吸气。

6. 胸肌（*mm. pectoralis*）　位于胸底壁和臂部之间，分浅、深两层。胸浅肌位于臂部、前臂内侧和胸骨之间的皮下，分前部的胸浅前肌和胸浅后肌，两部间分界不明显。胸浅前肌起自胸骨柄，止于臂骨嵴，胸浅后肌薄而宽，起自胸骨腹侧面，止于前臂内侧筋膜。主要作用是内收前肢。胸深肌位于胸浅肌深面，起自胸骨腹侧面及腹黄膜，止于臂骨内、外侧结节。胸肌的主要作用是可内收及后退前肢，当前肢踏地时，牵引躯干向前。

7. 腹侧锯肌（*m. serratus ventralis*）　又称下锯肌，为一宽大的扇形肌，下缘呈锯齿状，分颈、胸两部，位于颈胸部外侧面。颈腹侧锯肌起自第 2～7 颈椎横突与前三个肋骨，胸腹侧锯肌较薄，起自第 4～9 肋骨，两者分别止于肩胛骨内侧上部的锯肌面和肩胛软骨。腹侧锯肌与肩胛部之间形成范围广大的肩胛下间隙，内有疏松结缔组织，易于炎症扩散。

左、右腹侧锯肌形成一弹性吊带，将躯干悬殊吊在两前肢之间，前肢不动时，两侧肌肉同时收缩，可提举躯干，颈腹侧锯肌收缩可举头颈，胸腹侧锯肌还可协助吸气，一侧收缩可将身体重心移至对侧前肢，便于提举同侧前肢。

（二）肩部肌

肩部肌主要分布于肩胛骨的外侧面和内侧面，起自肩胛骨，止于臂骨，跨越肩关节，作用于肩关节。包括外侧肌组和内侧肌组。外侧肌组主要有冈上肌、冈下肌、三角肌；内侧肌组主要有肩胛下肌、大圆肌等。

1. 冈上肌（*m. supraspinatus*）　位于肩关节前方，填充于冈上窝中，起自冈上窝、肩胛冈及肩胛软骨，下端分两支，分别止于臂骨内、外侧结节。主要作用是伸展和固定肩关节。

2. 冈下肌（*m. infraspinatus*）　位于冈下窝内，在三角肌深面，起自冈下窝及肩胛软骨，止于臂骨外侧结节。主要作用是屈肩关节，外展臂骨，代替外侧副韧带固定肩关节。

3. 三角肌（*m. deltoideus*）　呈三角形，在肩关节后方，起自肩胛冈的肩峰和肩胛骨后缘，共同后止于臂骨三角肌结节。主要作用是屈肩关节，外展臂骨。

4. 肩胛下肌（*m. subscapulars*）　位于肩胛骨内侧面，起于肩胛下窝和肩胛软骨，止于臂骨内侧结节。主要作用是屈肩关节，代替内侧副韧带固定肩关节。

5. 大圆肌（*m. teres major*）　呈长纺缍形，位于肩胛下肌的后方，起自肩胛骨后缘，止于圆肌结节（粗隆）。主要作用是屈肩关节，内收臂骨。

（三）臂部肌

分布于臂部，起自臂骨或肩胛骨，止于前臂骨，跨越肘关节和肩关节，主要作用于肘关节。分伸肌组和屈肌组。伸肌组主要有臂三头肌、前臂筋膜张肌和肘肌等；屈肌组主要有臂二头肌、臂肌等。

1. 臂三头肌（*m. triceps brachii*）　位于肩胛骨和臂骨之间的夹角内，分三个头：长头起自肩胛骨后缘；外侧头呈四边形，起自臂骨近端外侧和三角肌结节；内侧头小，位于臂骨内侧面，三头共同止于肘突或鹰嘴。主要作用是伸肘关节；长头还有屈肩关节作用。

2. 前臂筋膜张肌（*m. tensor fasciae antebrachii*） 位于臂三头肌的内侧面和后缘。起自肩胛骨后角和背阔肌的止腱，止于前臂筋膜和鹰嘴。主要作用是伸肘关节，屈肩关节和紧张前臂筋膜。

3. 肘肌（*m. anconeus*） 位于臂三头肌外侧头的深面，起自臂骨后缘下1/3处，止于鹰嘴。

4. 臂二头肌（*m. biceps brachii*） 位于臂骨前面，以强腱起自肩胛结节，止于桡骨近端的桡骨粗隆，另外分出一细腱下行，止于桡骨内侧缘，并与腕桡侧伸肌的筋膜相混连。主要作用是屈肘关节，还可伸肩关节。

5. 臂肌（*m. brachialis*） 位于臂骨的臂肌沟内，起自臂骨上1/3处的后面和外侧面，止于桡骨上部的背内缘。主要作用是屈肘关节。

（四）前臂及前脚部肌

多为长纺锤形动静力肌，两端均有腱，起自臂骨和前臂骨，止于腕骨、掌骨和指骨。

1. 腕桡侧伸肌（*m. extensor carpi radialis*） 位于桡骨背侧，前臂外侧面，起自臂骨远端外侧，止于掌骨近端背侧。主要作用是伸腕关节，还能屈肘关节。

2. 指内侧伸肌（*m. extensor digitalis medialis*） 又称第三指固有伸肌。位于腕桡侧伸肌后方。起自臂骨外侧上髁，止于第三指中指节骨和远指节骨（系骨和冠骨）。主要作用是伸腕关节和指关节，亦可屈肘关节。

3. 指总伸肌（*m. extensor digitalis communis*） 位于指内、外侧伸肌之间，有二头，分别起自臂骨外侧上髁和尺骨侧面，在前臂中部会合成总腱，沿腕骨和掌骨的背侧面下行，于掌指关节处分为两支，分别止于第三指和第四指蹄骨伸肌突。主要作用是伸指关节和腕关节，亦可屈肘关节。

4. 指外侧伸肌（*m. extensor digitalis lateralis*） 又称第四指固有伸肌，位于指总伸肌后方，起自臂骨外侧上髁、桡骨近端和尺骨外侧面，止于第四指冠骨和蹄骨。主要作用是伸腕关节和指关节，亦可屈肘关节。

5. 腕斜伸肌（*m. extensor carpi obliquus*） 又称拇长展肌，起自桡骨下2/3外侧面，止腱越过腕桡侧伸肌腱，斜经腕关节内侧面，止于第三掌骨近端。主要作用是伸腕关节。

6. 腕尺侧伸肌（*m. flexor carpi lateralis*） 又称腕外侧屈肌，位于前臂外侧后部，指外侧伸肌后方，起自臂骨外侧上髁，有两个止腱分别止于副腕骨和大掌骨近端。主要作用是屈腕关节，伸肘关节。

7. 腕桡侧屈肌（*m. flexor carpi radialis*） 位于桡骨内侧缘后方，肌腹扁，起自臂骨内侧上髁，以圆腱止于第三掌骨近端。马止于第二掌骨近端。主要作用是屈腕关节，伸肘关节。

8. 腕尺侧屈肌（*m. flexor carpi ulnaris*） 位于前臂内侧，在腕桡侧屈肌后方，为宽而扁平肌，起自臂骨内侧上髁和鹰嘴，止于副腕骨。主要作用是屈腕关节，伸肘关节。

9. 指浅屈肌（*m. flexor digitalis superficialis*） 位于前臂后方，在上述诸肌包围中。起自臂骨内侧上髁，肌腹分浅、深两部，各有一腱，浅腱经过腕管的表面，深腱通过腕管向下伸延，至掌中部合成一总腱后，立即分为两支，分别止于第三和第四指冠骨。主要作用是屈腕、指关节，伸肘关节。

10. 指深屈肌（*m. flexor digitalis profundus*）　位于前臂后面深层，起自臂骨内侧上髁、鹰嘴、前臂近端间隙，止于第3、4指的远指节骨（蹄骨）屈肌面。主要作用是屈腕、指关节，伸肘关节。

六、后肢肌

后肢盆带肌肉特别发达，但因荐髂关节不能运动，故盆带肌只作用于后肢游离部，在推动躯干前进运动上起重要作用，后肢肌可分为臀部肌、股部肌、小腿及后脚部肌（图3－40）。

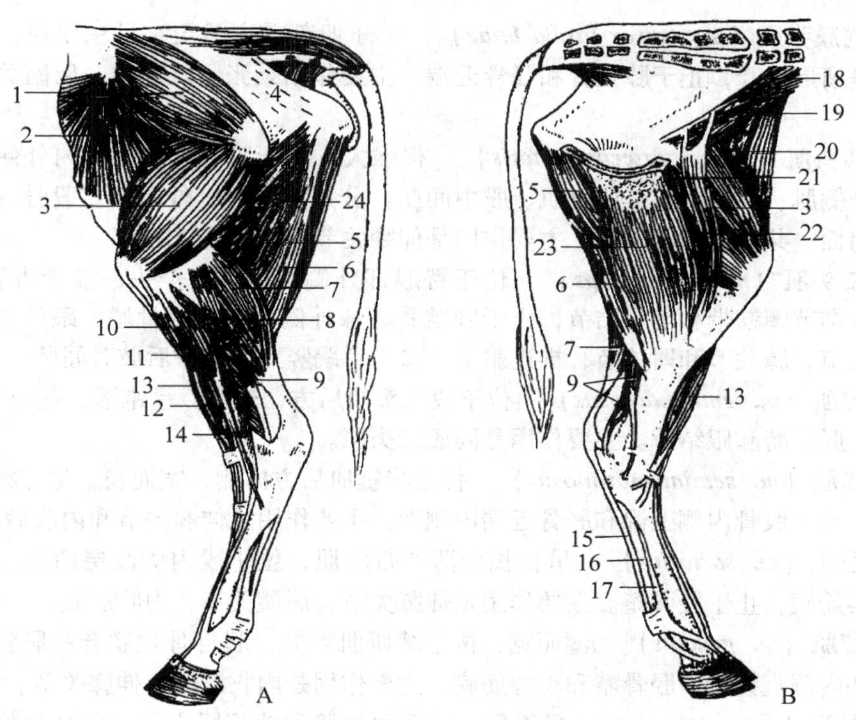

图3－40　牛左后肢肌（外侧臀骨二头肌已切除）

A. 外侧观；B. 内侧观

1. 臀中肌；2. 腹内斜肌；3. 股四头肌；4. 荐结节阔韧带；5. 半膜肌；6. 半腱肌；7. 腓肠肌；8. 比目鱼肌；9. 趾深屈肌；10. 胫骨前肌；11. 腓骨长肌；12. 趾长伸肌及趾内侧伸肌；13. 腓骨第三肌；14. 趾外侧深肌；15. 趾浅屈肌腱；16. 趾深屈肌腱；17. 悬韧带；18. 腰小肌；19. 髂腰肌；20. 阔筋膜张肌；21. 耻骨肌；22. 缝匠肌；23. 股薄肌；24. 内收肌

（一）臀部肌

位于臀部，伸髋关节。主要有臀浅肌（马和猪有）、臀中肌、臀深肌、髂肌。

1. 臀浅肌（*m. gluteus superficialis*）　仅马和猪有，位于臀部浅层，呈三角形，有二头，分别起自髋结节和荐结节以及臀筋膜，止于股骨第3转子。主要作用是屈髋关节和外展后肢。

2. 臀中肌（*m. gluteus medius*）　强大，向前伸至背最长肌。起自髂骨臀肌面、荐骨、背最长肌腱膜及荐结节阔韧带，止于股骨大转子。主要作用是伸髋关节，外展和旋外后肢，参与竖立踢蹴及推进躯干等作用。

3. 臀深肌（*m. gluteus profundus*） 位于臀中肌深面，薄而宽，起自髂骨翼外侧面、坐骨棘和荐结节阔韧带。止于股骨大转子。主要作用是旋内股骨。

4. 髂肌（*m. iliacus*） 位于髋关节前方，起自髂骨和荐骨的腹侧面，止于股骨小转子。主要作用是屈髋关节，旋外后肢。

（二）股部肌

分布于股骨周围，自骨盆和股骨，跨越髋关节和膝关节以及跗关节。分股前、股后和股内侧三个肌群。

1. 阔筋膜张肌（*m. tensor fascia latae*） 位于股部前方浅层，呈三角形，起自髋结节，向下呈扇形展开，止于膝盖骨和胫骨近端。主要作用是张紧阔筋膜，屈髋关节和伸膝关节。

2. 股四头肌（*m. quadriceps femoris*） 很强大，位于股骨的前面和内外侧，由四个头组成，外侧肌、股内侧肌、股直肌、股中间肌。分别起自股骨外侧面、股骨内侧面、髂骨、股骨前面，共同止于膝盖骨。主要作用是伸膝关节，屈髋关节。

3. 股二头肌（*m. gluteobiceps*） 位于臀股部外侧面，有两个头，椎骨头和坐骨头。分别起自荐结节阔韧带和坐骨结节，止于膝盖骨、膝外侧韧带、胫骨嵴、跟结节。主要作用是伸髋关节、膝关节和跗关节，推进躯干，参与后踢竖立，提举后肢时屈膝。

4. 半腱肌（*m. semitendinosus*） 位于股二头肌后方，较大，呈锥形，起自坐骨结节，以腱膜止于胫骨嵴和跟结节。主要作用是同股二头肌。

5. 半膜肌（*m. semimembranosus*） 位于半腱肌后方内侧，宽而长，呈三棱形。起自坐骨结节，止于股骨内侧上髁和胫骨近端内侧面。主要作用是伸髋关节和内收后肢。

6. 缝匠肌（*m. sartorius*） 呈狭长而薄的带状肌，位于股内侧浅层前部，起自髂骨盆腔面的髂筋膜，止于胫骨嵴。主要作用是伸膝关节，屈髋关节，内收后肢。

7. 股薄肌（*m. gracilis*） 薄而宽，位于缝匝肌后方，起自骨盆联合和耻骨前腱，以腱膜止于膝内侧直韧带、胫骨嵴和小腿筋膜。主要作用是内收后肢，伸膝关节。

8. 耻骨肌（*m. pectineus*） 呈锥形，位于股薄肌和缝匠肌之间，自耻骨前缘伸至股骨体内侧面。主要作用是内收后肢，屈髋关节。

9. 内收肌（*m. adductor*） 呈三棱形，位于耻骨肌和半膜肌之间，股薄肌的深面。起自坐骨和耻骨腹侧面，止于股骨下 1/3 后内侧面。主要作用是内收后肢，伸髋关节，内旋股骨。

（三）小腿及后脚部肌

多呈纺锤形，起自股骨和小腿骨，止于跗骨、跖骨和趾骨。在跗关节处变为腱，并包有腱鞘，部分止于跗骨和跖骨，部分止于趾骨。可分为背外侧肌群和跖侧肌群。

跖侧肌群有 4 块骨骼肌，分别腓肠肌、比目鱼肌、趾浅屈肌、趾深屈肌、腘肌等。

1. 腓骨第三肌（*m. peroneus tertius*） 呈纺锤形，几乎完全盖住趾长伸肌，与趾长伸肌和趾内侧伸肌以一短腱起自股骨远端外侧，在小腿远端延续为一扁腱，止于大跖骨，近端的内侧和第二和第三跗骨。主要作用是屈跗关节。

2. 趾长伸肌（*m. extensor digitalis longus*） 呈长棱形，肌腹上半部在腓骨第三肌深

面，下半部位于其右后方，起点同腓骨第三肌，腱在跗关节背侧面被近侧和远侧环状韧带所固定，腱的行程和止点同前肢的指总伸肌。主要作用是伸趾关节，屈跗关节。

3. 趾内侧伸肌（*m. extensor digitalis medialis*）　又称第3趾固有伸肌，位于腓骨第三肌的深层和趾长伸肌的前内侧。起点同趾长伸肌。在系部接受骨间中肌的两伸肌支，止于第3趾中趾节骨（冠骨）。主要作用是伸和外展内侧趾。

4. 腓骨长肌（*m. peroneus longus*）　呈狭长三角形，位于趾长伸肌的后方，在小腿背外侧，起自小腿骨近端外侧，肌腹在小腿中部延续为一细腱，止于大跖骨近端及第一跗骨。主要作用是屈跗关节，旋内后肢。

5. 趾外侧伸肌（*m. extensor digitalis lateralis*）　又称第四趾固有伸肌，位于小腿外侧，在腓骨长肌后方，起自胫骨外侧髁，止于小腿下部延续为一长腱，沿趾长伸肌，腱的外侧缘下行，止于第四趾中趾节骨（冠骨）。主要作用是伸外侧趾（第四趾）。

6. 胫骨前肌（*m. extensor tibialis anterior*）　位于趾长伸肌和趾内侧伸肌深面，紧贴胫骨，起自胫骨结节（粗隆）和胫骨嵴，止于大跖骨近端和第二、第三跗骨。主要作用是屈跗关节。

7. 腓肠肌（*m. gastrocnemius*）　发达，肌腹呈纺锤形，分内、外侧头，分别起自股骨远端后面两侧，在小腿中部合成一强腱，止于跟结节。主要作用是伸跗关节。

8. 比目鱼肌（*m. soleus*）　位于腓肠肌外侧头前方，呈扁棱形，似比目鱼状，起自腓骨头和胫骨外侧髁，止于腓肠肌腱。主要作用是伸跗关节。

9. 趾浅屈肌（*m. flexor digitorum superficialis*）　呈纺锤形，上部夹于腓肠肌内、外侧头之间，起自股骨远端的髁上窝，于小腿下1/3处转为强腱，自腓肠肌腱的前面经内侧转至后面。至跟结节处变宽扁。强腱越过跟结节向下止于趾部，其行程和分支与前肢指浅屈肌腱相同。主要作用是机械性作用，在膝关节运动的影响下，可被动的伸跗关节，屈趾关节。另外。还与腓骨第三肌支合成一机械装置，站立时固定膝关节和跗关节。

10. 趾深屈肌（*m. flexor digitorum profundus*）　发达，紧贴于胫骨后面，起自胫骨近端后外侧缘和后面，分三个头：外侧浅头和外侧深头合成主腱，通过跗管向下，内侧头细腱约在跖骨后面上1/3处并入主腱，趾深屈肌在跖部和趾部的行程及止点同前肢指深屈肌腱。主要作用是屈趾关节，伸跗关节。

11. 腘肌（*m. popliteus*）　呈厚而大三角形，位于胫骨后面的上部，以圆腱起自股骨远端外侧的腘肌窝。止于胫骨后面上部的三角形区。主要作用是屈股胫关节。

12. 跟腱　为一圆柱形强腱，系附着于跟结节诸肌腱的总称，由腓肠肌、趾浅屈肌、股二头肌、半腱肌、半膜肌的腱或腱膜共同组成。

复习思考题

1. 概念：真肋、假肋、弓肋、肋弓、浮肋、突起、凹陷、肋间隙、纤维连结、滑膜连结、软骨连结

2. 颅腔、鼻腔、口腔、眼眶、鼻旁窦的组成与功能？

3. 畜体全身骨骼的划分？

4. 椎骨的一般性结构特征？

5. 各段椎骨各有哪些主要特征？

6. 胸廓和骨盆的骨性构成与作用？

7. 体表可以摸到的与兽医临床和动物生产有关的骨性标志有哪些？

8. 骨连结有哪些类型？

9. 关节的构造？

10. 关节的类型与运动？

11. 试举例说明家畜四肢关节组成、类型、运动？

12. 骨骼肌的构造、形态位置与配布、命名法则。

13. 骨骼肌的辅助器官有哪些？

14. 畜体全身各部骨骼肌的配布与关节的运动？

15. 指出颈静脉沟、髂、髂肋肌沟、前臂正中沟和腹股沟管等部位的位置及肌肉组成，说出上述沟（管）内通过的血管与神经名称？

第四章

被皮系统

被皮系统由皮肤及其衍生物构成。在身体的某些特殊部位，皮肤演变成特殊的器官，如家畜的蹄、枕、角、毛、乳腺、皮脂腺、汗腺以及禽类的羽毛、冠、喙和爪等，称为皮肤的衍生物。其中乳腺、皮脂腺和汗腺称为皮肤腺。

第一节　皮　肤

皮肤（*Cutis*）被覆于动物的体表，直接与外界接触，在自然孔处与黏膜相接，是一天然屏障。具有保护内部器官，防止异物侵害和机械性损伤的作用。皮肤中含有多种感受刺激的感受器、丰富的血管、毛和皮脂腺和汗腺等结构。因此，皮肤又具有感觉、调节体温、分泌、排泄废物和贮存营养物质的功能。此外，皮肤还具有吸收功能。

皮肤的厚薄因家畜种类、品种、年龄、性别以及身体的不同部位而异。如覆盖体表的大部分是有毛的薄皮肤，而分布于鼻镜、足垫、乳头等处是无毛的厚皮肤。家畜中以牛的皮肤最厚，绵羊的皮肤最薄；老年家畜的皮肤比幼年家畜的厚；公畜的皮肤比母畜的厚；同一畜体背部和四肢外侧的皮肤比腹部和四肢内侧的厚。皮肤虽然厚薄不同，但其基本结构相似，均由表皮、真皮和皮下组织三层构成（图 4－1）。

一、表　皮

表皮（*Epidermis*）是皮肤的最表层，由角化的复层扁平上皮构成。表皮内没有血管和淋巴管，但有丰富的神经末梢，故感觉敏锐。表皮所需要的营养物质从真皮摄取。表皮的厚薄也因部位不同而有差异，凡长期受摩擦和压力的部位，表皮较厚，角化程度也较显著。完整的表皮共有四层结构，由深层向浅层依次分为生发层、颗粒层、透明层和角质层。

1. 生发层　生发层位于表皮的最深层，由数层细胞组成，深层细胞直接与真皮相连。生发层细胞具有很强的增殖能力，能不断分裂产生新的细胞，补充表层角化脱落的细胞。该层又分为基底层和棘细胞层。基底层是生发层中最靠近真皮并附于基膜上的一层细胞，细胞呈低柱状或立方形，细胞核圆形或卵圆形。棘细胞层由基底层细胞分裂而来的数层细胞构成，细胞较大，呈多边形，细胞核大而圆，位于中央。

2. 颗粒层　颗粒层位于生发层的浅部，由 1～5 层梭形细胞组成，胞质内含有许多透明角质颗粒，颗粒大小和数量向表层逐渐增加。

3. 透明层　透明层是无毛皮肤特有的一层，由数层互相密接的无核扁平细胞组成，胞质内含有透明角质蛋白颗粒液化生成的角母素，故细胞界限不清，形成均质透明的一层。此层在鼻镜和乳头等无毛的皮肤最显著，而其他部位则薄或不存在。

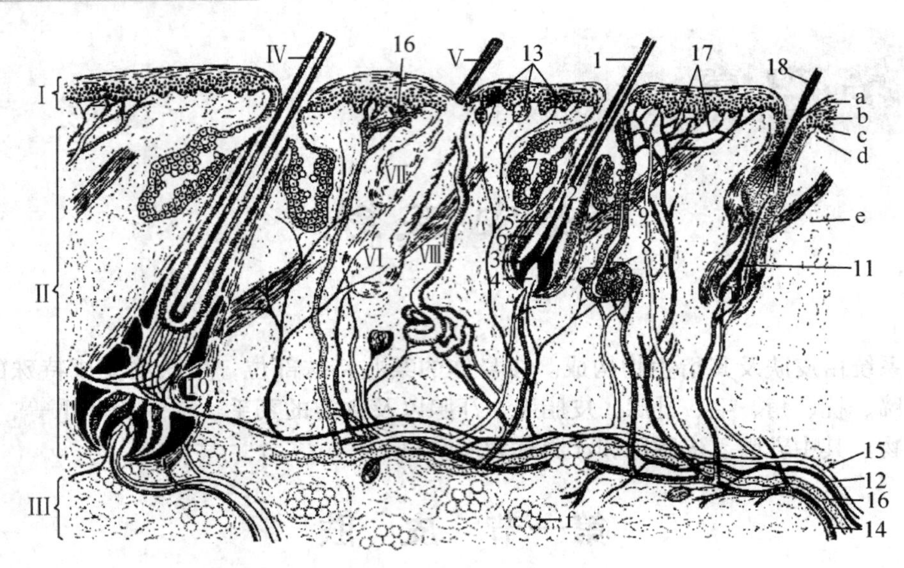

图 4-1 皮肤结构的半模式图

Ⅰ. 表皮；Ⅱ. 真皮；Ⅲ. 皮下组织；Ⅳ. 触毛；Ⅴ. 被毛；Ⅵ. 毛囊；Ⅶ. 皮脂腺；Ⅷ. 汗腺
1. 毛干；2. 毛根；3. 毛球；4. 毛乳头；5. 毛囊；6. 根鞘；7. 皮脂腺断面；8. 汗腺断面；9. 竖毛肌；10. 毛囊内的血窦；11. 新毛；12. 神经；13. 皮肤的各种感受器；14. 动脉；15. 静脉；16. 淋巴管 17. 血管丛；18. 脱落的毛
a. 表皮角质层；b. 颗粒层；c. 生发层；d. 真皮乳头层；e. 网状层；f. 皮下组织层内的脂肪组织

4. 角质层 角质层为表皮的最表层，由大量角化的扁平细胞组成，细胞内充满角蛋白。浅层细胞死亡后脱落形成皮屑，可清除皮肤上的污物和寄生虫。

二、真 皮

真皮（*Corium*）位于表皮的深层，是皮肤中最主要、最厚的一层，由致密结缔组织构成，含有大量的胶原纤维和弹性纤维，坚韧而富有弹性。皮革就是用真皮鞣制而成的。真皮内有毛囊、竖毛肌、皮脂腺、汗腺及丰富的血管、淋巴管和神经分布。真皮又分为乳头层和网状层，两层互相移行，无明显的分界。

1. 乳头层 乳头层为真皮的浅层，较薄，紧接表皮的深面，由纤细的胶原纤维和弹性纤维交织而成，结缔组织向表皮伸入，形成很多乳头状突起，称真皮乳头。真皮乳头的高低与皮肤的厚薄和毛的多少有关，在无毛或少毛的皮肤中高而细，在多毛的皮肤和表皮薄的皮肤中则不明显，乳头层富有血管、淋巴管和感觉神经末梢，起营养表皮和感受外界刺激的作用。

2. 网状层 网状层为真皮的深层，较厚，由粗大的胶原纤维束和丰富的弹性纤维交织而成，坚韧而有弹性。该层含有较大的血管、淋巴管和神经，并有毛囊、竖毛肌、汗腺和皮脂腺等结构。临床上将药液注入真皮内称皮内注射。

三、皮下组织

皮下组织（*Tela subcutunea*）为皮肤的深层，由疏松结缔组织构成，又称浅筋膜，皮肤借皮下组织与深部的肌肉或骨膜相连。在骨突起部位的皮肤，皮下组织有时出现腔隙，形成黏液囊，内含少量黏液，可减少骨与该部皮肤的摩擦。由于皮下组织结构疏松，使皮肤具有一定的活动性，并能形成皱褶，如颈部的皮肤。皮下组织中常含有脂肪组织，具有保温、贮存能量和缓冲机械压力的作用。猪的皮下脂肪组织特别发达，形成一层很厚的皮下脂膜。有些部位的皮下组织变成富有弹力纤维和脂肪的特殊组织，构成一定形状的弹力结构，如指（趾）等。在皮肤和深层组织紧密相连的地方，如唇、鼻等处，皮下组织则很少，甚至没有。

第二节 皮肤衍生物

一、毛

毛（*Pilus*）由表皮衍生而成，是一种角化的表皮结构，坚韧而有弹性，覆盖于皮肤的表面，是温度的不良导体，具有保温作用。家畜的毛具有重要的经济价值。

（一）毛的类型和分布

畜体不同部位毛的类型、粗细和作用不尽相同。毛有被毛和特殊毛两类。着生在家畜体表的普通毛称为被毛，有保温作用。被毛因粗细不同，分为粗毛和细毛。牛、马和猪的被毛多为短而直的粗毛，绵羊的被毛多为细毛。粗毛多分布于家畜的头部和四肢。特殊毛是指着生在畜体特定部位的一些长粗毛，如马颅顶部的鬣、颈部的鬃、尾部的尾毛和系关节后部的距毛，公羊颏部的髯，猪颈背部的鬃。此外，有些部位的毛在根部富有神经末梢，称触毛，能感受触觉，如马和牛唇部的触毛等。

家畜体表被毛的分布随动物种类不同而异。牛和马的被毛是单根均匀分布。绵羊的被毛是成簇分布。猪的被毛常是三根集合成一组，其中较长的一根称主毛。狗的被毛一般以4~8根为一簇，其中有长而粗的主毛及细弱的副毛。兔毛可分为针毛（枪毛）、绒毛和触毛三种。优良毛皮品种的兔，绒毛密而细。

毛在畜体表面按一定的方向排列，称为毛流。毛流的方向一般来说与外界气流和雨水在体表流动的方向相适应，但在特殊部位，可形成特殊方向的毛流。

（二）毛的结构

毛呈细丝状，分为毛干和毛根两部分。露在皮肤外面的部分称毛干，埋在皮肤内的部分称毛根。毛根末端膨大呈球形，称毛球。毛球的细胞分裂能力很强，是毛的生长点。毛球底部凹陷，有真皮结缔组织伸入，称毛乳头，富含血管和神经。毛通过毛乳头获得营养。毛根周围包有上皮组织和结缔组织构成的毛囊。在毛囊的一侧有一条平滑肌束，称竖毛肌，受交感神经支配，收缩时能使毛竖立。

（三）换毛

毛有一定的寿命，当毛生长到一定时期，就会衰老脱落，为新毛所代替，这个过程就称换毛。换毛时，毛乳头的血管萎缩，血流停止，毛球的细胞停止增生，并逐渐角化和萎缩，最后与毛乳头分离，毛根逐渐脱离毛囊，向皮肤表面移动。同时毛乳头周围的细胞分裂增殖形成新毛。最后旧毛被新毛推出而脱落。换毛的方式有两种，一种为持续性换毛，换毛不受时间和季节的限制，如马的鬣毛、尾毛，猪鬃，绵羊的细毛等；另一种是季节性换毛，每年春秋两季各进行一次换毛，如骆驼、兔。大部分家畜既有持续性换毛，又有季节性换毛，因而属于混合性换毛，但在春秋两季换毛最明显。

二、皮肤腺

皮肤腺（*Glandulae cutis*）位于真皮内，包括汗腺、皮脂腺和乳腺。

（一）汗腺

汗腺（*Gll. sudoriferae*）位于皮肤的真皮和皮下组织内，为盘曲的单管状腺，由分泌部和导管部构成，分泌部盘曲成团，位于真皮深部；导管部细长而扭曲，多数开口于毛囊（在皮脂腺开口的上方），少数直接开口于皮肤表面的汗孔。汗腺分泌汗液，有排泄废物和调节体温的作用。家畜中马和绵羊的汗腺最发达，几乎分布于全身皮肤；猪的汗腺也比较发达，但以指（趾）间分布最密；牛的汗腺以面部和颈部最为显著，其他部位则不发达，水牛的汗腺不如黄牛的发达；犬的汗腺不发达，特别是被毛密集的部位汗腺更少，只在鼻和指的掌侧有较大的汗腺，所以散热量很少；猫的汗腺不发达，只分布于鼻尖和脚垫；家兔的汗腺不发达，只在唇边及腹股沟部（褐色腹股沟腺是由汗腺变化而来的）。

（二）皮脂腺

皮脂腺（*Gll. sebaceae*）位于真皮内，在毛囊与竖毛肌之间，为分支泡状腺，直接开口于毛囊，在无毛的皮肤，直接开口于皮肤表面。皮脂腺分泌皮脂，有滋润皮肤和被毛的作用，使皮肤和被毛保持柔韧而光亮，防止干燥和水分的渗入。家畜的皮脂腺分布广泛，除角、蹄、爪、乳头及鼻唇镜等处的皮肤无皮脂腺外，全身其他部位均有分布。

特殊的皮肤腺是汗腺和皮脂腺的变型结构。由汗腺衍生的腺体，如外耳道皮肤的耵聍腺，分泌耵聍（耳蜡）；牛的鼻唇腺以及羊的鼻镜腺和猪的腕腺分泌浆液。由皮脂腺衍生的腺体，如肛门腺、包皮腺、阴唇腺和睑板腺等。绵羊眼内角的眶下窦，腹股沟部的腹股沟窦，二指（趾）间的指（趾）间窦的壁内都分布有很多皮脂腺和汗腺。马和驴蹄叉腺也属于皮肤腺。颈腺又称项腺，是仅公驼特有的两个皮肤腺，位于枕嵴之后中线两侧皮内，发情季节可排出棕黑色而带异味的分泌物。

（三）乳腺

乳腺（*Glandula mammaria*）是哺乳动物特有的皮肤腺，为复管泡状腺，在功能和发生上属于汗腺的特殊变形，公母畜均有乳腺，但只有母畜的乳腺能充分发育，具有分泌乳汁的能力，形成发达的乳房。

1. 各种家畜乳房的位置和形态

（1）*牛的乳房* 位于两股之间，腹后耻骨部腹下壁，呈倒置圆锥形，乳房可分为紧贴腹壁的基部、中间的体部和游离的乳头部。乳房由纵行的乳房间沟分为左右两半，每半又被浅的横沟分为前后两部，共分为4个乳丘。每个乳丘上有1个乳头，乳头呈圆柱形或圆锥形，前列乳头较长，每个乳头有1个乳头管。有时在乳房的后部有1对小的副乳头，无分泌功能。乳头的大小与形态，决定是否适合用机器挤奶或用手挤奶，因此具有实际意义。

（2）*羊的乳房* 位于两股之间，呈圆锥形，有1对圆锥形乳头。乳头基部有较大的乳池。每个乳头上有1个乳头管的开口。

（3）*猪的乳房* 位于胸部和腹正中部的两侧。乳房数目依品种而异，一般5～8对，有的10对。乳池小，每个乳房有1个乳头，每个乳头上有2～3个乳头管的开口。

（4）犬、猫、兔的乳房 犬的乳房在哺乳期乳房非常发达，而在非哺乳期乳房并不明显。乳房一般形成4~5对乳丘，对称排列于胸、腹部正中线两侧，乳头短，每个乳头有2~4个乳头管口，而每个乳头管口有6~12个小的排泄孔（图4-2）。猫的乳房有5对乳头，前2对位于胸部，后3对位于腹部。兔的乳房位于胸部及腹部正中线两侧，乳头数一般是3~6对，每个乳头约有5条乳腺管开口。一般产仔多，泌乳好的母兔应有4对以上发育良好的乳头。

2. 乳房的结构（图4-3） 乳房由皮肤、筋膜和实质构成。乳房的皮肤薄而柔软，除乳头外，均生有一些稀疏的细毛。皮肤内有汗腺和皮脂腺。乳房后部与阴门之间有线状毛流的皮肤纵褶，称乳镜，可作为评估奶牛产乳能力的一个指标。乳镜愈大，产乳量愈高。皮肤深层为筋膜，分为浅筋膜和深筋膜。浅筋膜为腹壁浅筋膜的延续，由疏松结缔组织构成，使乳房皮肤具有活动性。乳头皮下无浅筋膜。深筋膜富含弹性纤维，包在整个乳房的内外表面，形成乳房的悬吊装置，由内侧板和外侧板组成。左右两半乳房的深筋膜在中线合并形成乳房间隔，即乳房悬韧带，向上与腹黄膜相连，同皮肤一起悬吊乳房。深筋膜的结缔组织伸入乳房的实质内，构成乳腺间质，将腺实质分隔成许多腺叶和腺小叶。每一腺小叶由分泌部和导管部组成。分泌部包括腺泡和分泌小管，其周围有丰富的毛细血管网。腺泡分泌的乳汁经分泌小管至输乳管，许多小输乳管汇合成较大的输乳管，再汇合成乳道，通入乳房下部的腺乳池和乳头内的空腔乳头乳池，再经乳头管开口排出。乳头管内衬黏膜，黏膜上有许多纵嵴，黏膜下有平滑肌和弹性纤维，平滑肌在管口处形成括约肌。牛每个乳头只有一个乳头管，乳头管开口处有括约肌控制。牛乳房四个乳丘的管道系统是独立的，彼此并不相通。

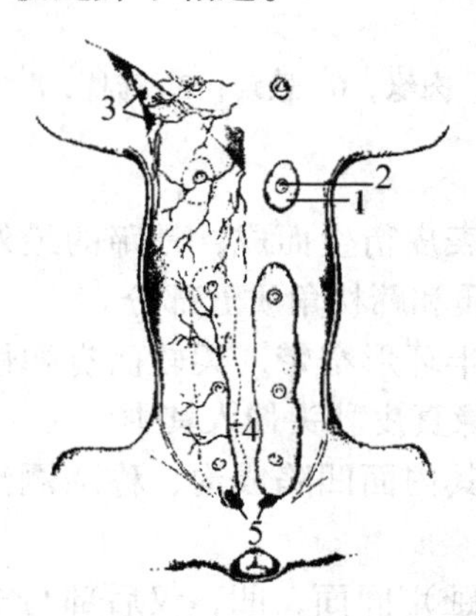

图4-2 犬的乳房

1. 乳房；2. 乳头；3. 腋淋巴结和腋副淋巴结；4. 腹壁浅后动脉和静脉；5. 腹股沟浅淋巴结

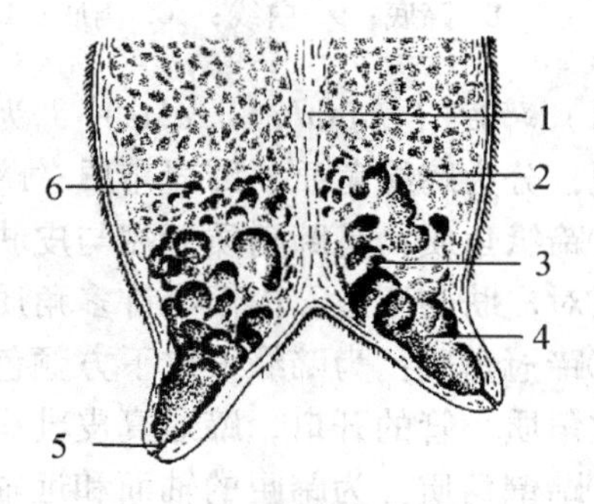

图4-3 牛乳房的构造

1. 乳房中隔；2. 腺小叶；3. 乳池腺部；4. 乳头乳池部；5. 乳头管；6. 乳道

三、蹄

蹄（*Ungula*）是指（趾）端着地的部分，由皮肤衍变而成，其结构似皮肤，也具有表皮、真皮和少量皮下组织构成。表皮因角质化而称角质层，构成坚硬的蹄匣，无血管和神经；真皮层有发达的乳头和丰富的血管、神经，呈鲜红色，感觉灵敏，通常称肉蹄。

（一）牛（羊）蹄的结构

牛、羊为偶蹄动物，每肢的指（趾）端有4个蹄，从内向外，分别称第二、第三、第四和五指（趾）蹄，其中第三、第四指（趾）端的蹄发达，直接与地面接触，称主蹄；第二、第五指（趾）端的蹄很小，不着地，附着于系关节掌（跖）侧面，称悬蹄（图4－4）。

1. 主蹄 呈三面棱锥形，形状与牛（羊）的远指（趾）节骨相似，按部位分为蹄缘、蹄冠、蹄壁、蹄底和蹄枕五部分。蹄与皮肤相连的部分称蹄缘；蹄缘的下方，蹄壁的上缘称蹄冠；位于远指（趾）节骨轴面和远轴面的部分称蹄壁；位于远指（趾）节骨底面前部的称蹄底；位于蹄骨底面后部的称蹄枕（即蹄的蹄球）。蹄由蹄匣（表皮）、肉蹄（真皮）和皮下组织构成。

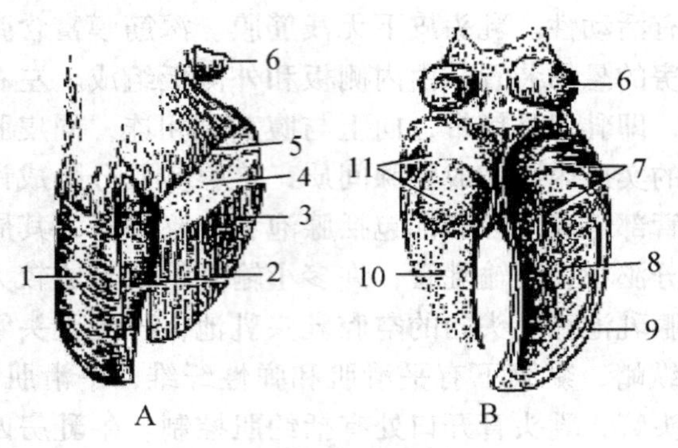

图4－4 牛蹄（一侧蹄匣已除去）

A. 背面；B. 底面

1. 蹄壁远轴面；2. 蹄壁轴面；3. 肉壁；4. 肉冠；5. 肉缘；6. 悬蹄；7. 蹄枕；8. 蹄底；9. 白线；10. 肉底；11. 肉球

（1）蹄匣（*Capsula ungulae*） 为蹄的角质层，由表皮衍生而成，是蹄的最外层，质地坚硬，分为蹄缘角质、蹄冠角质、蹄壁角质、蹄底角质和蹄枕角质五部分。

①蹄缘角质：是蹄角质近端与皮肤连接的部分，呈半环形窄带，柔软而有弹性，可减轻蹄匣对皮肤的压迫。内面有许多角质小管的开口，蹄缘真皮乳头伸入其中。

②蹄冠角质：为蹄缘表皮下方颜色略淡的环状带，其内面凹陷成沟，称蹄冠沟，沟底有无数角质小管的开口，蹄冠真皮乳头伸入其中。

③蹄壁角质：为蹄匣的轴面和远轴面。轴面即指（趾）间面，凹，仅后部与对侧蹄接触，远轴面凸，与地面夹角为30°，呈弧形弯向轴面，远轴面可分为三部分，前方为蹄尖壁，后方为蹄踵壁，两者之间为蹄侧壁。蹄壁角质下缘与地面接触的部分称底缘。

蹄壁角质由外层、中层和内层三层组成。外层又称釉层，位于蹄壁角质最表层，由角化的扁平细胞构成，有保持蹄壁角质内水分的作用。中层又称冠状层，是蹄壁角质最厚、最坚固的层，富有弹性和韧性，有保护蹄内组织和负重的作用。内层又称小叶层，是蹄壁角质的最内层，由许多纵行排列的角质小叶构成，叶间称小叶间隙。

④蹄底角质：为蹄匣底面的前部，与地面接触，表面微凹，呈三角形，与蹄壁角质底缘之间以浅色的白线为界。白线由角质小叶向蹄底延伸形成。白线是确定蹄壁角质厚度的标准，也是装蹄铁时下钉的定位标志。蹄底角质的背面凸，有许多角质小管的开口，容纳

肉底上的真皮乳头。

⑤蹄枕角质：即枕角质，为蹄匣底面的后部，呈球状隆起，由较柔软的角质构成，在干燥环境下，常成层裂开，其裂缝可成为蹄病的感染途径。

(2) 肉蹄（*Corium ungulae*） 为蹄的真皮层，富含血管和神经，颜色鲜红。形状与蹄匣相似，分为蹄缘真皮（肉缘）、蹄冠真皮（肉冠）、蹄壁真皮（肉壁）、蹄底真皮（肉底）和蹄枕真皮（肉球）五部分。

(3) 蹄的皮下组织 蹄缘和蹄冠部的皮下组织薄；蹄壁和蹄底无皮下组织，肉壁和肉底直接与远指（趾）节骨骨膜紧密结合，运动时不致松动；蹄枕的皮下组织发达，是三层中最厚的一层，弹性纤维丰富，当四肢着地时有减轻冲击和震荡的作用。

2. 悬蹄 呈短圆锥状，位于主蹄的后上方，附着于系关节掌（跖）侧面，不与地面接触，其结构与主蹄相似。

（二）猪蹄的结构

猪也属于偶蹄动物，猪蹄的结构与牛蹄相似，每个蹄均分为蹄缘、蹄冠、蹄壁、蹄底和蹄枕五部分。蹄缘、蹄冠、蹄枕由表皮、真皮和皮下组织构成，蹄壁、蹄底无皮下组织，肉壁和肉底直接与远指（趾）节骨的骨膜紧密结合。但蹄枕（蹄球）很发达，蹄底较小。各蹄内均有数目完整的指（趾）节骨（图4－5）。

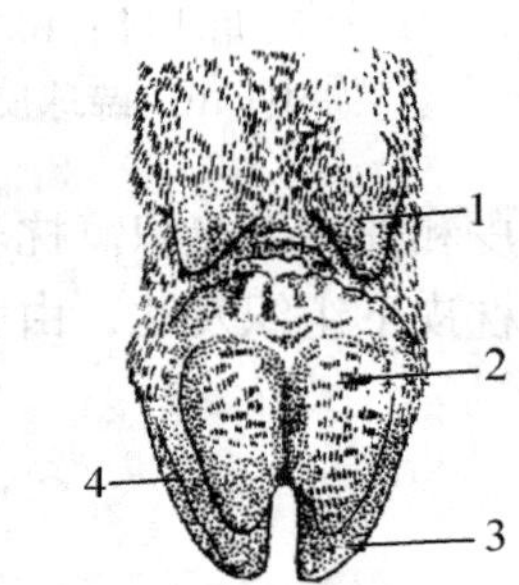

图4－5 猪蹄的底面

1. 悬蹄；2. 蹄；3. 蹄底；4. 蹄壁

（三）马蹄的结构

马属动物为单蹄兽。马蹄由蹄匣、肉蹄和皮下组织构成（图4－6、图4－7）。其基本结构与牛相似。

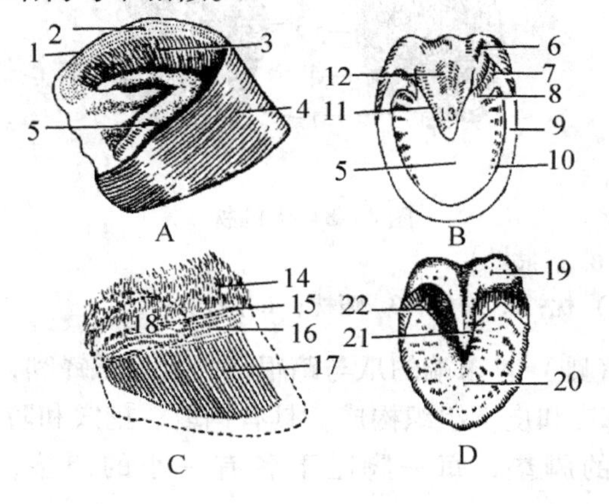

图4－6 马蹄

A. 蹄匣；B. 蹄匣底面；C. 肉蹄；D. 肉蹄底面

1. 蹄缘；2. 蹄冠沟；3. 蹄壁小叶层；4. 蹄壁；5. 蹄底；6. 蹄球；7. 蹄踵角；8. 蹄支；9. 底缘；10. 白线；11. 蹄叉侧沟；12. 蹄叉中沟；13. 蹄叉；14. 皮肤；15. 肉缘；16. 肉冠；17. 肉壁；18. 蹄软骨的位置；19. 肉球；20. 肉底；21. 肉叉；22. 肉支

（四）犬、猫脚的构造

1. 犬的枕 很发达，可分为腕（跗）枕、掌（跖）枕和指（趾），分别位于腕（跗）、掌（跖）和指（趾）部的内侧面、后面和底面。枕的结构与皮肤相同，分为枕表皮、枕真

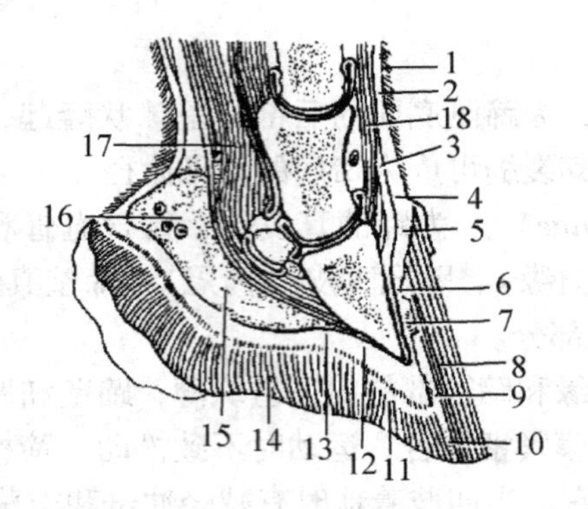

图4－7　马蹄的纵切面

1. 表皮；2. 真皮；3. 皮下组织；4. 肉缘；5. 肉冠；6. 肉壁；7. 肉小叶；8. 蹄壁；9. 角小叶；10. 蹄白线；11. 蹄底；12. 肉底；13. 肉叉；14. 蹄叉；15. 肉叉皮下组织；16. 蹄球皮下组织；17. 屈肌腱；18. 伸肌腱

皮和枕皮下组织。枕表皮角化，柔韧而有弹性；枕真皮有发达乳头和丰富的血管、神经；枕皮下组织发达，由胶原纤维、弹性纤维和脂肪组织构成（图4－8）。

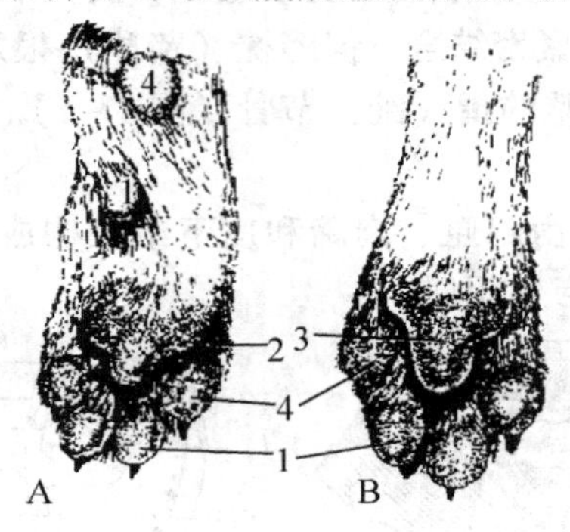

图4－8　犬的枕

A. 前肢；B. 后肢

1. 指（趾）枕；2. 掌枕；3. 跖枕；4. 腕枕

2. 犬的爪　包裹指（趾）骨末端的爪与蹄很似，犬的爪锋利，可分为爪轴、爪冠、爪壁和爪底，均由表皮、真皮和皮下组织构成。具有钩取、挖穴和防卫功能。

猫每只脚下有一大的脚垫，每一脚趾下各有一小的肉垫，因此行走踏地时声音很轻。

四、角

角（*Cornua*）（图4－9）是由皮肤衍生而成的鞘状结构，覆盖在反刍动物额骨两侧的角突上，是动物的防卫武器。角的形态一般与额骨角突的形态相一致，通常呈锥形，略带弯曲，且因家畜种类、品种、年龄、性别和个体不同而异。此外，角的形态还与角的生长情况有关，如果角质生长不均衡，就会形成不同弯曲度乃至螺旋形角。

角分为角根（角基）、角体和角尖三部分。角根与额部皮肤相连续，角质薄而软，并出现环状角轮。角体为角的中部，由角根生长延续而来，角质逐渐增厚。角尖由角体延续而来，角质最厚，甚至成为实体。在角的表面有环形隆起，称角轮，角轮之间的部分称轮节。牛的角轮仅见于角根部，羊的角轮较明显，几乎遍及全角。

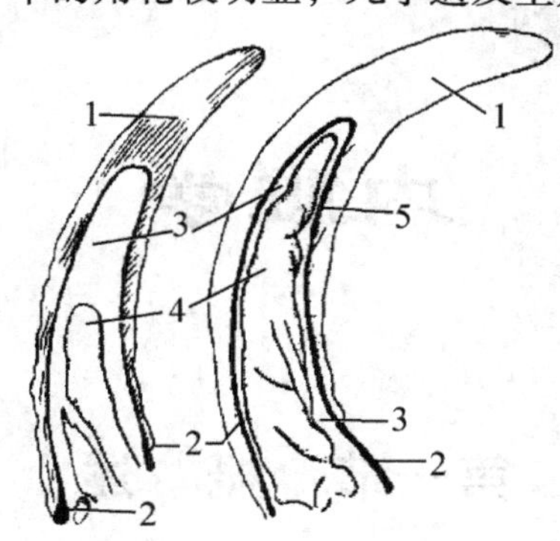

图 4－9　牛角纵切面

1. 角尖；2. 角根；3. 额骨角突；4. 角腔；5. 角真皮

复习思考题

1. 简述皮肤的构造和功能。
2. 简述牛乳房的形态和结构。
3. 乳腺腺泡内的乳汁是如何输出的？
4. 简述牛、马蹄的结构各有哪些特点。
5. 蹄白线位于蹄的哪一部位，在生产上有何意义？

第五章

内脏学

第一节　概　述

内脏（*Viscera*）是大部分位于胸腔、腹腔和骨盆腔内的管道系统，以一端或两端的开口与外界相通。主要包括消化、呼吸、泌尿和生殖四个系统。研究内脏各器官位置和形态的科学，称为内脏学。消化、呼吸和泌尿系统直接参与新陈代谢，维持机体正常生命活动的进行，生殖系统的机能则是繁衍后代、延续种族。

（一）内脏的一般形态和结构

内脏器官根据其形态结构，可分为管状器官和实质性器官两大类。

1. 管状器官（图 5－1）　多呈管状、腔状或囊袋状，大多数内脏器官属于管状器官，如胃、肠、气管、输尿管、子宫、输卵管等。管状器官管壁一般由 3～4 层构成，从内向外依次由黏膜、黏膜下层、肌层和浆膜（或外膜）组成。

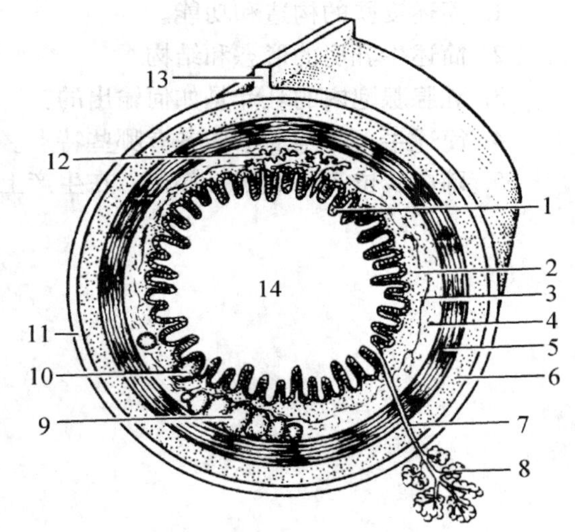

图 5－1　管状器官结构模式图

1. 上皮；2. 固有膜；3. 黏膜肌层；4. 黏膜下组织；5. 内环行肌；6. 外纵行肌；7. 腺管；8. 壁外腺；9. 淋巴集结；10. 淋巴孤结；11. 浆膜；12. 十二指肠腺；13. 肠系膜；14. 肠腔

（1）黏膜（*Tunica mucosa*）　位于管状器官的最内层。呈淡红色，柔软而湿润，富有伸展性，空虚状态时常形成皱褶，具有保护、分泌和吸收等作用。可分为三层：黏膜上皮、固有层和黏膜肌层。

①黏膜上皮：分布在最表层，由上皮组织构成，其类型因所在器官和功能不同而异。

②固有层：是一层薄的结缔组织，具有支持和固定黏膜上皮的作用，内含丰富的血管、淋巴管和神经，以提供黏膜上皮执行功能所需的条件。

③黏膜肌层：为薄层平滑肌，位于黏膜下组织与黏膜固有层之间，其收缩活动可促进黏膜的血液循环、上皮的吸收和腺体分泌物的排出。

（2）黏膜下层（*Tela submucosa*）　介于黏膜和肌层之间，起连接作用，由疏松结缔组织构成。该层内含有较大的血管、淋巴管和神经丛，有些器官的黏膜下层还分布有腺体和淋巴组织，如食管腺和十二指肠腺、回肠淋巴结等。

(3) 肌层 (*Tunia musculairs*) 大都由平滑肌构成，分内环层和外纵层两层。由于两层肌纤维的交替收缩，可压迫内容物并使其向一定方向移动。在器官的入口和出口处，环层肌常增厚而形成括约肌，起开闭作用。有些部位的肌层由横纹肌构成，如食管；有些管状器官没有完整的肌层，壁内具有软骨支架，如气管。

(4) 浆膜 (或外膜) (*Tunica adventitia*) 位于管状器官的最外层，在体腔外的管状器官，如颈段食管和直肠的末端，最外层为疏松结缔组织，称为外膜；位于体腔内的管状器官在外膜表面又被覆一层单层扁平上皮 (间皮)，故称为浆膜。浆膜能分泌浆液，有润滑作用，可减少器官运动时的摩擦。

2. 实质性器官 实质性器官为一团柔软组织无特定空腔，由实质和结缔组织组成。大多数实质性器官主要是由上皮组织构成的腺体，以导管开口于管状器官，将分泌物排入其中；有的实质性器官则形成许多较细的管腔分支，如肺；有的实质性器官并无腔隙及导管，如卵巢和脾。

实质性器官的组织结构包括实质和间质两部分。间质是结缔组织，它覆盖于器官的外表面并伸入器官的实质内构成支架，同时将实质器官分隔成许多小叶，血管和神经等沿间质分布。实质部分主要由上皮组织或其他组织构成，是器官结构和功能的主要部分，与该器官的特定功能有关。凡血管、淋巴管、导管和神经等出入实质器官的部位常有一凹陷，称为“门”，如肝门。

(二) 体腔和浆膜

1. 体腔 是容纳大部分内脏器官的腔隙，包括胸腔、腹腔和骨盆腔。

(1) 胸腔 (*Cavum thoracis*) 由胸廓、肌肉、被皮围成截顶的圆锥形，其锥顶向前，称为胸腔前口，较小，呈纵卵圆形，由第一胸椎、第一对肋以及胸骨柄围成；锥底向后，称为胸腔后口，呈倾斜的卵圆形，较大，由最后胸椎、最后一对肋骨、肋弓以及胸骨的剑状软骨围成，后口以膈与腹腔分隔开。胸腔内容纳心、肺、气管、食管、大血管和大淋巴导管等。

(2) 腹腔 (*Cavum abdominis*) 位于胸腔的后方，与胸腔之间以膈为界，是最大的体腔，容纳大部分消化器官以及泌尿生殖器官如肾、输尿管、卵巢、部分子宫和大血管等。背侧壁为腰椎、腰肌和膈脚等；侧壁和底壁为腹肌，还有假肋的肋骨下部和肋软骨及肋间肌；前壁为倾斜并向胸腔隆凸的膈；腹腔向后与盆腔相连通。腹壁上有五个开口：三个在膈上，一对在腹股沟部。此外，胚胎时在腹底壁还有一个脐孔。

(3) 骨盆腔 (*Cavum pelvis*) 骨盆腔是最小的体腔，位于骨盆内，骨盆腔背侧壁为荐骨和前3~4个尾椎；侧壁主要为髂骨和荐结节阔韧带；底壁为耻骨和坐骨。前口呈卵圆形，由荐骨岬、荐骨翼、髂骨体以及耻骨前缘围成；后口由尾椎、荐结节阔韧带后缘、坐骨结节和坐骨弓围成，以会阴筋膜封闭，有肛门和阴门等穿过筋膜。

2. 浆膜 浆膜为衬在体腔壁并转折包于内脏器官表面的薄膜。浆膜衬在体腔壁内表面的部分是浆膜壁层，在胸腔内的浆膜称为胸膜，在腹腔和骨盆腔内的浆膜称为腹膜。包裹于内脏各器官外表面的部分是浆膜脏层，分别称胸膜脏层、腹膜脏层和心包浆膜脏层。在浆膜壁层和脏层之间有一腔隙称为浆膜腔，由胸膜或腹膜壁层和脏层围成的腔隙分别称为胸膜腔和腹膜腔。腔内有由浆膜渗出的适量浆液，起润滑作用 (图 5-2、图 5-3)。腹膜从腹腔、骨盆腔移行到脏器，或从某一脏器移行到另一脏器，移行部位的腹膜形成双层的腹膜褶，其间常有结缔组织、脂肪、淋巴结和血管、神经等，起联系固定脏器的作用，如肠系膜、大网膜、小网膜等。

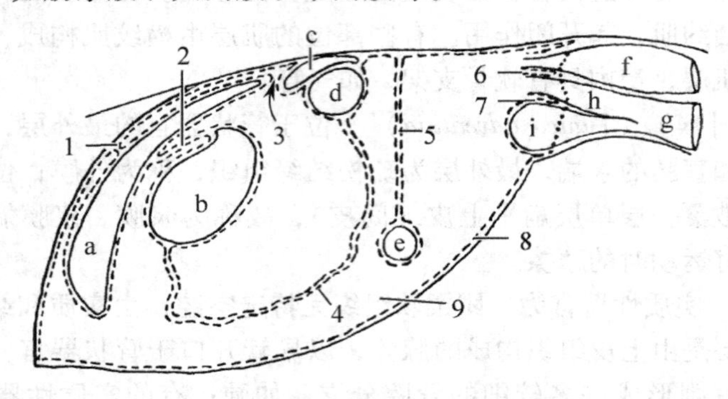

图 5－2　腹膜和腹膜腔模式图（母马）

a. 肝；b. 胃；c. 胰；d. 结肠；e. 小肠；f. 直肠；g. 阴门；h. 阴道；i. 膀胱
1. 冠状韧带；2. 小网膜；3. 网膜囊孔；4. 大网膜；5. 肠系膜；6. 直肠生殖凹陷；7. 膀胱生殖凹陷；8. 腹膜壁层；9. 腹膜腔

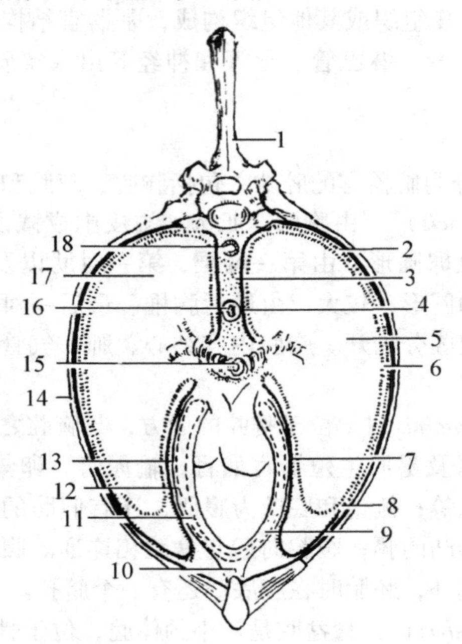

图 5－3　胸腔横断面（示胸膜、胸膜腔）

1. 胸椎；2. 肋胸膜；3. 纵隔；4. 纵隔胸膜；5. 左肺；6. 肺胸膜；7. 心包胸膜；8. 胸膜腔；9. 心包腔；10. 胸骨心包韧带；11. 心包浆膜脏层；12. 心包浆膜壁层；13. 心包纤维层；14. 肋骨；15. 气管；16. 食管；17. 右肺；18. 主动脉

（三）腹腔分区

腹腔是体内最大的一个体腔，为便于确切地叙述腹腔内各内脏器官的局部位置，一般用几个假想的面将腹腔分为十个部（区）（图 5－4）。首先以通过最后肋骨后缘和髋结节前端的两个横切面，将腹腔分为腹前部、腹中部和腹后部三大部。

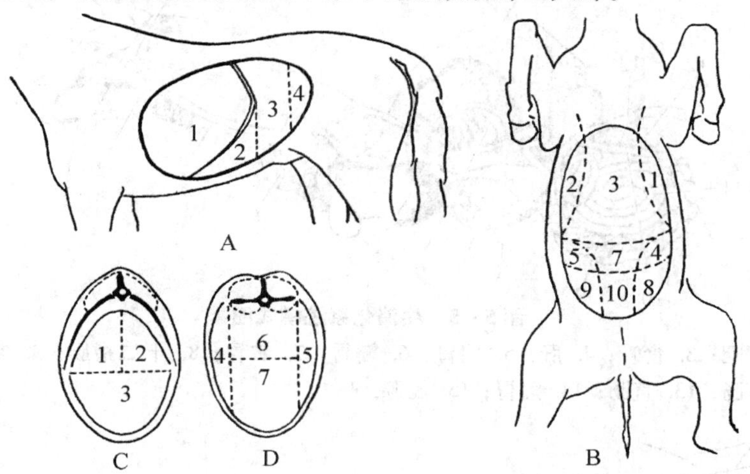

图5－4　腹腔分区

A. 侧面；1、2. 腹前部（1. 季肋部；2. 剑状软骨部）；3. 腹中部；4. 腹后部
B. 腹面；C. 腹前部横断面；D. 腹中部横断面；1. 左季肋部；2. 右季肋部；3. 剑状软骨部；4. 左髂部；5. 右髂部；6. 腰下部；7. 脐部；8. 左腹股沟部；9. 右腹股沟部；10. 耻骨部

1. 腹前部　最大，又分三部，肋弓以下的部分称剑状软骨部；肋弓以上以正中矢状面为界分为左、右季肋部。

2. 腹中部　位于两个横切面之间。通过两侧腰椎横突端部做两个侧矢状面，将腹中部分为左、右髂部及中间部。中间部的上半部为腰下部或肾部，下半部为脐部。

3. 腹后部　最小，腹中部的两个侧矢状面向后延续，把腹后部分为左、右腹股沟部和中间的耻骨部。

第二节　消化系统

消化系统（图5－5、图5－6、图5－7）包括消化道和消化腺。消化道由口腔、咽、食管、胃、小肠、大肠和肛门组成。消化腺分为壁内腺和壁外腺，壁内腺是分布在消化管各段管壁内的小腺体，如胃腺、肠腺等；壁外腺为位于消化管壁之外的腺体，有导管通消化管腔，如唾液腺、肝和胰。

消化系统的功能是摄取食物、消化食物、吸收养分、排出残渣，以此保证畜体新陈代谢的正常进行。

一、口　腔

口腔（*Cavum oris*）（图5－8、图5－9）口腔的前壁为唇，两侧为颊，背侧壁是硬腭和软腭，底面为舌，口腔内有齿与齿龈，口腔后接咽的口咽部。上下颌齿均排列成弓状，分别称上、下齿弓。唇、颊与齿弓之间称为口腔前庭，齿弓以内称为固有口腔。

（一）唇

唇（*Labia oris*）分上唇和下唇。上下唇的游离缘共同围成口裂。牛唇短而厚，不灵活，上唇中部和两鼻孔之间的无毛区，称为鼻唇镜，表面有唇腺分泌的液体，健康牛此处

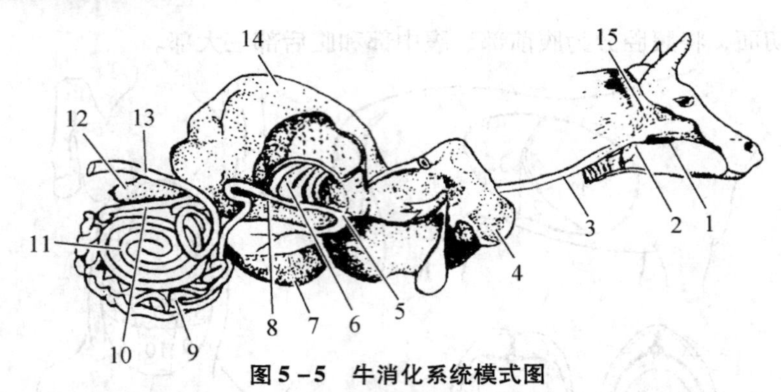

图 5－5　牛消化系统模式图

1. 口腔；2. 咽；3. 食管；4. 肝；5. 网胃；6. 瓣胃；7. 皱胃；8. 十二指肠；9. 空肠；10. 回肠；11. 结肠；12. 盲肠；13. 直肠；14. 瘤胃；15. 腮腺

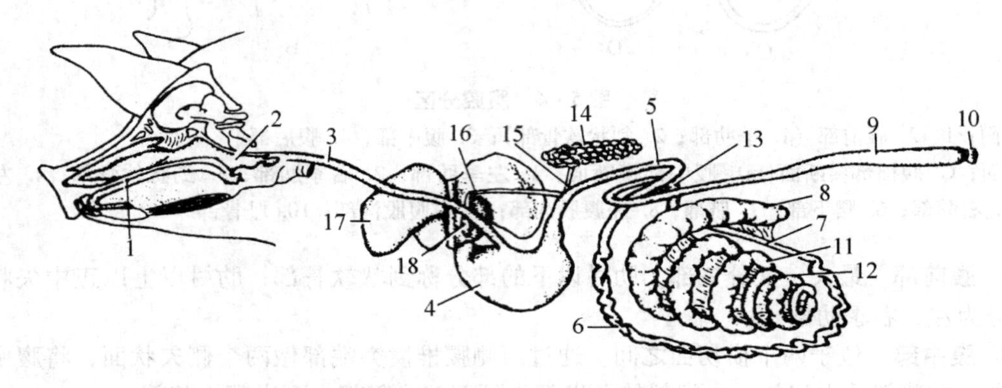

图 5－6　猪消化系统模式图

1. 口腔；2. 咽；3. 食管；4. 胃；5. 十二指肠；6. 空肠；7. 回肠；8. 盲肠；9. 直肠；10. 肛门；11. 结肠圆锥向心回；12. 结肠圆锥离心回；13. 结肠终袢；14. 胰；15. 胰管；16. 胆总管；17. 肝；18. 胆囊

湿润、低温，常作为牛体健康的标志之一。羊的口唇薄而灵活，为采食器官，上唇中间有明显的纵沟，在鼻孔间形成鼻镜。马的上唇灵活，是采食的主要器官。猪的颊部较短，口裂大，唇的活动性小，上唇与鼻连在一起构成吻突，有掘地觅食作用。犬的口裂大，唇薄而灵活，有触毛，上唇与鼻融合，形成鼻镜，正中有纵行浅沟称为人中，下唇近口角处的边缘呈锯齿状，颊部黏膜光滑，常有色素。兔的唇，上唇正中线有纵裂，称为唇裂。兔唇上唇中央有纵裂，与鼻端形成三瓣鼻唇，使门齿外露，便于啃食草和树皮，口边有长硬的触须，有触觉机能。

（二）颊

颊（*Bucca*）位于口腔两侧，主要是颊肌，外被皮肤，内衬以黏膜，在颊肌的上缘和下缘均有颊腺，颊腺管和腮腺管直接开口于颊黏膜表面。

（三）硬腭和软腭

1. 硬腭（*Palatum durum*）　硬腭（图 5－10）构成固有口腔的顶壁，向后与软腭相延续。硬腭的正中有一条腭缝，腭缝的两侧有许多条横行的腭褶。在腭缝的前端有一突起，称为切齿乳头。切齿乳头两侧有切齿管（或鼻腭管）的开口；管的另一端通鼻腔。

2. 软腭（*Palatum molle*）　软腭（图 5－10）位于硬腭后方，为一含肌组织和腺体的

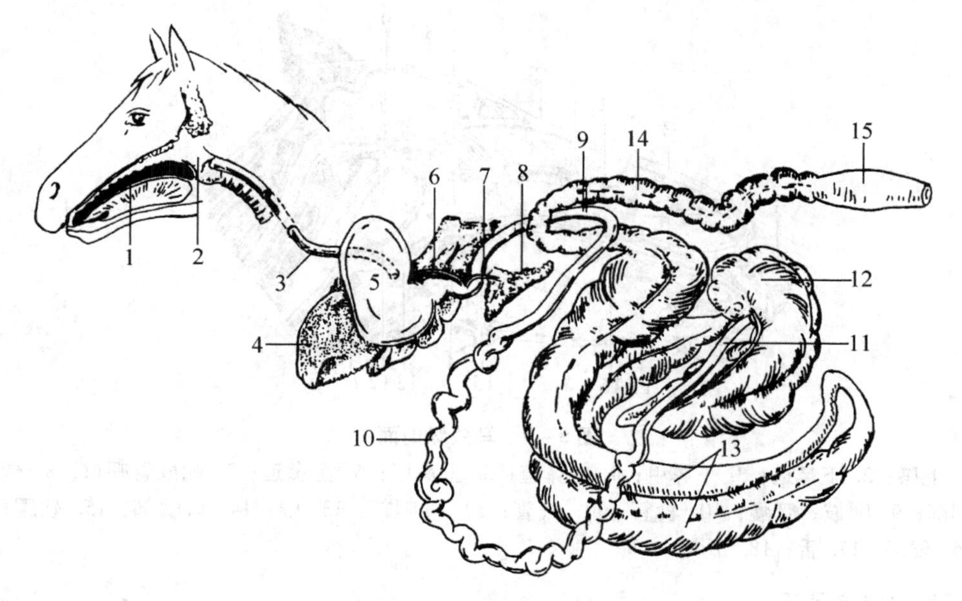

图5－7 马消化系统模式图

1. 口腔；2. 咽；3. 食管；4. 肝；5. 胃；6. 肝总管；7. 胰管；8. 胰；9. 十二指肠；10. 空肠；11. 回肠；12. 盲肠；13. 大结肠；14. 小结肠；15. 直肠

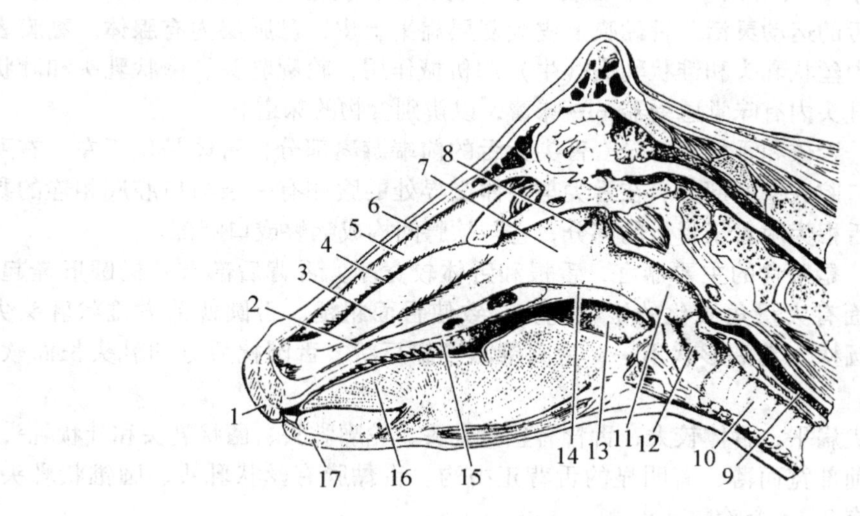

图5－8 牛头纵剖面

1. 上唇；2. 下鼻道；3. 下鼻甲；4. 中鼻道；5. 上鼻甲；6. 上鼻道；7. 鼻咽部；8. 咽鼓管咽口；9. 食管；10. 气管；11. 喉咽部；12. 喉；13. 口咽部；14. 软腭；15. 硬腭；16. 舌；17. 下唇

黏膜褶，前缘附着于腭骨水平部上；后缘凹入为游离缘，称为腭弓，包围在会厌之前。马的软腭长，游离缘达于舌根，因此难以用口呼吸，并且呕吐时，胃内容物易从鼻孔逆出。牛的软腭比马的短而厚。

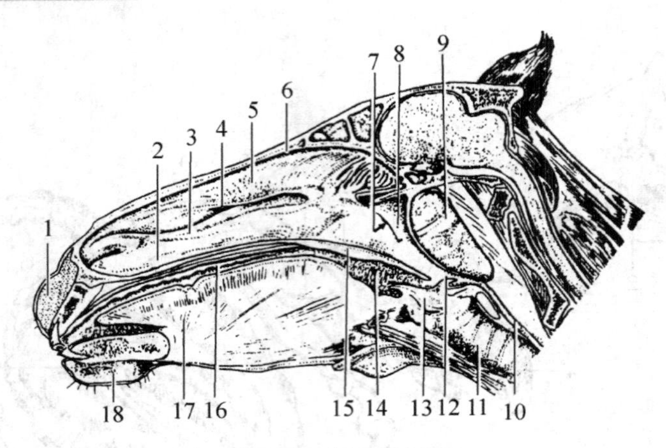

图5－9　马头纵剖面

1. 上唇；2. 下鼻道；3. 下鼻甲；4. 中鼻道；5. 上鼻甲；6. 上鼻道；7. 咽鼓管咽口；8. 鼻咽部；9. 咽鼓；管囊；10. 食管；11. 气管；12. 喉咽部；13. 喉；14. 口咽部；15. 软腭；16. 硬腭；17. 舌；18. 下唇

（四）口腔底和舌

1. 口腔底　大部分被舌占据。口腔底的前部，舌尖下面有一对突出物称为舌下肉阜，为颌下腺管的开口处。猪无舌下肉阜。

2. 舌（*Lingua*）　舌（图5－11）由舌骨、舌肌和舌黏膜构成。舌肌属横纹肌，肌纤维走向不一，所以舌的运动灵活。舌黏膜上皮为复层扁平上皮，黏膜层内有腺体。黏膜表面有多种乳头，其中丝状乳头和锥状乳头（牛）起机械作用，轮廓乳头、菌状乳头和叶状乳头为味觉乳头，乳头内有味觉感受器——味蕾，以辨别食物的味道。

舌可分为舌尖、舌体和舌根三部分。舌尖为舌的前端游离部分，舌体是位于左、右列臼齿之间、附着于口腔底壁的部分。在舌尖与舌体交界处的腹侧有一条与口腔底相连的黏膜褶，称舌系带。舌根为附着于舌骨的部分，它与软腭间构成咽峡或口咽部。

牛舌舌尖灵活，是采食的主要器官，舌根和舌体较宽厚，舌背后部有一椭圆形隆起，称为舌圆枕。舌背面有大量角质化的锥状乳头，致使舌面粗糙。舌圆枕前方锥状乳头尖硬，尖端向后，舌圆枕上乳头形状不一，呈圆锥状或扁豆状，舌圆枕后方的乳头长而软。牛、羊无叶状乳头。

马舌较长，舌尖扁平，舌体较大，舌背有丝状乳头、轮廓乳头、菌状乳头和叶状乳头。

犬舌后部厚，前部宽而薄，有明显的舌背正中沟。舌黏膜有丝状乳头、圆锥状乳头、菌状乳头，每侧还有2～3个轮廓乳头。

（五）齿和齿龈

齿（*Dentes*）是身体内最坚硬的器官，位于切齿骨、上颌骨和下颌骨的齿槽内，形成上、下齿弓。齿具有切断、撕裂和磨碎食物的作用。

1. 齿的种类和齿式

（1）齿的种类　齿（图5－12、图5－13、图5－14、图5－15）可分为切齿、犬齿和臼齿。牛没有上切齿，下切齿有4对由内向外依次门齿、内中间齿、外中间齿和隅齿。犬齿（尖齿）每侧只有一个，位于齿间隙中。臼齿又可分为前臼齿和后臼齿。前臼齿每侧4个，多3个。后臼齿每侧2～4个，一般3个。

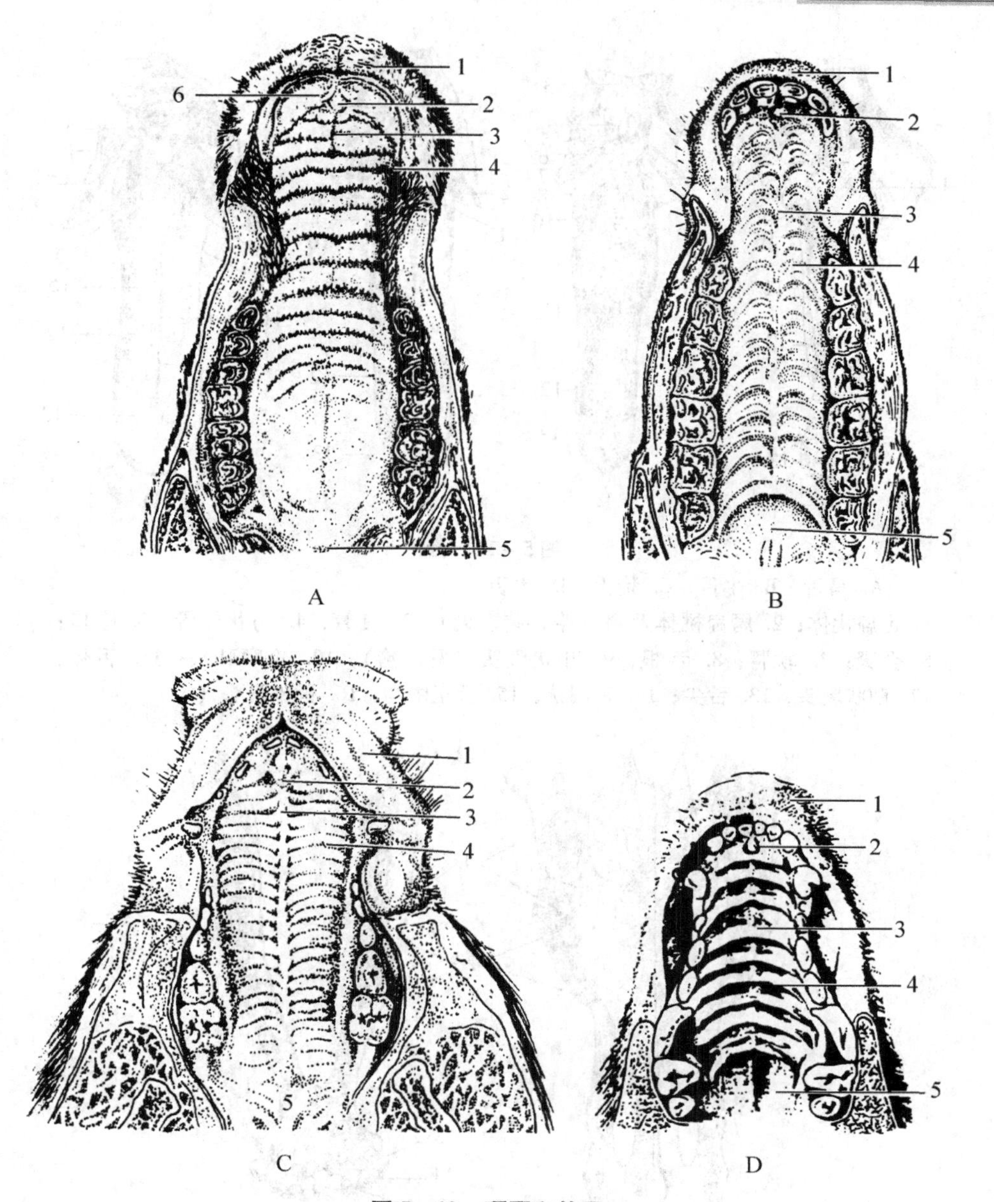

图 5－10　硬腭和软腭

A. 牛腭；B. 马腭；C. 猪腭；D. 犬腭

1. 上唇；2. 切齿乳头；3. 腭缝；4. 腭褶；5. 软腭；6. 齿垫

乳齿和恒齿：幼畜初生的齿叫乳齿，到一定年龄，除后臼齿及猪的第一前臼齿外，其余齿均按一定顺序先后脱换为恒齿或永久齿。乳齿较小，磨损快，颜色较白。

（2）齿式　常以一侧上、下齿弓的各齿，顺次写出其数目，称为齿式。各种家畜的齿式不同，乳齿与恒齿的齿式也不相同。

即　$2\left[\dfrac{\text{切齿（I）}\quad\text{犬齿（C）}\quad\text{前臼齿（P）}\quad\text{后臼齿（M）}}{\text{切齿}\quad\text{犬齿}\quad\text{前臼齿}\quad\text{后臼齿}}\right]$

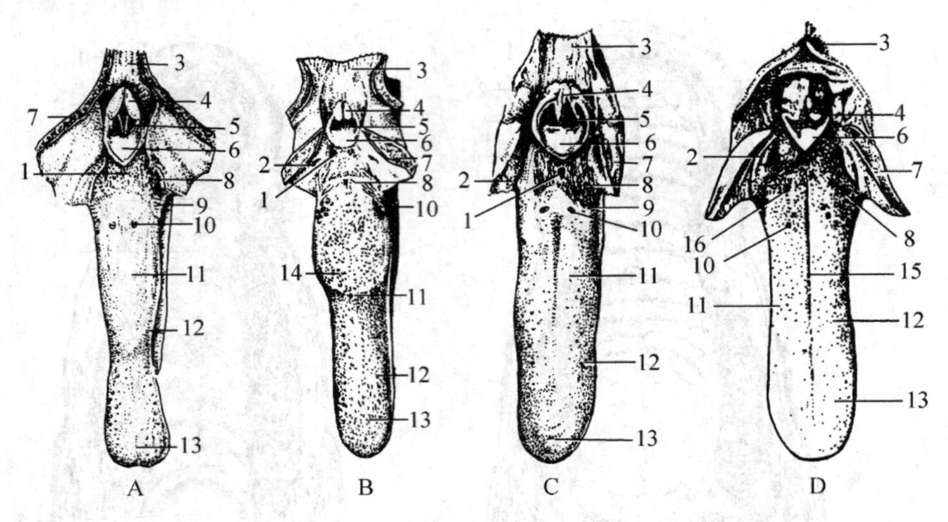

图 5－11 舌

A. 马舌 B. 牛舌 C. 猪舌 D. 犬舌

1. 舌扁桃体；2. 腭扁桃体及窦（牛、猪、犬）；3. 食管；4. 勺状软骨；5. 喉口；6. 会厌；7. 软腭；8. 舌根；9. 叶状乳头（马、猪）；10. 轮廓乳头；11. 舌体；12. 菌状乳头；13. 舌尖；14. 舌圆枕；15. 舌正中沟；16. 圆锥乳头（犬）

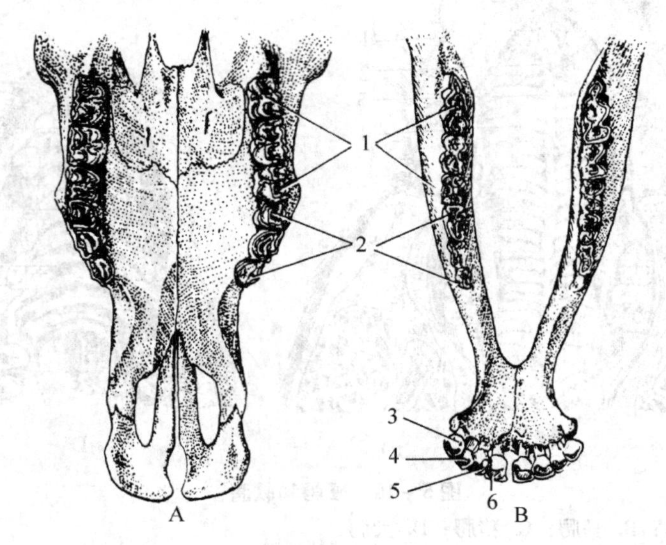

图 5－12 牛的齿

A. 上颌；B. 下颌

1. 后臼齿；2. 前臼齿；3. 隅齿；4. 外中间齿；5. 内中间齿；6. 门齿

成年牛、马、猪、犬、兔的齿式如下：

牛的恒齿式 $2\left[\frac{0\quad 0\quad 3\quad 3}{4\quad 0\quad 3\quad 3}\right]=32$

猪的恒齿式 $2\left[\frac{3\quad 1\quad 4\quad 3}{3\quad 1\quad 4\quad 3}\right]=44$

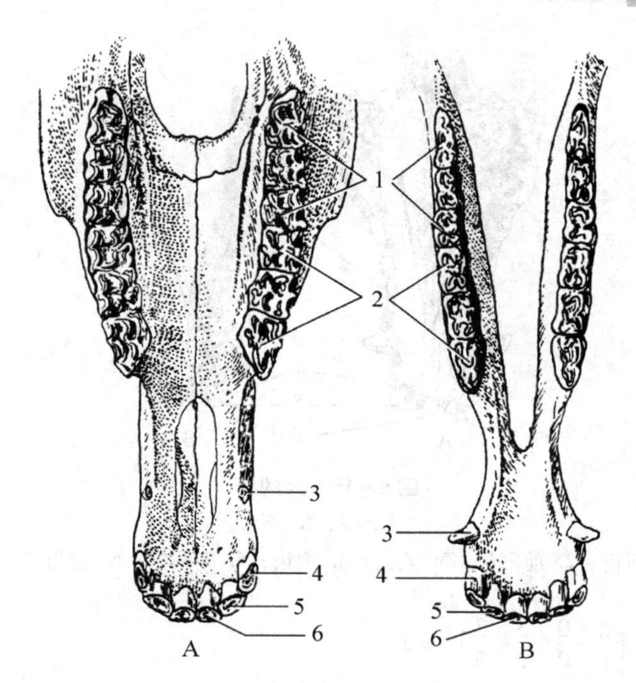

图 5－13　马的齿

A. 上颌；B. 下颌

1. 后臼齿；2. 前臼齿；3. 犬齿；4. 隅齿；5. 中间齿；6. 门齿

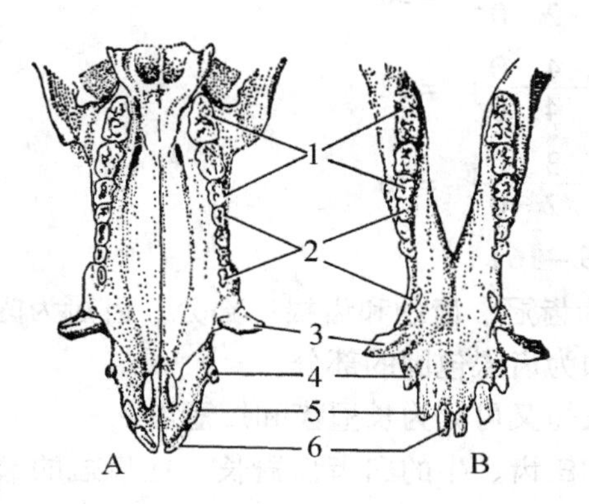

图 5－14　猪的齿

A. 上颌；B. 下颌

1. 后臼齿；2. 前臼齿；3. 犬齿；4. 隅齿；5. 中间齿；6. 门齿

公马的恒齿式　$2\left[\frac{3\quad 1\quad 3\sim4\quad 3}{3\quad 1\quad 3\ (4)\quad 3}\right]=40\sim42\ (44)$

母马的恒齿式　$2\left[\frac{3\quad 0\quad 3\quad 3}{3\quad 0\quad 3\quad 3}\right]=36$

犬的恒齿式　$2\left[\frac{3\quad 1\quad 4\quad 2}{3\quad 1\quad 4\quad 3}\right]=42$

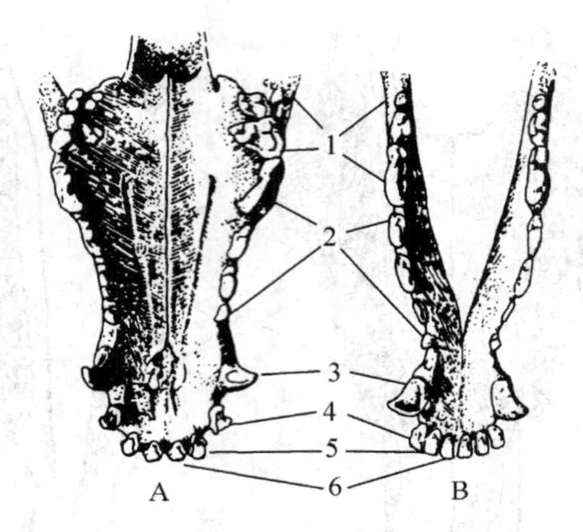

图 5-15　犬的齿

A. 上颌；B. 下颌

1. 后臼齿；2. 前臼齿；3. 犬齿；4. 边齿；5. 中间齿；6. 门齿

兔的恒齿式　$2\left[\frac{2\quad 0\quad 3\quad 3}{1\quad 0\quad 2\quad 3}\right]=28$

牛的乳齿式　$2\left[\frac{0\quad 0\quad 3\quad 0}{4\quad 0\quad 3\quad 0}\right]=20$

马的乳齿式　$2\left[\frac{3\quad 1\quad 3\quad 0}{3\quad 1\quad 3\quad 0}\right]=28$

猪的乳齿式　$2\left[\frac{3\quad 1\quad 3\quad 0}{1\quad 0\quad 2\quad 0}\right]=28$

犬的乳齿式　$2\left[\frac{3\quad 1\quad 4\quad 0}{3\quad 1\quad 4\quad 0}\right]=32$

兔的乳齿式　$2\left[\frac{2\quad 0\quad 3\quad 0}{1\quad 0\quad 2\quad 0}\right]=16$

2. 齿的形态构造（图 5-16）

（1）形态　齿通常分为齿冠、齿颈和齿根三部分。齿冠为露在齿龈以外的部分，齿根为埋于齿槽内的部分。齿颈为齿龈包围的部分。

家畜的齿按照齿冠的长短又可分为长冠齿和短冠齿。

①长冠齿：马的切齿和臼齿、牛的臼齿齿冠长。在齿冠的磨面上，可见釉质形成大小不同的嵴状褶，黏合质除分布于齿根外，还包在齿冠釉质的外面，并折入齿冠磨面的齿坎内，致使磨面凹凸不平，这样有助于草类食物被磨碎。

②短冠齿：猪齿和牛的切齿齿冠短，叫做短冠齿，可明显地区分为齿冠、齿颈和齿根三部分，无齿坎。

（2）齿的构造　齿由齿质、釉质、齿骨质构成。齿质是构成齿的主要部分，位于齿腔周围，坚硬，呈黄白色。釉质被覆在齿冠部分的齿质外面，光滑而极坚硬，乳白色，对齿起保护作用。齿骨质包被于齿根的齿质或整个齿的齿质之外。齿根的末端有孔通齿腔，齿腔内的血管、神经与结缔组织一起称为齿髓。

（3）齿龈　齿龈是包裹在齿颈周围和邻近骨上的黏膜及结缔组织，与口腔黏膜相延续，含丰富的毛细血管，呈粉红色，而神经分布较少。

（六）唾液腺

唾液腺（*Glandulae salivales*）（图5－17）包括壁内腺和壁外腺：壁内腺小，存在于唇、颊、舌、软腭的黏膜内，有唇腺、颊腺和舌腺；壁外腺存在于口腔壁外，通过导管开口于口腔壁，如腮腺、颌下腺和舌下腺。唾液具有浸润软化饲料，便于咀嚼和吞咽，清洁口腔及参与消化等作用。

1. 腮腺 腮腺位于耳的下方，下颌骨后缘，为不正四边形。开口于与第三上臼齿相对的颊黏膜上。犬的腮腺小，呈不规则三角形。有时可见小的副腮腺。

2. 颌下腺 牛颌下腺发达，腺体下缘达下颌间隙与对侧腺体几乎相接，马的颌下腺呈月牙形，位于下颌骨内侧；其后部被腮腺覆盖，开口于舌下肉阜。犬的颌下腺较大，淡黄色，上部被腮腺覆盖。

3. 舌下腺 马的舌下腺长而薄，位于舌体和下颌骨之间的黏膜下，开口于口腔底舌下黏膜褶上。牛的舌下腺分上、下两部，上部以许多小管开口于口腔底，下部以一条总导管与颌下腺管伴行或全并，开口于舌下肉阜。犬的舌下腺淡红色，亦分单口舌下腺和多口舌下腺。

兔有四对唾液腺：腮腺、颌下腺、舌下腺和眶下腺。

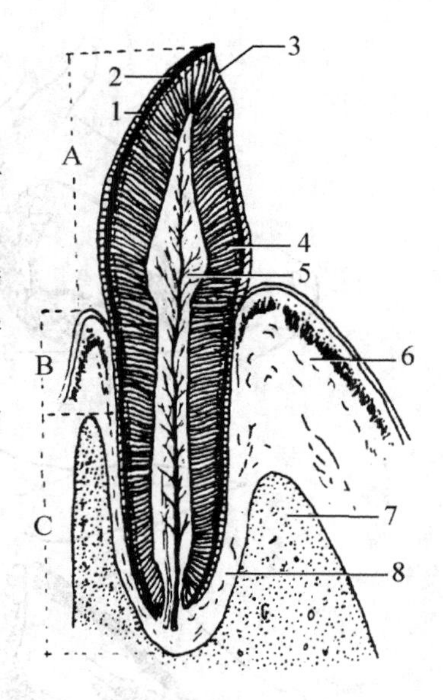

图5－16 牛切齿的构造

A. 齿冠；B. 齿颈；C. 齿根

1. 齿骨质；2. 釉质；3. 咀嚼面；4. 齿质；5. 齿腔；6. 齿龈；7. 下颌骨；8. 齿周膜

二、咽和食管

（一）咽

咽（*Pharynx*）位于口腔和鼻腔后方，喉和食管的上方，可分为鼻咽部、口咽部和喉咽部三部分（图5－8、图5－9）。

1. 鼻咽部（*Pars pharyngomasale*） 位于软腭背侧，为鼻腔向后的直接延续，前方有两个鼻后孔通鼻腔，两侧壁上各有一个咽鼓管咽口，经咽鼓管与中耳相通。马的咽鼓管在颅底和咽后壁之间出现膨大，形成咽鼓管囊。

2. 口咽部（*Pars pharyngoorale*） 又称咽峡，位于软腭和舌根之间，前方由软腭、腭舌弓和舌根构成的咽口与口腔相通，后方与喉咽部相通。其侧壁黏膜上有扁桃体。

3. 喉咽部（*Pars pharyngolaryngeus*） 为咽的后部，位于喉口背侧，上有食管口通食管，下有喉口通喉。

咽是消化管和呼吸道的交叉通道，吞咽时，软腭提起，隔开鼻咽部和口咽部，喉头前移，关闭喉门，食物由口腔经咽入食管；呼吸时，软腭下垂，空气经咽到喉或由喉经咽到鼻腔。

（二）食管

食管（*Oesophagus*）是连于咽和胃之间的肌质管。其主要功能是运送食物入胃。牛、马的食管在颈部起始段位于喉和气管的背侧，向后方延伸，逐渐转到气管的左侧，到胸

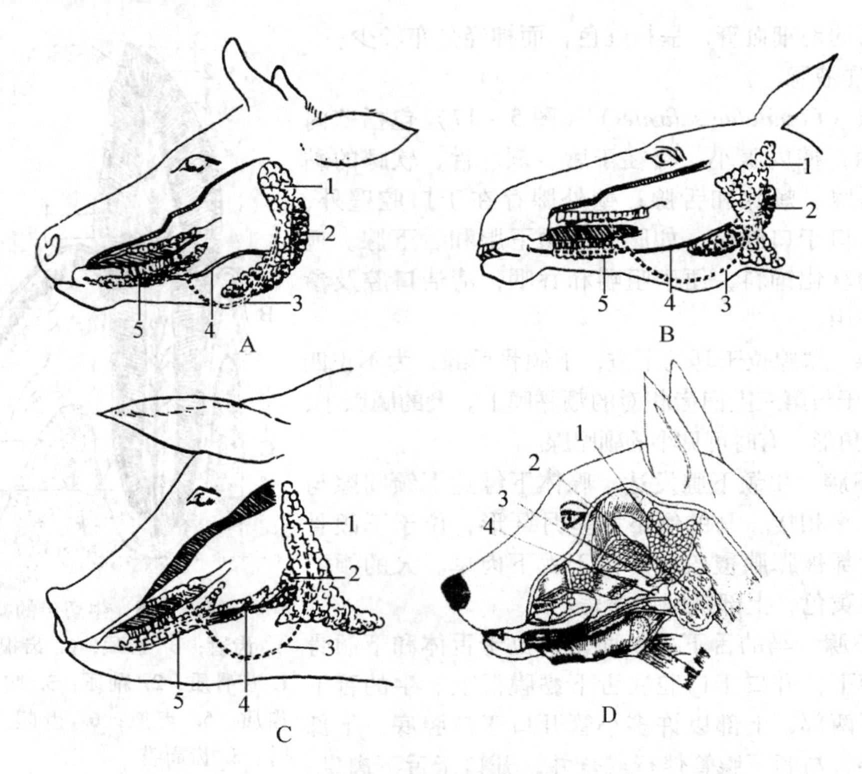

图 5－17　唾液腺模式图

A. 牛；B. 马；C. 猪；D. 犬

1. 腮腺；2. 颌下腺；3. 腮腺管；4. 颌下腺管（犬为舌下腺）；5. 舌下腺

前口处又重新转到气管背侧进入胸腔纵隔。经膈的食管裂孔进入腹腔，和胃的贲门相接。

食管的腔面形成纵行皱襞，黏膜上皮为复层扁平上皮；黏膜下层有食管腺，分泌黏液，肌层为内环外纵形肌。马、猪的食管前段为横纹肌，后部为平滑肌；牛、羊的食管全部为横纹肌。最外面一层在颈段为外膜，胸、腹段为浆膜。

三、胃

（一）胃的形态和位置

胃（*stomach*）是消化管道中的膨大部分，位于腹腔内，膈和肝的后方，前端以贲门接食管，后端经幽门与十二指肠相通，具有收纳混合食物、分泌胃液进行初步消化和推送食物进入十二指肠等功能。家畜的胃包括单室胃和多室胃两大类。

1. 牛、羊胃　牛、羊的胃为多室胃，由瘤胃、网胃、瓣胃和皱胃组成。前三个胃黏膜内无腺体，主要起贮存食物和发酵、分解纤维素的作用，又称为前胃。仅皱胃的黏膜内有腺体，具有真正的消化作用，属于有腺胃，称真胃。成年牛胃的容积一般为110～235L，瘤胃约占80%，网胃5%，瓣胃7%～8%，皱胃8%～9%。四个胃共占体重约2.5%。羊胃容积一般为13～23L；各胃所占比例基本与牛相似，不同之处是网胃大于瓣胃。

（1）瘤胃（*Rumem*）　瘤胃（图5－18、图5－19、图5－20）是成年牛最大的一个胃，呈前后伸长，左、右稍压扁的椭圆形囊，几乎占据整个腹腔的左侧，其下半部还伸到腹腔的右侧。瘤胃的前端接网胃，与第7～8肋间隙相对；后端达骨盆腔前口；左侧面与脾、膈及左侧腹壁接触；右面与其他内脏如瓣胃、皱胃、肠、肝、胰等接触。背侧缘隆突，借腹膜和结缔组织附着于膈脚和腰肌的腹侧；腹侧缘隔着大网膜与腹腔底壁接触。

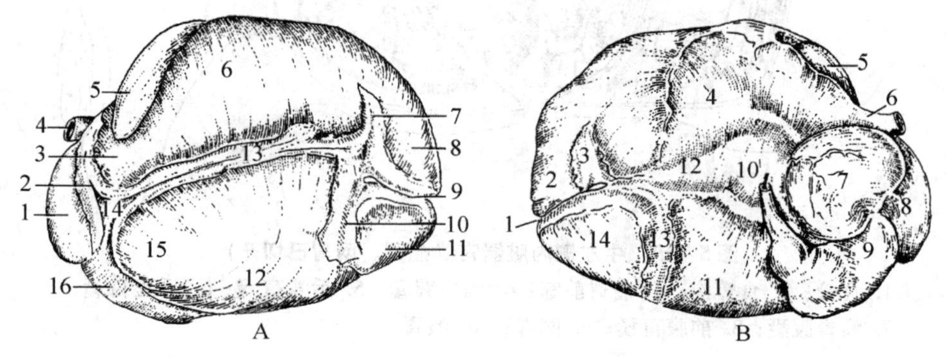

图5－18　牛胃

A. 牛胃左侧面

1. 网胃；2. 瘤胃沟；3. 前背盲囊；4. 食管；5. 脾；6. 瘤胃背囊；7. 后背冠状沟；8. 后背盲囊；9. 后沟；10. 后腹冠状沟；11. 后腹盲囊；12. 瘤胃腹囊；13. 左纵沟；14. 前沟；15. 前腹盲囊；16. 皱胃

B. 牛胃右侧面

1. 后沟；2. 后背盲囊；3. 后背冠状沟；4. 瘤胃；背囊；5. 脾；6. 食管；7. 瓣胃；8. 网胃；9. 皱胃；10. 十二指肠；11. 瘤胃腹囊；12. 右纵沟；13. 后腹冠状沟；14. 后腹盲囊

瘤胃的前端和后端有前沟和后沟，左侧面和右侧面有左纵沟和右纵沟。在瘤胃胃壁的黏膜面，有与其外表各沟相对应的肉柱，由瘤胃胃壁环形肌来集中形成，在瘤胃运动中起重要作用。沟和肉柱共同围成环状，把瘤胃分成较大的背囊和腹囊，背囊较长。由于前沟和后沟很深，在瘤胃背囊和腹囊的前后两端，分别形成前背盲囊及前腹盲囊、后背盲囊及后腹盲囊。羊的瘤胃后背盲囊短而后腹盲囊长。

瘤胃的前端以瘤网口通网胃。瘤网口的腹侧和两侧有向内折叠的瘤网胃襞；背侧形成一个穹隆，称瘤胃前庭，该处有瘤胃的入口，贲门口，与食管相接。

瘤胃黏膜一般呈棕黑色或棕黄色，表面密布大小不等的叶状、棒状乳头，瘤胃腹囊及盲囊中的乳头密而大，长的达1cm，肉柱和瘤胃前庭上无乳头。

（2）网胃（*Reticulure*）　为一椭圆形囊，略呈梨形，前后稍扁，位于瘤胃背囊的前下方，季肋部的正中矢状面上稍偏左，与6～8肋间相对。前面凸，紧贴膈和肝；后面平，与瘤胃房贴连；网胃的下端，称网胃底，与膈的胸骨部接触。网胃的入口是瘤网口；网瓣口位于瘤网口的右下方，与瓣胃相通。在网胃壁的内面有食管沟（图5－21），起于贲门，沿瘤胃前庭和网胃右侧壁下行，达网瓣口。由两个隆起的黏膜厚褶组成，即食管沟唇，两唇稍呈交叉状，当幼畜吸吮乳汁或饮水时，可通过食管沟两唇闭合后形成的管道，经瓣胃底直达皱胃，随着牛年龄的增大、饲料性质的改变，食管沟闭合的机能逐渐减退。

由于网胃的解剖位置较低，加之牛用舌采食，混杂于饲草中的金属异物易落入网胃底部。当网胃胃壁肌肉强力收缩时，尖锐的金属异物会刺穿胃壁，造成创伤性网胃炎；而网

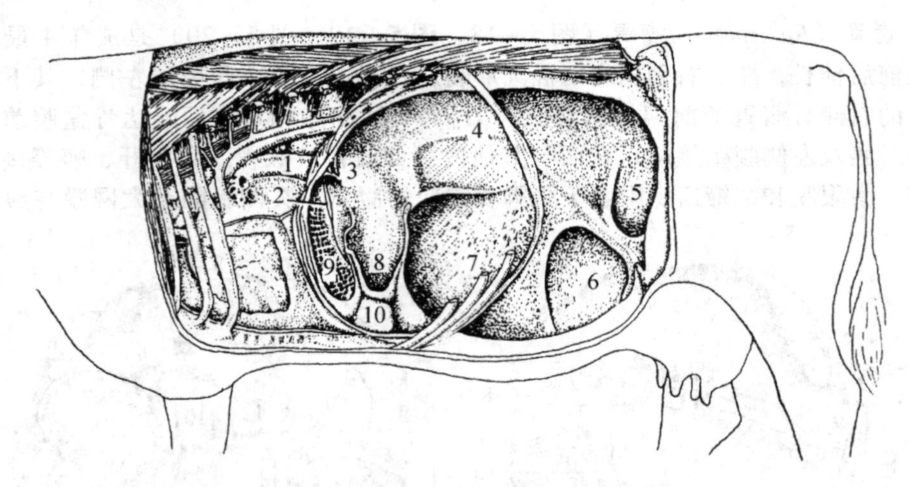

图 5－19　牛左侧内脏器官（瘤胃、网胃已切开）

1. 食管；2. 食管沟；3. 瘤胃前庭；4. 瘤胃背囊；5. 后背盲囊；6. 后腹盲囊；7. 瘤胃腹囊；8. 前腹盲囊；9. 网胃；10. 皱胃

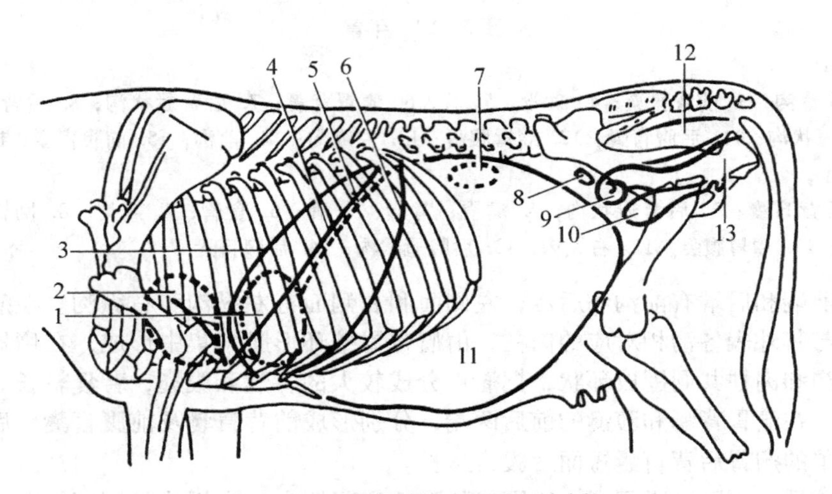

图 5－20　牛内脏体表投影（左侧）

1. 网胃；2. 心；3. 膈的顶；4. 左肺后缘；5. 脾的后缘；6. 膈附着线；7. 左肾；8. 卵巢；9. 子宫角；10. 膀胱；11. 瘤胃；12. 直肠；13. 阴道

胃的前面又紧贴膈，膈的胸腔面邻心包和肺，所以金属异物有可能刺破膈进入胸腔，刺伤心包或肺，严重时继发创伤性心包炎。所以在饲养管理上要特别注意，严防金属异物混入饲料。

羊的网胃比瓣胃大，下部向后弯曲与皱胃相接触。

（3）*瓣胃*（*Omasum*）　瓣胃（图 5－18、图 5－22）位于腹腔右季肋部的下部，与第 7～11 肋骨相对。牛的瓣胃外形为圆形，左、右稍压扁，坚实。壁面（右面）隔着小网膜与膈和肝等接触，脏面（左面）与网胃、瓣胃及皱胃等接触。分别有网瓣口和瓣皱口通网胃和皱胃。两口之间有瓣胃沟，液体和细粒饲料可由网胃经此沟直接进入皱胃。

瓣胃黏膜形成各种不同高度的褶称为瓣叶，瓣叶表面粗糙，密布小乳头。根据瓣叶的

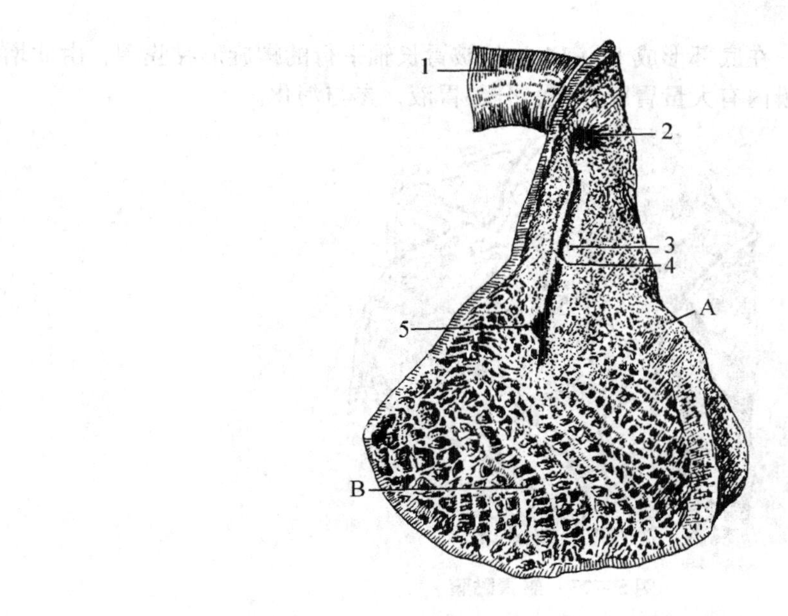

图 5－21　牛的食管沟

A. 瘤胃褶；B. 网胃黏膜

1. 食管；2. 贲门；3. 食管沟右唇；4. 食管沟左唇；5. 网瓣口

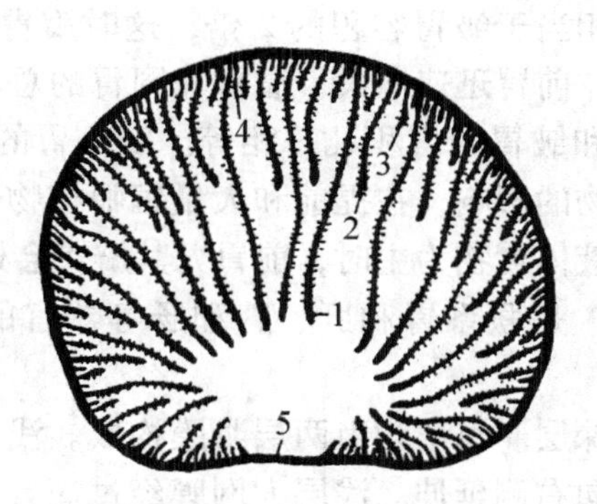

图 5－22　牛瓣胃的黏膜

1. 大瓣叶；2. 中瓣叶；3. 小瓣叶；4. 最小瓣叶；5. 瓣胃沟

宽度，可分为大、中、小和最小四级，共约百余片，所以瓣胃又叫“百叶胃”。在瓣皱口两侧的黏膜，形成一对皱褶，称为瓣胃帆，有防止皱胃内容物逆流入瓣胃的作用。

羊的瓣胃比网胃小，为卵圆形，位于右季肋部，约与第 9～10 肋骨相对，位置比牛的高一些，不与腹壁接触。

瓣胃对饲料的研磨能力很强，使食糜变得更加细碎。食糜因含有大量微生物，在瓣胃可以继续进行微生物消化；同时，瓣胃可吸收水分、NaCl 和低级脂肪酸等。

（4）皱胃（*Abomasus*）　皱胃（图 5－18、图 5－23）为有腺胃，呈一端粗一端细的梨形囊状，位于右季肋部和剑状软骨部，在网胃和瘤胃腹囊的右侧，瓣胃的腹侧和后方，大部分与腹腔底壁紧贴，约与第 8～12 肋骨相对。

皱胃黏膜光滑、柔软，在底部形成12～14片与皱胃长轴平行的螺旋形黏膜褶，由此增加了黏膜的内表面积。黏膜内有大量胃腺存在，分泌胃液，参与消化。

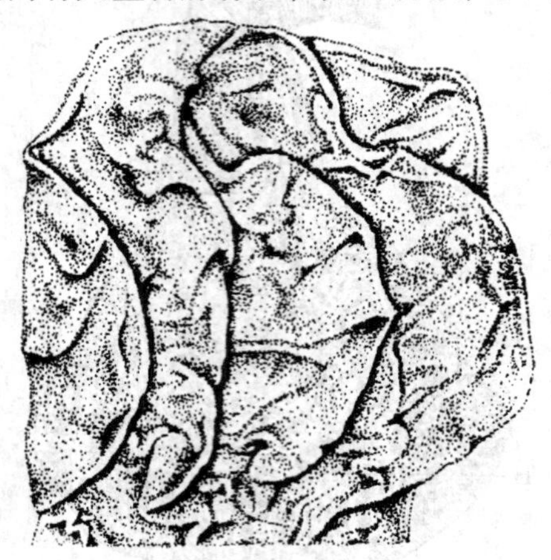

图5－23　皱胃黏膜

（5）犊牛胃的特点（图5－24）　初生犊牛皱胃特别发达，瘤胃和网胃相加的容积约等于皱胃的一半；出生后约从第8周开始，前胃的总容积约等于皱胃的容积；10～12周后，由于瘤胃发育较快，约相当于皱胃容积的2倍，这时瓣胃仍然很小。4个月后，随着消化植物性饲料能力的出现，前胃迅速增大，瘤胃和网胃的总容积约为瓣胃和皱胃总容积的4倍，到1岁左右，瓣胃和皱胃的容积几乎相等。四个胃的容积已达到成年胃的比例。四个胃容积变化的速度受食物的影响，在提前和大量饲喂植物性饲料的情况下，前三个胃的发育较迅速。如幼畜靠喂液体食物为主时，前胃尤其瓣胃会处于不发达的状态。

（6）网膜（*Omentum*）　是联系胃和肝、脾和肠等器官的腹膜褶，分为大网膜和小网膜。

①大网膜：分为浅层和深层。每层均由两层浆膜构成。浅层和深层大网膜分别起自瘤胃的左纵沟和右纵沟，向下向右侧延伸。浅层大网膜经过瘤胃腹囊底面转到右侧，位于深层大网膜的表面，两层大网膜将位于瘤胃右侧的各肠管覆盖，向上主要止于十二指肠第二段和皱胃大弯。

②小网膜：从肝的脏面包过瓣胃表面到皱胃小弯、幽门部及十二指肠起始部。

2. 猪的胃　单室胃（图5－25），容积约5～8L。位于季肋部和剑状软骨部，饱食时胃大弯可伸达剑状软骨部与脐部之间的腹腔底部。胃大弯与左腹壁相贴，相当于第十一至十二肋骨；胃的左端大而圆，近贲门处有一盲突称胃憩室。在幽门处自小弯一侧胃壁向胃的内腔凸出，呈一纵向长的鞍形隆起，称幽门圆枕，它与对侧的唇形隆起相对，具有关闭幽门的作用。

猪胃黏膜的无腺部很小，仅位于贲门周围，呈苍白色；贲门腺区很大；胃底腺区较小，位于贲门腺区的右侧，黏膜较厚呈棕红色；幽门腺区位于幽门部，黏膜呈灰白色。猪的大网膜起自胃大弯，向上方延伸，连以结肠终袢、胰的左叶腹侧并延续为胃脾韧带。

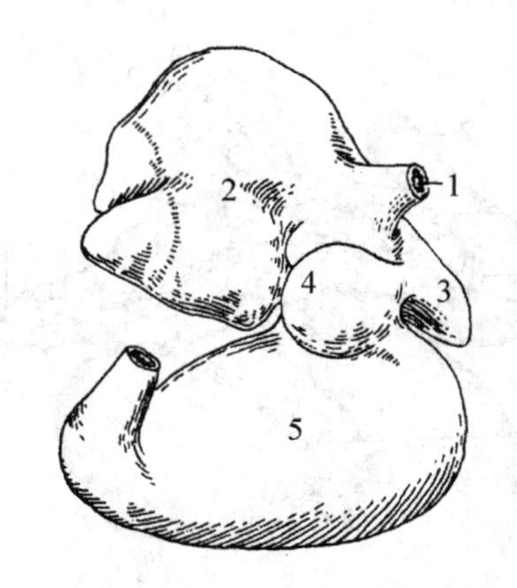

图 5－24 犊牛胃（右侧）

1. 食管；2. 瘤胃；3. 网胃；4. 瓣胃；5. 皱胃

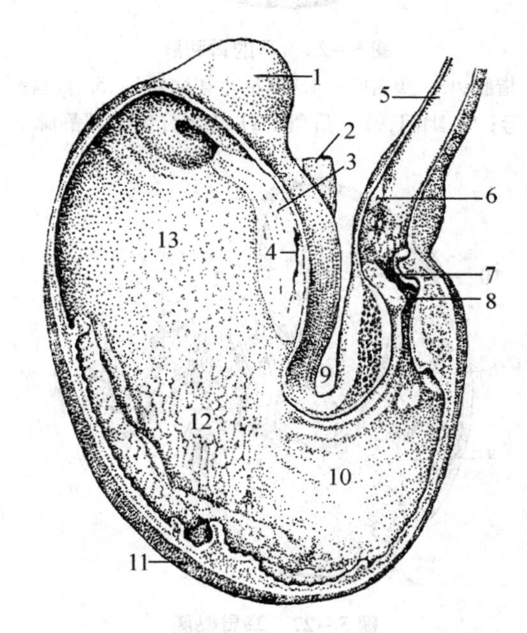

图 5－25 猪胃黏膜

1. 胃憩室；2. 食管；3. 无腺区；4. 贲门；5. 十二指肠；6. 十二指肠憩室；7. 幽门；8. 幽门圆枕；9. 胃小弯；10. 幽门腺区；11. 胃大弯；12. 胃底腺区；13. 贲门腺区

3. 马的胃 单室胃（图 5－26、图 5－27），呈椭圆囊状，大部分位于左季肋部，小部分位于右季肋部。壁面与膈和肝相邻；脏面接大结肠、空肠和胰。胃的大弯凸，在腹侧；小弯短而凹陷，位于背侧。胃的左端膨大形成胃盲囊，是胃的最高点。胃小弯的左端，有贲门与食管相接，胃小弯的右端经幽门通十二指肠。

4. 犬的胃 单室胃（图 5－28），容积大（中等体型即达 2.5L），呈弯曲的梨形。左端膨大，位于左季肋区，上达第十一至十二肋的椎骨端；右侧为幽门部，呈细的圆筒状，位于右季肋区；两者之间为胃体。胃小弯短，约为胃大弯的 1/4，有明显的深陷角切迹。犬胃属有腺胃，胃黏膜全部有腺体。

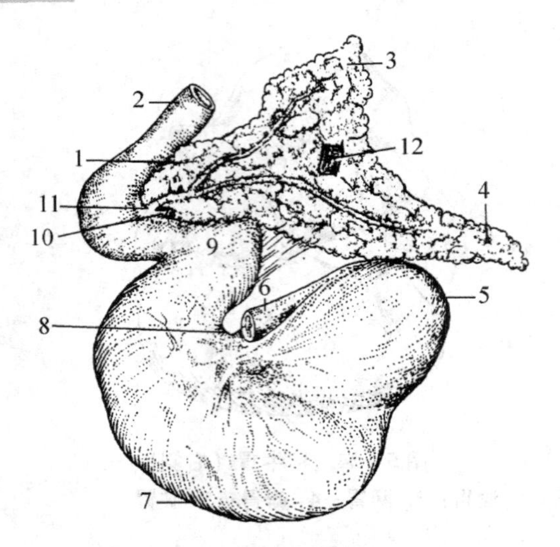

图 5－26　马的胃和胰

1. 胰头；2. 十二指肠；3. 胰右叶；4. 胰左叶（胰尾）；5. 胃盲囊；6. 食管；7. 胃大弯；8. 胃小弯；9. 幽门；10. 肝管；11. 胰管；12. 门静脉

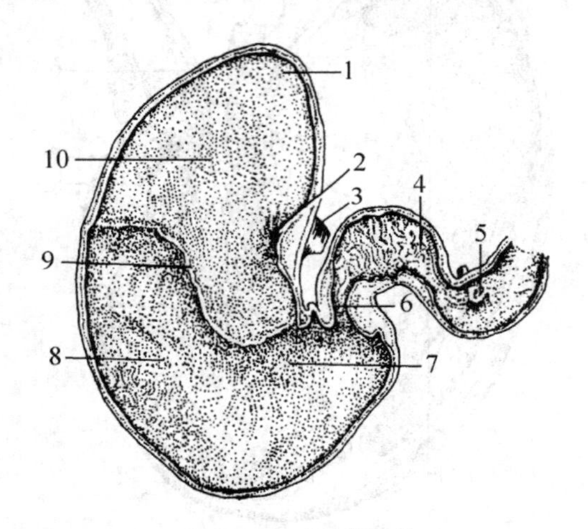

图 5－27　马胃黏膜

1. 胃盲囊；2. 贲门；3. 食管；4. 十二指肠；5. 十二指肠憩室；6. 幽门；7. 幽门腺区；8. 胃底腺区；9. 褶缘；10. 食管部（无腺部）

5. 兔的胃　单室胃，呈椭圆形囊状，贲门左侧穹窿形成相当大的盲囊，横位于腹前部。胃底腺区特别宽阔，其次是幽门腺区，而贲门腺区最小。

（二）胃的组织结构

1. 单室胃的组织结构特点　胃壁由四层构成（图 5－29），从内向外依次是黏膜、黏膜下层、肌层和浆膜。胃空虚时，黏膜形成许多皱褶，当充满食物时，胃壁胀大，皱褶变小或完全消失。黏膜表面有许多小的凹陷，叫做胃小凹，是胃腺开口处。

（1）黏膜　包括黏膜上皮、固有膜、黏膜肌层。黏膜上皮有腺部为单层柱状上皮，排列整齐。无腺部是复层扁平上皮。胃黏膜单层柱状上皮细胞的细胞核位于细胞基部，细胞质中充满均匀致密的黏原颗粒。细胞分泌的黏液为中性黏液，形成黏液层，对胃黏膜有保

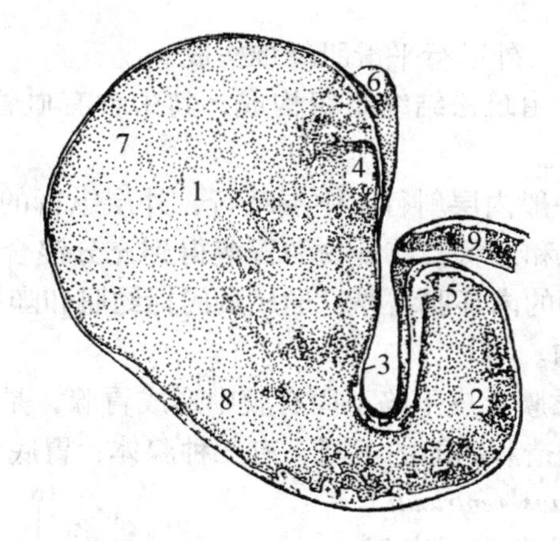

图 5－28　犬的胃（额面）

1. 胃底腺；2. 幽门部；3. 胃小弯；4. 贲门；5. 幽门；6. 食管；7. 胃底；8. 胃体；9. 十二指肠

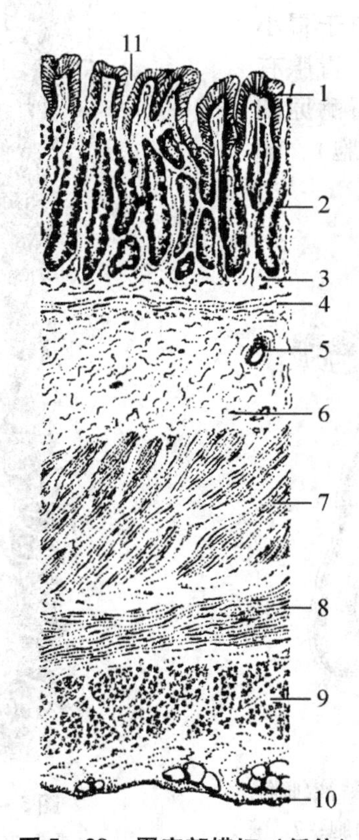

图 5－29　胃底部横切（低倍）

1. 黏膜上皮；2. 胃底腺；3. 固有层；4. 黏膜；肌层；5. 血管；6. 黏膜下层；7. 内斜行肌；8. 中环行肌层；9. 外纵行肌；10. 浆膜；11. 胃小凹

护作用。表面细胞脱落时，由胃小凹底部的新细胞不断补充。固有膜很厚，其中充满丰富的腺体，少量结缔组织包围在腺体周围。猪固有膜的结缔组织内常含有大量浸润的白细胞。黏膜肌层由薄层内环行、外纵行平滑肌纤维构成。

（2）黏膜下层　较厚，由疏松结缔组织构成，其中含有血管和淋巴管网以及神经丛。在猪黏膜下层还有淋巴小结。

（3）肌层　很发达，一般内层斜行，中层环行，外层纵行的平滑肌构成，所以胃肌收缩时可以向各方向改变容积和形状，使食物和胃液得到充分混合，食物又可以在胃中充分揉碎、磨细。贲门和幽门部的内环肌增厚，形成贲门括约肌和幽门括约肌。

（4）外膜　为浆膜结构。

2. 胃腺的结构　胃壁黏膜上皮下陷至固有膜中形成胃腺，是胃执行消化功能的最重要的部分。根据部位、组织构造和功能的不同，有三种腺体：胃底腺、贲门腺、幽门腺。

（1）胃底腺（*Gl. fundus ventriculi*）（图5－30、图5－31）　分布在胃底部和胃体部，其分泌物是胃液的主要成分。胃底腺分为腺颈部、腺体部和腺底部三个部分。腺颈部是导管部，开口于胃小凹；腺体部和腺底部是分泌部。胃腺有四种细胞构成：颈黏液细胞、胃酶原细胞（主细胞）、盐酸细胞（壁细胞）、嗜银细胞（内分泌细胞）。

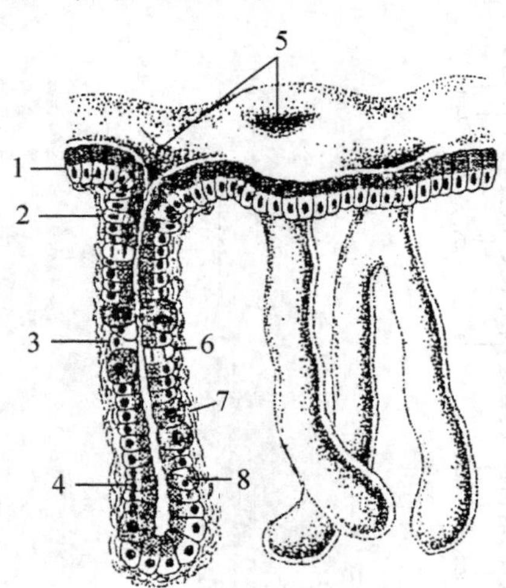

图5－30　胃底腺模式图

1. 柱状细胞；2. 结缔组织；3. 颈黏液细胞；4. 主细胞；5. 胃小凹开口；6. 干细胞；7. 壁细胞；8. 内分泌细胞

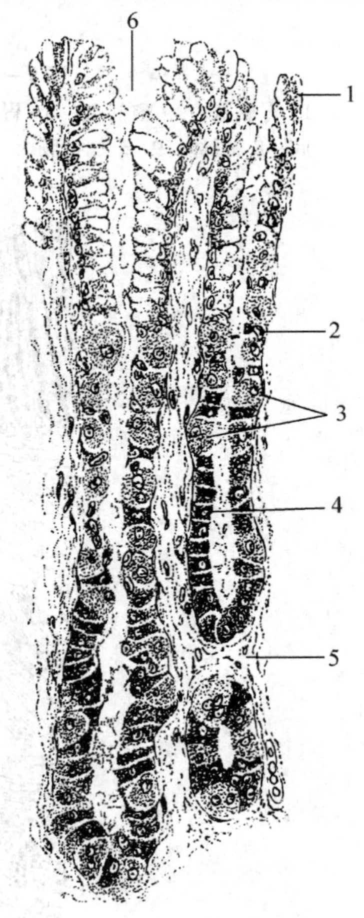

图5－31　胃底腺（高倍）

1. 胃上皮；2. 颈黏液细胞；3. 壁细胞；4. 主细胞；5. 固有层；6. 胃小凹

① 颈黏液细胞：分泌黏液，分布在胃腺颈部，单个或成小堆分布在壁细胞间。细胞呈矮柱状，常因受周围细胞的挤压，形状不规则。细胞核扁平状或新月状，位于细胞基部，细胞质不易染色。

② 胃酶原细胞（主细胞）：数量较多，分布在腺体部和腺底部，细胞呈矮柱状或立方形，核呈圆形或椭圆形，位于细胞的基底部。细胞质嗜碱性，有许多胃蛋白酶原颗粒。胃蛋白酶原无活性，经盐酸激活而变成有活性的胃蛋白酶，可以促使蛋白质分解为蛋白胨与肽等小分子的物质。幼畜的主细胞还分泌凝乳酶。

③ 盐酸细胞（壁细胞）：较胃酶原细胞大，数量较少，分布在腺颈部和腺体部。细胞呈卵圆形或圆锥状，细胞核位于细胞中央，细胞质在一般制片中呈颗粒状，强嗜酸性，细胞质内有内分泌小管。壁细胞分泌盐酸。

④ 嗜银细胞（内分泌细胞）：在胃底腺中相当多，单个散布在主细胞的基部与基膜之间，不面向腺腔。嗜银细胞小，为锥形或圆形，游离面不突入腺腔，细胞质内含活性胺与多肽，与银、铬盐亲和，显黑褐色，产生胃泌素。

（2）贲门腺（*Gl. cardiacae*）　分布在胃的贲门附近，为单管状腺，分支很少腺体部短，腺腔宽大，末端卷曲。腺细胞主要为柱状黏液细胞，偶然可见夹杂有嗜银细胞和壁细胞。

（3）幽门腺（*Gl. pyloricae*）　分布在胃的幽门附近，开口于较深长的胃小凹。分泌物黏稠度较高，其中含有少量的蛋白酶原。腺细胞间夹杂有分泌胃激素的嗜银细胞。

3. 多室胃的构造　多室胃胃壁也分黏膜、黏膜下层、肌层和浆膜四层。

（1）瘤胃的黏膜形成许多大小不等、舌状或圆锥状可以活动的乳头。黏膜上皮是复层扁平上皮，浅层细胞角化。固有膜结缔组织富含弹性纤维，没有黏膜肌层。黏膜下层薄而疏松，肌层很厚，由内环肌、外纵肌或斜形平滑肌组成，外被浆膜。

（2）网胃的黏膜形成蜂巢状皱褶，黏膜构造与瘤胃相似，肌层分内环肌和外纵肌两层。

（3）瓣胃的整个黏膜层形成不同高度的皱褶，称为瓣叶，瓣叶的两侧布满粗糙短小的乳头。黏膜肌层很发达，大型瓣叶能活动。瓣叶的肌层由内环肌和外纵肌两层构成，内环肌伸入大型瓣叶，形成中央肌层。

（4）皱胃又称为真胃，其构造和前述的单室胃相似，贲门区小，幽门区面积较大。胃底部的黏膜有固定的皱褶，胃底腺短而密集。

四、肠

肠是消化管最长的部分，始于胃的幽门，终止于肛门，可分为小肠和大肠两部分。其中小肠是食物进行消化吸收的主要部位，包括十二指肠、空肠和回肠。大肠包括盲肠、结肠和直肠。肠管的长度和各段形态，与动物种类以及所食食物的性质有关，肉食兽的较短，草食兽的较长。狗的肠为体长的 5 倍，猪为 15 倍，牛为 20 倍，羊为 25 倍，马仅为 10 倍，但大肠的直径较大。

（一）肠的一般结构特点

1. 小肠（*Intestine*）　长而直径较细，可分为十二指肠、空肠和回肠，始于幽门，终于盲肠与结肠交界处的回肠口，在腹腔内形成许多半环状肠袢，因其系膜较长（十二指肠除外），所以在腹腔内的活动范围较大。

（1）十二指肠（*Duodenum*）　起于幽门，后接空肠，全长约 1m 左右，其特点是系膜短，肠管平直，位置比较固定，形态和行程各种动物基本相似。起始部向前上方伸延，在肝后方形成一“乙”状弯曲，然后延右季肋部向上向后伸延至右肾腹侧或后方，在右肾后方或髂骨翼附近绕过肠系膜根部和肠系膜前动脉后方转到左侧，形成一后曲，再折转向前，至右肾腹侧折向下，移行为空肠，形成一个长的“U”形长袢。十二指肠与降结肠之间有短的浆膜褶相连，称为十二指肠结肠韧带，可作为十二指肠与空肠的分界标志。

（2）空肠（*Jejumum*） 空肠是小肠中最长的一段，尸体解剖时常呈空虚状。空肠系膜长，盘曲多，在腹腔内活动范围大。

（3）回肠（*Ileum*） 全长40～60cm，肠管平直，管壁较厚，是小肠较短的一段，悬于肠系膜的后部。回肠末端以回盲口开口于盲肠与结肠交界部，有的动物并以黏膜褶形成明显的回肠乳头。回肠以回盲韧带与盲肠相连接，该韧带可作为空肠与回肠的分界标志。

2. 大肠（*intestinum crassum*） 大肠管径粗，较小肠短。分为盲肠、结肠、直肠三部分。

（1）盲肠（*Intestinum caecum*） 盲肠是大肠的第一段，具有一盲端，呈盲囊状，有两个开口，即回盲口和盲结口。其大小因家畜种类而异，家畜中以肉食兽的盲肠最短，猪和反刍兽的稍长，而以马的最长、最发达。盲肠一般位于腹腔右侧（猪盲肠偏于腹腔左侧）。盲肠底附着于右髂部的上部，游离盲端的位置因动物种类而有不同。

（2）结肠（*Intestinum colon*） 结肠是大肠较长的一段，可分为升结肠、横结肠和降结肠三段。从盲肠结肠交界处沿腹腔右侧形成各种盘曲最终向前，此段为升结肠；然后绕过肠系膜前动脉前方而至腹腔左侧，此段为横结肠；再在腹腔左侧转而向后行，此段为降结肠，最后形成乙状结肠入盆腔，延续为直肠。

（3）直肠（*Intestinum Rectum*） 直肠是大肠的最后一段，位于盆腔内荐骨的腹面和尿生殖褶、膀胱（公畜）或子宫、阴道（母畜）之间，后端与肛门相连。直肠前段肠管较细；末端在肛门前扩大成直肠壶腹，以马的最显著，羊和猫缺少。

3. 肛管和肛门 肛管是消化管的末段，后口为肛门。肛门为消化管的后口，其周壁有内、外括约肌，以控制肛门的开张和关闭。

（二）反刍兽的肠

反刍兽的肠（图5－32、图5－33、图5－34）较长，仅占腹腔右侧半的一部分，借总肠系膜悬挂于腹腔顶壁，并在总肠系膜中盘转成一圆形肠盘，其中央为大肠，周围为小肠。

1. 小肠 牛小肠27～49m，直径5～6cm；羊小肠17～34m，直径2～3cm。

（1）十二指肠 牛的平均长1m，羊的0.5m，位于右季肋部和腰部，在第九至十一肋骨下端起始于皱胃幽门，向前上方伸延，在胆囊内侧沿肝的脏面向背侧行，形成“S”形的乙状曲，然后向上向后移行至髋结节（牛）或其前方（羊），再折转向左向前，形成一后曲，至右肾腹侧面折转向下，移行为空肠。

（2）空肠 最长，大部分位于右季肋部、右髂部、右腹股沟部，由短的空肠系膜固定在结肠盘周围，形成无数肠圈，形似花环，空肠后部的肠袢，因系膜较长而游离性较大，往往绕过瘤胃后端而至左侧。

（3）回肠 较短而直，牛约50cm，羊约30cm，自空肠的最后肠圈起，几乎呈直线向前上方伸延至盲肠腹侧，在盲结肠交界处以回盲结口开口于其腹内侧壁，约相当于第四腰椎（牛）或肋弓最后方（羊）；开口处仅形成略隆起的回肠乳头。回盲韧带可作为回肠和空肠的分界标志。

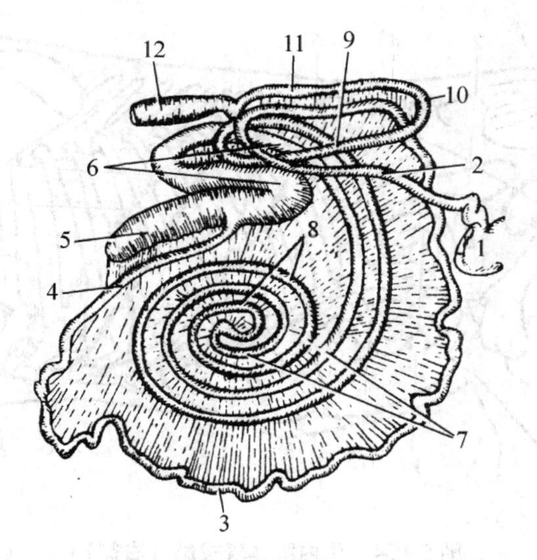

图 5－32 牛的肠

1. 胃；2. 十二指肠；3. 空肠；4. 回肠；5. 盲肠；6. 结肠近袢；7. 结肠旋袢向心回；8. 结肠旋袢离心回；9. 结肠远袢；10. 横结肠；11. 降结肠；12. 直肠

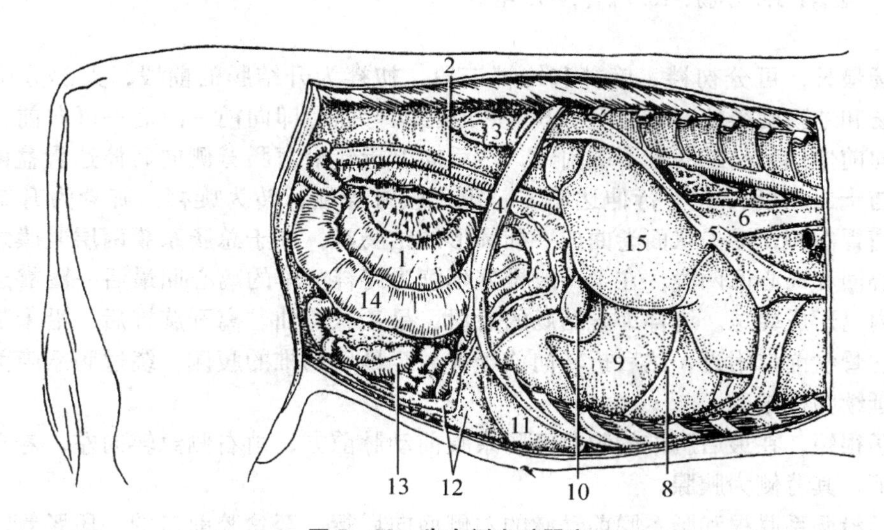

图 5－33 牛右侧内脏器官

1. 结肠；2. 十二指肠；3. 右肾；4. 第十三肋骨；5. 膈；6. 食管；7. 网胃；8. 镰状韧带及肝圆韧带；9. 小网膜；10. 胆囊；11. 皱胃；12. 大网膜；13. 空肠；14. 盲肠；15. 肝

2. 大肠和肛管

（1）盲肠　牛长 50～70cm，羊约 37cm，呈圆筒状的盲囊，位于右髂部。从相当于右腹壁最后肋骨下端的回盲结口起，沿右腹壁向后延伸；盲端钝而游离，充盈时可突入盆腔内，羊的则伸入骨盆腔内；盲肠表面平滑，无纵肌带和肠袋。

（2）结肠　牛长 6～9m，羊 7.5～9m，几乎全部位于体中线的右侧，借总肠系膜悬挂于腹腔顶壁，在总肠系膜中盘曲成一圆形肠盘，肠盘的中央为大肠，周缘为小肠。结肠起始部的口径与盲肠相似，向后逐渐变细，顺次分为升结肠、横结肠和降结肠三段。

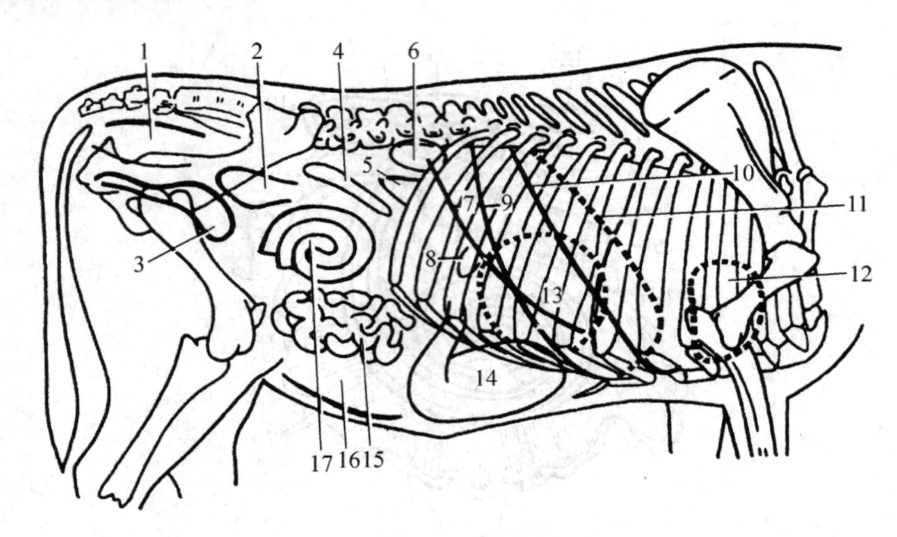

图 5－34 牛内脏体表投影（右侧）

1. 直肠；2. 盲肠；3. 膀胱；4. 十二指肠；5. 胰；6. 右肾；7. 肝的右缘；8. 胆囊；9. 膈附着线；10. 右肺后缘；11. 膈的顶；12. 心；13. 瓣胃；14. 皱胃；15. 小肠；16. 瘤胃；17. 结肠

升结肠最长，可分初袢、旋袢和终袢三段。初袢为升结肠的前段，大部分位于右髂部，在小肠和结肠旋袢的背侧，呈“S”形或乙状弯曲，即向前—向后—再向前，起自回盲结口，向前伸达第十二肋骨下端附近，然后向上折转沿盲肠背侧向后伸达骨盆前口，又折转向前与十二指肠升部平行伸达第二、第三腰椎腹侧，转为旋袢。旋袢为升结肠的中段，位于瘤胃右侧，沿矢状面卷曲成一椭圆形的结肠盘，夹于总肠系膜两层浆膜之间，又可分为向心回和离心回两段。在第一腰椎处延续为终袢。羊的离心回最后一圈靠近空肠肠袢，肠管内已形成粪球。终袢为升结肠的后段，呈乙状弯曲。离开旋袢后，沿十二指肠升部向后伸达骨盆前口附近，然后折转向前延伸，至最后胸椎的腹侧，绕过肠系膜前动脉向左急转，延续为横结肠。

横结肠很短，在最后胸椎的腹侧经肠系膜前动脉前方，由右侧急转向左，悬于短的横结肠系膜下，其背侧为胰腺。

降结肠沿肠系膜根和肠系膜前动脉的左侧面向后行，至盆腔前口的一段肠管。降结肠附于较长的降结肠系膜下，故活动性较大。

（3）*直肠*　短而直，牛长约 40cm，羊 20cm，粗细均匀，位于骨盆腔内。牛的直肠前 3/5 外面被覆浆膜，为其腹膜部，由直肠系膜将其悬挂于荐椎腹侧；直肠后部无浆膜被覆，借助疏核结缔组织和肌肉连于胃盆腔背侧壁，为其腹膜外部。牛的直肠当蓄积粪便时能大大扩张，后部形成不明显的直肠壶腹；羊的粪丸是在结肠远袢的远侧部开始形成的。

（4）*肛管和肛门*　牛的肛管长约 40cm，羊的长约 20cm，粗细均匀。

（三）猪的肠（图 5－35、图 5－36、图 5－37）

1. 小肠　全长 15～20m。

（1）*十二指肠*　较短，长 40～90cm，位于右季肋部和腰部，系膜短，位置较固定。其位置、形态和行程与牛的相似。从胃的幽门起，在肝的脏面形成乙状弯曲，然后沿右季

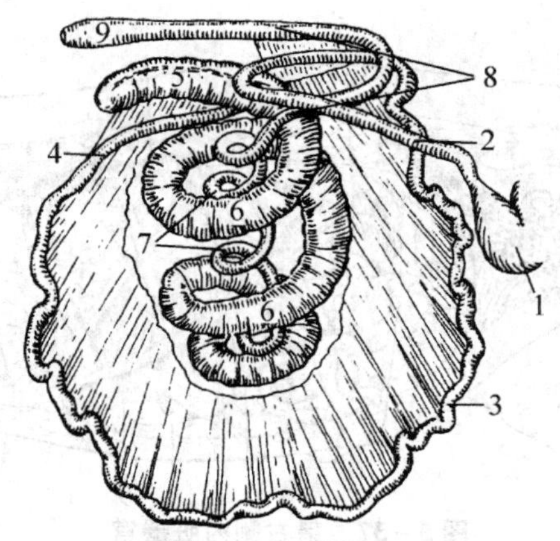

图 5－35　猪的肠

1. 胃；2. 十二指肠；3. 空肠；4. 回肠；5. 盲肠；6. 结肠圆锥向心回；7. 结肠圆锥离心回；8. 结肠终袢；9. 直肠

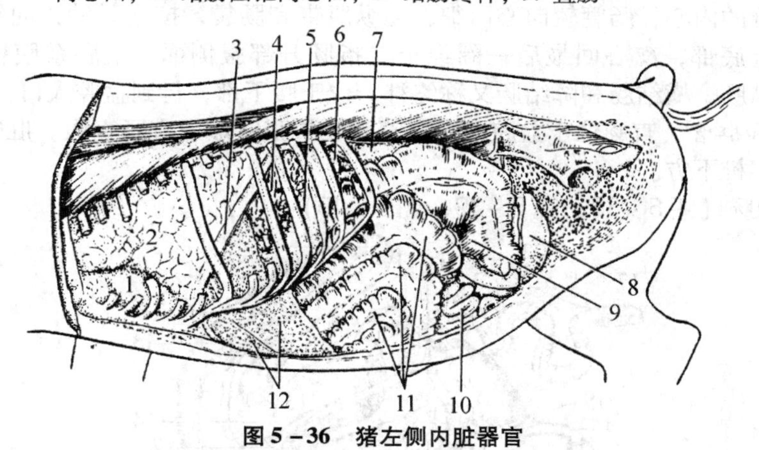

图 5－36　猪左侧内脏器官

1. 心脏；2. 肺；3. 膈；4. 大网膜及胃；5. 脾；6. 胰；7. 左肾；8. 膀胱；9. 盲肠；10. 空肠；11. 结肠；12. 肝

肋部向上向后延伸至右肾后端，转而向左再向前延伸，移行为空肠。

（2）空肠　最长，形成许多肠袢悬于肠系膜下，主要位于结肠圆锥与肝、胃之间，与右腹部腹壁和腹底壁后部相接触。

（3）回肠　较短而直，以回盲结口开口于盲肠与结肠交界处的腹侧，开口处黏膜稍突入盲结肠内。固有膜和黏膜下组织内的淋巴集结特别明显。

2. 大肠　全长 4.0 ~ 4.5m，直径比小肠粗，借系膜悬吊于两肾之间的腹腔顶壁，各段形成数目不同的纵肌带和肠袋。

（1）盲肠　短而粗，呈圆筒状，位于左髂部。盲肠在左肾后端腹侧起始于回肠口，在结肠圆锥后方向下、向后和向内延伸，盲端常位于腹腔底壁上，在盆腔入口与脐之间。

（2）结肠　主要位于腹腔左侧，胃的后方，与盲肠以回盲结口为界。起始部的直径与盲肠相似，此后逐渐缩小，亦分升结肠、横结肠和降结肠三部分。

升结肠又称旋袢，最长，呈螺旋状卷曲，形成一个倒立的结肠圆锥，旋袢由向心回和离心回组成。向心回位于结肠圆锥的外周，管径较粗，有两条明显的纵肌带和两列肠袋，

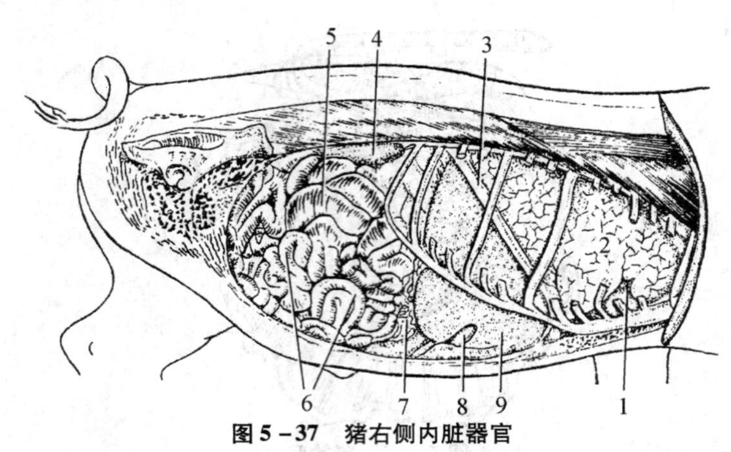

图5－37　猪右侧内脏器官

1. 心脏；2. 肺；3. 膈；4. 右肾；5. 结肠；6. 空肠；7. 大网膜；8. 胆囊；9. 肝

离心回位于圆锥的内心，肠管较向心回细，无纵肌带和肠袋，按逆时针方向绕中心轴向上盘绕三圈至圆锥底部，离心回最后一圈经十二指肠升部腹侧面，沿肠系膜根右侧向前延伸，延续为横结肠。横结肠和降结肠又称终袢。位于腰下部，行到盆腔入口，延续为直肠。

（3）*直肠和肛管*　直肠位于盆腔内。猪直肠在扩张时形成直肠壶腹。肛管较短，肛门位于第三至四尾椎下方。

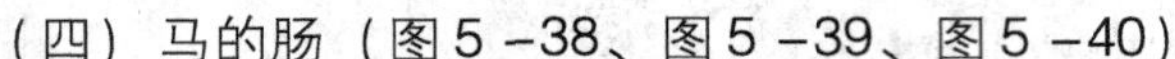
（四）马的肠（图5－38、图5－39、图5－40）

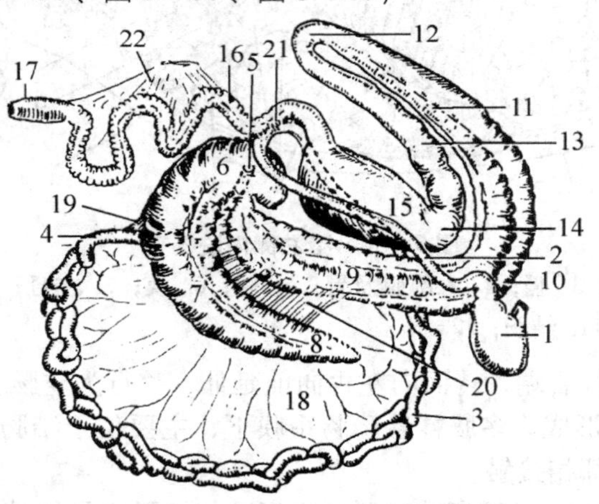

图5－38　马的肠

1. 胃；2. 十二指肠；3. 空肠；4. 回肠；5. 回盲口；6. 盲肠底；7. 盲肠体；8. 盲肠尖；9. 右下大结肠；10. 胸骨曲；11. 左下大结肠；12. 骨盆曲；13. 左上大结肠；14. 膈曲；15. 右上大结肠；16. 小结肠；17. 直肠；18. 空肠系膜；19. 回盲韧带；20. 盲结韧带；21. 十二指肠结肠韧带；22. 后肠系膜

1. 小肠

（1）*十二指肠*　长约1m（驴约0.5m）。全程在右季肋部和腰部呈“U”形盘曲于腹腔顶。

（2）*空肠*　与回肠之间无分界标志，二者长约21m。主要位于左髂部、左腹股沟部和

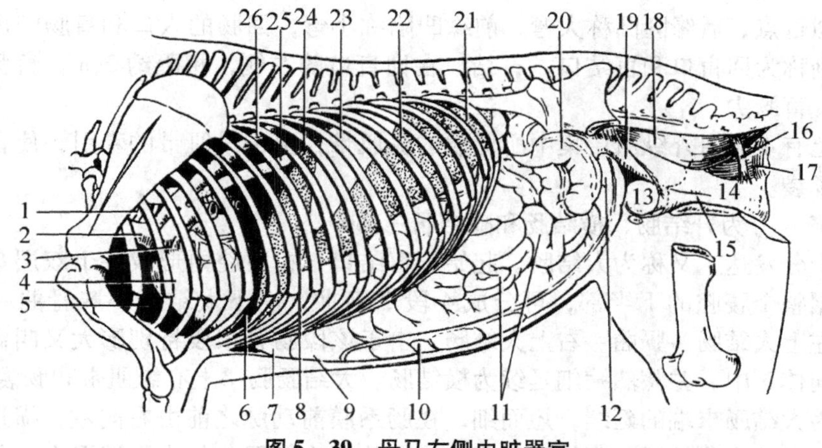

图 5-39　母马左侧内脏器官

1. 气管；2. 臂头动脉总干；3. 肺动脉；4. 心脏；5. 心前纵隔；6. 心后纵隔；7. 膈曲；8. 肝；9. 胸骨曲；10. 左下大结肠；11. 空肠；12. 骨盆曲；13. 膀胱；14. 阴道；15. 尿道；16. 肛悬韧带；17. 肛门内括约肌；18. 直肠；19. 子宫阔韧带；20. 小结肠；21. 肾；22. 脾；23. 胃；24. 膈；25. 食管；26. 主动脉

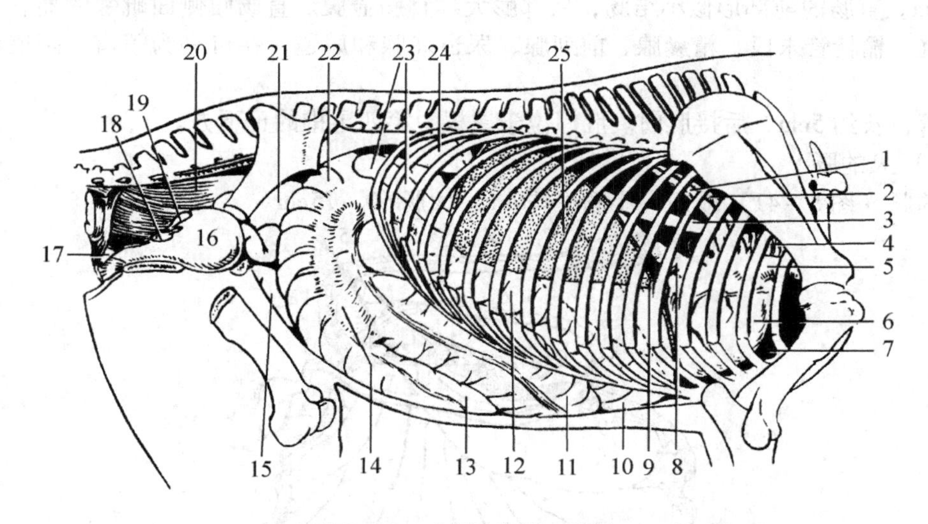

图 5-40　公马右侧内脏器官

1. 主动脉；2. 奇静脉；3. 食管；4. 气管；5. 前腔静脉；6. 心脏；7. 心前纵隔；8. 后腔静脉；9. 膈；10. 膈曲；11. 胸骨曲；12. 右上大结肠；13. 盲肠尖；14. 盲肠体；15. 空肠；16. 膀胱；17. 尿道球腺；18. 前列腺；19. 精囊腺；20. 直肠；21. 骨盆曲；22. 盲肠底；23. 十二指肠；24. 肾；25. 肝

耻骨部。空肠蟠曲成许多肠袢，由发达的空肠系膜集中固定于腰椎下方，称空肠系膜根，移动范围广，向前可抵肝和胃，后可入盆腔，右可到右髂部，下可达腹腔底，甚至穿经腹股沟管下降到阴囊（阴囊疝）。

（3）回肠　肠管较直，由于在其壁内含有大量的淋巴组织，所以肠壁较厚，位于盲肠的左侧，以三角形的回盲韧带与盲肠相连。

2. 大肠和肛管　马大肠体积庞大，位置较固定，肠壁有纵肌带和肠袋。

（1）盲肠　马的盲肠特别发达，长约1m，容积25～30L，约比胃大一倍；位于腹腔右侧。外形略似逗点，后缘隆凸称大弯，前缘凹陷称小弯，回肠的入口和盲肠的出口都在小弯部分，分别称为回盲口和盲结口，盲结口在回盲口的右侧，相距约5cm。盲肠分为盲肠底、盲肠体、盲肠尖。

盲肠壁上有4条由外纵肌层集中所形成的纵肌带，由于纵肌带的牵引，使盲肠肠壁形成4列囊状肠袋。

（2）结肠　分为升结肠、横结肠和降结肠三部分。

升结肠十分发达，又称为大结肠。起始于盲结口，在腹腔内形成一个双层盘曲的马蹄形肠袢，占据整个腹腔的下半部，可分成4段3弯曲：右下大结肠→胸骨曲→左下大结肠→盆曲→左上大结肠→膈曲→右上大结肠，由于该段肠管末段特别膨大又叫做胃状膨大部。后者转向体正中，并骤然缩细延续为横结肠。大结肠肠壁上有纵肌带和肠袋。

横结肠为大结肠末端的延续，短而细，在肠系膜前动脉之前由右向左，横过正中面至左肾腹侧，而延续为降结肠。降结肠体积较小，称为小结肠。与小肠袢混在一起位于腹腔左上部。降结肠系膜前连肠系膜根，向后与直肠系膜连续，宽80～90cm，致使小结肠在腹腔内游离性很大，易发生变位或扭转。

（3）直肠与肛管　直肠位于盆腔内，前端在盆腔入口续接小结肠，后端接肛管，长30～40cm。直肠的前部形似小结肠，后部膨大称直肠壶腹。直肠腹侧面毗邻的器官，在公马为膀胱、输精管末段、精囊腺、前列腺、尿道球腺和尿道，在母马为子宫、阴道和尿生殖前庭。

肛管，长约5cm，后接肛门。肛门位于尾根，第四尾椎的正下方。

（五）犬的肠

犬的肠（图5－41）较短，小肠平均4m，大肠60～75cm。

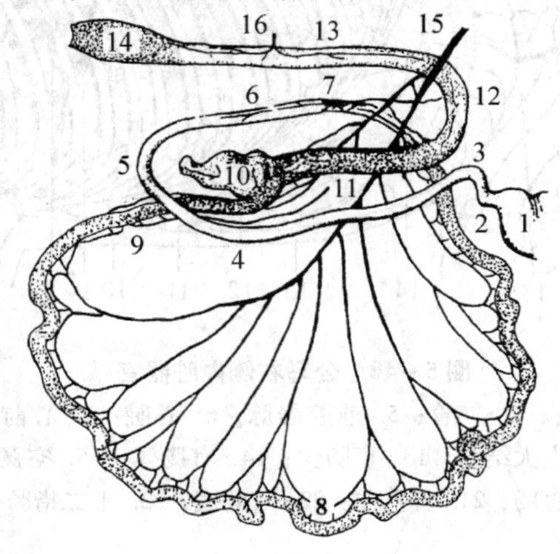

图5－41　犬的肠

1. 胃的幽门部；2. 十二指肠前部；3. 前曲；4. 降部；5. 后曲；6. 升部；7. 十二指肠空肠曲；8. 空肠；9. 回肠；10. 盲肠；11. 升结肠；12. 横结肠；13. 降结肠；14. 直肠；15. 肠系膜前动脉；16. 肠系膜后动脉

1. 小肠　十二指肠起自幽门，在肝脏面形成前曲，降部沿右季肋部后行，在右肾后方形成后曲，升部前行至胃后方形成十二指肠空肠曲后移行为空肠。空肠，位于肝、胃和盆腔前口之间。回肠短，沿盲肠内侧向前，以回肠口开口于结肠起始处。

2. 大肠 无纵肌带，管径小。盲肠弯曲呈螺旋状，后方盲端尖，前以盲结口与结肠相通，位于正中矢状面与腹腔右侧壁间的中间区域。结肠呈“U”形袢，升结肠沿十二指肠降部前行，至幽门处转向左侧为横结肠，降结肠弯曲沿左肾腹内侧后行，入盆腔后延续为直肠，直肠壶腹宽大，肛管区两侧有肛旁窦，内有围肛腺，灰褐色，有难闻的异味。

（六）兔的肠（图5－42）

1. 小肠 在小肠的全长，均有肠系膜将小肠悬挂于腹腔的背侧。

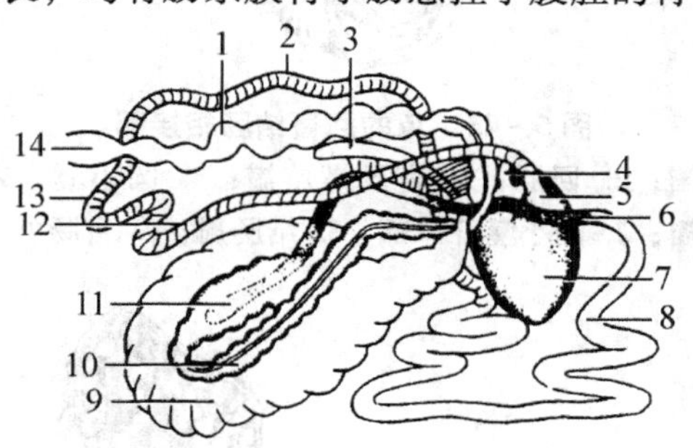

图5－42 兔肠管走向示意图

1. 直肠；2. 十二指肠升部；3. 蚓突；4. 食管；5. 幽门；6. 回肠；7. 胃；8. 空肠；9. 盲肠；10. 结肠；11. 圆小囊；12. 十二指肠降部；13. 十二指肠横行部；14. 肛门

（1）十二指肠 长约50cm，在十二指肠“U”形袢之间夹有胰腺，胰腺呈肉色，散在分布。

（2）空肠 小肠中最长的一段，约230cm，位于腹腔左侧，形成很多弯曲，壁厚，富于血管，呈浅的淡红色。

（3）回肠 以回盲韧带与盲肠相连，较短。壁薄，颜色深，管径细。

在回肠与盲肠入口处有一圆形的厚壁圆囊，色淡，叫圆小囊，为兔所特有的黏膜免疫器官。外观可隐约透见囊内壁的蜂窝状隐窝。剖开圆小囊可看清内壁呈六角形蜂窝状。黏膜上皮下充满淋巴组织。

2. 大肠

（1）盲肠 非常发达，长约50～60cm，在所有的家畜中，兔的盲肠比例最大。外表可见一系列沟纹，肠壁内面有一系列螺旋状皱褶，称螺旋瓣。瓣的间隔约2～3cm，约有25转。

在回盲瓣口周缘的盲肠壁上有两块明显的淋巴组织，较大的称大盲肠扁桃体，较小的称小盲肠扁桃体。结构与圆小囊相似（图5－43）。

盲肠的游离端变细，称为蚓突（图5－44），长约10cm，外观色较淡，表面光滑，内无螺旋瓣，壁较厚。其组织结构与盲肠扁桃体相似，只是壁较厚，含更丰富的淋巴组织。

圆小囊和蚓突是兽医卫生检验时的重要指标，兔患假性结核、肠球虫病时，二者变粗，肥厚，黏膜有灰白色小结节，内容物呈干酪样。

（2）结肠 长约1m多，以结肠系膜连于腹腔背侧壁，分升结肠、横结肠和降结肠。结肠前部有三条纵肌带，两条在背侧，一条在腹侧。在纵肌带之间形成一系列的肠袋。

（3）直肠 长30～40cm，与降结肠无明显的界限，但二者之间有“S”状弯曲。直肠末端侧壁有一对细长形呈暗灰色的直肠腺，长约1.0～1.5cm，其分泌物带有特殊异臭味。

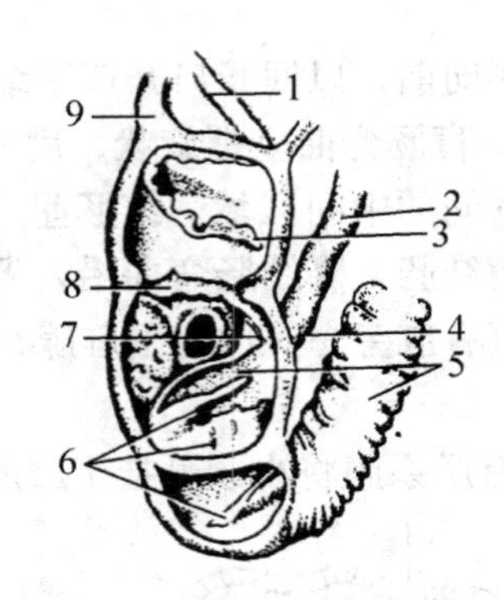

图 5-43　兔的回盲结肠相接部

1. 盲肠螺旋瓣；2. 回肠；3. 盲肠螺旋瓣；4. 圆小囊；末端；5. 结肠；6. 结肠瓣；7. 圆小囊开口部；8. 结肠瓣；9. 盲肠

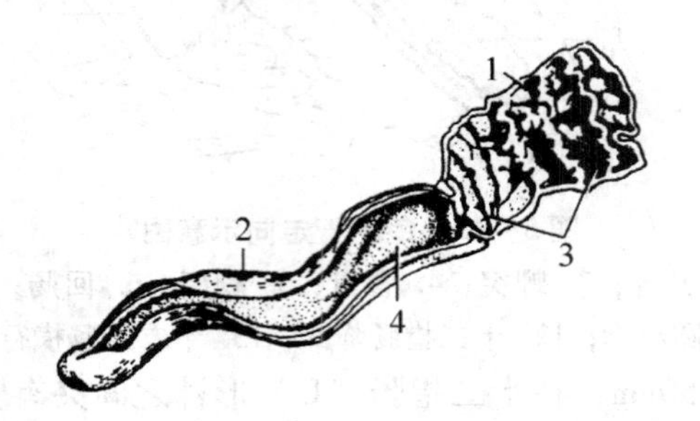

图 5-44　兔盲肠蚓突（纵剖面）

1. 盲肠；2. 蚓突；3. 盲肠螺旋瓣；4. 蚓突黏膜（淋巴组织）

（七）肠的组织结构

1. 小肠的组织结构　小肠的组织构造（图 5-45）基本相似，分为黏膜、黏膜下层、肌层、浆膜四层，其结构的区别主要表现为黏膜的变化。

（1）小肠黏膜的组织结构特征　小肠的整个黏膜和黏膜下层共同向肠腔隆起，形成许多环形皱褶。小肠腔面由黏膜上皮和固有膜向肠腔突出，形成大量的指状突起，称肠绒毛。皱褶和肠绒毛大大增加了小肠消化和吸收面积。绒毛之间有小孔，是肠腺的开口。小肠上皮是单层柱状上皮，细胞可以分为吸收细胞和杯状细胞两种，以高柱状的吸收细胞为主。

① 吸收细胞：细胞核呈卵圆形，位于细胞的基底部，细胞朝向管腔的一面具有明显的纹状缘，光镜下观察，是一层有平行纵列细纹的薄带。电子显微镜研究证明，纹状缘是由大量紧密平行排列的细小突起——微绒毛组成，可使肠管的吸收面积增加 15～20 倍。

② 杯状细胞：夹杂在吸收细胞之间，分泌黏液，有滑润和保护上皮的作用。杯状细胞呈高柱状，细胞核位于细胞的基部，细胞的游离端染色淡，含有黏原颗粒，是制造黏液分泌物的部分。小肠前段杯状细胞少，后段杯状细胞逐渐增多。

固有膜位于绒毛的中轴和肠腺周围，由疏松结缔组织构成，内含有较多的网状纤维和弹性纤维。在肠壁的固有膜内还常见有淋巴小结，包括单独存在的淋巴孤结（如在十二指肠及空肠），成群聚集成为淋巴集结（如在回肠）。

小肠绒毛（图 5-46）是小肠特有的结构，是由小肠黏膜上皮和固有膜突到管腔形成

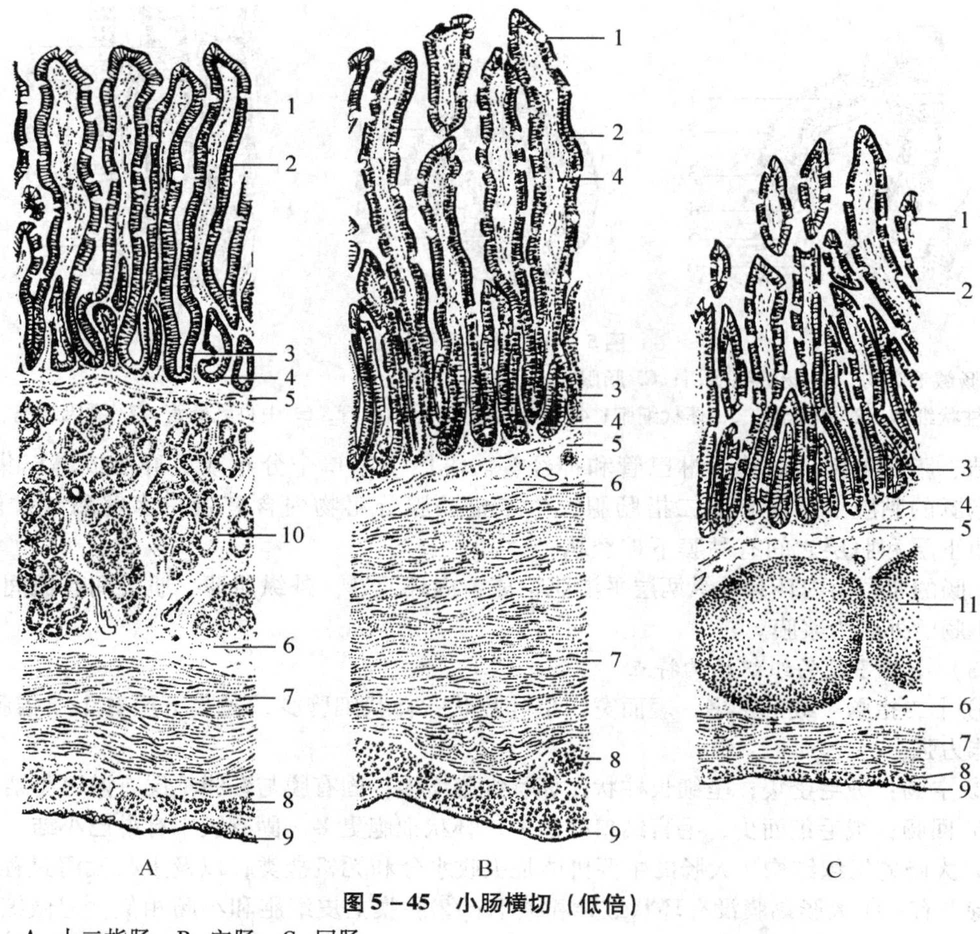

图 5-45 小肠横切（低倍）

A. 十二指肠；B. 空肠；C. 回肠

1. 肠上皮；2. 肠绒毛；3. 肠腺；4. 固有层；5. 黏膜肌层；6. 黏膜下层；7. 内环行肌；8. 外纵行肌；9. 浆膜；10. 十二指肠腺（十二指肠）；11. 淋巴集结（回肠）

的指状、圆锥状或叶状的结构。绒毛的高矮、形状和密度随小肠部位不同而有差别。绒毛固有膜内有丰富的毛细血管网、毛细淋巴管和平滑肌纤维。绒毛中心有粗大的毛细淋巴管，称中央乳糜管。

肠腺（*Small intestinal gland*）（图 5-46）是小肠黏膜上皮下陷形成的单管状腺，广泛分布在小肠黏膜的固有膜中，开口于小肠绒毛之间。构成肠腺的大部分细胞是柱状细胞和杯状细胞，肠腺柱状细胞是较幼稚的细胞，可不断进行有丝分裂，补充和更新脱落的上皮细胞，小肠上皮约 2~3 天更新一次。肠腺底部有潘氏（Paneth′s）细胞成群分布，细胞略呈锥状或柱状，顶部比底部窄小，核椭圆形，位于细胞基部，核与细胞顶部的细胞质中含有大而圆的嗜酸性颗粒，细胞质嗜酸性，潘氏细胞能吸收多量的锌，是酶的激活剂与组成成分。马、牛、羊、人、猴、大鼠、小鼠和豚鼠有潘氏细胞，但狗、猫、猪等则未见有此种细胞。

小肠黏膜肌层由内环、外纵两层平滑肌构成。

（2）小肠的黏膜下层、肌层和外膜　小肠的黏膜下层由疏松结缔组织构成，内含淋

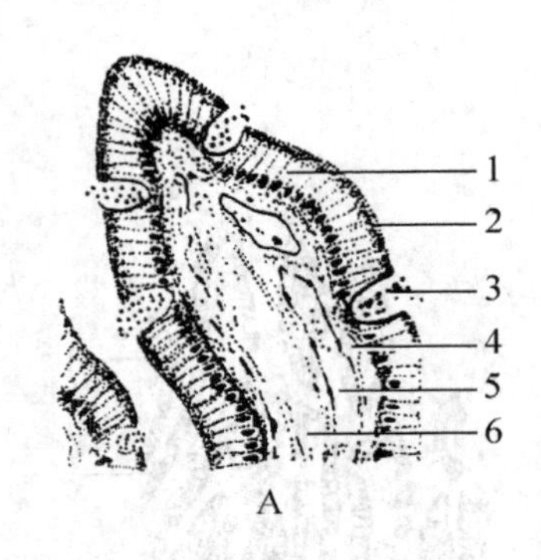

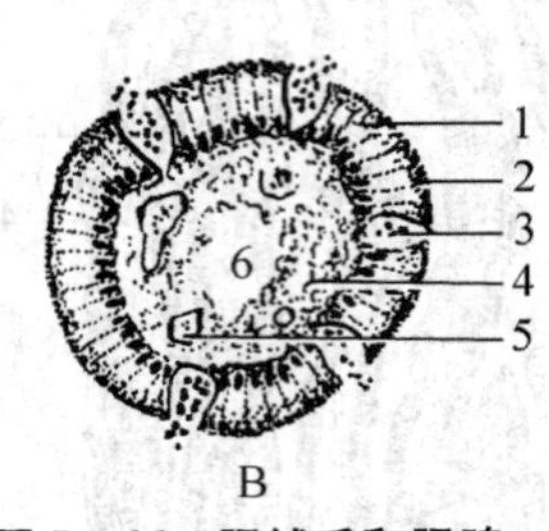

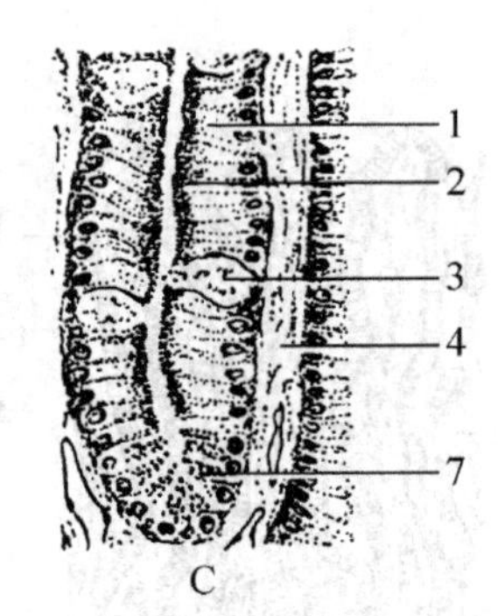

图 5－46　肠绒毛和肠腺

A. 肠绒毛纵切；B. 肠绒毛横切；C. 肠腺

1. 柱状细胞；2. 纵纹缘；3. 杯状细胞；4. 固有层；5. 毛细血管；6. 中央乳糜管；7. 潘氏细胞

巴小结、脂肪细胞、血管、淋巴管和神经等。淋巴小结单个分布或成群形成淋巴集结。十二指肠的黏膜下层里有十二指肠腺，十二指肠腺分泌物内含有蛋白水解酶（肽酶）。在黏膜下层和肌层之间有黏膜下神经丛。

小肠的肌层由内环和外纵两层平滑肌构成，内环肌厚，外纵肌薄，肌层间有肌间神经丛。小肠的外膜为浆膜。

（3）小肠各段的组织结构特点

① 十二指肠：绒毛密集，短而宽，呈叶片状，杯状细胞少；黏膜下层有十二指肠腺，消化能力强。

② 空肠：绒毛密集；呈细长柱状，杯状细胞增多；固有膜与黏膜下层有淋巴小结。

③ 回肠：绒毛细而少，毛盲结口处消失；杯状细胞更多；固有膜中有淋巴小结。

2. 大肠的组织结构　大肠的主要机能是吸收水分和无机盐类，以及进行发酵过程。其结构特点有：①大肠黏膜没有环状皱襞和绒毛；②黏膜上皮细胞和小肠相似，但微绒毛变短，纹状缘不显著，杯状细胞多；③大肠腺发达，长而直，杯状细胞多，没有嗜银细胞和潘氏细胞，分泌物没有消化酶（食草动物的大肠和食肉类及人不同，在其中进行着大量的消化作用和吸收作用，但消化酶主要来自小肠）；④肌层发达，马和猪的结肠、盲肠的外纵肌形成纵肌带，肌带间的纵行肌层很薄，只是分散的小肌束。

五、肝

肝（*Hepar*）是体内最大的腺体，其主要功能是分泌胆汁，同时具有解毒、防御、物质代谢、造血、贮血等作用。另外，在胎儿时期，肝可制造红细胞、白细胞等，肝还能够产生血浆蛋白、凝血酶等，同时肝窦能贮存一定量的血液，因此肝也有造血、贮血功能。

（一）肝的形态和位置

肝一般大部分位于右季肋部，小部分位于左季肋部。壁面隆凸，接膈，脏面凹入，与胃、肠等相接触，脏面中央有门静脉、肝动脉、神经、淋巴管和肝管出入肝，称为肝门。肝的表面有浆膜被覆，右上端位置最高，与右肾前端接触，形成右肾压迹；肝的背缘厚，右侧有后腔静脉通过，静脉壁与肝组织连在一起，肝静脉直接开口于后腔静脉；肝的腹缘较薄。肝由左、右冠状韧带、镰状韧带和左、右三角韧带将肝固定在膈的腹腔面上。

1. 牛、羊的肝　牛、羊的肝（图 5－47）略呈长方形，扁而厚，淡褐色或深红褐色。

牛肝的重量约为体重的1.2%（羊为1.8%～2%），大部分位于右季肋区，从第六、第七肋骨下端伸至第二、第三腰椎腹侧，长轴斜向前下方。壁面凸，与膈的右侧部相贴；脏面凹，与网胃、瓣胃、皱胃、十二指肠和胰等接触。肝的背缘短而厚；腹缘短而薄；左缘长而钝圆，后腔静脉由此通过并部分埋于肝内，肝静脉在此直接注入后腔静脉，在后腔静脉下方有食管压迹；右缘（外侧缘）有肝圆韧带切迹和圆韧带，后者为脐静脉的遗迹，成年牛常退化。

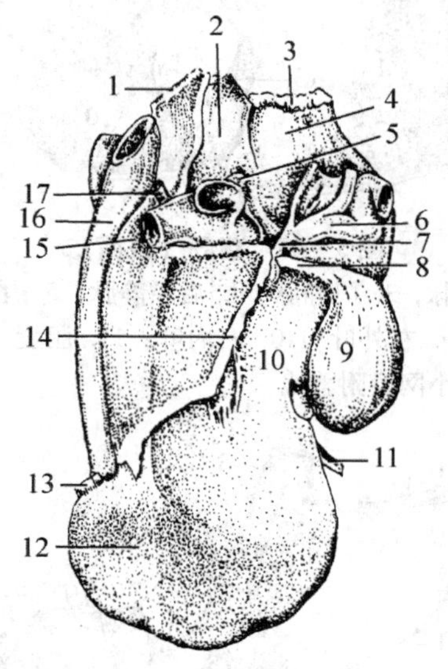

图5－47　牛肝（脏面）

1. 肝肾韧带；2. 尾状突；3. 右三角韧带；4. 肝右叶；5. 肝门淋巴结；6. 十二指肠；7. 胆管；8. 胆囊管；9. 胆囊；10. 方叶；11. 肝圆韧带；12. 肝左叶；13. 左三角；韧带；14. 小网膜；15. 门静脉；16. 后腔静脉；17. 肝动脉

牛的肝分叶不明显，可通过圆韧带切迹和胆囊将肝分为左、中、右三叶。胆囊位于肝脏面右叶和中叶之间，呈梨形，胆囊具有浓缩和贮存胆汁的作用。以胆囊管与肝总管汇合形成胆总管开口于十二指肠“乙状弯曲”肠黏膜乳头上（距幽门50～70cm）。羊的输胆管与胰管合成一胆总管，开口于十二指肠乙状弯曲的第二曲上。

2. 猪的肝　猪的肝（图5－48）较大，重1.0～2.5kg，占体重的1.5%～2.5%。大部分位于右季肋部，小部分位于左季肋部和剑状软骨部，肝的左侧缘伸达第九肋间隙和第十肋，右侧缘伸达最后肋间隙的上部，腹侧缘伸达剑状软骨后方3～5cm处的腹腔底壁。以三个深的叶间切迹分为六叶，即左外叶、左内叶、右内叶、右外叶、方叶和尾状叶。胆囊位于肝右内叶与方叶之间的胆囊窝内，呈长梨形，不达肝腹侧缘，胆囊管与肝管在肝门处汇合形成胆总管，开口于距幽门2～5cm处的十二指肠乳头。

3. 马的肝　马的肝（图5－49）较扁，质脆，色棕红，在肝的腹侧缘有两个叶间切迹将肝明显的分为左叶、中叶和右叶，马无胆囊，胆汁经肝总管直接注入十二指肠。肝总管在肝门的腹侧部由左、右肝管汇合而成，行经十二指肠系膜内，在距幽门12～15cm处，同胰管一起斜穿十二指肠壁，开口于十二指肠憩室。

4. 犬的肝　犬的肝（图5－50）很大，占犬体重的2.8%～3.4%，明显分为左内叶、

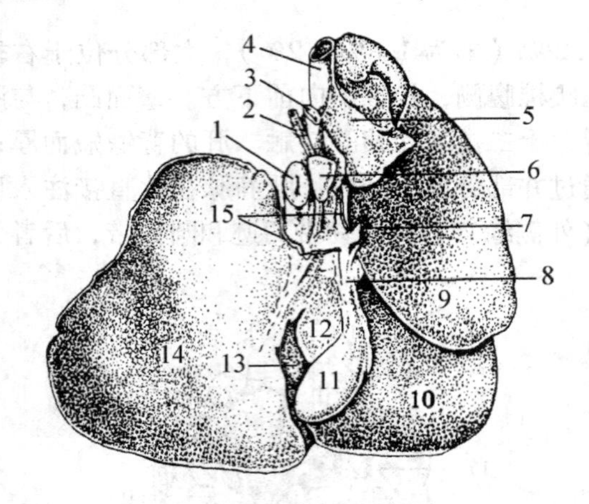

图 5－48　猪肝（脏面）

1. 食管；2. 肝动脉；3. 门静脉；4. 后腔静脉；5. 尾叶；6. 肝门淋巴结；7. 胆管；8. 胆囊管；9. 右外叶；10. 右内叶；11. 胆囊；12. 方叶；13. 左内叶；14. 左外叶；15. 小网膜附着线

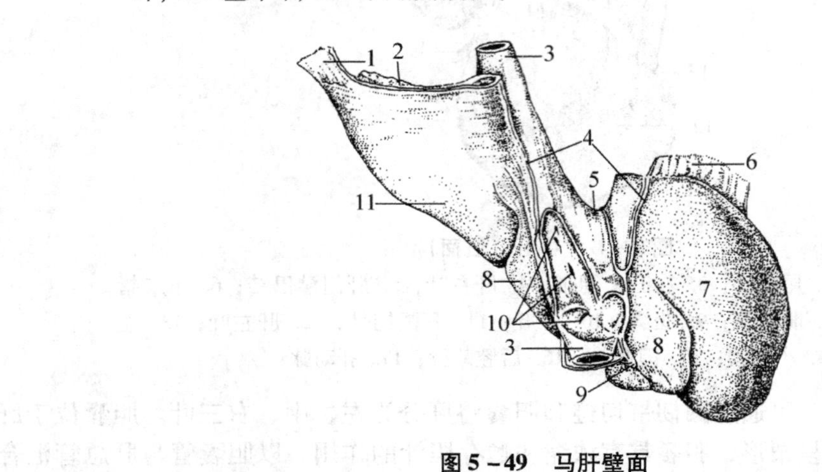

图 5－49　马肝壁面

1. 右三角韧带；2. 肝肾韧带；3. 后腔静脉；4. 冠状韧带；5. 食管切迹；6. 左三角韧带；7. 肝左叶；8. 肝中叶；9. 肝镰状韧带；10. 肝静脉；11. 肝右叶

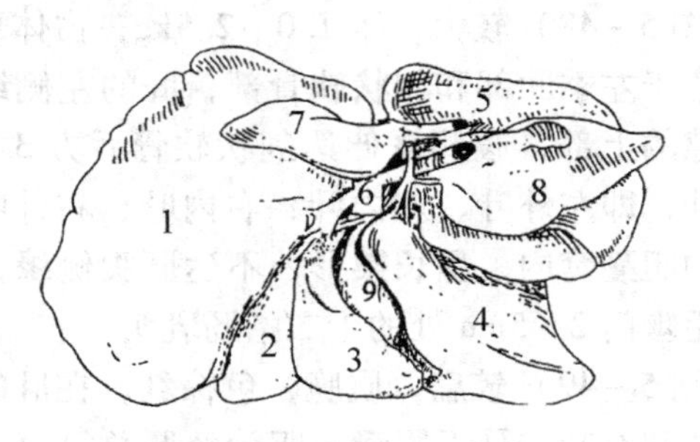

图 5－50　犬的肝

1. 左外侧叶；2. 左内侧叶；3. 方叶；4. 右内侧叶；5. 右外侧叶；6. 肝门；7. 尾叶的乳头突；8. 尾叶的尾状突；9. 胆囊

左外叶、右内叶、右外叶、方叶和尾状叶，尾状叶除尾状突外，有明显的乳头突。胆总管开口于距幽门 5～8cm 处的十二指肠。

5. 兔的肝　呈红褐色。位于腹腔的前部。兔肝分叶明显，共分为六叶：左外叶、左内叶、右内叶、右外叶、尾叶、方叶。其中以左外叶和右内叶最大，尾叶最小。方叶形状不规则，位于左内叶和右内叶之间。其中胆囊位于肝的右内叶脏面，肝管与胆囊管汇合成胆总管，开口于十二指肠起始部。

（二）肝的组织结构

肝的表面被覆一层浆膜，浆膜下面是一层致密的结缔组织形成的纤维膜。纤维膜的结缔组织进入肝实质，把肝脏分为许多肝小叶。肝小叶间的结缔组织称小叶间结缔组织。猪、骆驼等动物小叶间结缔组织发达，小叶界限明显，甚至肉眼就可以看见。人、马、牛、兔等以及鸟类的肝小叶间结缔组织少，小叶界限不清。

1. 肝小叶（*Hepatic lobule*）　肝小叶（图 5－51、图 5－52）是肝的基本结构单位，为不规则的多边棱柱体，大小不一，长约 2mm，宽约 1mm。肝小叶的结构比较复杂，中轴有一条中央静脉（*Central vein*），中央静脉周围肝细胞排列成单层的细胞板，称肝板（切片观察为索状，称肝索）。肝板围绕中央静脉呈放射状排列，彼此吻合，相接成网。肝板之间是血管腔隙，称窦状隙（图 5－53）。在肝板内，肝细胞之间形成胆小管（图 5－53）。

（1）中央静脉　位于肝小叶的中央，是肝静脉的终末分支，直径约 50μm，由内皮和少量的结缔组织构成。中央静脉从肝小叶顶端起，走向肝小叶的底部，并垂直连于小叶下静脉。中央静脉在小叶内行进过程中，随时接收来自肝血窦的血液。

（2）肝板　是肝细胞以中央静脉为中轴呈板状体放射排列的结构。细胞排列不整齐，使肝板凸凹不平，并互相结合成网状。肝板上有许多小孔，为肝血窦的通道。在肝小叶的横切面上，中央静脉周围的肝细胞呈放射状条索形排列，故常称为肝细胞索或肝索。

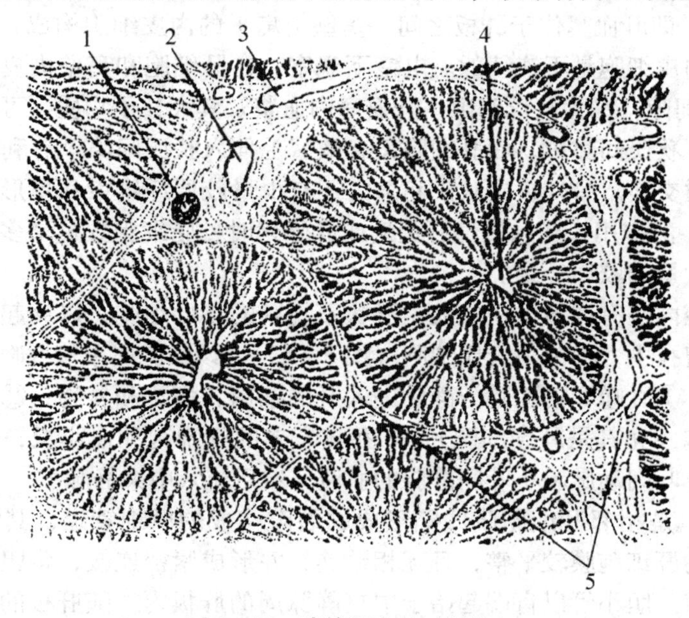

图 5－51　猪的肝小叶（低倍）

1. 小叶间胆管；2. 小叶间动脉；3. 小叶间静脉；4. 中央静脉；5. 小叶间结缔组织

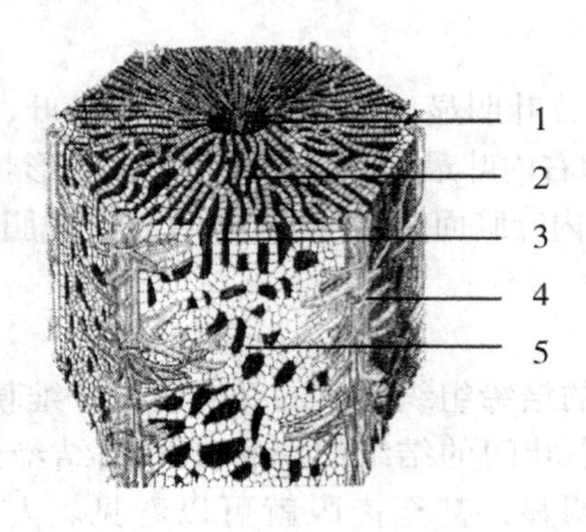

图 5－52　肝小叶模式图

1. 中央静脉；2. 肝血窦；3. 肝板；4. 门管区

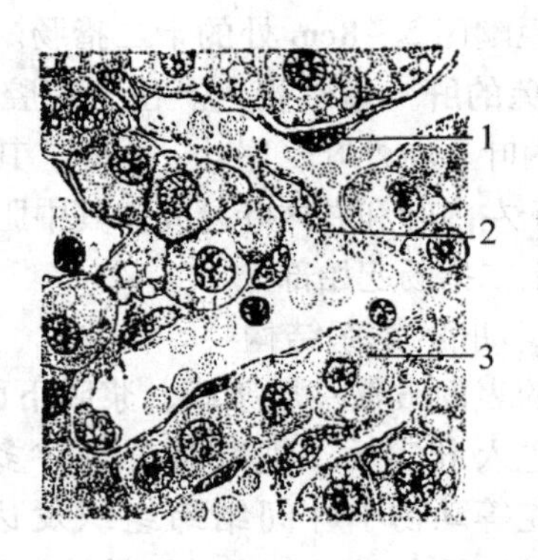

图 5－53　窦状隙和枯否氏细胞

1. 内皮细胞；2. 枯否氏细胞；3. 肝细胞

肝细胞是肝组织的最主要的细胞，体积较大，直径 20～30μm，多面形，核大而圆，居中央，核膜清晰，异染色质少，着色较浅，有 1 个或数个核仁，核的结构呈现出肝细胞代谢活动旺盛的特征，哺乳类动物的部分肝细胞常有双核，少数细胞的核在 2 个以上。胞质在新鲜状态下呈黄色，肝细胞的大小、核的结构、细胞器的形态结构与数量都因不同生理条件和在小叶内所在的不同部位而有差别。

肝细胞呈不规则的多面体，其中至少有两面与血窦相连，其他面与相邻肝细胞相接，肝细胞间有胆小管。肝细胞间的接触面有连接复合体和缝管连接，是肝细胞功能协同活动的重要结构。胆小管面和血窦面都有许多微绒毛，生活的肝细胞随血流动力的变化和肝板的活动，形态有一定的变化，但细胞的位置和相互关系是稳定的。

(3) 窦状隙　即肝血窦位于肝板之间。窦壁由扁平的内皮细胞构成，核呈扁圆形，突入窦腔内。窦壁内皮细胞是不连续的。电镜下观察，在肝细胞和窦壁内皮细胞之间，可见有宽约 0.4μm 的间隙，称为狄氏间隙。肝血窦内血浆及其大分子物质，可以自由通过内皮间隙和窗孔，进入狄氏间隙内，而肝细胞又有微绒毛伸入狄氏间隙，有利于肝细胞和血液间进行充分的物质交换。另外，在狄氏间隙内还有少量胶原纤维束和星形的贮脂细胞。后者有贮存维生素 A 的作用，当患慢性肝炎病或肝硬化时贮脂细胞数量增多，可转变成为成纤维细胞，合成大量的胶原纤维。

此外，在窦腔内还有许多体积较大、形状不规则的星形细胞，以突起与窦壁相连，或伸入内皮细胞的窗孔中，称为枯否氏细胞（图 5－53）。该细胞属单核吞噬细胞系统的成员之一。其功能为：①吞噬和消除随门静脉进入肝的细菌、病毒和异物；②监视、抑制和杀伤体内的肿瘤细胞（尤其是肝癌细胞）；③吞噬衰老的红细胞和血小板；④处理和传递抗原。肝血窦接纳小叶间动脉和小叶间静脉的血液，然后流入中央静脉。

(4) 胆小管　是相邻肝细胞膜凹陷形成的裂隙构成的微细管道，其管壁就是肝细胞膜。胆小管相邻的肝细胞膜较平整，且互相贴连，并形成紧密连接，将胆小管严密封闭以防胆汁流入窦状隙。胆小管以盲端起始于中央静脉周的肝板内，随肝板的排列方式，也以中央静脉为轴心呈放射状排列，并互相吻合成网状。肝细胞分泌胆汁到胆小管中，胆小管在肝小叶边缘与小叶内胆管连接，再汇集到小叶间结缔组织中的小叶间胆管。

2. 门管区（*Portal area*）　门管区（图 5－54）几个相邻肝小叶之间呈三角形或椭

圆形的结缔组织小区，有门静脉、肝动脉和胆管的分支，并在小叶间结缔组织内相伴行分别称为小叶间静脉、小叶间动脉和小叶间胆管，合称为门管，该区域叫门管区。此外，在门管区内还有淋巴管和神经纤维等。

3. 肝的血液循环 进入肝的血管有两条：一条是营养血管，即肝动脉，其分支构成小叶间动脉，最后注入肝血窦；另一条为机能血管，即门静脉，门静脉发出分支穿行于小叶间，构成小叶间静脉，最后也注入肝血窦。

中央静脉收集肝血窦的血液，出肝小叶后汇入小叶下静脉。许多小叶下静脉再汇成2～3支肝静脉，出肝后入后腔静脉。

4. 肝内胆汁的排出途径 肝细胞分泌的胆汁经胆小管从肝小叶中央流向周边，穿过赫令氏管出肝小叶，进入小叶间胆管，小叶间胆管再汇合成左右肝管出肝。

肝的血液循环与胆汁排出途径如下：

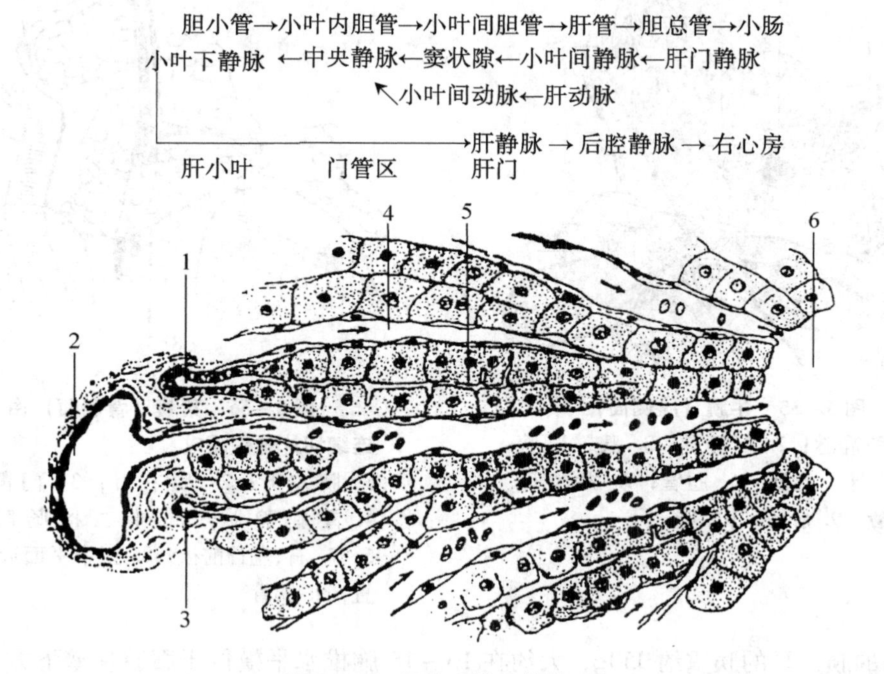

图 5－54 肝小叶的血管关系

1. 小叶间胆管；2. 小叶间静脉；3. 小叶间动脉；4. 肝血窦；5. 胆小管；6. 中央静脉

六、胰

（一）胰的形态和位置

胰（*Pancreas*） 位于胃及十二指肠等之间，呈淡粉灰色，外有薄层结缔组织包裹，有明显的小叶结构。位于十二指肠袢内，可分为胰右叶、胰体和胰左叶三部分。胰管从胰穿出后，最后开口于十二指肠憩室。

1. 牛、羊的胰 牛、羊的胰（图 5－55）呈不正四边形，淡至深的黄褐色，柔软而分叶明显，位于右季肋部和肾部，第十二肋骨到第二至第四腰椎间、肝门的正后方。成年牛的胰重约550g，可分为胰右叶、胰体和胰左叶三部分。胰右叶发达较长，沿十二指肠第二段向后伸达肝尾状叶的后方，与右肾相接；胰左叶较短宽，呈小四边形，背侧附着于膈脚，腹侧与瘤胃背囊相连；胰体位于肝的脏面，其背侧面形成胰环，门静脉由此通过。

胰管常有一条，从右叶通出，开口于距幽门约80～110cm的十二指肠内（在胆管开口后方约30～40cm）；羊的胰管和胆管合成一条胆总管开口于十二指肠乙状弯曲。

2. 猪的胰 猪的胰（图5－56）呈三角形，灰黄色，位于最后两个胸椎和前两个腰椎的腹侧，胰体居中，位于胃小弯和十二指肠前部附近。左叶从胰体向左延伸，与肾前端、脾上端和胃左端接触。右叶较左叶小，沿十二指肠降部向后延伸至右肾前端。胰管由右叶走出，开口于距幽门约10～12cm处的十二指肠小乳头。

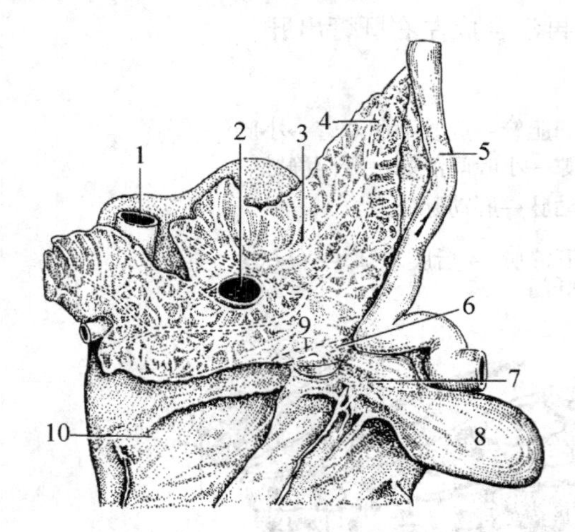

图5－55 牛胰（腹侧面）

1. 后腔静脉；2. 门静脉；3. 胰；4. 胰管；5. 十二指肠；6. 胆管；7. 胆囊管；8. 胆囊；9. 肝管；10. 肝

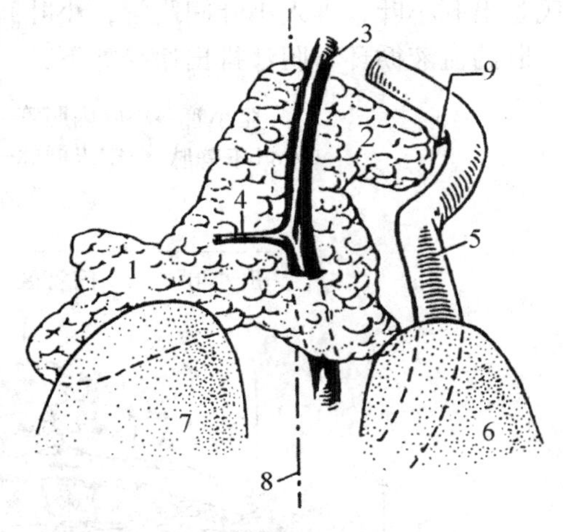

图5－56 猪胰（背侧面）由连续切片重构而成

1. 胰左叶；2. 胰右叶；3. 门静脉；4. 胃脾静脉；5. 十二指肠降部；6、7. 右、左肾前极；8. 正中平面近侧位置；9. 胰管

3. 马的胰 马的胰重约350g，大约在16～18胸椎水平横位于腹腔顶壁下方，大部分在体中线右侧，柔软而呈淡红色，外形呈三角形片状。

4. 犬的胰 犬的胰腺小，呈“V”形，向左横跨脊柱而达胃大弯及脾门处，分左右两叶，扁平长带状，左、右叶均狭长，两叶在幽门后方呈锐角连接，连接处为胰体。于十二指肠降部各有一胰腺管开口处，其一为胰管，与胆总管共同开口于十二指肠；其二为副胰管，较粗，开口于胰管后方约3～5cm处。

5. 兔的胰 位于十二指肠间的肠系膜中，其叶间结缔组织发达，使胰呈分散的枝叶结构。呈浅粉黄色，形如脂肪。只有一条胰管，开口距十二指肠末端约14cm处的十二指肠内，距胆总管开口处较远。

（二）胰的组织结构

胰腺是一个较大的消化腺，为实质性器官，其表面包着一层疏松结缔组织构成的被膜，被膜伸进腺的实质，把它分隔成若干个小叶，血管、神经、淋巴管等随同结缔组织一起分布到腺内。胰由外分泌部和内分泌部组成（图 5－57）。

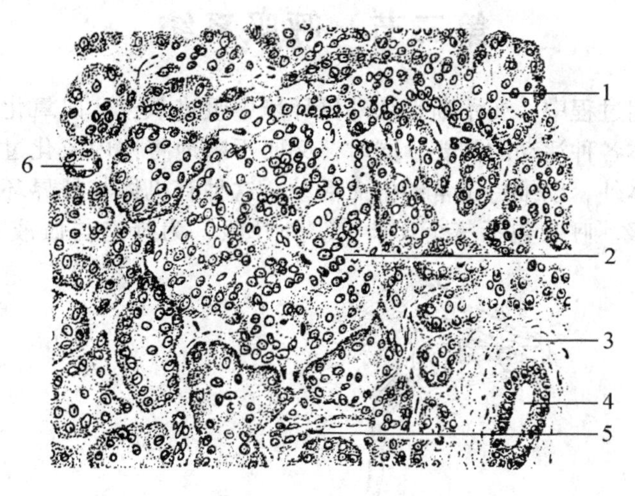

图 5－57　胰腺（低倍）

1. 腺泡；2. 胰岛；3. 小叶间结缔组织；4. 小叶间导管；5. 闰管纵切面；6. 闰管横切面

1. 外分泌部　外分泌部属复管泡状腺，包括分泌部和导管部，由许多泡状或管泡状腺泡组成，大小形状不一。腺细胞呈锥形，细胞核圆形，位于细胞的基部，核仁显著，细胞界限不明显。用碱性染料染色时，细胞底部染色深，呈现纹状结构。接近腺泡腔的游离部有大量嗜酸性的酶原颗粒，数量随细胞的分泌情况而有增减。腺细胞间有分泌小管。

与腺泡相连的管道是闰管，由单层扁平上皮或立方上皮构成管壁。闰管汇合成小叶间导管，管径大，由柱状上皮构成，夹杂有少量杯状细胞。小叶间导管最后汇合为总排泄管，离开腺体，开口于十二指肠。总排泄管壁是含有杯状细胞的单层高柱状上皮。

另外在腺泡腔内经常可看到一种体积较小的扁平细胞，贴在腺细胞顶部，胞质少，染色浅，胞核扁圆，是胰腺闰管伸入腺泡部分形成的，称泡心细胞，是胰腺特有的结构。

2. 内分泌部——胰岛　胰岛（*Pancreas islet*）为分布在胰腺腺泡间的大小不等的细胞团，由内分泌细胞组成，总重约占胰腺的 1%～2%，呈不规则的团索状。胰岛细胞间有丰富的毛细血管，细胞的分泌物直接进入血流。用特殊染色法，根据细胞质内颗粒的性质，可区分出四种胰岛细胞。

（1）α 细胞　细胞质中颗粒较细，不易被酒精溶解，一般可被酸性染料和银染色。总数约占胰岛细胞的 25%，分泌胰高血糖素。

（2）β 细胞　是胰岛的主要细胞，多分布于胰岛的中心部分，染色淡，细胞分界不清楚，细胞内颗粒细小，易溶于酒精。β 细胞分泌胰岛素，数量最多。

（3）δ 细胞　数量较少，约占胰岛细胞的 5%，人的 δ 细胞呈卵圆形或长梭形，单个散在胰岛 α、β 细胞间。δ 细胞细胞核呈卵圆形，染色深。δ 细胞分泌抑生长素，对 α、β 细胞和 PP 细胞的分泌起抑制作用。

（4）PP 细胞　是胰岛中一种含多肽的小细胞。此种细胞在胰的外分泌组织中和动物的胃肠道中也发现，分泌胰多肽，具有抑制肠运动、胰液分泌以及胆囊收缩的作用。

第三节　呼吸系统

畜体在新陈代谢过程中，要不断地从外界环境中吸进氧气，以氧化体内的营养物质而产生能量，满足机体各种活动的需要；同时，又要不断地将体内氧化过程所产生的二氧化碳等代谢产物排出体外，以维持正常的生命活动。这种有机体与外界环境之间进行气体交换的过程，称为呼吸。呼吸包括三个环节：①外呼吸：为肺泡与血液间进行气体交换的

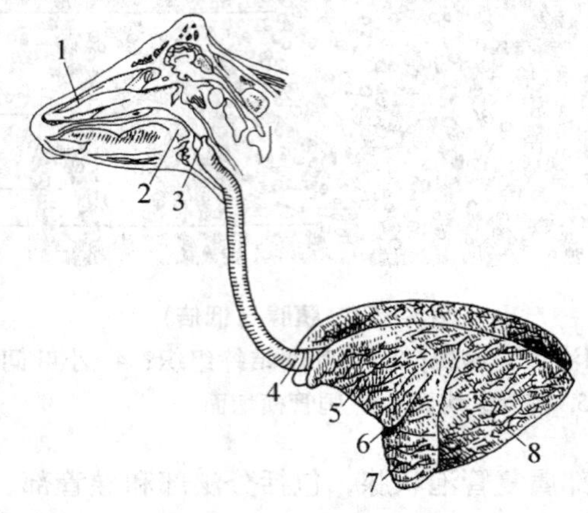

图 5－58　牛呼吸器的模式图

1. 鼻腔；2. 咽；3. 喉；4. 气管；5. 左肺前叶前部；6. 心切迹；7. 左肺前叶后部；8. 左肺后叶

过程，又称肺呼吸；②气体运输：指气体在血液中的运输；③内呼吸：为血液与组织、细胞间进行气体交换的过程，又称组织呼吸。呼吸主要依靠呼吸系统来实现，但与心血管系统有密切的关系。

呼吸系统包括鼻、咽、喉、气管、支气管和肺等器官及胸膜和胸膜腔等辅助装置。鼻、咽、喉、气管和支气管是气体出入肺的通道，称为呼吸道。肺是气体交换的器官（图 5－58）。

一、鼻

鼻（*Nasus*）位于面部的中央，既是气体出入的通道，又是嗅觉器官，对发声也有辅助作用。鼻包括外鼻、鼻腔和副鼻窦。

（一）外鼻

外鼻（*Nasus externus*）较平坦，与周围器官分界不明显。通常将其后部称为鼻根，前端为鼻尖，二者之间的部分为鼻背和鼻侧部。

（二）鼻腔

鼻腔（*Cavum nasi*）（图 5－59、图 5－60）是呼吸道的起始部，呈圆筒状，由鼻骨、额骨、切齿骨、上颌骨、腭骨、犁骨、鼻甲骨和鼻软骨构成支架，内衬黏膜。鼻腔前端经鼻孔与外界相通，后端经鼻后孔与咽相通，腹侧由硬腭与口腔隔开，正中有鼻中隔，以筛骨垂直板、鼻中隔软骨和犁骨作支架，两侧衬有鼻黏膜将其分为左、右互不相通的两半（唯有黄牛的两侧鼻腔后 1/3 是相通的）。鼻腔包括鼻孔、鼻前庭和固有鼻腔三部分。

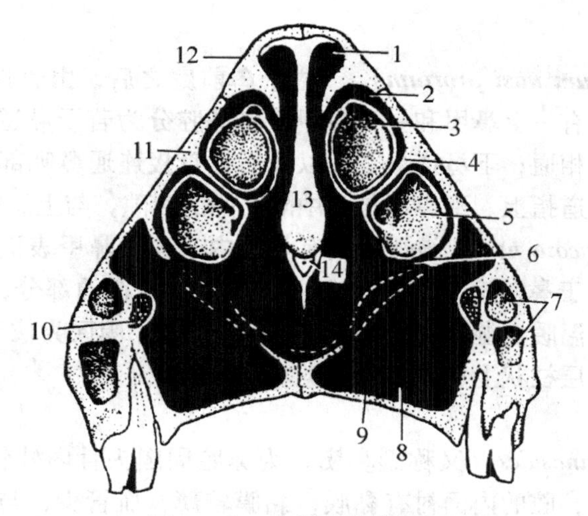

图 5－59　牛鼻腔的横断面

1. 上鼻道；2. 中鼻道；3. 下鼻甲的背侧部；4. 基板；5. 下鼻甲的腹侧部；6. 下鼻道；7. 上颌窦；8. 腭窦；9. 上颌骨的腭突；10. 眶下管和神经；11. 上颌骨；12. 鼻骨；13. 鼻中隔软骨；14. 犁骨

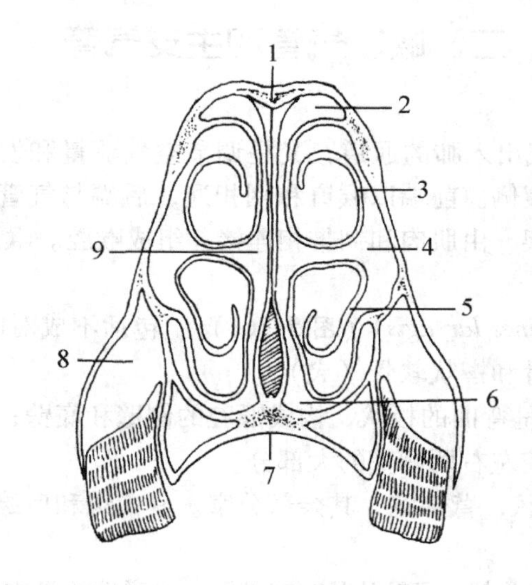

图 5－60　马鼻腔横断面

1. 鼻骨；2. 上鼻道；3. 上鼻甲；4. 中鼻道；5. 下鼻甲；6. 下鼻道；7. 硬腭；8. 上颌窦；9. 总鼻道

1. 鼻孔（*Nares*）　鼻孔为鼻腔的入口，由内侧鼻翼和外侧鼻翼围成。

牛的鼻孔小，呈不规则的椭圆形，鼻翼厚而不灵活。两鼻孔间与上唇中部的皮肤形成鼻唇镜。马的鼻孔大，鼻翼灵活。猪的鼻孔小，卵圆形，鼻翼不灵活，位于吻突前端的平面上。犬的鼻孔呈逗点形，鼻镜皮下无腺体，其分泌物来源于鼻腔内的鼻外侧腺。

2. 鼻前庭（*Vestibulum nasi*）　为鼻腔前部衬有皮肤的部分，相当于鼻翼所围成的空间，表面有色素沉着，并长有短毛。

马鼻前庭背侧皮下有一盲囊，向后达鼻颌切迹，称为鼻憩室或鼻盲囊。在鼻前庭外侧的下部，靠近鼻黏膜的皮肤上有鼻泪管口。牛的鼻泪管开口在鼻前庭内侧壁，常被下鼻甲的延长部所覆盖。

3. 固有鼻腔（*Cavum nasi prorium*） 位于鼻前庭之后，由骨性鼻腔覆以黏膜构成。在每侧鼻腔的外侧壁上有一上鼻甲和一下鼻甲，将鼻腔分为若干鼻道：上鼻道较窄，后通嗅区；中鼻道与副鼻窦相通；下鼻道最宽，以鼻后孔直接连通鼻咽部。临床上使用胃管时即由此鼻道插入；总鼻道指上、下鼻甲与鼻中隔之间的裂隙，与上、中、下鼻道相通。

鼻黏膜（*Tunica mucosa nasi*）被覆于固有鼻腔内表面及鼻甲表面，可分为呼吸区和嗅区两部分。呼吸区为位于鼻前庭和嗅区之间、上下鼻甲所在的部分，占鼻黏膜的大部分，呈粉红色。呼吸区具有温暖、湿润和净化吸入空气的功能。嗅区为位于呼吸区与鼻咽之间，呈黄褐色，上皮为假复层柱状上皮。具有嗅觉功能。

（三）鼻旁窦

鼻旁窦（*Sinus paranasales*）又称副鼻窦，为鼻腔周围头骨内外骨板之间的含气空腔，直接或间接与鼻腔相通，腔的内面衬有黏膜，黏膜较薄，血管少，与鼻腔黏膜相连续。所以，鼻黏膜发炎时可波及副鼻窦，引起副鼻窦炎。家畜的鼻旁窦包括上颌窦、额窦、蝶腭窦（马）和筛窦。副鼻窦有减轻头骨重量，温暖和湿润吸入的空气以及对发声起共鸣等作用。牛的额窦最发达，马的上颌窦最发达，犬的窦不很显著。

二、喉、气管和主支气管

（一）喉

喉（*Larynx*）既是空气出入肺的通道，又是调节空气流量和发声的器官。位于下颌间隙的后方，头颈交界处的腹侧。前端以喉口和咽相通，后端与气管相通。喉壁主要由喉软骨和喉肌构成，软骨为支架，由肌肉和韧带相连接，组成喉腔。喉腔内表面衬以喉黏膜。

1. 喉软骨和喉肌

（1）喉软骨（*Cartilagines laryngis*）（图 5－61） 包括不成对的会厌软骨、甲状软骨、环状软骨、成对的勺状软骨和楔状软骨（犬）。

① 甲状软骨：最大，呈弯曲的板状，构成喉腔的侧壁和底壁；两侧板呈四边形（牛），从体的两侧伸出，构成喉腔左右两侧壁的大部分。

② 环状软骨：呈指环状，背部宽，其余部分窄。其前缘和后缘以弹性纤维分别与甲状软骨及气管软骨相连。

③ 会厌软骨：位于喉的前部，呈叶片状，基部厚，由弹性软骨构成，借弹性纤维与甲状软骨体相连；尖端向舌根翻转。会厌软骨的表面覆盖着黏膜，合称会厌，具有弹性和韧性，当吞咽时，会厌翻转关闭喉口，可防止食物误入气管。

④ 勺状软骨：位于环状软骨的前上方，在甲状软骨侧板的内侧，左右各一，呈三面锥体形，其尖端弯向后上方，形成喉口的后侧壁。勺状软骨上部较厚，下部变薄，形成声带突，供声韧带附着。

喉软骨彼此借软骨、韧带和纤维膜相连，构成喉的支架。

（2）喉肌（*Musculi laryngis*） 属横纹肌，可分外来肌和固有肌两群。外来肌有胸骨甲状肌和舌骨甲状肌等；固有肌起止于喉软骨。其作用与吞咽、呼吸和发声等运动有关。

2. 喉腔和喉黏膜

（1）喉腔（*Cavum laryngis*） 为由喉壁围成的管状腔。喉腔由喉口与咽相通，在喉腔

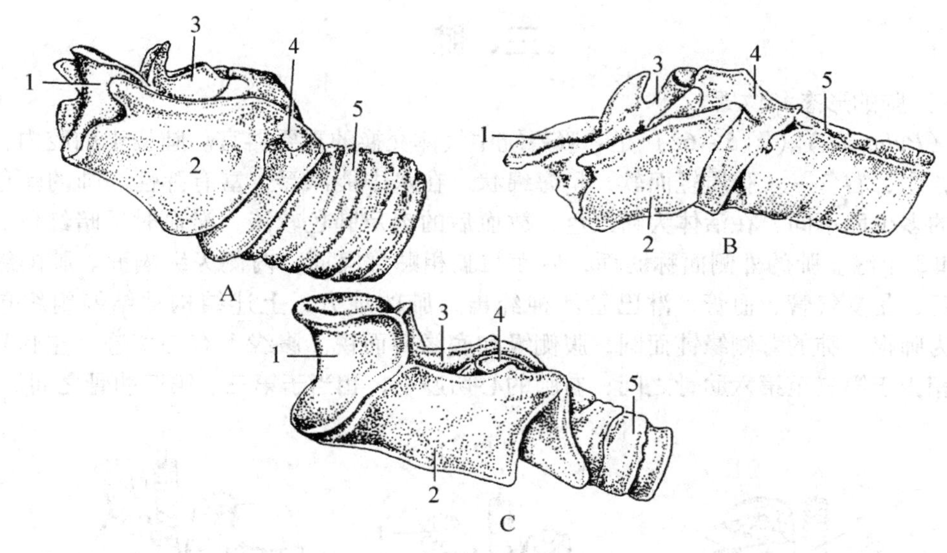

图 5-61 喉软骨

A. 马；B. 牛；C. 猪

1. 会厌软骨；2. 甲状软骨；3. 勺状软骨；4. 环状软骨；5. 气管软骨

中部的侧壁上有一对明显黏膜褶，称为声带。声带是喉的发声器官。声带将喉腔分为前、后两部分，前部为喉前庭，后部为喉后腔。在两侧声带之间的狭窄缝隙，称为声门裂。

（2）喉黏膜　包括上皮和固有膜。喉前庭和声带的上皮为复层扁平上皮；喉后腔的上皮为假复层柱状纤毛上皮。固有膜由结缔组织构成，内有淋巴小结和喉腺。

（二）气管和主支气管

1. 形态位置和构造　气管（Trachea）为由 50～60 个气管软骨环作支架构成的圆筒状长管，前端与喉相接，向后沿颈部腹侧正中线而进入胸腔，然后经心前纵隔达心基的背侧（约在第五至六肋间隙处），分为左、右两条支气管，分别进入左、右肺。支气管入肺后经多次分支形成支气管树。

牛、羊的气管较短，垂直径大于横径。软骨环缺口两端重叠，形成向背侧突出的气管嵴。气管在分左、右支气管之前，还分出一支较小的右尖叶支气管，进入右肺尖叶。

猪的气管呈圆筒状，软骨环缺口游离的两端重叠或相互接触。分支与牛、羊相似。

2. 气管和主支气管的组织结构　气管管壁分为黏膜、黏膜下层和外膜三层。

（1）黏膜　由上皮和固有膜构成。上皮为假复层柱状纤毛上皮，中间夹有许多杯状细胞。杯状细胞与气管腺分泌的黏液，可黏附吸入空气中的尘埃。纤毛细胞的纤毛不断向喉摆动，将尘埃与黏液推向喉部排出，以净化吸入的空气。固有膜由疏松结缔组织构成，有较多弹性纤维和腺导管、血管、淋巴管、神经及弥散淋巴组织。

（2）黏膜下层　黏膜下层由疏松结缔组织构成，与固有膜分界不明显。此层胶原纤维多，弹性纤维少，内有血管、淋巴管、神经和许多混合性气管腺。

（3）外膜　外膜又称软骨纤维膜，由透明软骨和连于软骨环之间的致密结缔组织所构成。软骨环的缺口处由平滑肌和结缔组织相连接，可调节管腔与气量。

三、肺

（一）肺的形态和位置

肺（*Pulmones*）（图 5 -62）是呼吸系统中气体交换的重要器官。肺位于胸腔内，纵隔的两侧，左、右各一。肺质轻而软，呈海绵状，在水中能漂浮，富有弹性。肺的颜色由于含血量的多少而不同，在活体为粉红色，放血后的肉尸肺色较淡，淤血时呈暗红色。肺有 3 个面和 3 个缘。肺的外侧面称肋面，后面与膈相贴称膈面，内侧为纵隔面。肺的纵隔面上有肺门，是支气管、血管、淋巴管和神经出入肺的地方，上述结构被结缔组织包裹成束，称为肺根。肺的背侧缘钝而圆，腹侧缘和底缘薄而锐。腹缘上有心切迹，左肺心切迹较大，相当于第三至第六肋骨之间；右肺的心切迹小，相当于第三、第四肋骨之间。

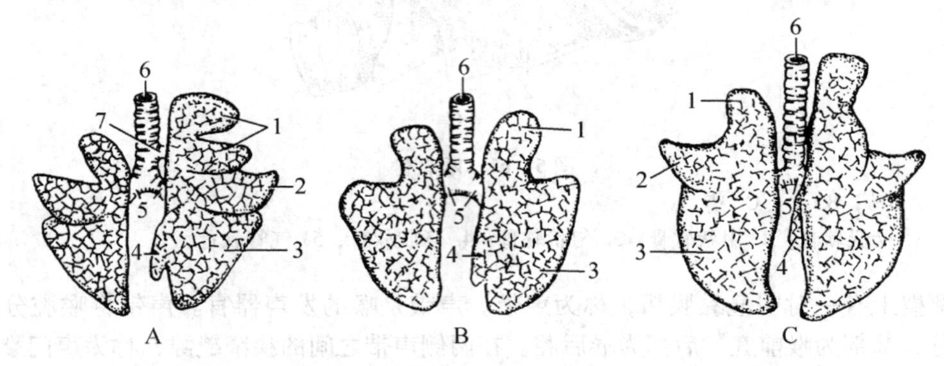

图 5 -62　家畜肺的分叶模式图

A. 牛；B. 马；C. 猪

1. 尖叶；2. 心叶；3. 膈叶；4. 副叶；5. 支气管；6. 气管；7. 右尖叶支气管

牛、羊的肺分叶明显，左肺分尖叶、心叶、膈叶；右肺分尖叶、心叶、膈叶、副叶。

猪肺分叶明显，左、右肺均分为前、中、后叶，右肺有副叶。

马肺分叶不明显，在心切迹以前的部分叫前叶，以后的部分叫后叶。右肺有一副叶，位于后叶的内侧，呈小锥体形，纵隔和后腔静脉之间。

犬的肺右肺比左肺大 25%，分为前叶、中叶、后叶和小的副叶；左肺分为前叶和后叶，其前叶又分为前、后两部。

兔肺不发达，分为左、右两肺，位于胸腔内。左肺分为前叶和后叶。右肺分为三叶，除前叶和后叶外还有副叶。左肺较小，约为右肺的 2/3。

（二）肺的组织结构

肺表面被覆一层浆膜，称肺胸膜。肺胸膜由间皮和结缔组织构成。间皮表面光滑湿润，可减少肺在收缩时与胸壁的摩擦；结缔组织深入肺组织，将肺组织分隔成许多小叶，称小叶间结缔组织，构成肺实质的支架，内含丰富的血管、淋巴管和神经。肺的实质是指肺内各级支气管和肺泡等结构。

左、右支气管在肺门处进入肺后反复分支，支气管的各级分支在组织学上统称小支气管。当管径细至 0.5 ~ 1mm 时，称细支气管。细支气管再反复分支，当管径到 0.35 ~ 0.5mm 时，称为终末细支气管。终末细支气管再分支成为呼吸性细支气管。呼吸性细支气管的分支称肺泡管。肺泡管管壁四周由许多肺泡囊和肺泡构成。由于支气管在肺内反复分支成树状，故名支气管树。

每个细支气管连同其各级分支及分支末端的肺泡共同组成肺小叶。肺小叶大多呈锥体形，锥体的尖朝向肺门，底多朝向肺表面，透过肺胸膜，小叶界限肉眼可见。临床上的小叶性肺炎，即指肺小叶的病变。根据其机能的不同，肺实质可分导气部和呼吸部。

1. 肺内导气部 肺内导气部（图5－63）是气体出入的通道，包括小支气管、细支气管及终末细支气管，其组织结构呈现移行性的变化。

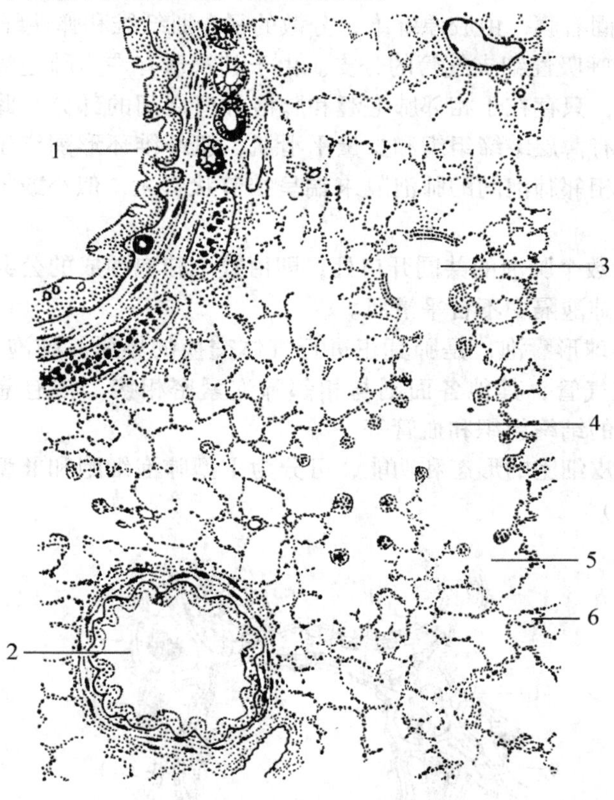

图5－63 肺切片（低倍）

1. 支气管；2. 细支气管；3. 呼吸性细支气管；4. 肺泡管；5. 肺泡囊；6. 肺泡

（1）小支气管 小支气管的组织结构基本上与支气管相似，也分黏膜、黏膜下层和外膜三层。

① 黏膜：随着小支气管的管径变小而黏膜逐渐变薄。黏膜上皮仍为假复层柱状纤毛上皮。管径随着分支而变细，上皮变薄，杯状细胞亦随之减少。固有膜含丰富的弹性纤维网，有弥散淋巴组织和孤立淋巴小结。固有膜外方出现平滑肌。

② 黏膜下层：为疏松结缔组织，内含混合腺。此层随管径逐渐变小而变薄，腺体数量亦随之减少。

③ 外膜：由结缔组织和软骨构成，软骨环逐渐变为软骨小片，数量亦逐渐减少。

（2）细支气管 细支气管起始段的结构基本与小支气管相似，只是管径变的更小，管壁更薄。上皮仍为假复层柱状纤毛上皮，杯状细胞数量较少，软骨片消失，而平滑肌相对增多，形成完整的一层。

（3）终末细支气管　终末细支气管的黏膜常有皱襞，黏膜上皮为单层柱状纤毛上皮或单层柱状上皮，腺体与杯状细胞均消失。由于细支气管、终末细支气管管壁上的平滑肌相对增多，因此它们具有调节进入肺泡内气流量的作用。

2. 肺的呼吸部　肺的呼吸部包括呼吸性细支气管、肺泡管、肺泡囊和肺泡等四部分。

（1）呼吸性细支气管　为终末细支气管的分支。呼吸性细支气管的起始部为单层柱状纤毛上皮，以后逐渐移行为单层立方上皮，纤毛消失，在接近肺泡开口处移行为单层扁平上皮。上皮下为薄层固有膜，由胶原纤维、分散的平滑肌纤维和弹性纤维等构成。

（2）肺泡管　为呼吸性细支气管的分支。由于其管壁有许多肺泡囊和肺泡围成，故其自身的管壁结构很少，只存在于相邻肺泡囊和肺泡开口之间的部分。此处上皮为单层扁平或立方上皮，上皮下有薄层结缔组织和少量平滑肌，肌纤维环形围绕于肺泡开口处，故在切片中肺泡管断面在相邻肺泡间的肺泡隔末端呈结节状膨大，似小鼓槌，称杵状指，是肺泡管的特征性结构。

（3）肺泡囊　为数个肺泡的共同开口处，即由数个肺泡围成的公共腔体，囊壁即肺泡壁。因相邻肺泡间的肺泡隔中不含平滑肌。

（4）肺泡　为半球形囊泡，是肺真正进行气体交换的场所。肺泡一面开口于肺泡囊、肺泡管或呼吸性细支气管，其他各面则与相邻肺泡紧密相接。肺泡壁很薄，表面衬覆上皮，上皮下为肺泡隔的结缔组织和血管等。

肺泡上皮根据上皮细胞的形态和功能，可分为Ⅰ型肺泡细胞和Ⅱ型肺泡细胞两种类型（图5－64、图5－65）。

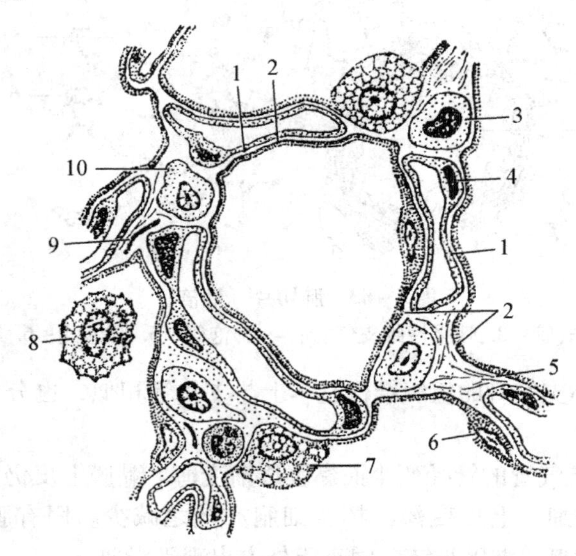

图5－64　肺泡壁的细胞类型及细胞与基膜的关系

1. 毛细血管的基膜；2. 肺泡上皮的基膜；3. 单核细胞；4. 毛细血管内皮；5. 网状纤维；6. 肺泡扁平细胞；7. 分泌细胞；8. 尘细胞；9. 弹性纤维；10. 结缔组织细胞

Ⅰ型肺泡细胞又称扁平肺泡细胞，数量少，细胞扁平，肺泡内表面大部分由此种细胞覆盖。胞核扁圆位于中央，含核部略厚，其余部分极薄。Ⅰ型肺泡细胞的结构有利于气体交换。受损的Ⅰ型肺泡细胞可由Ⅱ型肺泡细胞增生分化修复，但修复后的上皮细胞厚度明

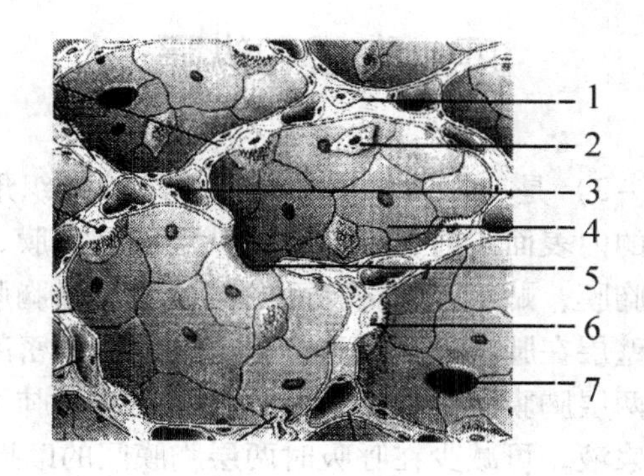

图 5－65　肺泡模式图

1. 肺泡隔；2. 尘细胞；3. 肺泡隔内毛细血管；4. Ⅰ型肺泡细胞；5、7. 肺泡孔；6. Ⅱ型肺泡细胞

显增加，从而阻碍了气体的正常交换。

Ⅱ型肺泡细胞又称分泌细胞，位于基膜上，常单个或三两成群地嵌于Ⅰ型肺泡细胞之间。胞体一般呈圆形或立方形，突向肺泡腔；胞核大，呈圆形；胞质呈泡沫状。

Ⅱ型肺泡细胞主要分泌表面活性物质，表面活性物质在肺泡表面呈均匀地单分子层排列，具有降低肺泡表面张力及稳定肺胞形态的作用，呼气时，肺泡缩小，表面活性物质密度增加，使表面张力减小，肺泡回缩力减低，可防止肺泡过度收缩而塌陷；吸气时，肺泡扩张，表面活性物质密度减小，表面张力增大，肺泡回缩力增强，可防止肺泡过度膨胀。表面活性物质不断由肺泡巨噬细胞吞噬或Ⅰ型肺泡细胞摄取，而新释出的分泌物不断加以补充，使表面活性物质的代谢处于动态平衡。如果由于内因或外因引起表面活性物质合成与分泌受到抑制或破坏，可引起肺泡塌陷，造成肺功能衰竭。

（5）肺泡隔　相邻两个肺泡之间的薄层结缔组织为肺泡隔。肺泡隔中含有丰富的毛细血管网及大量的弹性纤维、网状纤维、胶原纤维和肺巨噬细胞等。弹性纤维可使肺泡回缩，如弹性纤维的弹性减小可引起肺泡扩大。

（6）肺巨噬细胞　体积较大，外形不规则，具有明显的吞噬功能，位于肺泡隔中，还可穿过肺泡上皮进入肺泡腔。当巨噬细胞吞噬吸入的尘土颗粒后，则称尘细胞（Dust cell）。当心力衰竭肺淤血时，大量红细胞被巨噬细胞吞噬，红细胞中的血红蛋白转变为含铁血黄素颗粒贮于巨噬细胞中，则称其为心力衰竭细胞。

（7）肺泡孔　相邻肺泡之间有小孔穿通，称肺泡孔。此孔为沟通相邻肺泡内气体的孔道，当支气管受到阻塞时，可通过肺泡孔建立侧支通气，进行有限的气体交换。

（8）气－血屏障　肺泡腔内的气体与毛细血管内血液中的气体进行交换时，必须经过肺泡表面的液体层、Ⅰ型肺泡细胞及其基膜、薄层结缔组织、毛细血管基膜及其内皮细胞，这几层结构即构成生理学上所说的气－血屏障或呼吸膜。结构中任何一层发生病变，均会影响气体交换，如间质性肺炎、肺气肿等可导致气－血屏障增厚，而降低气体交换速率。

四、胸膜和纵隔

（一）胸膜

胸膜（*Pleura*）（图5－3）是一层由间皮和间皮下结缔组织形成的浆膜，分别覆盖在肺的外表面和衬贴于胸壁的内表面。前者称为胸膜脏层或肺胸膜，后者称为胸膜壁层。胸膜壁层贴于胸腔侧壁叫肋胸膜，贴于膈的胸腔面的部分叫做膈胸膜，参与形成纵隔的叫做纵隔胸膜。胸膜的脏层和壁层在肺根处互相移行，围成左、右密闭的互不相通的两个胸膜腔。两腔之间为负压，使两层胸膜紧密相贴，在呼吸运动时，肺可随着胸壁和膈的运动而扩张或回缩。腔内有少量浆液，可减少在呼吸时两层胸膜间的摩擦。

（二）纵隔

纵隔（*Mediastinum*）位于左、右胸膜腔之间，由两侧的纵隔胸膜以及夹在其间心、心包、食管、气管、大血管等构成。包在心包外面的纵隔胸膜又称心包胸膜。心脏所在部分的纵隔，称为心纵隔；在心脏之前和之后的部分，分别称为心前纵隔和心后纵隔。

第四节　泌 尿 系 统

泌尿系统包括肾、输尿管、膀胱和尿道，其主要功能是排出动物机体在新陈代谢过程中产生的代谢产物和多余水分，维持机体内环境的平衡与稳定。因此，泌尿系统是机体重要的排泄系统。肾是生成尿液的器官；输尿管为输送尿液至膀胱的管道；膀胱为暂时储存尿液的器官；尿道是尿液排出体外的管道。输尿管、膀胱和尿道是输送和贮存及排出尿液的通道，常合称为尿路（图5－66）。

一、肾

动物机体在新陈代谢过程中不断产生各种代谢产物和多余水分，必须及时排出体外，才能维持正常的生命活动。这些代谢产物一小部分是通过肺（呼吸）、皮肤（汗液）和肠道（粪便）排出体外，大部分（如尿素、尿酸、肌酸酐、无机盐及水分）则经血液循环输送至肾，在肾内形成尿液，经排尿管道排出体外。肾除了排泄功能外，在维持机体水盐代谢、渗透压和酸碱平衡方面也起着重要作用。此外，还具内分泌功能，可分泌多种生物活性物质如肾素、前列腺素等，对机体的某些生理功能起调节作用。

（一）肾的一般构造

肾（*Ren*）是成对的实质性器官，左、右各一，位于最后几个胸椎和前三个腰椎横突的腹侧，在腹主动脉和后腔静脉两侧的腹膜外，属于腹膜外器官。略呈蚕豆形，新鲜时为红褐色。营养状况良好的动物肾周围有脂肪包裹，称为肾脂肪囊。肾的内侧缘中部有一凹陷，称为肾门，是肾动脉、肾静脉、输尿管、神经和淋巴管出入的地方。肾门深入肾内形成肾窦，是由肾实质围成的腔隙，以容纳肾盏、肾盂以及血管、神经、淋巴管、脂肪等。

肾由被膜和实质构成。肾的表面包有由致密结缔组织构成的纤维膜，称为被膜。在正常情况下，被膜易从肾表面剥离，但当肾发生某些病变时，与肾实质粘连，则不易剥离。肾的实质由若干肾叶组成，在肾的切面上，每个肾叶可分为浅部的皮质和深部的髓质。皮质富有血管，新鲜时呈红褐色，内有细小红点状颗粒，为肾小体。髓质位于皮质的深部，

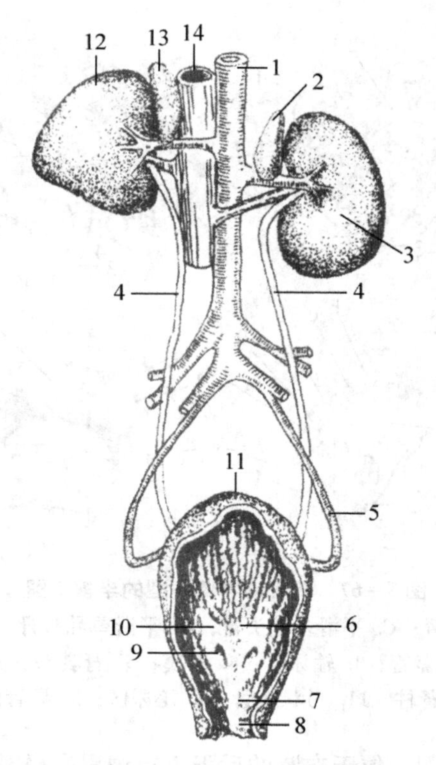

图 5－66　马的泌尿系统（腹侧面观）

1. 腹主动脉；2. 左肾上腺；3. 左肾；4. 输尿管；5. 膀胱圆韧带；6. 膀胱体；7. 膀胱颈；8. 尿道内口；9. 输尿管开口；10. 输尿管柱；11. 膀胱顶；12. 右肾；13. 右肾上腺；14. 后腔静脉

血管较少，由许多平行排列的肾小管组成呈淡红色条纹状。每个肾叶的髓质部均呈圆锥形，称肾锥体，肾锥体的底部较宽大，与皮质相连，肾锥体的末端钝圆，伸向肾窦，形似乳头，称肾乳头，与肾盏或肾盂相对。肾乳头上有若干个乳头孔，为乳头管的开口。相邻肾锥体之间的皮质结构称肾柱。从肾锥体底部延伸到皮质内的辐射状条纹称髓放线。两条髓放线之间的皮质称皮质迷路。每个髓放线及其周围的皮质迷路构成肾小叶，小叶之间有小叶间动脉和静脉穿行。由于小叶间结缔组织不明显，故小叶界限难以分辨。

各种动物由于肾叶联合的程度不同，肾的类型可分为：有沟多乳头肾，这种肾仅肾叶中间部合并，肾表面有沟，内部有分离的乳头，如牛肾；平滑多乳头肾，肾表面光滑，肾叶的皮质部完全合并，但内部仍有单独存在的肾乳头，如猪肾；平滑单乳头肾，肾表面光滑，肾叶的皮质部和髓质部完全合并，肾乳头形成一个长嵴状的肾总乳头，如马肾、羊肾、犬肾、猫肾（图 5－67）。

（二）各种家畜肾的位置和形态特点

1. 牛肾　属于有沟多乳头肾。肾表面被浅深不等的叶间沟分成 16～22 个大小不一的肾叶。左、右肾的形态不同，位置不对称，成年牛两肾的总重量约 1 200～1 400g，左肾略大于右肾。右肾呈长椭圆形，上下稍扁，位于第十二肋间至第二或第三腰椎横突的腹侧。左肾呈三棱形，因系膜较长，位置不固定，常因瘤胃的充满程度而有改变，当瘤胃充满

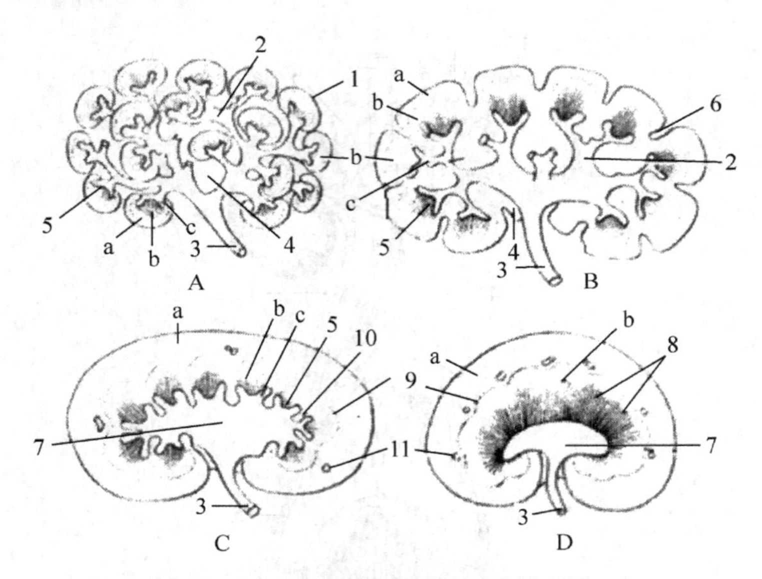

图 5-67　哺乳动物肾类型的半模式图

A. 复肾；B. 有沟多乳头肾；C. 平滑多乳头肾；D. 平滑单乳头肾

1. 小肾（肾小叶）；2. 肾盏管；3. 输尿管；4. 肾窦；5. 肾乳头；6. 肾沟；7. 肾盂；8. 肾总乳头；9. 交界线；10. 肾柱；11. 弓状血管；a. 泌尿区；b. 导管区；c. 肾盏

时，左肾横过体正中线到右侧，位于右肾的后下方；瘤胃空虚时，左肾的一部分回到左侧。

牛肾的肾叶明显，大部分融合在一起，表面为皮质，内部为髓质。髓质形成较明显的肾锥体。肾乳头大部分单独存在，个别乳头较大，为两个乳头合并而成。输尿管的起始端，在肾窦内分为前、后两条集收管（相当于肾大盏）。每条集收管又分出许多分支，分支的末端膨大形成肾小盏，每个肾小盏包围着一个肾乳头，无明显的肾盂（图 5-68、图 5-69）。

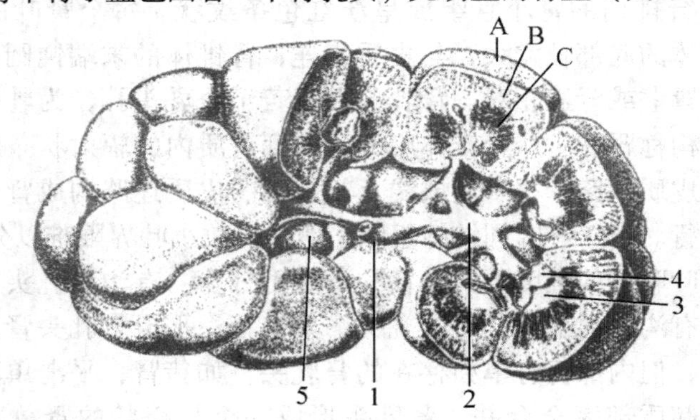

图 5-68　牛肾（部分剖开）

A. 纤维膜；B. 皮质；C. 髓质

1. 输尿管；2. 集收管；3. 肾乳头；4. 肾小盏；5. 肾窦

2. 羊肾　属于平滑单乳头肾。两侧肾均呈豆形，羊的右肾位于最后肋骨至第二腰椎横突腹侧。左肾在瘤胃背囊的后方，以短的系膜悬于第四至第五腰椎横突腹侧，瘤胃充满时可被推至体正中线到右侧。肾门位于肾内侧缘。肾乳头集合为总乳头，又称肾嵴。羊肾除在中央纵轴为

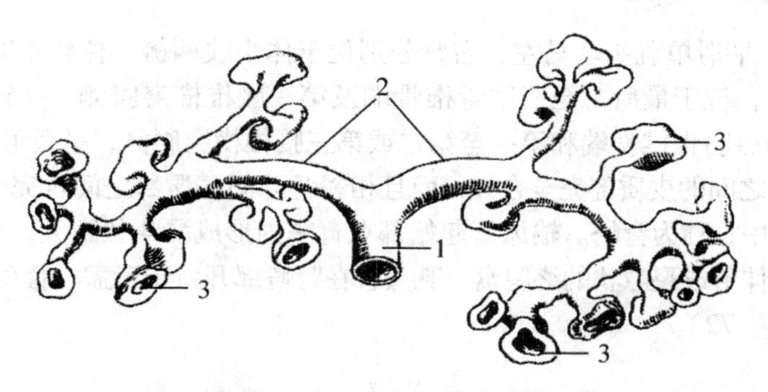

图 5-69　牛的输尿管起始部集收管和肾小盏的铸型

1. 输尿管；2. 集收管；3. 肾小盏

肾总乳头突入肾盂外，在总乳头两侧尚有多个肾嵴，肾盂除有中央的腔外，并形成相应的隐窝（图5-70）。

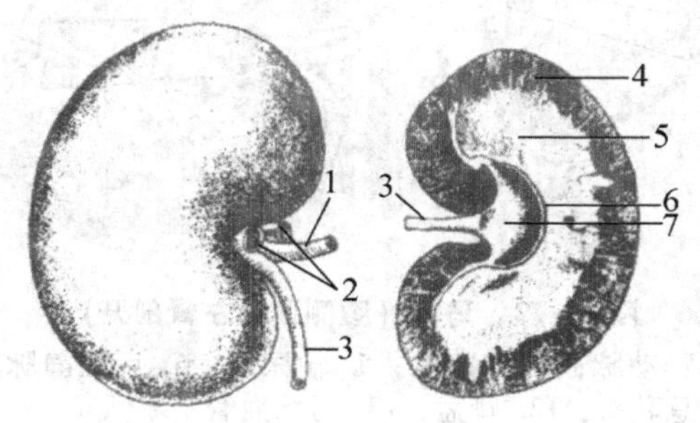

图 5-70　羊肾

1. 肾动脉；2. 肾静脉；3. 输尿管；4. 皮质；5. 髓质；6. 肾总乳头；7. 肾盂

3. 猪肾　属于平滑多乳头。左、右肾均呈豆形，较长而扁。两侧肾位置对称，均在最后胸椎及前三腰椎腹面两侧。肾的皮质完全合并，但髓质是分开的。每个肾乳头与一肾小盏相对，肾小盏汇入两个肾大盏，肾大盏汇注于肾盂，肾盂连接输尿管（图5-71）。

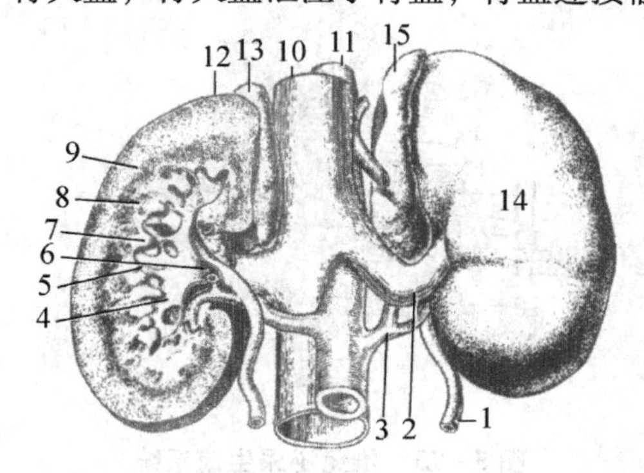

图 5-71　猪肾（腹侧面，右肾剖开）

1. 左输尿管；2. 肾静脉；3. 肾动脉；4. 肾大盏；5. 肾小盏；6. 肾盂；7. 肾乳头；8. 髓质；9. 皮质；10. 后腔静脉；11. 腹主动脉；12. 右肾；13. 右肾上腺；14. 左肾；15. 左肾上腺

4. 马肾 属于平滑单乳头。马左、右肾分别位于体中线两侧，位置不对称，形态也不相同。右肾位置靠前，位于最后二至三肋骨椎骨端及第一腰椎横突腹侧，呈钝角三角形。左肾位置偏后，位于最后肋骨椎骨端和第一至第二或第三腰椎横突腹侧，呈豆形，较长而窄。

马肾不仅肾叶之间的皮质部完全合并，而且相邻肾叶间髓质部之间也完全合并，肾乳头融合成嵴状突入肾盂中，称为肾嵴。输尿管起始部在肾窦内形成漏斗状膨大，称为肾盂。肾盂自肾窦向肾的两端延伸形成裂隙状的终隐窝。乳头管在肾嵴部开口于肾盂，肾两端的乳头管则开口于终隐窝（图5－72）。

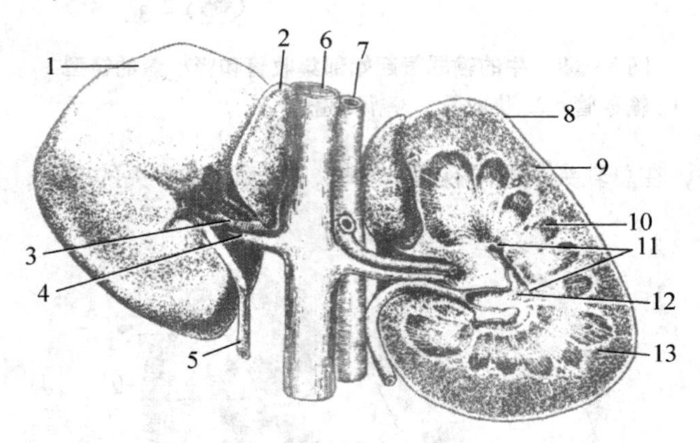

图5－72 马肾（腹侧面，左肾剖开）

1. 右肾；2. 右肾上腺；3. 肾动脉；4. 肾静脉；5. 输尿管；6. 后腔静脉；7. 腹主动脉；8. 左肾；9. 皮质；10. 髓质；11. 肾总乳头；12. 肾盂；13. 弓状血管

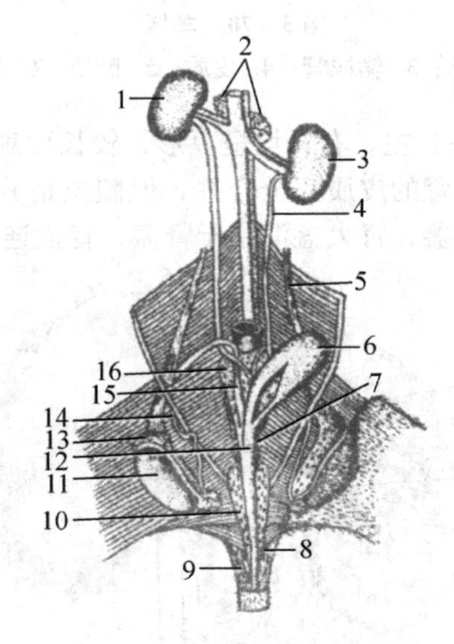

图5－73 雄兔泌尿生殖系统

1. 右肾；2. 肾上腺；3. 左肾；4. 输尿管；5. 精索；6. 膀胱；7. 尿道球腺；8. 阴茎；9. 包皮腺；10. 海绵体；11. 睾丸；12. 尿道；13. 附睾；14. 输精管；15. 输精管膨大部；16. 前列腺

5. 犬肾 属于平滑单乳头。两肾均呈豆形，红褐色，约占体重的0.5%～0.6%。右肾位置比较固定，位于第一至三腰椎横突的腹侧；左肾位置变化较大，常受到胃充盈程度的影响，当胃内空虚时，位于第二至四腰椎的腹侧，若胃内食物充满时，则约向后移一个椎体的距离。

6. 兔肾 属于平滑单乳头。两肾均呈卵圆形。每个肾平均重8g，长约3～4cm，宽约2～2.5cm，表面光滑，色暗红而质脆。右肾位置靠前，位于最后肋骨和前两个腰椎横突的腹侧面。左肾靠后，而且更靠外些，位于第二、第三、第四腰椎横突的腹侧面（图5－73）。

（三）肾的组织结构

各种家畜肾的形态虽不同，但结构上均由被膜和实质构成。被膜是包在肾外面的结缔组织膜，分内、外两层。外层致密，含胶原纤维和弹性纤维；内层疏松，含网状纤维和平滑肌纤维。实质可分为外周的皮质和深部的髓质。

肾实质主要由许多泌尿小管和少量的间质组成。泌尿小管包括肾单位和集合小管两部分（表5－1、图5－74）。

表5－1 泌尿小管的组成

- 泌尿小管
  - 肾单位
    - 肾小体
      - 血管球
      - 肾小囊
    - 肾小管
      - 近端小管
        - 曲部（近曲小管）
        - 直部（髓袢）
      - 细段（髓袢）
      - 远端小管
        - 直部（髓袢）
        - 曲部（远曲小管）
  - 集合小管系
    - 弓形集合小管
    - 直集合小管
    - 乳头管

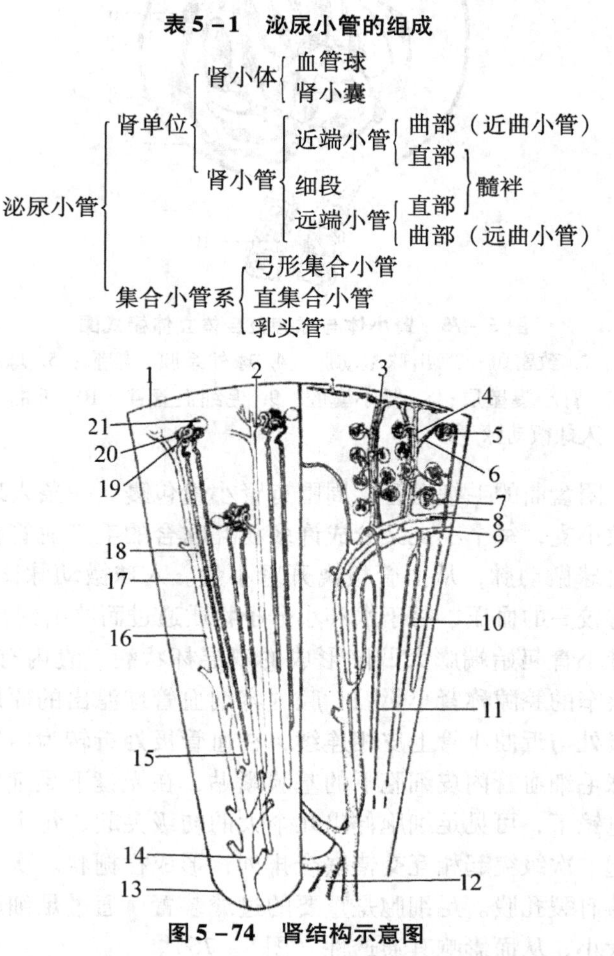

图5－74 肾结构示意图

1. 被膜；2. 集合小管；3. 被膜下血管丛；4. 小叶间动脉；5. 血管球；6. 入球微动脉；7. 出球微；动脉；8. 弓形动脉；9. 弓形静脉；10. 直小静脉；11. 直小动脉；12. 叶间静脉；13. 肾乳头；14. 乳头管；15. 细段；16. 集合小管；17. 远端小管直部；18. 近端小管直部；19. 远曲小管；20. 近曲小管；21. 肾小囊

1. 肾单位（*Nephron*） 是肾尿液形成的结构和功能单位，包括肾小体和肾小管。根据肾小体在皮质中分布的部位，可将肾单位分为皮质肾单位和髓旁肾单位。

（1）肾小体（*Renal corpuscle*） 是肾单位的起始部，位于皮质迷路内，呈圆形或卵圆形，由血管球和肾小囊两部分组成。肾小体的一侧有血管极，是血管球的血管出入处；血管极的对侧为尿极，是肾小囊延接近端小管处（图5－75）。

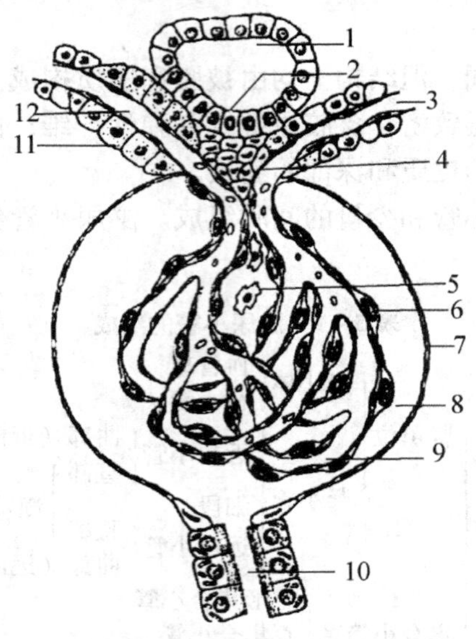

图5－75 肾小体与球旁复合体立体模式图

1. 远曲小管；2. 致密斑；3. 出球微动脉；4. 球外系膜、细胞；5. 球内系膜细胞；6. 足细胞；7. 肾小囊壁层；8. 肾小囊腔；9. 毛细血管袢；10. 近曲小管；11. 球旁细胞；12. 入球微动脉

①血管球：是一团盘曲的毛细血管，周围有肾小囊包裹。一条入球微动脉由血管极进入肾小囊后，分成数小支，每个小支又分成许多相互吻合的毛细血管袢，这些毛细血管袢又逐步汇合成一条出球微动脉，从血管极离开肾小囊。入球微动脉比出球微动脉短而粗，从而使血管球内保持较高的血压，易于水和小分子物质通过而滤出到肾小囊内，形成原尿。

②肾小囊：是肾小管起始端膨大凹陷形成的双层杯状囊，囊内有血管球。囊壁分内、外两层，两层之间狭窄的腔隙称肾小囊腔，腔内容纳血管球滤出的原尿。外层为单层扁平上皮，于肾小体尿极处与近曲小管上皮相连续，在血管极处折转为内层。内层由足细胞构成。足细胞与血管球毛细血管内皮细胞下的基膜紧贴，在光镜下足细胞胞核较大，凸向囊腔，着色较浅。在电镜下，可见足细胞伸出几个大的初级突起，每个初级突起又垂直分出许多指状的次级突起。次级突起相互交错嵌合排列，形成栏栅状。次级突起之间的间隙称为裂孔，裂孔上覆盖有裂孔膜。足细胞是重要的过滤装置，通过足细胞次级突起的胀大或收缩，调节裂孔的大小，从而影响其通透性（图5－76）。

毛细血管内的物质滤入肾小囊的囊腔时，必须通过毛细血管的有孔内皮细胞、血管球基膜和裂孔膜三层结构，这三层结构统称为滤过膜或滤过屏障。

（2）肾小管（*Renal tubule*） 包括近端小管、细段和远端小管，主要具有重吸收和排泄作用（图5－77）。

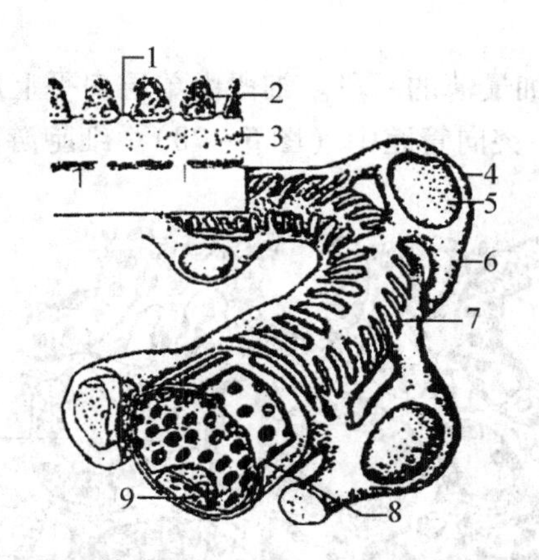

图 5－76　肾血管球毛细血管、基膜和足细胞电镜模式图

（左上：滤过屏障示意图）

1. 裂孔膜；2. 足细胞突起；3. 基膜；4. 足细胞；5. 足细胞核；6. 初级突起；7. 次级突起；8. 基膜；9. 内皮细胞核

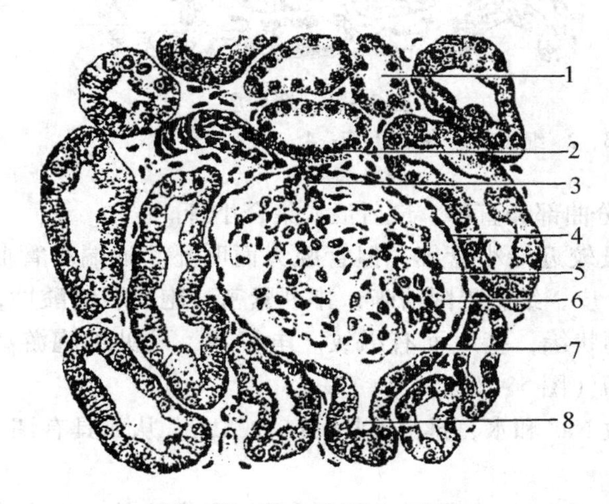

图 5－77　肾皮质切面（高倍）

1. 远曲小管；2. 致密斑；3. 血管极；4. 肾小囊壁层；5. 足细胞；6. 毛细血管；7. 肾小囊腔；8. 近曲小管

① 近端小管：肾小管中最长的一段，在肾小体尿极处与肾小囊相接，包括曲部和直部。

近端小管曲部又称近曲小管，盘曲于皮质内肾小体的周围。光镜下，管径较粗，管腔不规则，管壁由锥体形细胞或单层立方细胞构成，细胞界限不清。细胞游离面有刷状缘，基底部有纵纹。胞质呈强嗜酸性。胞核大而圆，着色淡，位于细胞基部。电镜下，刷状缘是由大量密集而整齐排列的微绒毛构成，以扩大其细胞的表面积，有利于肾小管的重吸收功能。

近端小管直部又称近直小管，走行于髓放线和肾锥体内。结构与近曲小管基本相似。

近端小管是原尿重吸收的重要场所，原尿中 85% 以上的水、无机盐离子以及全部葡萄糖、氨基酸等均在此进行重吸收。此外，近端小管上皮还向管腔内分泌 NH_3、H^+、马尿酸和肌酐等。

② 细段：是肾小管中最细最薄的一段。细段由单层扁平上皮构成，胞质很少，弱嗜酸性，着色浅，胞核呈椭圆形，突向管腔中（图5－78）。细胞游离面无刷状缘。细段上皮很薄，有利于水和离子的通透。

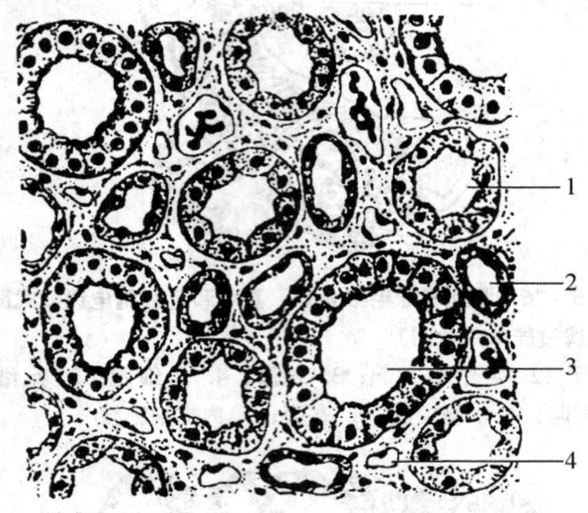

图5－78　肾髓质

1. 远端小管直部；2. 细段；3. 集合小管；4. 毛细血管

③ 远端小管：亦分曲部和直部。最后汇入集合小管。

远端小管的管径虽较近端小管细，但管腔大而明显。远端小管曲部和直部的结构相似。管壁为单层立方上皮，细胞界限清晰，排列紧密。胞质弱嗜酸性，胞核呈圆形，位于中央。细胞游离面无刷状缘，基底面有纵纹。电镜下，可见细胞游离面有短而小的微绒毛，基底面有质膜内褶（图5－78）。

远端小管能重吸收 Na^+ 和水，排出 K^+、H^+ 和 NH_3，从而具有调节体液酸碱平衡和浓缩尿液的作用。

2. 集合小管系（*Collecting tubule*）　包括弓形集合小管、直集合小管和乳头管三部分。三者之间无明显分界。集合小管系的管径由细变粗，上皮由单层立方逐渐增高为单层柱状乃至高柱状（图5－78），至乳头管开口处移行为变移上皮。集合小管上皮分界清楚，胞质清亮，胞核为圆形，居于中央。集合小管能重吸收水、Na^+ 和排出 K^+，起到进一步浓缩原尿的作用。从集合小管中流入肾盏或肾盂最后形成的尿液称终尿。

3. 球旁复合体（*Juxtaglomerular complex*）　又称肾小球旁器，是肾内具有内分泌功能的结构，由球旁细胞、致密斑和球外系膜细胞组成，位于肾小体血管极一侧三角区周围（图5－75）。

（1）球旁细胞（*Juxtaglomerular cell*）　入球微动脉近肾小体血管极处，其管壁中膜平滑肌细胞转变为上皮样细胞，称球旁细胞。细胞呈立方形或多边形，胞核大而圆，着色淡。胞质弱嗜碱性，可见丰富的 PAS 阳性分泌颗粒。分泌颗粒内含有肾素。

（2）致密斑（*Macula densa*）　远曲小管在靠近血管极一侧，上皮由原来单层立方变为单层柱状，且排列紧密，形成直径约 40～70μm 的椭圆形斑，故称致密斑。胞质色淡，胞核椭圆形且深染，多位于细胞顶部。一般认为致密斑是一种化学感受器，可感受远曲小管滤液中 Na^+ 浓度的变化，对球旁细胞的肾素分泌起调节作用。

（3）球外系膜细胞（*Extraglomerular mesangial cell*） 位于肾小体血管极的三角区内，又称极垫细胞。细胞较小，多突而淡染，胞质内有时可见分泌颗粒。该细胞在球旁复合体的功能活动中可能起传递信息的作用。

二、输尿管、膀胱和尿道

（一）输尿管

输尿管（*Ureter*）是把肾脏生成的尿液输送到膀胱的一对细长肌性管道，左、右各一，起自集收管（牛）或肾盂（马、猪等），出肾门后，沿腹腔顶壁向后伸延进入骨盆腔，在尿生殖褶中（公畜）或沿子宫阔韧带背侧缘（母畜）继续向后伸延，最后斜穿过膀胱背侧壁，并在膀胱壁内斜走 3～5cm 后，在靠近膀胱颈的部位开口于膀胱背侧壁。这种斜穿膀胱壁的结构，可防止尿液自膀胱向输尿管逆流，但并不防碍输尿管蠕动时将尿液继续送入膀胱（图 5－79）。

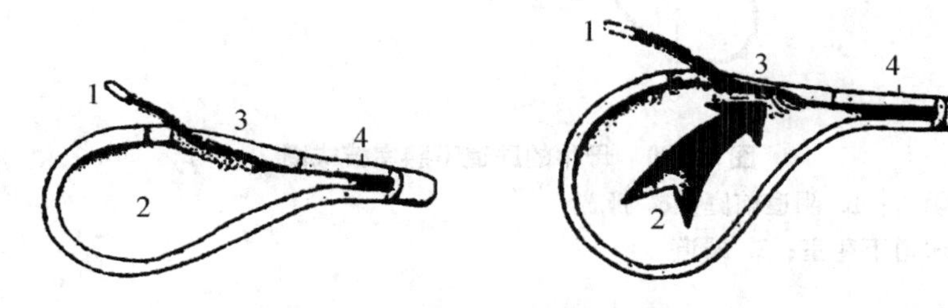

图 5－79 输尿管与膀胱的结合部

左图：输尿管开启状态 右图：输尿管闭合状态

1. 输尿管；2. 膀胱内腔；3. 膀胱壁；4. 膀胱颈

输尿管管壁由黏膜、肌层和外膜构成。黏膜形成很多纵行皱褶。黏膜上皮为变移上皮。肌层较发达，由平滑肌构成，可分为内纵行、中环行和薄而分散的外纵行肌层。肌层收缩可产生蠕动，使尿液流向膀胱。外膜在靠近肾的一段由疏松结缔组织构成，其余大部分为浆膜。

（二）膀胱

膀胱（*Vesica urinaris*）是贮存尿液的器官，略呈梨形。由于贮存尿液量的不同，膀胱的形状、大小和位置亦有变化。膀胱空虚时，缩小而壁增厚，约拳头大小（牛、马），位于骨盆腔内；充满尿液时，膀胱扩大而壁变薄，其前端可突入腹腔内。

膀胱前端钝圆为膀胱顶，突向腹腔；后端逐渐变细称膀胱颈，与尿道相连，以尿道内口相通；膀胱顶和膀胱颈之间为膀胱体。

膀胱壁由黏膜、肌层和浆膜构成。壁的厚度随尿液充盈度变化较大，当膀胱空虚时，黏膜形成许多不规则的皱褶，黏膜上皮为变移上皮。肌层为平滑肌，一般可分为内纵肌、中环肌和外纵肌，以中环肌最厚。在膀胱颈部环肌层形成膀胱括约肌。膀胱外膜随部位不同而异，膀胱顶部和体部为浆膜，颈部为结缔组织外膜。

（三）尿道

尿道（*Urethra*）是尿液从膀胱向外排出的肌性管道，以尿道内口起于膀胱颈；以尿道外口通体外，在公畜开口于阴茎头，在母畜开口于阴道与阴道前庭交界处。

公畜的尿道很长，除有排尿功能外，还兼有排精的作用，又称尿生殖道，它起于膀胱颈的尿道内口，开口于阴茎头的尿道外口，可分为位于骨盆腔内的部分称为尿生殖道骨盆部；经坐骨弓转到阴茎腹侧的部分称为尿生殖道阴茎部。

母畜的尿道很短，起自膀胱颈的尿道内口，在阴道腹侧沿骨盆腔底壁向后延伸，以尿道外口开口于阴道前庭的腹侧、阴瓣的后方。母牛的尿道外口呈横的缝状，其腹侧有一宽、深各1~2cm的盲囊，朝向前下方，称尿道下憩室（图5-80），临床导尿时应避免导尿管插入憩室内。

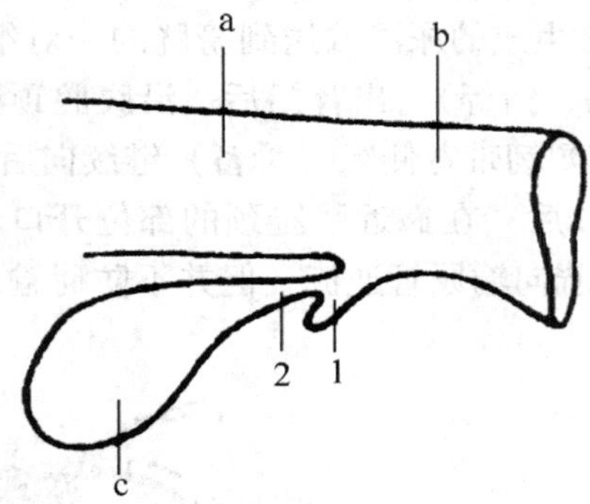

图5-80　母牛的尿道下憩室模式图

a. 阴道；b. 阴道前庭；c. 膀胱

1. 尿道下憩室；2. 尿道

第五节　生殖系统

繁殖后代是动物主要生命现象之一。高等脊椎哺乳动物是进行有性繁殖的，其繁殖后代是依靠两性生殖细胞（精子和卵子）结合而实现的。生殖器官系统是产生生殖细胞、分泌性激素、繁殖后代、保证种族延续的一个系统。家畜繁殖后代是依靠两性生殖细胞（精子和卵子）的结合而实现的。所以，生殖系统有雄性和雌性之分。

一、雄性生殖器官

雄性生殖器官系统是由睾丸、附睾、输精管、精索、阴囊、尿生殖道、副性腺、阴茎、包皮等组成（图5-81、图5-82）。

（一）睾丸和附睾

1. 睾丸和附睾的形态和位置　睾丸（*Testis*）和附睾（*Epididymis*）均位于阴囊中，左、右各一。睾丸呈左、右稍扁的椭圆形，表面光滑。外侧面隆凸，内侧面平坦，分别与阴囊外侧壁和阴囊中隔接触。附睾附着的缘为附睾缘，另一缘为游离缘。血管和神经进入的一端为睾丸头，另一端为睾丸尾，中间为睾丸体，而附睾附着部也分别为附睾头、附睾体和附睾尾。

在胚胎时期，睾丸位于腹腔内、肾脏附近。出生前后，睾丸和附睾一起经腹股沟管下降至阴囊中，这一过程称为睾丸下降。如果动物有机体有一侧或两侧睾丸没有下降到阴

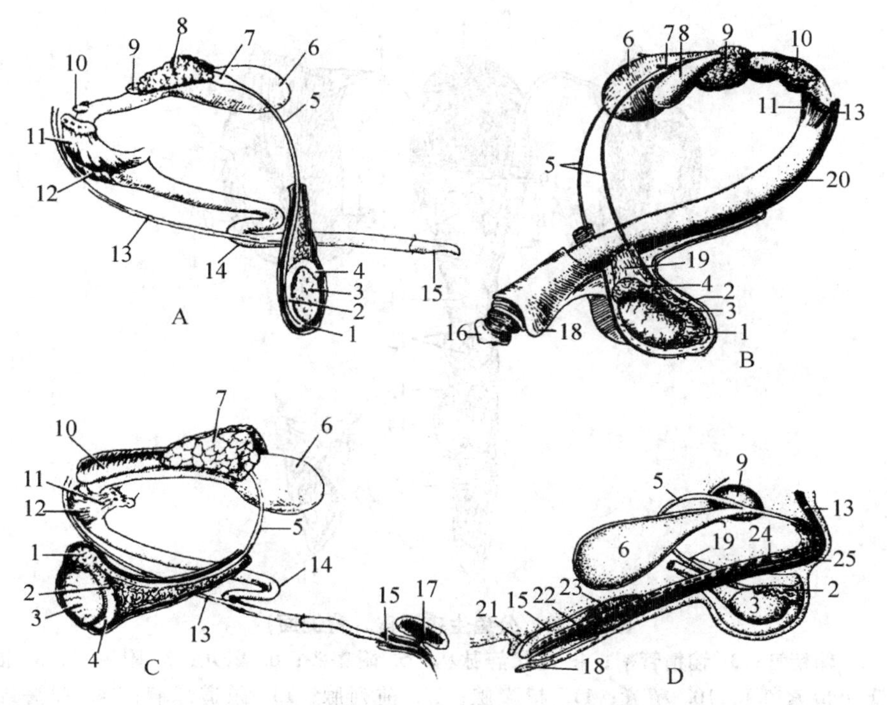

图 5－81 公畜生殖器官比较模式图

A. 牛；B. 马；C. 猪；D. 犬

1. 附睾尾；2. 附睾体；3. 睾丸；4. 附睾头；5. 输精管；6. 膀胱；7. 输精管壶腹；8. 精囊腺；9. 前列腺；10. 尿道球腺；11. 坐骨海绵体肌；12. 球海绵体肌；13. 阴茎缩肌；14. 乙状弯曲；15. 阴茎头；16. 龟头；17. 包皮盲囊；18. 包皮；19. 精索；20. 阴茎；21. 包皮腔；22. 阴茎骨；23. 阴茎头球；24. 阴茎海绵体；25. 尿道海绵体

囊，则成为隐睾，这种公畜就不能留作种用。

牛的睾丸呈垂直方向，睾丸头朝向上方，睾丸尾朝向下方，睾丸附睾缘朝向后方（图 5－83）。

猪的睾丸很发达，呈椭圆形，位于会阴部，纵轴斜向后上方。睾丸头位于前下方。马的睾丸在阴囊内近似于水平位，睾丸头朝前，睾丸尾朝后。犬的睾丸体积较小，呈卵圆形，睾丸纵隔很发达。兔的睾丸呈卵圆形。胚胎时期，睾丸位于腹腔，出生后 1～2 个月，移行到腹股沟管（此时尚未有明显阴囊），3～4 月龄睾丸下降至阴囊。因腹股沟管短加之鞘膜仍与腹腔保持联系及管口终于不封闭，故生殖期后睾丸仍能回到腹腔。

附睾附着在睾丸的头、体、尾一侧。附睾头膨大，由十多条睾丸输出小管组成，睾丸输出小管汇合成一条很长的附睾管，迂曲并逐渐增粗，构成附睾体和附睾尾，并在附睾尾处延接输精管。

2. 睾丸的组织结构 睾丸是产生精子和分泌雄性激素的实质性器官。其结构包括被膜和实质两部分（图 5－84）。

（1）被膜 睾丸表面均覆盖着一层浆膜，即睾丸固有鞘膜。浆膜深面为厚而坚韧，由致密的结缔组织构成的白膜。白膜结缔组织在睾丸头处伸入到睾丸实质内，形成睾丸纵隔。睾丸纵隔上分出许多呈放射状排列的结缔组织隔，称为睾丸小隔。睾丸小隔伸入到睾丸实质内将其分成许多锥形的睾丸小叶。

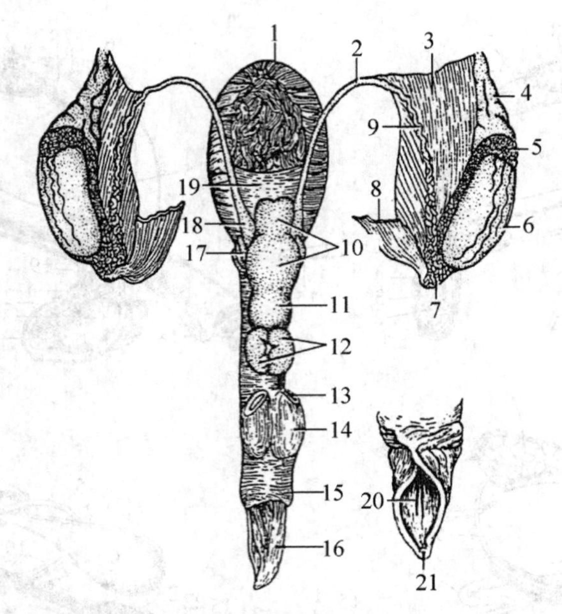

图 5－82　公兔生殖器官（背侧面）

1. 膀胱；2. 输精管；3. 输精管褶；4. 蔓状静脉丛；5. 附睾头；6. 睾丸；7. 附睾尾；8. 提睾肌；9. 输精管（精索部）；10. 精囊；11. 精囊腺；12. 前列腺；13. 尿道球腺；14. 球海绵体肌；15. 包皮；16. 阴茎；17. 前尿道球腺；18. 输精管腺部；19. 生殖褶；20. 尿道；21. 尿道外口

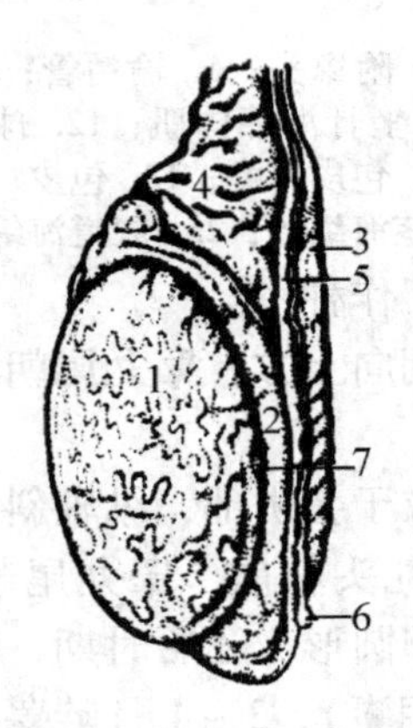

图 5－83　公牛的睾丸（外侧面）

1. 睾丸；2. 附睾；3. 输精管；4. 精索；5. 睾丸系膜；6. 阴囊韧带；7. 附睾窦

（2）实质　睾丸的实质由细精管、睾丸网和间质组织组成。每个睾丸小叶内有 2～3 条细精管，细精管之间为间质组织。细精管在睾丸纵隔内汇成睾丸网。睾丸网在睾丸头处接睾丸输出小管。

①细精管：包括曲细精管和直细精管。

曲细精管为精子发生的场所，是盘曲的袢状管，两端均接直细精管，亦有的以盲端起始于小叶边缘，向纵隔迂曲伸延与直细精管相接。管长 50～80cm，直径为 100～200μm，

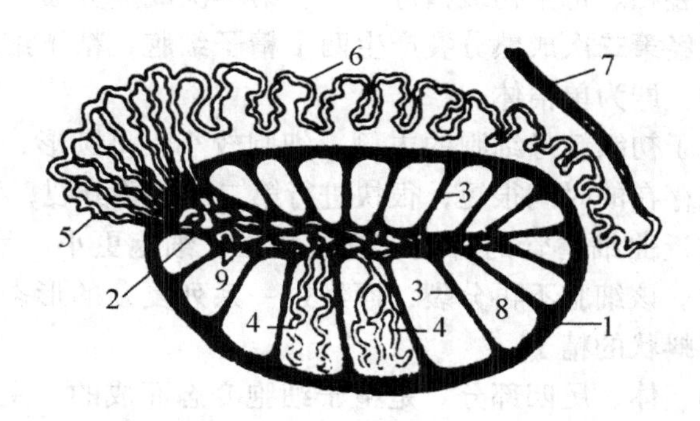

图 5－84 睾丸和附睾结构模式图

1. 白膜；2. 睾丸纵隔；3. 睾丸小隔；4. 精曲小管；5. 睾丸输出小管；6. 附睾管；7. 输精管；8. 睾丸小叶；9. 睾丸网

管径大小不一。管壁由基膜和多层上皮细胞组成。上皮包括两种类型的细胞：一种是产生精子的生精细胞；另一种是支持细胞，具有支持和营养生精细胞的作用（图 5－85）。

图 5－85 睾丸曲细精管切面

1. 毛细血管；2. 间质组织；3. 初级精母细胞；4. 足细胞；5. 精子细胞；6. 次级精母细胞；7. 精子；8. 基膜；9. 间质细胞；10. 精原细胞

生精细胞在性成熟的家畜，曲细精管内的生精细胞可分为精原细胞、初级精母细胞、次级精母细胞、精子细胞和精子几个发育阶段。

精原细胞　是生成精子的干细胞，紧靠基膜分布，胞体较小，呈圆形或椭圆形，胞质清亮，胞核大而圆，染色深。可分为 A、B 两型。A 型细胞核染色质细小，核仁常靠近核膜，包括明 A 和暗 A 两种。暗 A 型细胞核着色深，常有一小空泡，能不断分裂增殖。分裂后，一半仍为暗 A 型细胞，另一半为明 A 型细胞。明 A 型细胞核着色浅，再经分裂数次产生 B 型精原细胞。B 型精原细胞的核膜内侧附有粗大异染色质粒，核仁位于中央。分裂后，体积增大，分化为初级精母细胞。

初级精母细胞　由精原细胞分裂发育而成，位于精原细胞内侧，胞核大而圆，多处于分裂时期，有明显的分裂相。每个初级精母细胞经第一次成熟分裂产生两个较小的次级精母细胞，次级精母细胞经第二次成熟分裂产生两个精子细胞，精子细胞的染色体只有初级精母细胞染色体的半数，即为单倍体。

次级精母细胞　位于初级精母细胞的内侧。细胞较小，呈圆形，胞核大而圆，染色较浅，不见核仁。该细胞存在的时间很短，很快进行第二次成熟分裂，生成两个精子细胞。

精子细胞　位置靠近曲细精管的管腔，排成数层。细胞更小，呈圆形，胞核圆而小，染色深，有清晰的核仁。该细胞不再分裂，而经过一系列复杂的形态变化，由圆形的精子细胞变成高度分化的蝌蚪状的精子。

精子　包括头、颈、体、尾四部分。是精子细胞变态而成的。主要变化是：细胞核极度浓缩形成精子的头部，高尔基复合体特化为顶体，胞质特化形成鞭毛，多余的胞质（残余体）被脱出。刚形成的精子经常成群地附着于支持细胞的游离端，尾部朝向管腔。精子成熟后，即脱离支持细胞进入管腔。

支持细胞是曲细精管管壁上体积最大的一种细胞。胞体呈高柱状或圆锥状，底部附着在基膜上，顶端伸向管腔，细胞高低不等。界限不清。胞核较大，呈卵圆形或三角形，着色浅，有1～2个明显的核仁。常有数个精子的头部嵌附于细胞的顶端。细胞周围也有各发育阶段的生精细胞附着，细胞质内含有丰富的糖原和类脂。支持细胞对生精细胞有营养和支持作用，并能吞噬退化的精子。

直细精管是曲细精管末端变直的一段，末端接睾丸网，直细精管短而细，管壁衬以单层立方上皮或扁平上皮。

②睾丸网：是由直细精管进入睾丸纵隔内互相吻合而成的网状小管，管腔宽窄不一，管壁上皮是单层立方或扁平上皮。牛的睾丸网管壁为复层上皮，猪的为立方上皮，且细胞顶端常有水泡状隆突。

③间质组织：为填充在曲细精管之间的结缔组织。其中有血管、淋巴管、神经纤维和睾丸特有的间质细胞。间质细胞大都成群分布在曲细精管之间，或沿小管周围排列。细胞胞体较大，呈卵圆形或多边形，胞核大而圆，细胞质嗜酸性，含有脂肪小滴和褐色素颗粒等。间质细胞分泌雄激素，主要是睾丸酮，可维持和增进正常的性欲活动，促进副性腺的发育，表现第二性征。

3. 附睾的组织结构　附睾为贮存精子和精子进入进一步发育成熟的场所，表面覆盖着一层由结缔组织构成的白膜，白膜的结缔组织伸入附睾内，将其分成许多小叶。

附睾由睾丸输出小管和附睾管组成（图5－84）。

（1）睾丸输出小管　由睾丸网发出，有十多条，构成睾丸头，睾丸输出小管管壁很薄，由高柱状纤毛细胞群与无纤毛的立方细胞群相间排列组成。立方细胞有分泌功能，分泌物可营养精子。高柱状细胞的纤毛向附睾方向摆动，有利于精子向附睾管方向运动。

（2）附睾管　是一条长而弯曲的细管，大而整齐，上皮较厚，由高柱状纤毛细胞和基底细胞组成。高柱状纤毛细胞的纤毛长，但不能运动，又叫静纤毛。这种细胞有分泌作用，其纤毛有助于细胞内分泌物的排出，分泌物有营养精子的作用。基底细胞紧贴基膜，体积较小，呈圆形或卵圆形，核呈球形。

睾丸输出小管和附睾管都具有分泌功能，对精子除供给营养外，还有促进精子继续成熟的作用。精子在附睾管中获得活泼运动功能，才具有受精能力。

（二）输精管

输精管（*Ductus deferens*）为运送精子的细长的管道，由附睾管直接延续而成，由附睾尾沿附睾体至附睾头附近，进入精索后缘内侧的输精管褶中，经腹股沟管入腹腔，然后折向后上方进入骨盆腔，在膀胱侧的尿生殖褶内继续向后伸延，开口于尿生殖道起始部背侧壁精阜两侧。在尿生殖褶内膨大形成输精管壶腹，壶腹壁内有腺体存在。

输精管的组织结构　输精管的管壁较厚，由从内向外依次由黏膜、肌膜和外膜组成。输精管的黏膜有纵行皱褶，黏膜上皮由假复层柱状纤毛逐渐过渡到单层柱状上皮。输精管壶腹部为输精管的有腺部分，腺上皮为单层立方或柱状上皮。肌层较发达，由平滑肌组成。外膜大部分由浆膜被覆。

（三）精索

精索（*Funiculus spermaticus*）为上窄下宽的扁平的圆锥形索状物，其基部附着于睾丸和附睾上，上端可达腹股沟管腹环，精索内含有睾丸动脉、静脉、神经、淋巴管、睾内提肌和输精管，外面包有固有鞘膜，并借睾丸系膜固定在总鞘膜的后壁。去势时要结扎和截断精索。

（四）阴囊

阴囊（*Scrotum*）是由腹壁下陷所形成的袋状皮肤囊，内藏睾丸、附睾和部分精索，位于两侧股部之间或肛门的腹侧（图5－86）。

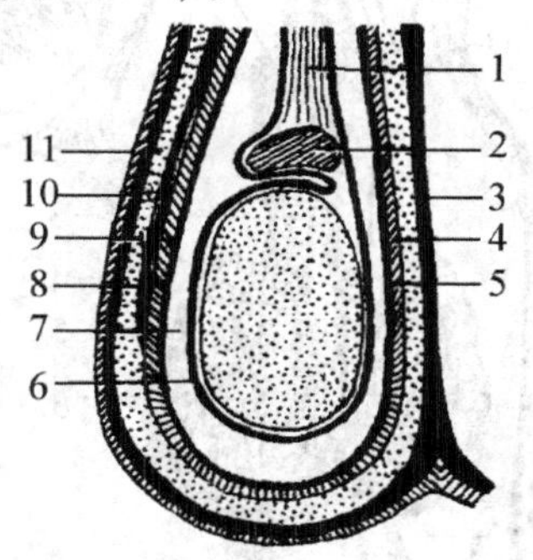

图5－86　阴囊结构模式图

1. 精索；2. 附睾；3. 阴囊中隔；4. 总鞘膜纤维层；5. 总鞘膜；6. 固有鞘膜；7. 鞘膜腔；8. 睾外提肌；9. 筋膜；10. 肉膜；11. 皮肤

阴囊壁的结构与腹壁相似。阴囊具有保护睾丸、附睾、精索和调节体温的作用。由外向内依次为皮肤、肉膜、阴囊筋膜和鞘膜。

1. 皮肤　阴囊皮肤薄而柔软，富有弹性，表面生有短而细的毛，内含丰富的汗腺和皮脂腺。阴囊表面的腹侧正中有皮肤皱褶为阴囊缝，将阴囊从外表分为左、右两部。阴囊缝是公畜去势术下刀的定位标志。

2. 肉膜　紧贴于皮肤的深面，不易剥离。肉膜相当于腹壁的浅筋膜，由含有弹性纤维和平滑肌纤维的致密结缔组织构成。肉膜沿阴囊的正中矢状面形成阴囊中隔，将其分为左、右两个互不相通的腔。肉膜有调节温度的作用，冷时肉膜收缩，使阴囊起皱，面积缩小。天热时肉膜松弛，阴囊下垂。

3. 阴囊筋膜　位于肉膜深面，由腹壁深筋膜和腹外斜肌腱膜延伸而来，将肉膜和总鞘膜疏松地连接起来，其深面有睾外提肌，睾外提肌来自腹内斜肌，包于总鞘膜的外侧和后缘。睾外提肌收缩时可上提睾丸，与肉膜一同有调节阴囊内温度的作用，以利于精子的发育与生存。

4. 鞘膜 分总鞘膜和固有鞘膜，总鞘膜系睾丸和附睾通过腹股沟管下降到阴囊时，由腹壁筋膜和腹膜延续而成，附在肉膜的深面，即腹膜壁层，强而厚。由总鞘膜折转到睾丸和附睾、精索表面的为固有鞘膜，相当于腹膜的脏层。在总鞘膜和固有鞘膜之间的腔隙，称为鞘膜腔，内有少量浆液，鞘膜腔的上段细窄，称为鞘膜管，通过腹股沟管以鞘膜管口或鞘环与腹膜腔相通。如果鞘环大，腹腔内活动的小肠就有可能经鞘环脱入鞘膜管或鞘膜腔内，形成腹股沟疝或阴囊疝，须进行手术治疗。总鞘膜的浆膜层沿阴囊后壁向睾丸、附睾和精索折转形成的浆膜褶，称为睾丸系膜。睾丸系膜下端增厚形成阴囊韧带，公畜去势时切开阴囊后，必须切断阴囊韧带和睾丸系膜才能摘除睾丸和附睾。

（五）尿生殖道

公畜的尿道兼有排精的作用，故称为尿生殖道（*Canalis urogenitlis*），前端接膀胱颈，沿骨盆腔底壁向后延伸，绕过坐骨弓，向前延伸至阴茎头末端，以尿道外口开口于外界（图 5－87）。

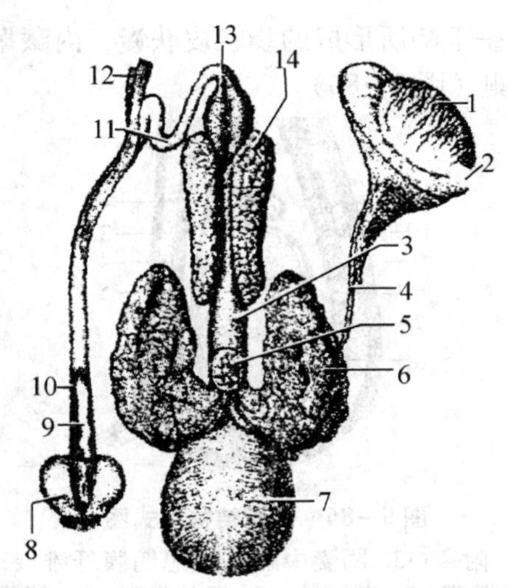

图 5－87 公猪生殖系统（背侧面）

1. 睾丸；2. 附睾；3. 尿道肌；4. 输精管；5. 前列腺；6. 精囊腺；7. 膀胱；8. 包皮憩室；9. 阴茎头；10. 包皮；11. 阴茎乙状曲；12. 阴茎缩肌；13. 球海绵体肌；14. 尿道球腺

尿生殖道管壁包括黏膜层、海绵体层、肌层和外层。黏膜层有很多皱褶。海绵层主要是由毛细血管膨大而形成的海绵腔。肌层由深层的平滑肌和浅层的横纹肌组成。横纹肌的收缩对射精起重要作用，还可帮助排出余尿。

尿生殖道分骨盆部和阴茎部，以坐骨弓为界。骨盆部位于骨盆腔内，在骨盆腔底壁与直肠之间。在起始部背侧壁的中央有一圆形隆起，称为精阜。精阜上有一对小孔，为输精管和精囊腺排泄管的共同开口。此外，在骨盆部黏膜的表面，还有其他副性腺的开口。尿生殖道阴茎部为骨盆部的直接延续，自坐骨弓起，经左、右阴茎脚之间进入阴茎的尿道沟，开口于阴茎头。在给公畜导尿时，须将导尿管从尿道外口插入，经过尿生殖道阴茎部，在阴茎内后行至坐骨弓处再转向前方，通过尿生殖道骨盆部方可插入膀胱内。

（六）副性腺

副性腺（*Glandulae genitals accessoriae*）包括前列腺、成对的精囊腺和尿道球腺。其分泌物与输精管壶腹部的分泌物，以及睾丸生成的精子共同组成精液。副性腺的分泌物有稀释精子、营养精子及改善阴道环境的作用，有利于精子的生存和运动。

1. 精囊腺（*Glandula vesicularis*） 成对，位于膀胱颈背侧的尿生殖褶中，在输精管壶腹部的外侧。每侧精囊的导管与同侧输精管共同开口于尿生殖道背侧壁的精阜。

牛的精囊腺发达，呈分叶性腺体，左、右精囊腺常不对称。有输精管壶腹。猪的精囊腺最发达，呈棱形三面体，由许多腺小叶组成。无输精管壶腹。马的精囊腺呈指状囊。有输精管壶腹。犬一般无精囊腺。

精囊腺的组织结构：家畜的精囊腺均为实质腺体，除马属动物呈囊状外，其他家畜为复管状腺或复管泡状腺。腺上皮为假复层柱状上皮。精囊腺外面覆盖有结缔组织被膜，被膜伸入腺实质内，将腺体分成许多小叶，小叶间结缔组织内还分布有平滑肌纤维。

精囊腺的分泌物是构成精液的主要成分之一，分泌物为弱碱性的黄白色黏稠液体，含有丰富的果糖，具有营养和稀释精子的作用。

2. 前列腺（*Glandula prostate*） 位于尿生殖道起始部的背侧，分腺体部和扩散部，两部以许多导管成行地开口于精阜附近的尿生殖道内。前列腺的发育因动物的年龄而发生变化，幼龄时较小，性成熟期较大，老龄时又逐渐退化。

牛的前列腺分为体部和扩散部。体部很小，扩散部位于尿生殖道壁的黏膜层内。猪的前列腺与牛的相似。马的前列腺发达，由左、右两侧腺叶和中间的峡部构成，无扩散部。犬前列腺比较发达，分为腺体部和扩散部，腺体部较大，位于耻骨前缘，呈球状环绕在膀胱颈及尿道起始部，扩散部体积很小，隐藏于尿道壁内。

前列腺的组织结构：前列腺是复管状腺或复管泡状腺，外面包有结缔组织被膜，其中含有丰富的平滑肌纤维。被膜伸入腺实质内将腺体分成若干小叶，小叶间结缔组织含有多量的平滑肌纤维，平滑肌纤维有助于腺体分泌物的排出。

前列腺腺泡上皮有立方、柱状或假复层柱状等。前列腺的叶内导管上皮与腺泡上皮相似，随着导管逐渐增粗，导管上皮也由单层柱状过渡为复层柱状，在尿生殖道的开口处，导管上皮变为变移上皮。前列腺的分泌物是一种稍黏稠的蛋白样液体，弱碱性，有特殊臭味，能中和酸性的阴道液，并能吸收精子在代谢过程中产生的二氧化碳，促进精子运动。

3. 尿道球腺（*Glandulae bulbourethvales*） 成对，位于尿生殖道骨盆部末端的背面两侧，在坐骨弓附近，其导管开口于尿生殖道骨盆部末端背侧的黏膜上。

牛的尿道球腺为胡桃状，表面被覆厚的结缔组织和球海绵体肌，每侧腺体各有一条腺管，开口于尿生殖道背侧壁。猪的尿道球腺很发达，呈圆柱状，位于尿生殖骨盆部后 2/3 部分，每个腺体各有一条导管，开口于坐骨弓处尿生殖道背侧壁。马的尿道球腺呈卵圆形，表面被覆尿道肌，每侧腺体有 6 ~ 8 条导管，开口于尿生殖背侧两列小乳头上。兔除有精囊腺、前列腺和尿道球外，还有前尿道球腺。犬无尿道球腺。猫的尿道球腺不发达。

尿道球腺的组织结构：尿道球腺为复管泡状腺或复管状腺。外面包有结缔组织被膜，除牛的被膜完全为结缔组织构成外，其他动物的被膜内含有平滑肌或横纹肌纤维。被膜伸入到腺实质内将腺体分为许多小叶。腺小叶中有许多细而弯曲而分枝的复管泡状腺。其小导管为单层柱状上皮，大的导管由变移上皮构成。腺上皮为单层柱状细胞。

尿道球腺的分泌物为弱碱性透明黏稠液体，参与精液组成，有冲洗和润滑尿道的作用。

（七）阴茎

阴茎（*Penis*）为公畜的交配器官，位于腹壁的腹侧，起于坐骨弓，然后沿两侧股部之间的正中向前方伸延至脐部。可分为阴茎根、阴茎体和阴茎头三部分（图 5－88、图 5－89）。

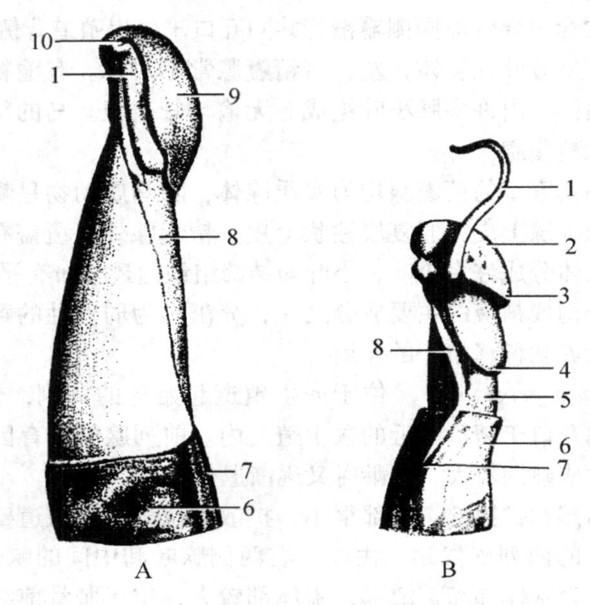

图 5－88　牛、羊的阴茎前端

A. 牛阴茎；B. 绵羊阴茎

1. 尿道突；2. 龟头帽；3. 龟头冠；4. 结节；5. 龟头颈；6. 包皮；7. 包皮缝；8. 龟头缝；9. 阴茎帽；10. 尿道外口

1. 阴茎根　以两个阴茎脚附着于坐骨弓的两侧，其外侧面覆盖着发达的坐骨海绵体肌（横纹肌），两阴茎脚向前合并成阴茎体。

2. 阴茎体　呈圆柱状，位于阴茎脚和阴茎头之间，占阴茎的大部分。在起始部由两条扁平的阴茎悬韧带固着于坐骨联合的腹侧面。

3. 阴茎头　位于阴茎的前端，其形状因家畜种类不同而有较大差异。

牛的阴茎较长而细，在阴囊后方形成乙状弯曲，从阴茎根向前逐渐变细，前端扭转部分为阴茎头。羊的阴茎头前端有较长的尿道突。

猪的阴茎乙状弯曲位于阴囊的前部，阴茎头呈螺旋状扭转。勃起时螺旋状扭转明显。尿生殖道外口位于阴茎头前端的腹外侧。

马的阴茎呈圆柱状，较粗大。阴茎头膨大呈圆锥形，称龟头。

犬的阴茎特殊，阴茎后部有一对海绵体，正中由阴茎中隔隔开。中隔前方有棒状的阴茎骨，（由海绵体骨化而成）骨的腹面包有尿道，尿道和阴茎的外面包被阴茎皮肤。阴茎头的后端有膨胀大的龟头球，龟头球前伸的部分叫龟头突，前端变小，有一带弯曲的纤维质延长部，阴茎头很长，包在整个阴茎骨的表面。

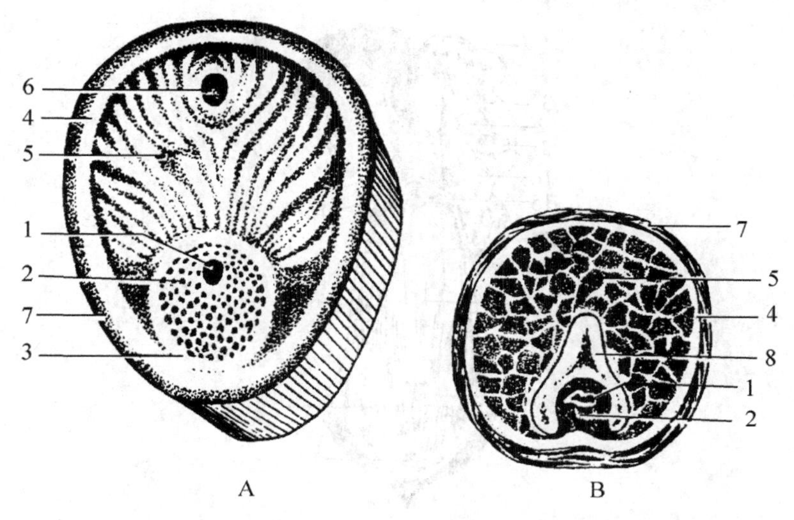

图 5－89　阴茎的横断面

A. 公牛阴茎切面；B. 公犬阴茎切面

1. 尿生殖道；2. 尿道海绵体；3. 尿道白膜；4. 阴茎白膜；5. 阴茎海绵体；6. 阴茎海绵体血管；7. 阴茎筋膜；8. 阴茎骨

兔的阴茎静息时长约25mm，向后伸。勃起时全长可达40～50mm，呈圆锥状，伸向前下方。阴茎前端游离部稍弯曲，没有龟头。

阴茎主要由阴茎海绵体和尿生殖道阴茎部构成。阴茎海绵体外面包有很厚的致密结缔组织白膜，富有弹性纤维。白膜向内伸入形成小梁，并分支互相连接成网。小梁内有血管、神经分布，并含有平滑肌。小梁及其分支之间的许多腔隙，称为海绵腔。实际上是扩大的毛细血管。当充血时，阴茎膨大变硬而发生勃起现象，故海绵体亦称勃起组织。

尿生殖道阴茎部周围包有尿道海绵体，位于阴茎海绵体腹侧的尿道沟内。尿道海绵体的构造与阴茎海绵体相似。尿道海绵体的外面被有球海绵体肌。

阴茎的肌肉除构成尿生殖道壁的球海绵体肌外，还有坐骨海绵体肌和阴茎缩肌。

阴茎的外面为皮肤，薄而柔软，容易移动，富有伸展性。

（八）包皮

包皮（*Praeputium*）为阴茎皮肤折转而形成的管状皮肤套，有容纳和保护阴茎头的作用。牛、羊的包皮长而狭，呈囊状，包皮口在脐部稍后方，周围有长毛。猪的包皮呈管状，包皮口周围有长毛。前部背侧有一圆孔，称包皮盲囊。盲囊呈椭圆形，腔内常有腐败余尿和脱落上皮，具有特殊腥臭味。犬的包皮内层疏松地包着龟头球而紧密地包着龟头突。猫的阴茎头皮肤有角化刺。兔的包皮开口部有包皮腺。

二、雌性生殖器官

雌性生殖器官系统是由卵巢、输卵管、子宫、阴道、尿生殖前庭和阴门等组成（图5－90、图5－91、图5－92、图5－93、图5－94）。

（一）卵巢

1. 卵巢的形态和位置　卵巢（*Ovarium*）是产生卵子和分泌雌激素的器官。其形状和

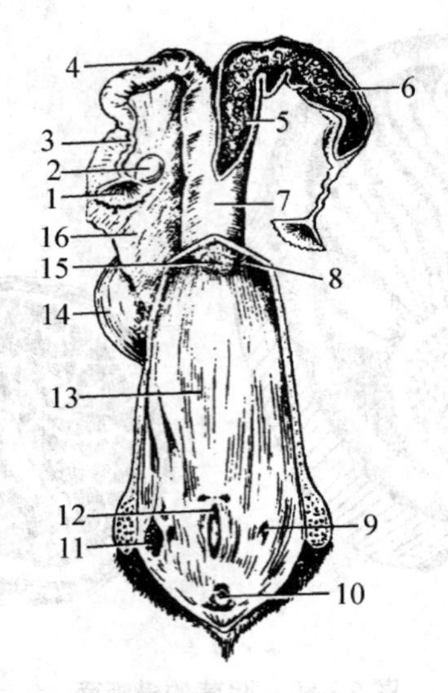

图5-90 母牛的生殖器官（背侧面）

1. 输卵管伞；2. 卵巢；3. 输卵管；4. 子宫角；5. 子宫内膜；6. 子宫阜；7. 子宫体；8. 阴道穹隆；9. 前庭大腺开口；10. 阴蒂；11. 剥开的前庭大腺；12. 尿道外口；13. 阴道；14. 膀胱；15. 子宫颈外口；16. 子宫阔韧带

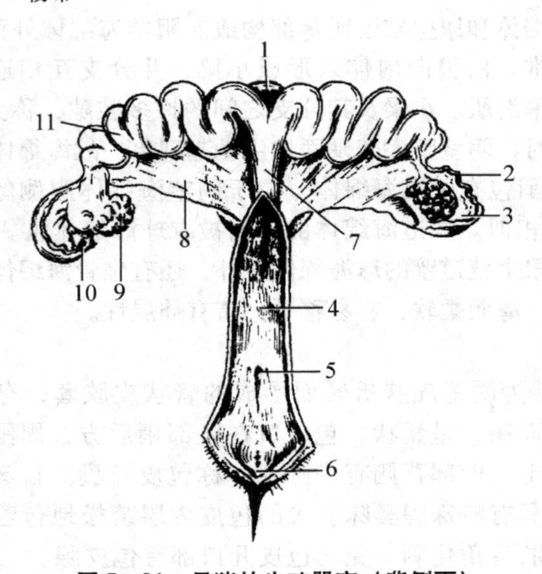

图5-91 母猪的生殖器官（背侧面）

1. 膀胱；2. 输卵管；3. 卵巢囊；4. 阴道黏膜；5. 尿道外口；6. 阴蒂；7. 子宫体；8. 子宫阔韧带；9. 卵巢；10. 输卵管腹腔口；11. 子宫角

大小因畜种、个体、年龄及性周期而异。卵巢由卵巢系膜悬吊在腹腔的腰部，肾的后下方

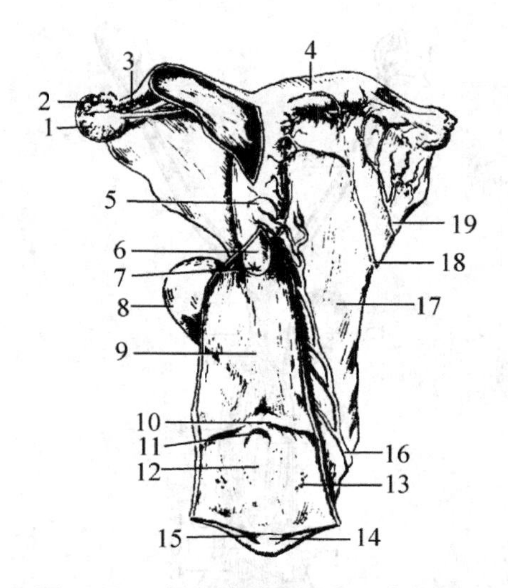

图 5-92　母马的生殖器官（背侧面）

1. 卵巢；2. 输卵管伞；3. 输卵管；4. 子宫角；5. 子宫体；6. 子宫颈阴道部；7. 子宫颈外口；8. 膀胱；9. 阴道；10. 阴瓣；11. 尿道外口；12. 尿生殖前庭；13. 前庭大腺开口；14. 阴蒂；15. 阴蒂窝；16. 子宫后动脉；17. 子宫阔韧带；18. 子宫中动脉；19. 子宫卵巢动脉

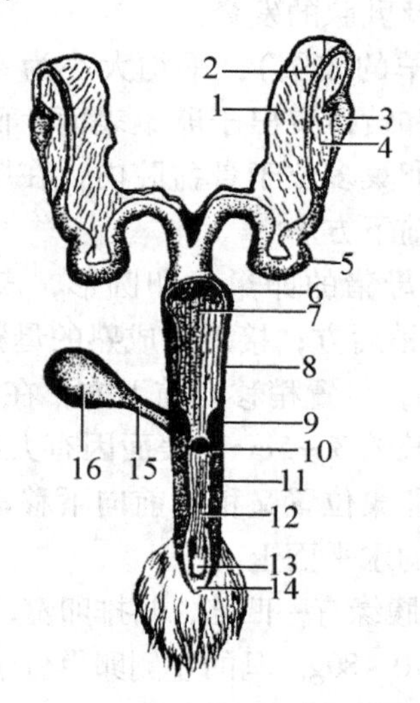

图 5-93　母兔的生殖器官（背侧面）

1. 卵巢系膜；2. 输卵管；3. 卵巢；4. 卵巢囊；5. 子宫；6. 子宫颈；7. 子宫内膜；8. 阴道；9. 尿道瓣；10. 尿道外口；11. 静脉丛；12. 阴道前庭；13. 阴蒂；14. 阴门；15. 尿道；16. 膀胱

或骨盆腔前口的两侧。卵巢的子宫端借卵巢固有韧带与子宫角的末端相连，一端接输卵管伞。在卵巢系膜附着缘缺腹膜，血管、神经和淋巴管由此进入卵巢，此处称为卵巢门。卵巢没有专门排卵的管道，成熟的卵泡破裂时，卵细胞直接从卵巢表面排出。同时，卵巢还

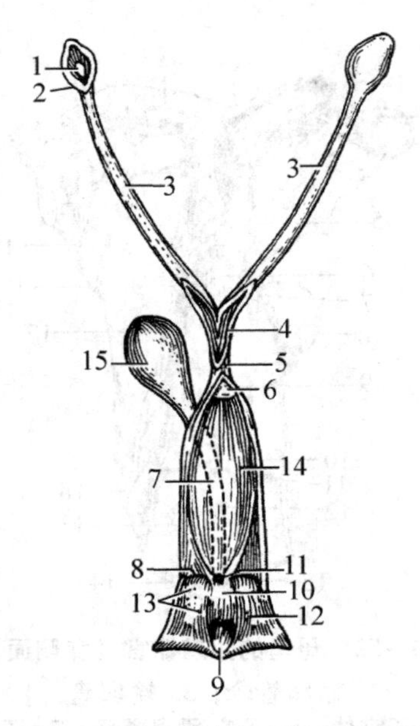

图5－94　母犬的生殖器官模式图

1. 卵巢；2. 卵巢囊；3. 子宫角；4. 子宫体；5. 子宫颈；6. 子宫颈阴道部；7. 尿道；8. 阴瓣；9. 阴蒂；10. 阴道前庭；11. 尿道外口；12、13. 前庭小腺开口；14. 阴道；15. 膀胱

有内分泌的功能，影响生殖器官及乳腺的发育。

牛的卵巢呈稍扁的椭圆形（羊的较圆），平均大小为4cm×2cm×（1～2）cm。随着性周期的变化，因有成熟的卵泡和黄体突出于卵巢表面，而使卵巢外表不平整，直肠检查时可以触及。未怀过孕的母牛，卵巢多位于骨盆腔内，在耻骨前缘两侧稍后，经产母牛卵巢则位于腹腔内，在耻骨前缘的前下方。

猪的卵巢，性成熟以前的小母猪的卵巢呈卵圆形，表面平滑，颜色淡红，大小约为0.5cm×0.4cm，位于荐骨岬两侧稍后方；接近性成熟的母猪，卵巢表面因有突出的小卵泡而呈桑葚状，大小约2cm×1.5cm，位置稍移向前下方，在髋结节前缘的横切面上；性成熟后或经产的母猪卵巢体积更大，长约3～5cm，表面因有大小不等的卵泡和黄体突出，而呈小葡萄状，由于卵巢系膜增长，卵巢位置又稍向前向下移动，在髋结节前约4cm的横切面上或髋结节与膝关节连线的中点的水平面上。

马的卵巢呈豆形，表面平滑，腹缘有一凹陷，叫排卵窝，卵细胞由此排出。成年马的卵巢平均长为7～8cm，厚3～4cm，重70～80g。马的左侧卵巢位于左侧第四、五腰椎横突下面，位置较低；右侧卵巢比左侧的稍向前，且位置较高。

犬的卵巢较小，其长度约为2cm左右。呈扁平的长卵圆形。在休情期，每侧卵巢均隐藏于发达的卵巢囊中。卵巢表面常有突出的卵泡。左右卵巢紧贴两肾后端。右卵巢与十二指肠和右外侧腹壁接触，位于3～4腰椎腹侧；左卵巢与脾接触，位于第4～5腰椎的腹侧（图5－95、图5－96）。

兔的卵巢呈长卵圆形，位于后部腰椎腹侧。幼兔卵巢表面光滑，成年兔卵巢表面有突出的卵泡。

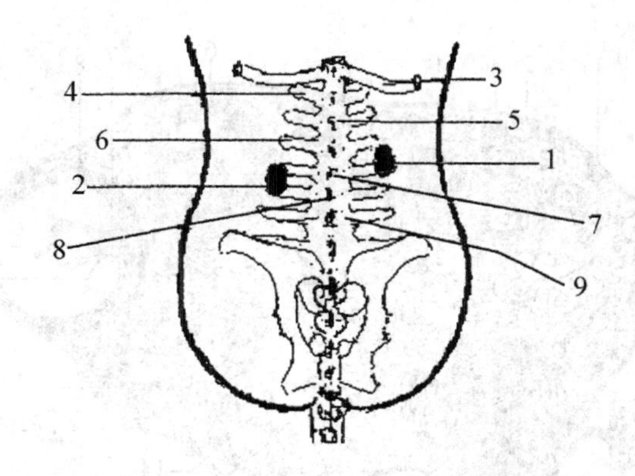

图 5－95 犬的卵巢的位置投影（背面观）

1. 右卵巢；2. 左卵巢；3. 末肋；4. 第 1 腰椎；5. 第 2 腰椎；6. 第 3 腰椎；7. 第 4 腰椎；8. 第 5 腰椎；9. 第 6 腰椎

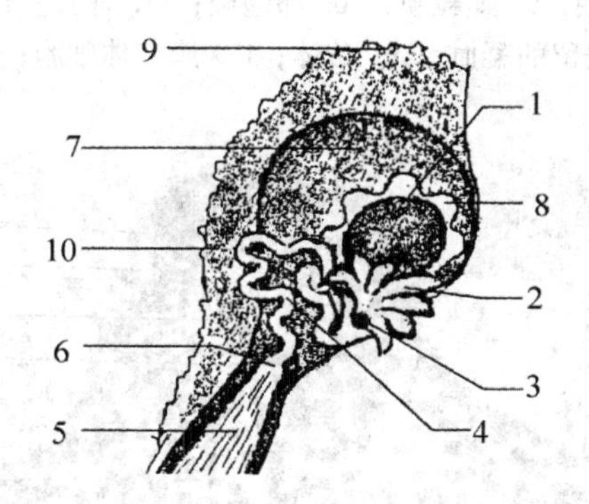

图 5－96 犬的卵巢与卵巢囊的示意图

1. 卵巢 2. 输卵管伞；3. 输卵管腹腔口；4. 输卵管；5. 子宫角；6. 输卵管子宫口；7. 卵巢囊；8. 卵巢囊的裂口；9. 卵巢系膜；10. 输卵管系膜

2. 卵巢的组织结构（图 5－97、图 5－98） 卵巢的结构随动物种类、年龄和性周期的不同而异，一般可分为被膜、皮质和髓质。

（1）被膜 由生殖上皮和白膜组成。

卵巢表面除卵巢系膜附着部外，都覆盖着一层生殖上皮。年轻的动物的生殖上皮为单层立方或柱状上皮，随年龄增长而趋于扁平上皮。在生殖上皮的下面，有一薄层由致密结缔组织构成的白膜。马的卵巢仅在排卵窝处有生殖上皮分布，其余部分由浆膜覆盖。

（2）皮质 一般皮质在外，髓质在内，而马属动物卵巢的皮质和髓质的位置正好倒置，皮质结构在中央靠近排卵窝处。

卵巢的皮质由基质，处于不同发育阶段的卵泡、闭锁卵泡和黄体构成。基质系皮质内致密结缔组织，内含大量的网状纤维、少量的弹性纤维及较多的梭形结缔组织细胞。基质参与形成卵泡膜和间质腺。

卵泡由一个卵母细胞和其周围的一些卵泡细胞所构成。根据发育程度不同，将卵泡分为原始卵泡、生长卵泡和成熟卵泡。

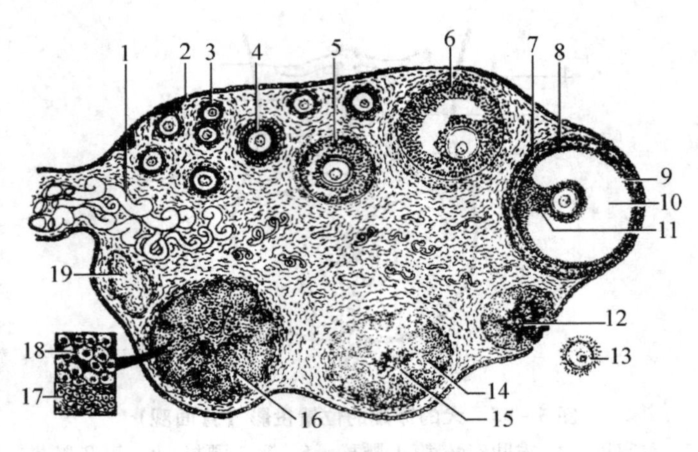

图5-97　卵巢结构模式图

1. 血管；2. 生殖上皮；3. 原始卵泡；4. 早期生长卵泡（初级卵泡）；5、6. 晚期生长卵泡（次级卵泡）；7. 卵泡外膜；8. 卵泡内膜；9. 颗粒膜；10. 卵泡腔；11. 卵丘；12. 血体；13. 排出的卵；14. 正在形成中的黄体；15. 黄体中残留的凝血；16. 黄体；17. 膜黄体细胞；18. 颗粒黄体细胞；19. 白体

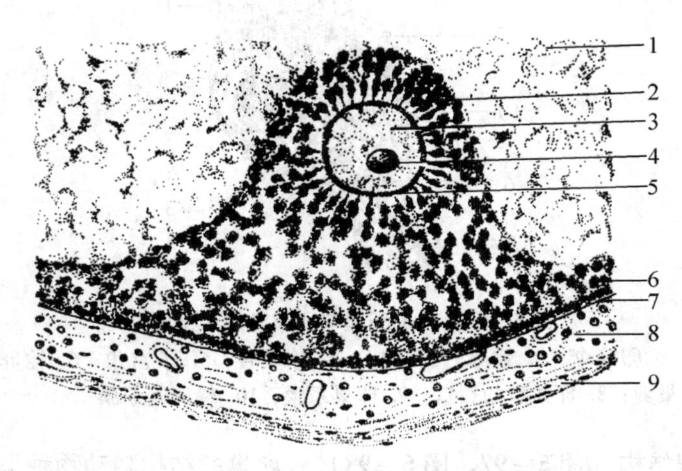

图5-98　成熟卵泡的卵丘部分的放大

1. 卵泡液；2. 放射冠；3. 卵细胞；4. 核；5. 透明带；
6. 颗粒层；7. 基膜；8. 卵泡内膜；9. 卵泡外膜

①原始卵泡：是一种数量多、体积小、呈球形的卵泡，位于卵巢皮质表层。每个原始卵泡一般由一个大而圆的初级卵母细胞和其周围一层扁平的卵泡细胞构成，但在多胎动物，如猪和肉食兽的原始卵泡中，可看到2~6个初级卵母细胞。初级卵母细胞体积较大，细胞质嗜酸性。细胞核大，圆形，核内染色质细小分散和空泡状，核仁大而明显。原始卵泡到性成熟才开始陆续发育。

②生长卵泡（Growing follicle）：静止的原始卵泡开始生长发育，根据发育阶段不同，可将生长卵泡分为初级卵泡和次级卵泡两个连续的阶段。

初级卵泡是指从卵泡开始生长到出现卵泡腔之前的卵泡。卵泡细胞由单层扁平细胞变成为立方或柱状，并通过分裂增生为多层。卵母细胞增大，核也变大，呈泡状，核仁深染。细胞周围出现一层嗜酸性、折光性强的膜状结构，称为透明带，透明带主要成分为黏多糖蛋白和透明质酸，是由卵泡细胞和卵母细胞共同分泌形成的。卵泡周围的结缔组织逐渐分化成卵泡膜。

当卵泡体积逐渐增大，卵泡细胞之间开始出现一些充有卵泡液的间隙，并逐渐汇合成一个新月形的腔，称为卵泡腔。这样的卵泡叫做次级卵泡。在卵泡腔开始形成时，卵母细胞通常已长到最大体积，并为一层透明带包围，此后，卵母细胞体积不再增大。由于卵泡腔的增大，将初级卵母细胞及周围的颗粒细胞挤到卵泡腔的一侧，形成卵丘。紧靠透明带表面的颗粒细胞，增大变成柱状，呈放射状排列，这层细胞称为放射冠。颗粒层细胞继续增殖。卵泡膜增厚，且能分成内外两层。

③成熟卵泡（Mature follicle）：由于卵泡液激增，成熟卵泡的体积显著增大，向卵巢表面隆起，其大小因动物种类而异，牛的直径约15mm，猪的约5～8mm，马的约70mm。成熟卵泡在排卵前需经由初级卵母细胞完成第一次成熟分裂成为次级卵母细胞。而第二次成熟分裂则在排卵受精后完成。

排卵　由于成熟卵泡内的卵泡液迅速增加，内压升高，颗粒层和卵泡膜变薄，卵泡体积增大，部分突出于卵巢表面，呈液泡状，随即卵泡破裂，次级卵母细胞及其周围的放射冠随同卵泡液一起排出，此过程称为排卵。排卵时由于成熟卵泡破裂，毛细血管受损而引起出血，血液充满卵泡腔内，形成红体。

黄体　成熟卵泡排卵后，随着颗粒层细胞周围血管和卵泡膜伸入卵泡，逐渐将血液吸收，在黄体生成素的作用下，颗粒层细胞和卵泡膜内层的膜细胞分化成具有内分泌功能的细胞，新鲜时呈黄色，称黄体。黄体细胞分泌孕激素。如果卵细胞受精，继续增大，称妊娠黄体，可维持几个月，然后逐渐萎缩；如果卵细胞未受精，黄体则可维持两周左右，然后逐渐退化，由结缔组织代替，形成瘢痕组织，称为白体。

（3）髓质　为疏松结缔组织，含有丰富的弹性纤维、血管、淋巴管、平滑肌及神经等。

（二）输卵管

输卵管（*Tuba uterine*）是一对细长而弯曲的管道，位于卵巢和子宫之间，有输送卵细胞的作用，同时也是卵细胞受精的场所。

输卵管可分漏斗部、壶腹部和峡部三段。漏斗部为输卵管起始膨大的部分，漏斗边缘有许多不规则的皱褶，称输卵管伞，漏斗的中央有一个小的开口通腹膜腔，称输卵管腹腔口。壶腹部较长，壁薄而弯曲，黏膜形成复杂的皱褶。峡部位于壶腹部之后，末端以输卵管子宫口与子宫角相通。

输卵管的组织结构：输卵管的管壁从内向外由黏膜、肌膜和浆膜三层构成。

（1）黏膜　黏膜形成许多纵行的皱褶，适于卵的停留、吸收营养和受精。

黏膜上皮为单层柱状上皮，上皮细胞有两种：一种是有纤毛的柱状细胞；另一种是无纤毛的分泌细胞，纤毛细胞有助于卵的运送，分泌细胞可供给卵的营养。固有膜由疏松结缔组织构成，含有多种细胞、血管和平滑肌，固有膜可伸入皱褶内。

（2）肌膜　肌膜由内环行外纵行两层平滑肌组成，肌层从卵巢端向子宫端逐渐增厚，其中以峡部为最厚。肌层收缩有助于卵细胞向子宫方向移动。

（3）浆膜　浆膜由疏松结缔组织和间皮组成。

（三）子宫

子宫（*Uterus*）是一个中空的肌质性器官，富于伸展性，是胎儿生长发育和娩出的器官。

1. 子宫的形态和位置 子宫借子宫阔韧带附着于腰下部和骨盆腔侧壁，大部分位于腹腔内，小部分位于骨盆腔内，在直肠和膀胱之间，前端与输卵管相接，后端与阴道相通。两侧与骨盆腔侧壁及肠管相邻。子宫阔韧带为宽而厚的腹膜褶，含有丰富的结缔组织、血管、神经及淋巴管。其中血管沿子宫阔韧带走向卵巢和子宫，怀孕时分布于卵巢和子宫的动脉血管会增粗。子宫阔韧带外侧有子宫圆韧带。

家畜的子宫均属双角子宫，可分子宫角、子宫体和子宫颈三部分。

子宫角一对，在子宫的前部，呈弯曲的圆筒状，位于腹腔内（未经产的牛、羊则位于骨盆腔内）。其前端以输卵管子宫口与输卵管相通，后端汇合而成为子宫体。

子宫体位于骨盆腔内，部分在腹腔内，呈直圆筒状，前与子宫角相连，后延续为子宫颈。

子宫颈为子宫后段的缩细部，位于骨盆腔内，壁很厚，黏膜形成许多皱褶，内腔狭窄，称子宫颈管。子宫颈向后突入阴道内的部分，称为子宫颈阴道部。子宫颈管平时闭合，发情时稍松弛，分娩时扩大。

家畜子宫的形状、大小、位置和结构，因畜种、年龄、个体、性周期以及妊娠时期等不同而有很大差异。

（1）牛（羊）的子宫 成年母牛的子宫大部分位于腹腔后部的右侧。两侧子宫角的后部以肌肉和结缔组织相连，表面被覆浆膜，从外观看，很像子宫体，故称为伪子宫体。子宫体短，子宫颈黏膜突起嵌合成螺旋状，子宫颈外口呈菊花状，形成子宫颈阴道部。子宫体和子宫角的黏膜上，有四排圆形隆起的子宫肉阜，羊的子宫肉阜呈纽扣状，中央凹陷。子宫肉阜在怀孕时特别大，是子宫壁与胎膜相结合的部位。

（2）猪的子宫 子宫角很长，成年母猪为1～1.5m，呈肠袢状弯曲，子宫体短，子宫颈细长。子宫颈的黏膜在两侧集聚成两排半圆形的隆起，相间排列，因此，子宫颈管呈螺旋状。无子宫颈阴道部。

（3）马的子宫 呈“Y”字形，子宫角与子宫体等长，子宫角呈弯曲的弓状。子宫颈阴道部明显，呈现花冠状黏膜褶。

（4）母犬的子宫 属双角子宫，子宫体很短。子宫角细而长，近似直线，全部位于腹腔中。子宫颈很短且与子宫体界限不清。子宫黏膜面有长的子宫腺和短管状陷窝。未妊娠的子宫大部分位于腹腔，仅子宫颈位于骨盆腔。已妊娠的子宫，其子宫角增长、前伸，与胃、肝接触。

（5）兔的子宫 属双子宫，两侧的子宫分别与子宫颈管外口共同突入阴道中（图5－99）。

2. 子宫的组织结构 子宫壁由黏膜、肌层和浆膜三层构成。

（1）子宫黏膜 包括黏膜上皮和固有膜，无黏膜下层。黏膜上皮为假复层（牛、猪）或单层柱状（犬、马）上皮。上皮有分泌作用。固有膜分深浅两层，浅层细胞多，主要是星形的胚型结缔组织细胞及各种白细胞和巨噬细胞。深层细胞少，内有子宫腺。子宫腺的腺上皮由柱状细胞构成。子宫腺的分泌物可供给附植前早期胚胎的营养。

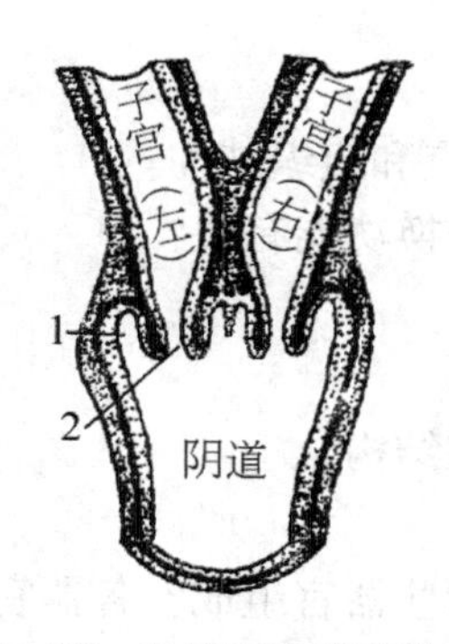

图 5-99 兔子宫和阴道的连接

1. 子宫颈；2. 子宫口

(2) 肌层 子宫肌层是平滑肌，由强厚的内环行肌和较薄的外纵行肌构成。在内、外肌层之间为血管层，内有许多血管和神经分布。猪和牛的血管层有时夹于环行肌内。牛、羊子宫的血管层在子宫叶阜处特别发达。

(3) 浆膜 子宫外膜为浆膜，由疏松结缔组织和间皮组成。

(四) 阴道

阴道（*Vagina*）是母畜的交配器官，也是胎儿娩出的产道。阴道呈扁管状，位于骨盆腔内，在子宫后方，向后延接尿生殖前庭，其背侧与直肠相邻，腹侧与膀胱及尿道相邻。牛、马在阴道的前端，子宫颈阴道部的周围具有环行腔隙，称为阴道穹隆。

阴道的黏膜呈粉红色，有许多皱褶，没有腺体。

(五) 尿生殖前庭

尿生殖前庭（*Vestibulum urogenitale*）为阴门至阴道之间的部分。是交配器官和产道，也是尿液排出的经路，与阴道相似，呈扁管状，其前端腹侧有一横行的黏膜褶，称阴瓣，与阴道为界，后端以阴门与外界相通，在尿生殖前庭的腹侧壁上，紧靠阴瓣的后方有一尿道外口，在尿道外口后方两侧，有前庭小腺的开口，两侧壁有前庭大腺的开口。前庭大腺和小腺可分泌黏液，保持尿生殖前庭湿润。

(六) 阴门

阴门（*Vulva*）是泌尿、生殖系统与外界相通的自然孔道，也是尿生殖前庭的外口。位于肛门的腹侧，由左、右两片阴唇构成。两阴唇间的裂缝称为阴门裂。两阴唇的上下两端相联合，分别称阴门背联合和腹联合。在阴门腹联合前方有一阴蒂窝，内有小而凸出的阴蒂。它与公畜的阴茎是同源器官，也由海绵体构成。富含神经末梢，感觉敏锐。

复习思考题

1. 消化系统是由哪些器官组成的？
2. 简述齿的形态及构造。各种家畜齿式如何？
3. 牛、猪的胃、肠、肝的形态结构、位置的特点如何？
4. 单室胃的组织结构有哪些特点？胃底腺的结构及组成如何？
5. 小肠的组织结构特点？肠绒毛、肠腺的结构及功能？
6. 试述肝小叶的组织结构特点？
7. 呼吸系统是由哪些器官组成的？

8. 简述喉的构造。

9. 简述家畜肺的形态、结构特点和组织结构。

10. 肺的哪些组织结构与气体交换功能有关？

11. 泌尿系统由哪些器官组成？

12. 家畜的肾脏分为哪些类型？

13. 简述牛、猪肾的位置和形态结构。

14. 简述肾单位的组成。

15. 动物雌雄畜生殖系统各由哪些器官组成？各器官有何作用？

16. 阴囊的组织结构？给公畜去势首先要剪断什么韧带，方可结扎精索，除去睾丸和附睾？

17. 不同月龄猪的卵巢形态和位置有何不同？

18. 简述雄性动物的睾丸、雌性动物的卵巢的组织结构及精子、卵子的发生。

第六章

心血管系统

第一节　概　述

一、心血管系统的组成

心血管系统是由心脏和血管（包括动脉、毛细血管和静脉）构成的密闭管道系统。血液在其中进行全身性循环流动。心脏是血液循环的动力器官。动脉是将血液由心脏运输到全身各部的血管。静脉是将血液由全身各部运输回心脏的血管。毛细血管是连接于动脉和静脉之间、相互吻合成网、遍布全身、与周围组织进行物质交换的微小血管。

二、血液循环的途径

在神经和体液的调节下，心脏进行有节律的收缩和舒张，使血液按照一定的方向流动（图6－1）。血液由左心室泵出，经主动脉及其各级动脉分支运输到全身各部，通过毛细血管、静脉回到右心房的过程称体循环（亦称大循环）。血液由右心室泵出，经肺动脉、肺毛细血管、肺静脉回到左心房的过程称肺循环（亦称小循环）。心血管系统将胃、肠吸收的营养物质和肺吸收的氧气及内分泌细胞分泌的激素输送到全身各部，同时将全身各部的代谢产物输送到肺、肾、皮肤等排出体外，以维持机体新陈代谢的正常进行。近年来研究表明，心脏、血管及血细胞还具有内分泌功能。

第二节　心　脏

一、心脏的形态和位置

心脏是一中空的肌质性器官，呈左、右稍扁的倒圆锥体形，前缘隆凸，后缘短而直，外有心包；上部粗大称心基，与进出心脏的大血管相连，且有心包附着，位置较固定；下部尖细且游离于心包腔中称心尖。

心脏的表面有一环形的冠状沟和左右两条纵沟。冠状沟位于心基，近似环行，被前方的肺动脉隔断，它将心脏分为上部的心房和下部的心室。左纵沟位于心室左前方，自冠状沟向下，几乎与左心室缘平行，不达心尖。右纵沟位于心室右后方，自冠状沟向下，伸达心尖。在冠状沟、室间沟内填充有营养心脏的血管和脂肪。

心脏位于胸腔纵隔内，夹于左肺和右肺之间，略偏左。心脏的前、后缘相当于第二肋

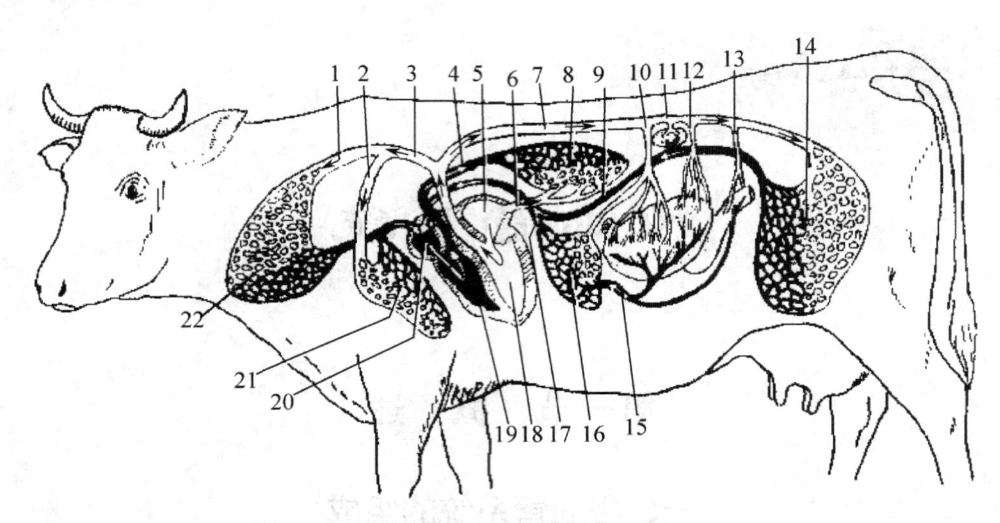

图 6－1　成年家畜血液循环模式图

1. 颈总动脉；2. 腋动脉；3. 臂头动脉总干；4. 肺动脉；5. 左心房；6. 肺静脉；7. 胸主动脉；8. 肺毛细血管；9. 后腔静脉；10. 腹腔动脉；11. 腹主动脉；12. 肠系膜前动脉；13. 肠系膜后动脉；14. 骨盆和后肢的毛细血管；15. 门静脉；16. 肝毛细血管；17. 肝静脉；18. 左心室；19. 右心室；20. 右心房；21. 前肢毛细血管；22. 头颈部毛细血管

间隙（或第三肋骨）至第五肋间隙（或第六肋骨）之间。心基位于肩关节的水平线。心尖游离，略偏左，约与第五肋软骨间隙（或第六肋软骨）相对。成年牛心脏（图 6－2）平均重约为 2.5kg，占体重 0.4%～0.5%。

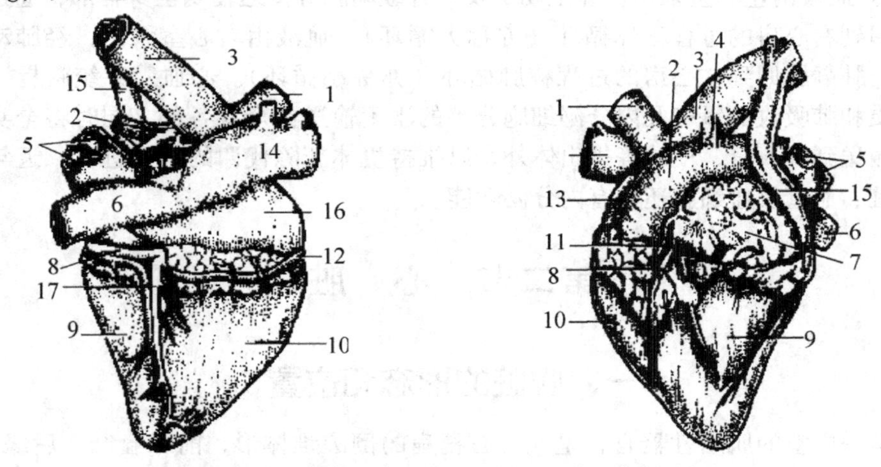

图 6－2　牛的心脏（左：左侧面；右：右侧面）

1. 臂头动脉总干；2. 肺动脉；3. 主动脉弓；4. 动脉韧带；5. 肺静脉；6. 后腔静脉；7. 左心房；8. 心大静脉；9. 左心室；10. 右心室；11. 左冠状动脉；12. 右冠状动脉；13. 右心耳；14. 前腔静脉；15. 左奇静脉；16. 右心房；17. 心中静脉

二、心腔的构造

心脏（图 6－3）被纵向的房间隔和室间隔分为左右互不相通的两半，每半又分为上

（心房）、下（心室）两部。同侧的心房与心室经房室口相通。房间隔和室间隔均有双层心内膜夹以心肌及结缔组织构成。房间隔薄，近后腔静脉口处有稍凹陷的卵圆窝，是胚胎期卵圆孔闭合后的遗迹。

1. 右心房（Atrium dextrum） 位于心基的右前部，壁薄腔大，包括右心耳和腔静脉窦。

右心耳呈圆锥形的盲囊，向前绕过主动脉的右前方，其盲尖可达肺动脉的前方。房壁内有许多方向不同的肉嵴，称梳状肌。

腔静脉窦为前、后腔静脉口与右房室口间的空腔，其背侧壁及后壁有前腔静脉和后腔静脉的开口，两口之间的背侧壁有呈半月形的静脉间嵴，具有分流前、后腔静脉血，将其导向右房室口，避免互相冲击的作用。在后腔静脉口的腹侧有冠状窦的开口，在后腔静脉口和冠状窦口均有瓣膜，有防止血液倒流的作用。在后腔静脉口附近的房中隔上有一卵圆窝，为胚胎时期卵圆孔的遗迹。卵圆孔约有20%左右（成年牛）封闭不全。

2. 右心室（Ventriculus dexter） 位于心脏的右前部，壁薄腔小，不达心尖。其入口为右房室口，出口为肺动脉口。右心室壁有突入室腔的3个锥体形肌束，称乳头肌；许多交错排列的肌隆起，称肉柱；一条从心室侧壁横过室腔至室间隔的肌束（心横肌），称隔缘肉柱。有防止心室过度扩张的作用。

右房室口为卵圆形口，其周缘有致密结缔组织构成的纤维环（三尖瓣环）围绕。环缘有右房室瓣的基部附着，瓣膜被3个深陷的切迹分为3片近似三角形的瓣叶，故又称三尖瓣。三尖瓣的游离缘垂向心室，每片瓣膜以腱索分别连于相邻的两个乳头肌上。可防止血液倒流入心房。

肺动脉口位于窦部左上方，通肺动脉。肺动脉口的周缘有三个半月形的瓣膜附着，又称半月瓣，每个瓣膜均呈袋状，其袋口朝向肺动脉。防止血液倒流入右心室。

3. 左心房（Atrium sinistrum） 位于心基的左后部，可分为左心耳和左静脉窦。后背侧壁有6~8个肺静脉口。猪的左心房有4个肺静脉入口。左心房下方有一左房室口通左心室。

4. 左心室（Ventriculus sinister） 位于左心房的腹侧，腔大壁厚，室尖构成心尖，其入口为左房室口，出口为主动脉口。

左房室口位于左心室的后上方，周缘也有纤维环（二尖瓣环），环缘附有两片左房室瓣，又称为二尖瓣，其功能同三尖瓣。窦部内腔面除有乳头肌外，亦有肉柱及较粗的左隔缘肉柱。

主动脉口为左心室血液的流出通道。腔面光滑无肉柱，主动脉口有三个袋状的主动脉瓣，其结构、功能与肺动脉瓣相似。主动脉瓣与膨大的动脉管壁间形成主动脉窦，其中主动脉左、右窦分别有左右冠状动脉的开口。在牛的主动脉口纤维环内还有左右两块心小骨，右侧的心小骨较大。马的为软骨。

三、心壁的构造

心壁由心内膜、心肌和心外膜3层构成。

1. 心内膜（Endocarddium） 被覆于心腔内面的一层光滑薄膜，分为内皮、内皮下层和心内膜下层。内皮薄而光滑，与血管的内膜相延续。内皮下层由较细密的结缔组织构

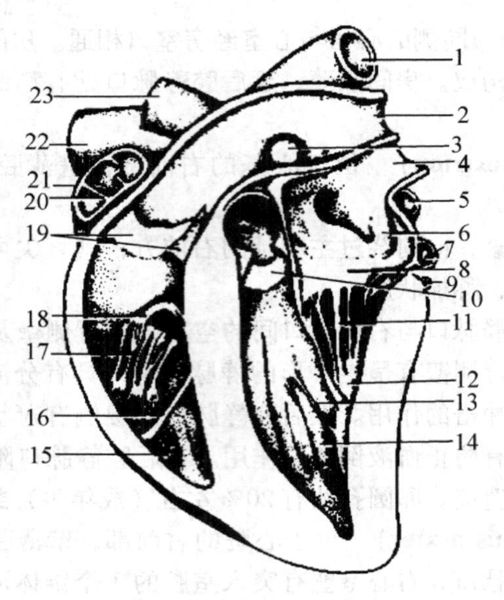

图 6-3　水牛心脏纵切面

1. 主动脉；2. 左肺动脉；3. 右肺动脉；4. 肺静脉；5. 左奇静脉；6. 左心房；7. 心大静脉；8. 隔瓣；9. 左旋支；10. 主动脉瓣；11. 腱索（左）；12. 乳头肌；13. 隔缘肉柱（左）；14. 左心室；15. 右心室；16. 隔缘肉柱（右）；17. 腱索（右）；18. 角瓣；19. 肺动脉瓣；20. 梳状肌；21. 右心耳；22. 前腔静脉；23. 臂头动脉总干

成，含有少量的平滑肌。内膜下层由疏松结缔组织构成，靠近心肌膜，含有血管、淋巴管、神经和蒲肯野氏纤维。在房室口和动脉口处，心内膜褶叠成双层结构的瓣膜。

2. 心肌（Myocardium）　心肌主要由心肌纤维构成，是心壁最厚的一层，内部分布有血管、神经、淋巴管等。它被房室口的纤维环分隔为心房肌和心室肌两个独立的肌系，因此心房和心室可分别交替收缩和舒张。心房肌较薄，分为深、浅两层。心室肌较厚，大致可分为内纵、中环、外斜三层。

3. 心外膜（Epicardium）　心外膜为心包浆膜脏层，由间皮和薄层结缔组织构成，紧贴于心肌外表面，但心脏表面的冠状沟和纵沟内无心外膜分布。

四、心脏的血管

心脏本身的血液循环称为冠状循环，由冠状动脉、毛细血管和心静脉组成。

（一）冠状动脉

冠状动脉分为左冠状动脉和右冠状动脉两支。左冠状动脉粗大，起于主动脉根部的左后窦，从左心耳与肺动脉根部间穿出至冠状沟，分出圆锥旁室间支后延续为旋支。圆锥旁室间支沿同名沟向下达心尖。旋支呈波状，沿冠状沟后伸。右冠状动脉较细，沿窦下室间沟向下延续为窦下室间支，但有的个体仅达冠状窦附近。

（二）心静脉

心静脉分为心大、心中和心小静脉。心大静脉较粗，沿左纵沟上行，再沿冠状沟向后向右行。心中静脉较细，沿右纵沟上行至冠状沟。最后心大、心中静脉均注入右心房的冠状窦。心小静脉分成数支，在冠状沟附近直接开口于右心房。

五、心脏的传导系统

心脏的传导系统（图 6-4）是由特殊的心肌纤维组成的能维持心脏自动而有节律性搏动的结构。心脏的传导系统包括窦房结、房室结、房室束和浦肯野氏纤维。

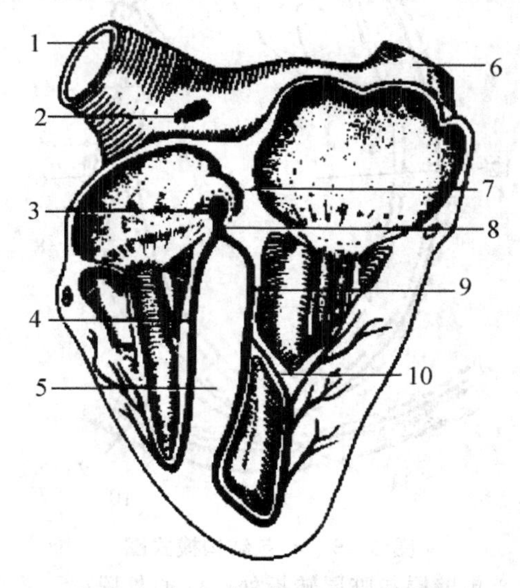

图 6-4 心脏的传导系统示意图

1. 前腔静脉；2. 窦房结；3. 房室结；4. 右脚；5. 室中隔；6. 后腔静脉；7. 房中隔；8. 房室束；9. 左脚；10. 隔缘肉柱

1. 窦房结（Sinuatrial node） 位于前腔静脉和右心耳间界沟处的心外膜下，除分支到心房肌外，还分出数支节间束与房室结相连。窦房结的兴奋性最高，能产生节律性兴奋，并传至心房肌使心房肌收缩；同时还通过结间束将兴奋传至房室结，引起房室结搏动。

2. 房室结（Atrioventricular node） 位于房中隔右心房面的心内膜下，冠状窦口的前下方。房室结可将来自窦房结的搏动传导至心房肌和房室束。

3. 房室束（Atrioventricular bundle） 由粗大的浦肯野氏纤维构成，是房室结向下的直接延续。房室束在室间隔上部分为较粗的左脚和较细的右脚，沿室间隔两侧的心内膜下向下伸延，并转折到心室侧壁，此外，还有分支经隔缘肉柱到心室侧壁。以上分支在心内膜下分散为浦肯野氏纤维丛，与心肌纤维相延续。房室束可将来自房室结的冲动传导至室中隔和心室壁，并通过浦肯野氏纤维传导至心肌纤维，使心室收缩。

六、心 包

心包（Pericardium）（图 6-5）为包在心脏外面的锥形纤维浆膜囊。分内、外两层，外层称纤维心包，内层称浆膜心包。

1. 纤维心包 为坚韧的结缔组织囊，上与大血管的结缔组织相连，下以两条胸骨心包韧带与胸骨相连。纤维心包外覆盖有纵隔胸膜。

2. 浆膜心包 分为壁层和脏层。壁层贴于纤维心包内面，在心基大血管根部移行为脏层；脏层为覆盖于心脏和大血管根部表面的浆膜，心脏表面的浆膜即心外膜。壁层与脏层

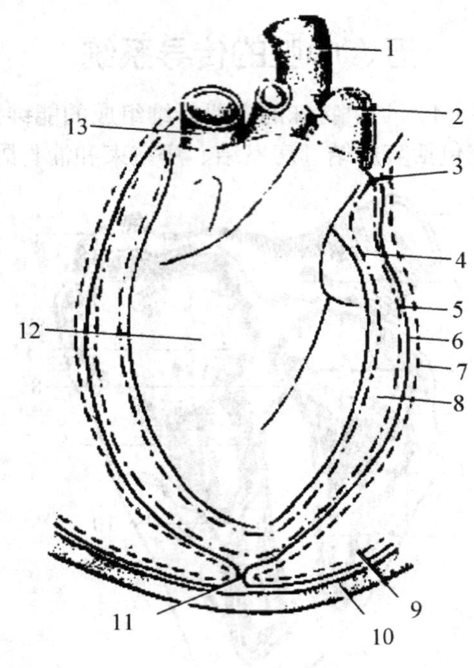

图 6-5 心包结构模式图

1. 主动脉；2. 肺动脉；3. 心包壁层与脏层转折处；4. 心外膜；5. 心包浆膜壁层；6. 纤维膜；7. 心包胸膜；8. 心包腔；9. 肋胸膜；10. 胸壁；11. 胸骨心包韧带；12. 右心室；13. 前腔静脉

之间的腔隙即心包腔，内有少量的心包液，可润滑心脏。心包位于胸纵隔内，被覆在心包外面的纵隔胸膜称为心包胸膜。心包有维持心脏位置和减少与相邻器官间摩擦的功能，并可作为一个屏障使周围感染不致蔓延到心脏。

第三节 血 管

一、血管的种类和构造

根据血管结构和功能的不同，分为动脉、毛细血管和静脉。

1. 动脉血管 动脉血管管壁厚，管腔小，富有收缩性和弹性。动脉血管可将心脏输出的血液送往全身各处，速度快，压力高。若动脉血管破裂，出血常呈喷射状。

2. 毛细血管 毛细血管在体内分布最广，在组织器官内互相吻合成网。毛细血管的管壁很薄，仅由一层内皮细胞构成，具有一定的通透性。血流速度很慢，血压很低，是血液和周围组织进行物质交换的场所。

3. 静脉血管 静脉血管管腔大，管壁薄，弹性小，有些静脉内有朝向心脏方向的静脉瓣膜，尤以四肢部的静脉中较多，可防止血液倒流。静脉可将全身各部的血液引流回心脏。静脉血管中无血液时管壁常呈塌陷状。

二、肺循环的血管

肺循环亦称小循环，是静脉血由右心室泵出，经肺动脉到肺毛细血管网进行气体交换，成为含氧丰富的动脉血，再经肺静脉回到左心房的过程。肺循环的血管包括肺动脉、毛细血管和肺静脉。

三、体循环的血管

体循环亦称大循环，是动脉血由左心室泵出，经主动脉及其各级动脉分支运输到全身各组织器官进行物质交换，再通过毛细血管网、静脉回到右心房的过程。

（一）体循环的动脉

体循环的动脉主干为主动脉（Aorta）。主动脉起始于左心室的主动脉口，主要分为主动脉弓、胸主动脉和腹主动脉三段。主动脉弓为主动脉的第一段，自主动脉口斜向后上方呈弓状弯曲，至第六胸椎腹侧；然后沿胸椎腹侧向后延续至膈，此段称为胸主动脉；最后穿过膈上的主动脉裂孔进入腹腔，称为腹主动脉（表6－1）。

表6－1 主动脉及主要分支简表

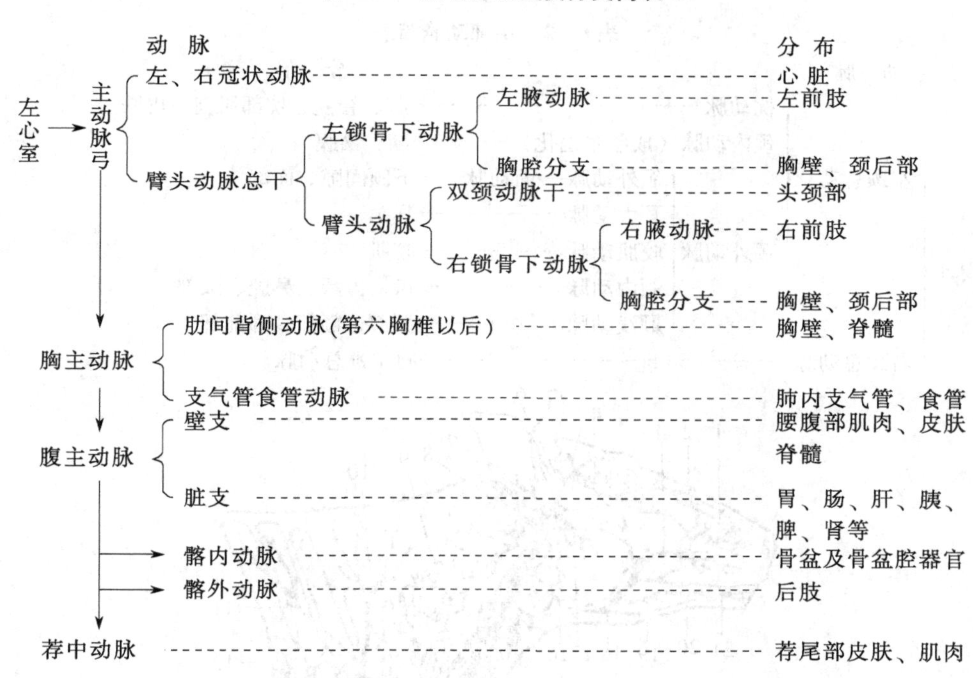

1. 主动脉弓（Aortic arch） 主动脉由左心室发出后，在肺动脉和左、右心房间向前上方斜行，此段称为升主动脉；出心包后转而斜向后上方，形成主动脉弓，管壁内有压力感受器。主动脉弓与肺动脉间有一索状的连接物，称动脉导管索，是胎儿时期主动脉与肺动脉之间动脉导管的遗迹。主动脉弓的主要分支有：

（1）*左、右冠状动脉* 左、右冠状动脉由升主动脉的根部分出，主要分布到心脏。

（2）*臂头动脉总干* 臂头动脉总干为输送血液至头、颈、前肢和胸壁前部的总动脉干。臂头动脉总干沿气管腹侧前行，于第一肋骨处分出左锁骨下动脉后主干移行为臂头动脉。臂头动脉于胸前口处分出短而粗的双颈动脉干后，延续为右锁骨下动脉。

（3）*双颈动脉干* 双颈动脉干为头颈部的动脉总干，短而粗，于胸前口分为左、右颈总动脉。

（4）锁骨下动脉　锁骨下动脉从第一肋前缘，斜角肌间穿出胸腔，主干延续为前肢的腋动脉。左锁骨下动脉在胸腔内的分支主要有：肋颈动脉、颈深动脉、椎动脉、胸内动脉、颈浅动脉；右侧的肋颈动脉、颈深动脉和椎动脉自臂头动脉干发出，胸内动脉、颈浅动脉自右锁骨下动脉发出。锁骨下动脉在胸腔内的分支主要分布到胸背部和颈后部的肌肉和皮肤。

2. 头颈部的主要动脉（表 6－2、图 6－6）　臂头动脉分出的双颈动脉干是头颈部的动脉主干，双颈动脉干在胸前口分为左右颈总动脉。左右颈总动脉分别沿食管和气管外侧向前延伸，沿途发出侧支，分布到颈部的肌肉、皮肤、食管、气管、喉、甲状腺及扁桃体等。在伸达寰枕关节腹侧，分出颈内动脉和枕动脉后，延续为颈外动脉。颈总动脉末端分叉处的膨大部为颈动脉窦，窦壁外膜下有丰富的游离神经末梢，为血液的压力感受器。其附近不甚明显的小体为颈动脉球，有结缔组织与颈总动脉相连，为血液的化学感受器，对血液中的二氧化碳和氧气含量变化敏感。

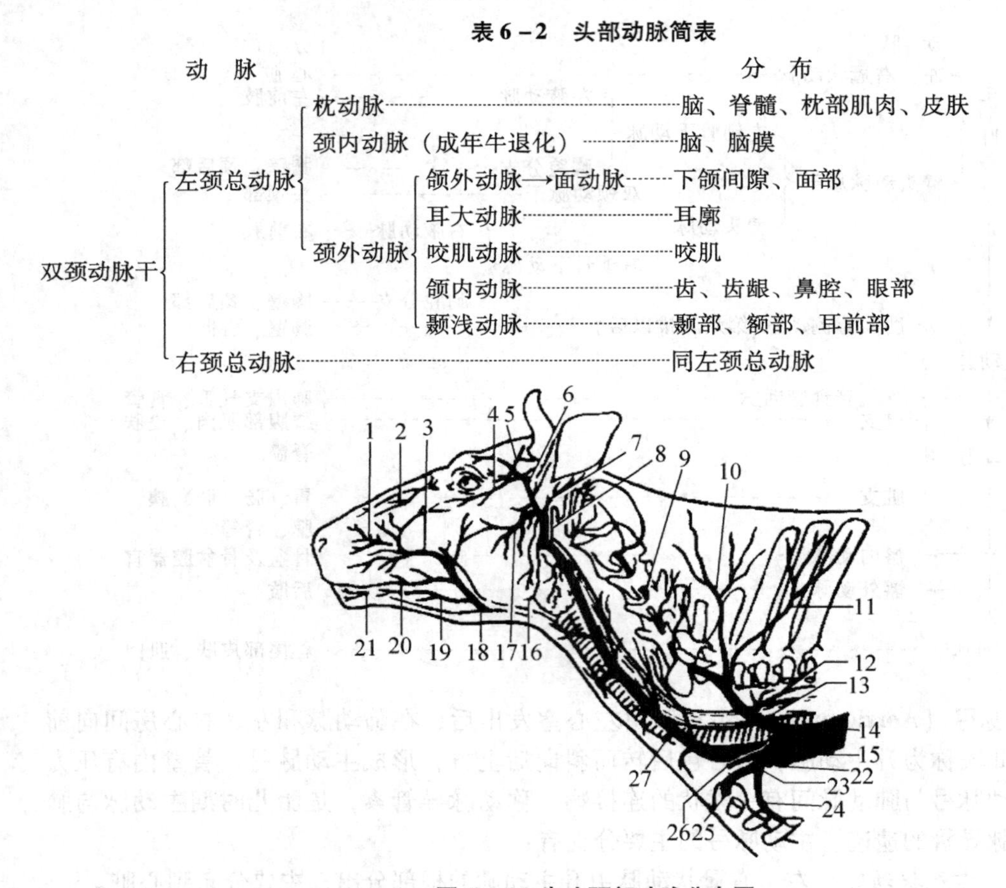

表 6－2　头部动脉简表

动脉				分布
双颈动脉干	左颈总动脉	枕动脉		脑、脊髓、枕部肌肉、皮肤
		颈内动脉（成年牛退化）		脑、脑膜
		颈外动脉	颌外动脉→面动脉	下颌间隙、面部
			耳大动脉	耳廓
			咬肌动脉	咬肌
			颌内动脉	齿、齿龈、鼻腔、眼部
			颞浅动脉	颞部、额部、耳前部
	右颈总动脉			同左颈总动脉

图 6－6　牛头颈部动脉分布图

1. 眶下动脉；2. 鼻背动脉；3. 上唇动脉；4. 泪腺动脉；5. 角动脉；6. 颞浅动脉；7. 耳大动脉；8. 枕动脉；9. 椎动脉；10. 颈深动脉；11. 肩胛背侧动脉；12. 最上肋间动脉；13. 肋颈动脉；14. 臂头动脉干；15. 臂头动脉；16. 咬肌动脉；17. 面；横动脉；18. 面动脉；19. 下唇浅动脉；20. 下唇深动脉；21. 颌动脉；22. 双颈动脉干；23. 左锁骨下动脉；24. 胸内动脉；25. 腋动脉；26. 颈浅动脉；27. 左颈总动脉

（1）*枕动脉*　较细，起于颈动脉窦的背侧。主干向上延伸，沿途发出侧支，分布到寰枕关节处的肌肉和皮肤、咽部和软腭、中耳、脑膜外，最后延续为髁动脉，经舌下神经孔入颅腔和椎管，分布到脑和脊髓。

（2）*颈内动脉*　为3个分支中最细的一支，仅犊牛存在，由颈静脉孔入颅腔，分布于脑。

（3）*颈外动脉*　为颈总动脉3个分支中最粗的一支，颈外动脉在延伸途中分出颌外动脉、咬肌动脉、耳大动脉、颞浅动脉和颌内动脉等较大分支。颈外动脉的主要分支有：

① 颌外动脉：由颈外动脉起始部分出，至下颌间隙分出舌动脉分布到舌肌，主干向上延伸，延续为面动脉，分布到上下唇、鼻部和眼角。羊无面动脉。颌外动脉在绕过下颌血管切迹时，位于皮下，在下颌血管切迹处，可用于检查马、驴、骡的脉搏。

② 颞浅动脉：在颞下颌关节腹侧面由颈外动脉分出，主干在腮腺深面向上延伸，分布到颞部、额部、耳前部的肌肉和皮肤。牛的还分布到角。

③ 颌内动脉：颈外动脉分出颞浅动脉后的直接延续，沿下颌骨内侧向前延伸，分支到咀嚼肌、齿、口、鼻腔、眼等处。

3. 前肢的主要动脉（表6-3、图6-7）　前肢动脉是左右锁骨下动脉的延续，分布于左右前肢。

表6-3　前肢动脉简表

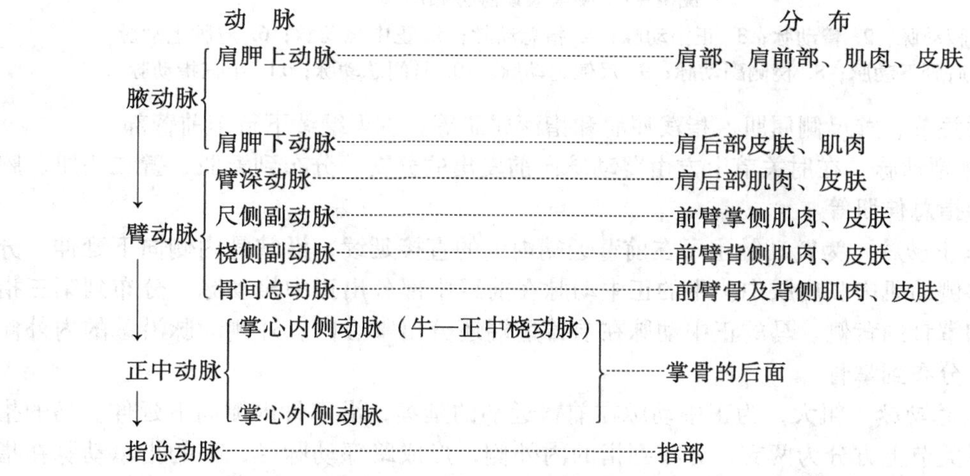

动脉		分布
腋动脉	肩胛上动脉	肩部、肩前部、肌肉、皮肤
	肩胛下动脉	肩后部皮肤、肌肉
↓ 臂动脉	臂深动脉	肩后部肌肉、皮肤
	尺侧副动脉	前臂掌侧肌肉、皮肤
	桡侧副动脉	前臂背侧肌肉、皮肤
	骨间总动脉	前臂骨及背侧肌肉、皮肤
↓ 正中动脉	掌心内侧动脉（牛—正中桡动脉）	掌骨的后面
	掌心外侧动脉	
↓ 指总动脉		指部

（1）*腋动脉*　是前肢动脉的主干。锁骨下动脉出胸腔后的直接延续，位于肩关节内侧，向后向下延伸，分出肩胛上动脉和肩胛下动脉，分布于肩部的肌肉和皮肤中。

① 肩胛上动脉：在肩关节上方起于腋动脉，分支到冈上肌和肩胛下肌等。

② 肩胛下动脉：较粗，于肩关节后方起于腋动脉，分布到肩后部及内外侧的皮肤和肌肉。

（2）*臂动脉*　为腋动脉主干在大圆肌后缘向下的延续，在喙臂肌、臂二头肌后缘、肱骨内侧下行，分出骨间总动脉后延续为正中动脉。主要分支有：

① 臂深动脉：粗短，在臂中部由臂动脉分出，分数支到臂三头肌、肘肌、臂肌和前臂筋膜张肌。

② 尺侧副动脉：在臂部内侧下1/3处由臂动脉分出，向后下方延伸，至鹰嘴内侧，发

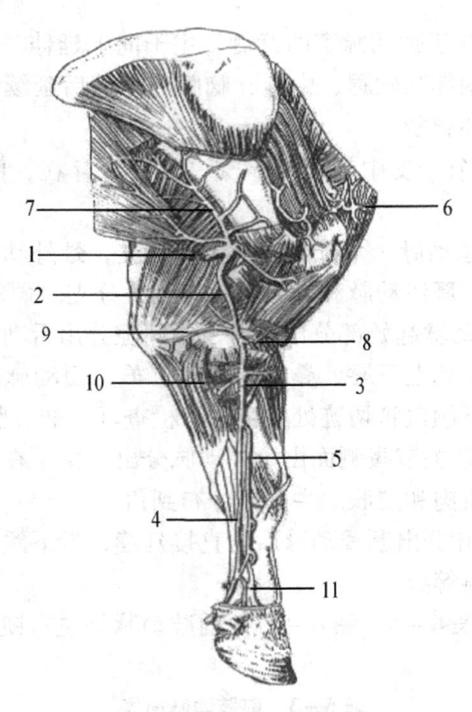

图 6－7　牛前肢动脉分布图

1. 腋动脉；2. 臂动脉；3. 正中动脉；4. 指总动脉；5. 正中桡动脉；6. 肩胛上动脉；7. 肩胛下动脉；8. 桡侧副动脉；9. 尺侧副动脉；10. 骨间总动脉；11. 第三指动脉

出分支到肘关节、腕尺侧屈肌、指浅屈肌和指深屈肌等。主干继续下行至前臂部。

③ 桡侧副动脉：在肘关节上方由臂动脉向前发出的分支。分布到臂肌、臂二头肌、腕桡侧伸肌和指总伸肌等。

（3）正中动脉　为臂动脉主干在前臂近端内侧的直接延续，沿掌骨内侧向下延伸，分布于前臂掌侧的肌肉和皮肤中。牛的正中动脉在前臂中部分出正中桡动脉，分布到第三指的内侧面和掌骨的背侧。马的正中动脉在前臂远端还分出掌心内、外侧动脉沿掌的内外侧向下延伸，分布到掌骨。

（4）指总动脉　粗大，为正中动脉在前臂远端的延续，沿掌骨内侧向下延伸。马的指总动脉在系关节上方分为两支，分布到指的内外侧，形成蹄部动脉弓；牛的指总动脉在指间隙处分为两支，分别分布到第三、第四指。

4. 胸主动脉（Aorta thoracica）　胸主动脉为胸部的粗大动脉主干，为主动脉弓的直接延续。在胸腔的主要分支肋间背侧动脉、支气管食管动脉。

（1）支气管食管动脉　在第六胸椎处由胸主动脉分出，分为支气管支和食管支。支气管支又分为左右两支，从肺门入左、右肺，为肺的营养性血管。食管支沿食管背侧向后延伸，沿途分布到胸段食管、心包和纵隔。

（2）肋间背侧动脉　起于胸主动脉背侧的成对侧支，其对数与肋骨对数一致，牛肋间背侧动脉前三对由肋颈动脉干分出，其余均由胸主动脉分出。每对肋间背侧动脉在椎间孔处均分出背侧支和腹侧支，背侧支分出脊髓支和肌支，脊髓支入椎间孔，分布于脊髓。肌支分布于脊柱背侧的肌肉和皮肤。腹侧支较粗，称肋间动脉，沿肋骨的血管沟向下延伸，分布于胸侧壁的肌肉和皮肤。肋间动脉沿肋沟向下延伸时，常伴随同名静脉和肋间神经，形成血管神经束，因此在进行开胸手术时应注意分离神经。

5. 腹主动脉（Aorta abdominalis）（表 6－4） 腹主动脉为腹腔及腹侧壁动脉的主干，胸主动脉的直接延续，沿腰椎椎体腹侧偏左后行，于第五（六）腰椎处分为左、右髂内动脉和左、右髂外动脉及荐中动脉。腹主动脉的分支有腹腔动脉、肠系膜前动脉、肾动脉、肠系膜后动脉、睾丸动脉或子宫卵巢动脉、腰动脉、膈后动脉。

表 6－4 腰腹部动脉简表

动脉			分布
腹主动脉	腰动脉		腰腹部肌肉、皮肤、脊髓
	腹腔动脉		胃、肝、胰、脾、部分十二指肠
	牛	脾动脉	脾、瘤胃
		瘤胃左动脉	瘤胃、网胃
		胃左动脉	瓣胃、皱胃
		肝动脉	肝、胰、十二指肠、皱胃
	马	脾动脉	脾、胰、胃、网膜
		胃左动脉	胃、胰、部分食管
		肝动脉	肝、胰、十二指肠、胃
	肠系膜前动脉		肠管
	牛	胰十二指肠动脉	胰、十二指肠
		结肠中动脉	结肠终袢
		回盲结肠动脉	回肠、盲肠、结肠、旋袢
	马	空肠动脉	小肠
		上结肠和结肠中动脉	上大结肠、小结肠起始部
		回盲结肠动脉	回肠、盲肠、下大结肠
	肾动脉		肾、肾上腺
	肠系膜后动脉		结肠后部和直肠
	睾丸动脉		精索、睾丸、附睾
	或卵巢动脉		卵巢、子宫角

（1）腹腔动脉（图 6－8） 短而粗，在膈后方起于腹主动脉，为肝、脾、胰和十二指肠前部、网膜等腹腔脏器的动脉主干。主要分为肝动脉、脾动脉和胃左动脉三支。

① 肝动脉：经肝门入肝，分为左、右二支，分布于肝、胰、胆囊、皱胃、十二指肠与网膜。

② 脾动脉：主干向前向左横过瘤胃背侧，经脾门入脾。主要分支有瘤胃左动脉和瘤胃右动脉。

瘤胃左动脉 有时起于胃左动脉。主干从瘤胃背囊右侧伸向前沟，然后沿左纵沟向后延伸。并有分支到网胃、膈、食管等。

瘤胃右动脉 主干沿瘤胃右纵沟伸向后沟，绕向左纵沟向前，与瘤胃左动脉吻合。

③ 胃左动脉：腹腔动脉的延续干，于瘤胃右侧向前下方，至瓣胃大弯，主干沿瓣胃后方、皱胃小弯向后延伸，分支到瓣胃、皱胃小弯和幽门，并与肝动脉的胃右动脉

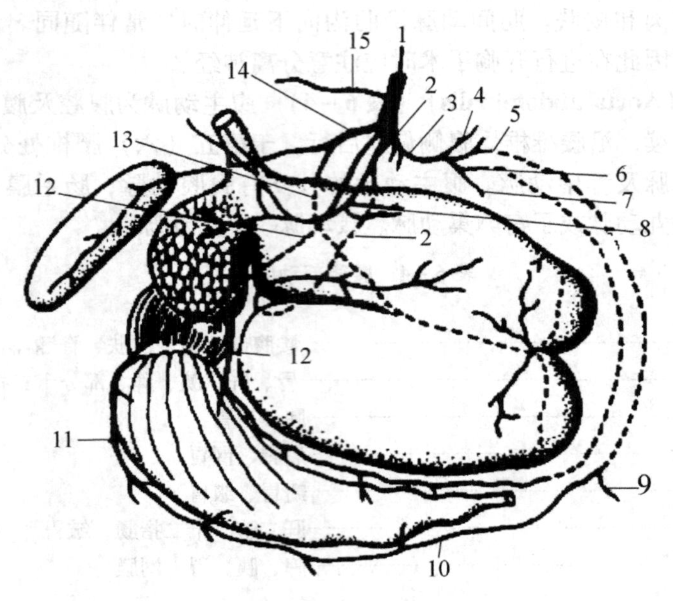

图 6-8　牛腹腔动脉分布图

1. 腹腔动脉；2. 瘤胃左动脉；3. 肝动脉；4. 肝动脉右支；5. 胃十二指肠动脉；6. 胃右动脉；7. 肝动脉左支；8. 网胃动脉；9. 胰十二指肠前动脉；10. 胃网膜右动脉；11. 胃网膜左动脉；12. 胃左动脉；13. 瘤胃右动脉；14. 脾动脉；15. 膈后动脉

吻合。

（2）*肠系膜前动脉*（图 6-9）　在腹腔动脉之后由腹主动脉腹侧分出，为腹主动脉的最粗大脏支，主干经左、右膈脚间入总肠系膜，延续干在结肠旋袢与空肠间的空肠系膜内向后延伸，最后延续为回肠动脉。肠系膜前动脉分支如下：

① 胰十二指肠动脉：分支到十二指肠和胰。

② 结肠中动脉：分支到横结肠和降结肠。

③ 回结肠动脉：较粗，分为结肠右动脉、结肠支、回肠系膜侧支、盲肠动脉。

④ 空肠动脉：由肠系膜前动脉凸面分出，数目多，分布到空肠。

（3）*肾动脉*　成对的粗短动脉。约在第二腰椎处由腹主动脉分出，主干从肾门入肾，分布到肾及脂肪囊。侧支有肾上腺后支和输尿管支。

（4）*肠系膜后动脉*　约在第四至第五腰椎处自腹主动脉分出，行于结肠系膜内，分为前、后两支。

① 结肠左动脉：前支分支到降结肠后部。与结肠中动脉吻合。

② 直肠前动脉：后支的延续支，分支到直肠前部及降结肠末端。

（5）*睾丸动脉*　成对，在肠系膜后动脉根部附近由腹主动脉发出，沿腹侧壁向下入鞘膜管，主干从睾丸头部入睾丸，参与构成精索。分布到睾丸、附睾、精索、鞘膜和输精管等。

子宫卵巢动脉　成对，为睾丸动脉的同源动脉，入子宫阔韧带。主干盘曲，末端分为 2~3 支，从卵巢门处入卵巢。侧支有输卵管支、子宫支。

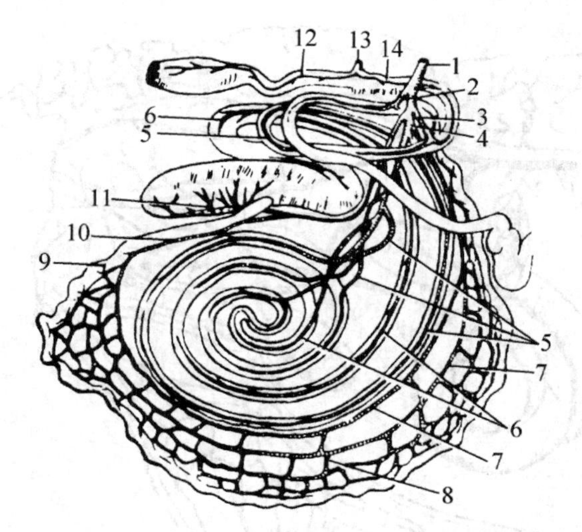

图 6－9　牛肠系膜前、后动脉分布图

1. 肠系膜前动脉；2. 胰十二指肠后动脉；3. 结肠中动脉；4. 回结肠动脉；5. 结肠右动脉；6. 结肠支；7. 侧副支；8. 空肠动脉；9. 回肠动脉；10. 回肠系膜支；11. 盲肠动脉；12. 乙状结肠动脉；13. 肠系膜后动脉；14. 结肠左动脉

（6）*腰动脉*　共 6 对，前 5 对起自腹主动脉，第 6 对起自髂内动脉。每一根腰动脉都有分支分布到腰肌，有脊髓支分布到脊髓和脊膜，还有背侧肌支分布到背侧的肌肉。

（7）*膈后动脉*　其主干为左、右髂内动脉，由腹主动脉或腹腔动脉发出，向前延伸，分布到左右膈和肾上腺。

6. 骨盆部和荐尾部的动脉（表 6－5）

（1）*骨盆部动脉（图 6－10、图 6－11）*　由腹主动脉在第 6 腰椎腹侧分出，沿荐骨腹侧和荐结节阔韧带内侧向后延伸，其主要分支有阴部内动脉和闭孔动脉，牛无闭孔动脉，仅有一些小的闭孔支。分布于骨盆内器官，荐臀部及尾部的肌肉和皮肤。

表 6－5　骨盆部和荐尾部动脉简表

动　脉		分　布
牛髂内动脉	脐动脉	膀胱、输尿管、输精管
	子宫动脉	子宫角、子宫体
	尿生殖动脉	直肠、膀胱、尿道、阴茎或阴道
	子宫后动脉	子宫后部和阴道
	阴部内动脉	前庭会阴、乳房或阴茎
牛荐中动脉		荐部脊髓、荐尾部肌肉、皮肤
马髂内动脉	荐动脉	荐、臀、尾部肌肉、皮肤和荐部脊髓
	阴部内动脉	骨盆内脏器、会阴、阴茎或阴道前庭
	闭孔动脉	股后、股内肌群、阴茎

① 脐动脉：成对，胎儿期很粗大，由髂内动脉于骨盆前口处分出，沿膀胱侧韧带伸向

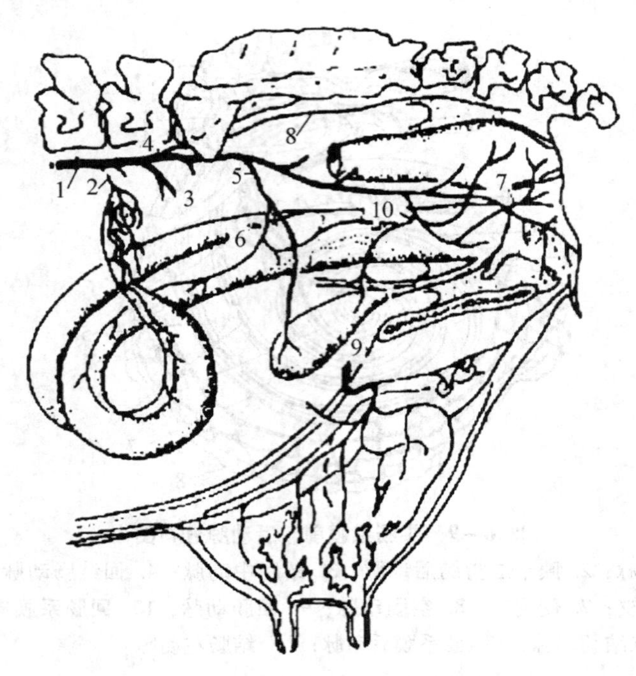

图 6－10　母牛骨盆动脉分布图

1. 腹主动脉；2. 卵巢动脉；3. 髂外动脉；4. 髂内动脉；5. 脐动脉；6. 子宫动脉；7. 阴部内动脉；8. 荐中动脉；9. 阴部外动脉；10. 尿生殖动脉

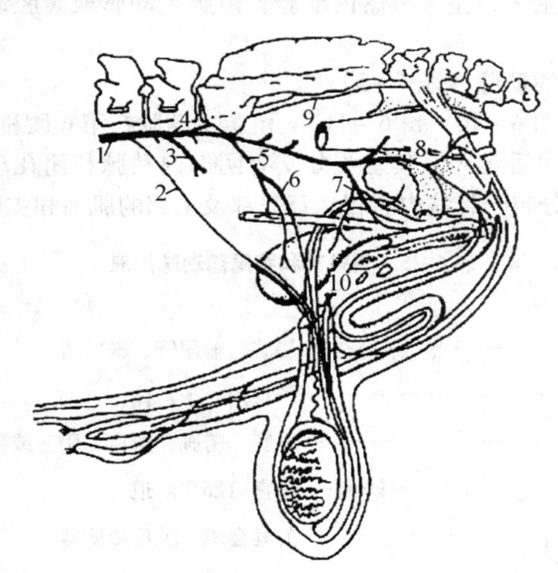

图 6－11　公牛骨盆动脉分布图

1. 腹主动脉；2. 睾丸动脉；3. 髂外动脉；4. 髂内动脉；5. 脐动脉；6. 输精管动脉；7. 尿生殖动脉；8. 阴部内动脉；9. 荐中动脉；10. 阴部外动脉

脐，出生后管壁增厚、管腔变小，末端（指膀胱顶至脐的一段）闭塞而形成膀胱圆韧带。脐动脉除分布到输尿管和膀胱外，还形成输精管动脉、子宫动脉。

② 髂腰动脉：髂腰动脉常在脐动脉分支处后方的髂内动脉分出，细小，分支到髂

腰肌。

③ 臀前动脉：臀前动脉起于髂腰动脉分支处后方，常有 1 ~2 支，出坐骨大孔，分支到臀肌。牛常发出第一、第二荐支到荐部。

④ 前列腺动脉：前列腺动脉分支到输精管、前列腺、精囊腺、膀胱后部及输尿管等。

阴道动脉、前列腺动脉的同源动脉，在阴道腹侧面分为前、后两支。分支到子宫颈、子宫体、阴道、阴道前庭、肛门以及阴唇。

⑤ 臀后动脉：臀后动脉出坐骨小孔，分支到臀股二头肌、腘肌等。

⑥ 阴部内动脉：髂内动脉的延续干。公牛的阴部内动脉分出尿道动脉和会阴腹侧动脉后，延续为阴茎动脉；母牛的阴部内动脉分出前庭动脉和会阴腹侧动脉后，延续为阴蒂动脉。

（2）*荐尾部的动脉及其分支*

① 荐中动脉：腹主动脉的延续干，沿荐骨腹侧正中向后，沿途分出荐支入荐腹侧孔，分支到脊髓和肌肉。主干向后伸达尾椎腹侧正中，称尾中动脉。中国水牛的荐中动脉多数缺乏，由髂内动脉分出的左、右荐外侧动脉，向后汇集成尾中动脉。

② 尾中动脉：从尾椎腹侧血管沟内向后，至第四、五尾椎处位于皮下，用手指触摸能清晰感到搏动，是牛的脉诊动脉。尾中动脉分布到尾部肌肉、皮肤。

7. 后肢的动脉（图 6 –12、表 6 –6） 由腹主动脉在第五、第六腰椎处分出的左右髂外动脉为后肢动脉的主干。延续干按部位依次为股动脉、腘动脉、胫前动脉、跖背外侧动脉和跖背侧动脉。

表 6 –6 后肢动脉简表

动脉		分布
髂外动脉	旋髂深动脉	腰腹部肌肉、皮肤
	精索外动脉	公畜的鞘膜和精索
	子宫中动脉(马)	子宫角、子宫体
	股深动脉,阴部外动脉	阴囊、阴茎或乳房
↓ 股动脉	股前动脉	股前肌肉
	隐动脉(牛隐动脉发达)	股部、小腿内侧皮肤
	股后动脉	股后肌肉、皮肤
↓ 腘动脉	胫后动脉	小腿后部肌肉、皮肤
胫前动脉		小腿背外侧肌肉、皮肤
	→ 跖背外侧动脉(马)	趾部
	→ 趾总动脉	趾部
↓ 跖背侧动脉(牛)		趾部
	→ 背侧动脉	趾部

（1）*髂外动脉* 髂外动脉约在第五腰椎腹侧处由腹主动脉分出，沿骨盆前口向后下方延伸，至耻骨前缘延续为股动脉。髂外动脉的主要分支有：

① 旋髂深动脉：在骨盆前口上处，由髂外动脉肋前缘分出。主干沿腹壁内面向前延伸，约在髋结节相对处分为前、后两支。主要分布到腰部和肋部的肌肉和皮肤。

② 股深动脉：由髂外动脉向后分出，主干向前分出阴部腹壁干后，延续为旋股内侧动脉。分布于股后和股内侧肌群。

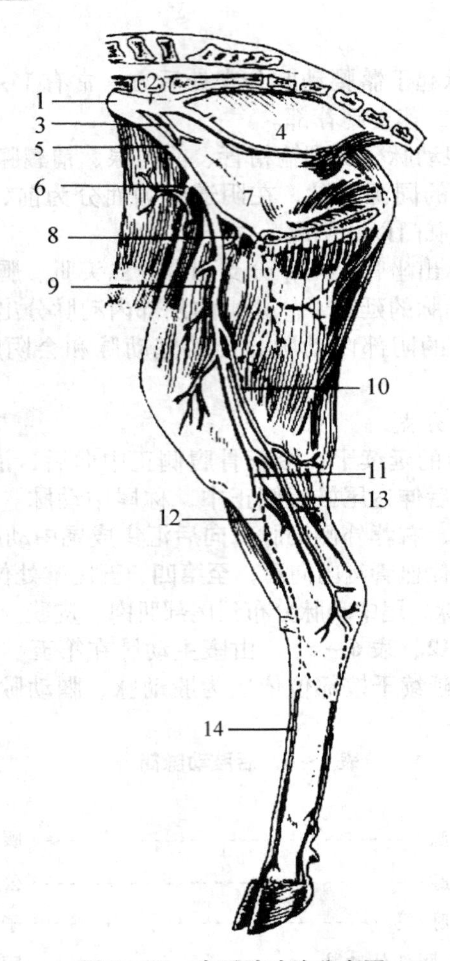

图 6－12　牛后肢动脉分布图

1. 腹主动脉；2. 髂内动脉；3. 脐动脉；4. 阴部内动脉；5. 髂外动脉；6. 旋髂深动脉；7. 股深动脉；8. 腹壁阴部动脉干；9. 股动脉；10. 隐动脉；11. 腘动脉；12. 胫前动脉；13. 胫后动脉；14. 跖背侧动脉

（2）*股动脉*　髂外动脉的直接延续，在股薄肌深面伸向后肢远端，分布到股前、股后和股内肌群。股动脉的主要分支有：

① 股前动脉：股动脉在股管内向前发出的分支，主要分布到股四头肌。

② 隐动脉：股骨中部向后发出的分支，与隐大静脉、隐神经伴行，出股管后在股部和小腿部的内侧皮下向下延伸，在跗部分出内侧踝支和跟支后，主干于跟骨内侧分为足底内侧动脉和足底外侧动脉，分布到趾部。牛的隐动脉发达。

③ 股后动脉：由股动脉向后分出，主干短，入腓肠肌内、外侧头，而后分为上、下两支。上支除分布到臀股二头肌、半腱肌、半膜肌等，还分出膝近外侧动脉到膝关节外侧，常与股前动脉分支吻合；下支分布到腓肠肌、趾浅屈肌和臀股二头肌等。

（3）*腘动脉*　股动脉的延续，在腘肌深层向下，斜向胫骨近端外侧后，延续为胫前动脉。腘动脉分出胫后动脉，分布到腘肌、趾浅屈肌和趾深屈肌等。

（4）*胫前动脉*　胫前动脉粗大，为腘动脉的延续，沿胫骨前肌与胫骨背侧之间向下延伸，至跗关节背侧分出穿跗动脉后，转为趾背侧动脉（牛）或趾背外侧动脉。胫前动脉分布到胫骨背外侧肌肉。

（5）跖背外侧动脉　沿跖骨背外侧向下，分支分布于后趾。

（6）跖背侧第三动脉　沿跖背侧纵沟向下伸延，在系关节附近与趾背侧第三总动脉吻合后，向下延伸为趾背侧固有动脉。分支分布于后趾。

（二）体循环的静脉

体循环的静脉可分为前腔静脉、后腔静脉、奇静脉和心静脉四个静脉系（表6－7）。

1. 前腔静脉系（图6－13、图6－14）　前腔静脉（V. cava cranialis）为收集头颈、前肢和部分胸壁、腹壁静脉血的静脉干。由左、右颈内静脉和左、右颈外静脉，以及左、右锁骨下静脉于胸前口处汇合而成。前腔静脉位于心前纵膈内、臂头干的右腹侧，约在第四肋骨相对处，穿过心包，经主动脉右侧注入右心房的腔静脉窦。有的牛末端有右奇静脉汇入。

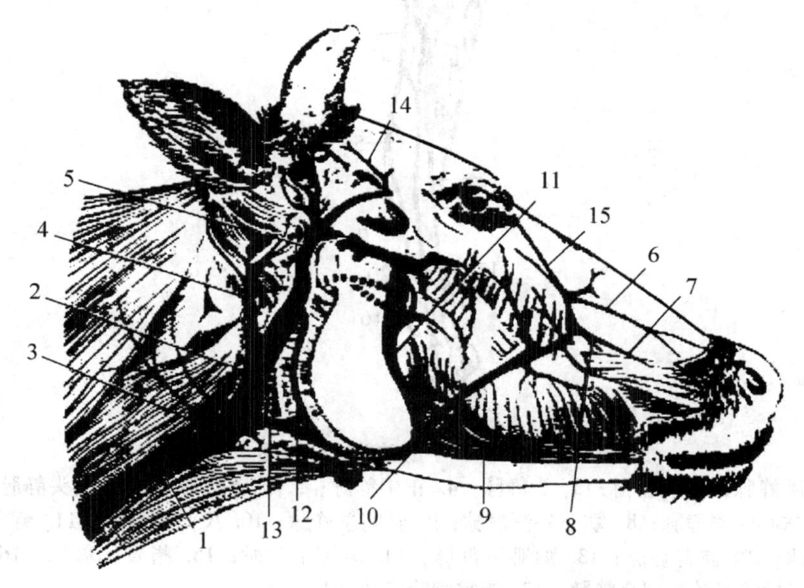

图6－13　牛头部静脉分布图

1. 颈外静脉；2. 上颌静脉；3. 枕静脉；4. 耳大静脉；5. 颞浅静脉；6. 鼻背静脉；7. 鼻外静脉；8. 上唇静脉；9. 下唇静脉；10. 面静脉；11. 颊静脉；12. 咬肌静脉；13. 舌面静脉；14. 角静脉；15. 鼻额静脉

（1）颈静脉　为头颈部粗大的静脉干，主要收集头颈部的静脉血，分为颈内静脉和颈外静脉。

（2）臂皮下静脉　是前肢浅静脉的主干，也称头静脉，汇集前肢浅部皮下静脉血，注入颈静脉或前腔静脉，无动脉伴行。

（3）腋静脉　前肢的深静脉干。起于蹄静脉丛，向上汇入第三和第四指掌轴侧固有静脉，经指掌侧第三总静脉、正中静脉和臂静脉汇入腋静脉，以上静脉干及各自属支均与同名动脉伴行。腋静脉从肩胛内侧向前伸达胸前口的粗短主干称锁骨下静脉，与颈外静脉汇合形成前腔静脉。

（4）胸内静脉　收集胸前壁和部分腹壁的静脉血。与胸内动脉伴行。腹皮下静脉汇入腹壁前静脉，再向前经剑状软骨处汇入胸内静脉，注入前腔静脉起始部。

2. 后腔静脉系　后腔静脉（V. cava caudalis）汇集腹部、骨盆部、尾部和后肢静脉血

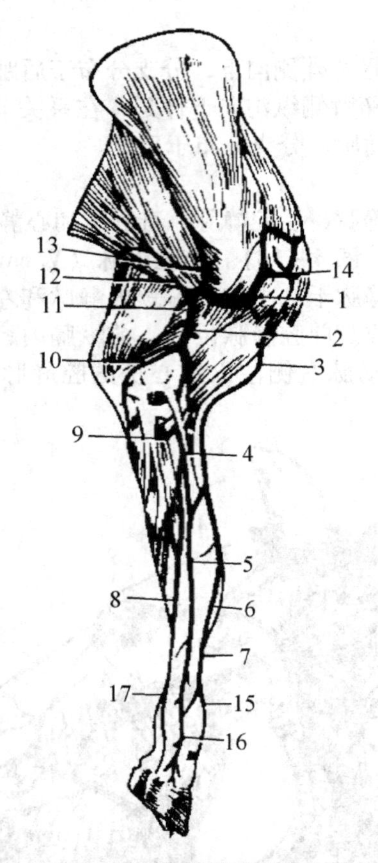

图 6-14　牛前肢静脉分布图

1. 腋静脉；2. 臂静脉；3. 头静脉；4. 正中静脉；5. 前臂头静脉；6. 副头静脉；7. 掌心内侧静脉；8. 掌心外侧静脉；9. 骨间总静脉；10. 尺侧副静脉；11. 臂深静脉；12. 胸背静脉；13. 肩胛下静脉；14. 肩胛上动脉；15. 指背侧静脉；16. 第三指掌远轴侧固有静脉；17. 指掌侧第三总静脉

入右心房的粗大静脉干，是由左、右髂总静脉于第五（六）腰椎腹侧汇合而成，沿腹主动脉右侧前行，入肝背侧的腔静脉沟收集肝静脉，前行，穿过膈的腔静脉裂孔进入胸腔，注入右心房。后腔静脉的主要分支有：

（1）*门静脉*　门静脉（图 6-15）位于后腔静脉腹侧，是引导胃、脾、胰、小肠、大肠（直肠后段除外）的静脉血入肝的粗短静脉干。其分支有胃十二指肠静脉、脾静脉、肠系膜前静脉、肠系膜后静脉，均与同名动脉伴行。门静脉向前向下，并向右侧延伸，穿过胰切迹，经小网膜至肝门入肝。门静脉与一般静脉不同，两端均为毛细血管网。

（2）*腹腔内其他分支*　为腰静脉、睾丸静脉或卵巢静脉、肾静脉和肝静脉，分别收集腹壁、腰段脊髓、睾丸、卵巢、肾脏和肝脏的静脉血，直接汇入后腔静脉。

（3）*髂总静脉*　后肢、盆腔、尾部的静脉主干，由髂内静脉和髂外静脉在盆腔前口处汇集而成。此外，最后一对腰静脉、左睾丸静脉、左卵巢静脉和荐中静脉均直接注入髂总静脉。

① 髂内静脉：为盆腔静脉主干。与髂内动脉伴行，其属支有臀前静脉、臀后静脉、输精管静脉、前列腺静脉、阴部内静脉等，均与同名动脉伴行。

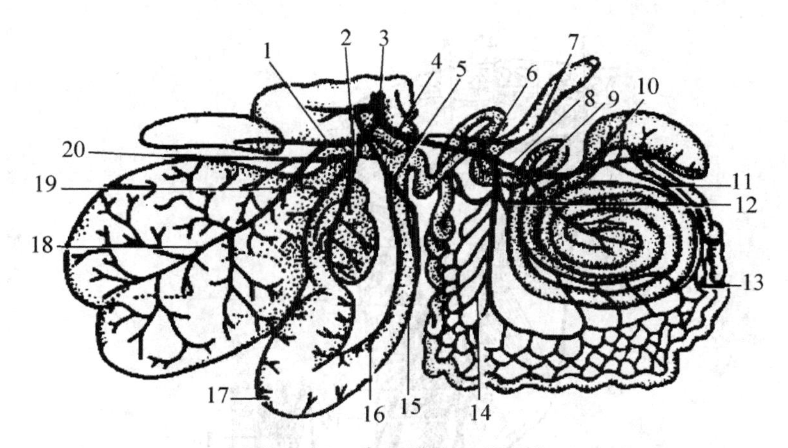

图6－15 牛门静脉及其属支

1. 脾静脉；2. 胃左静脉；3. 门静脉；4. 肠系膜前静脉；5. 胃十二指肠静脉；6. 肠系膜后静脉；7. 结肠左静脉；8. 回盲结肠静脉；9. 结肠中静脉；10. 盲肠静脉；11. 回肠系膜支；12. 侧副支；13. 回肠静脉；14. 空肠静脉；15. 胃网膜右静脉；16. 胃右静脉；17. 胃网膜左静脉；18. 瘤胃；右静脉；19. 瘤胃左静脉；20. 网胃静脉

② 髂外静脉：为后肢静脉主干。按部位依次是股静脉、腘静脉、胫前静脉和足背静脉，均与同名动脉伴行。

后肢的浅静脉干为隐内侧静脉与隐外侧静脉等，均注入深静脉干。隐内侧静脉又称小腿内侧皮下静脉，在跗关节内侧起于足底内侧静脉，与隐动脉和隐神经伴行，注入股静脉。隐外侧静脉又称小腿外侧皮下静脉，无动脉伴行。起于蹄静脉丛，向上汇集成趾背侧固有静脉，进而形成趾背侧总静脉而汇集形成外侧隐静脉，最后汇入旋股内侧静脉（图6－16）。

（4）乳房部的静脉（图6－17） 乳房的大部分静脉血液经阴部外静脉注入髂外静脉，一部分静脉血液经腹壁皮下静脉注入胸内静脉。尽管会阴静脉与乳房基底后静脉相连，但因静脉瓣膜开向乳房，所以乳房静脉血液不能经此静脉流向阴部内静脉。乳房两侧的阴部外静脉、腹壁皮下静脉和会阴静脉在乳房基部互相吻合，形成一个大的乳房基部静脉环。当任何一支静脉血流受阻时，其他静脉可起代偿作用。

3. 奇静脉系 左奇静脉为胸壁静脉主干。接受部分胸壁和腹壁的静脉血，也接受支气管和食管的静脉血。右奇静脉（马）位于胸椎腹侧偏右，与胸主动脉和胸导管伴行向前延伸，注入右心房。

4. 心静脉系 心静脉为心脏冠状循环的静脉总称。心脏的静脉血通过心大静脉、心中静脉和心小静脉注入右心房。

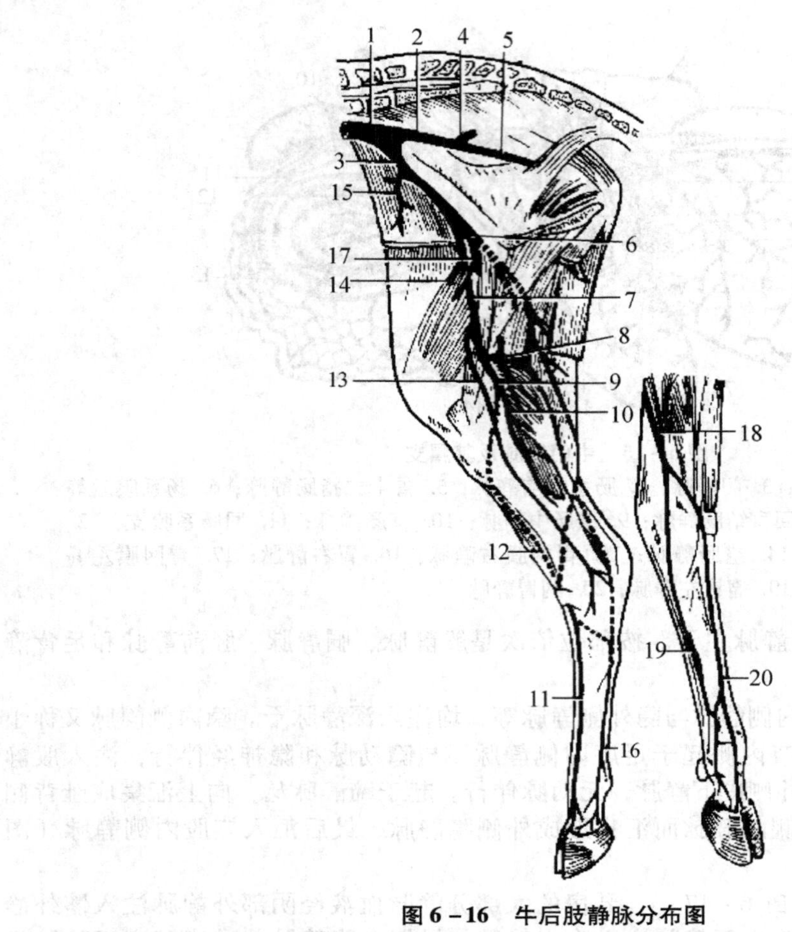

图 6-16　牛后肢静脉分布图

1. 髂总静脉；2. 髂内静脉；3. 髂外静脉；4. 臀前静脉；5. 阴部内静脉；6. 股深静脉；7. 股静脉；8. 股后静脉；9. 腘静脉；10. 胫后静脉；11. 跖背侧第二总静脉；12. 胫前静脉；13. 隐内侧静脉；14. 旋股外侧静脉；15. 旋髂深静脉；16. 足底内侧静脉；17. 阴部腹壁前静脉；18. 隐外侧静脉；19. 足底外侧静脉；20. 趾背侧第三至第四总静脉

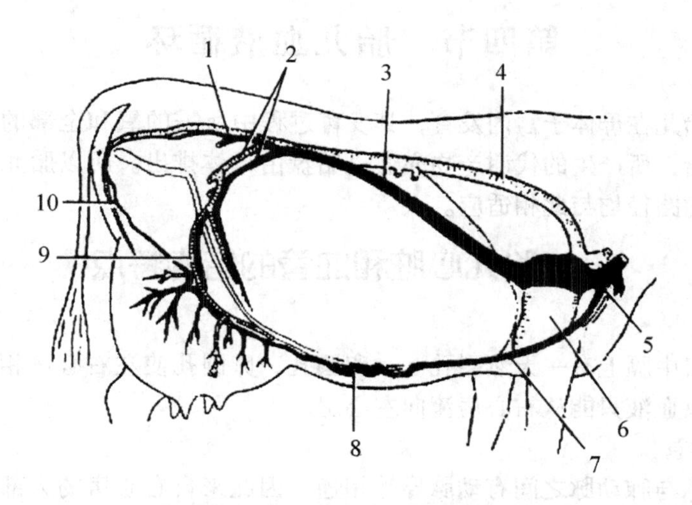

图 6－17 母牛乳房血液循环模式图

1. 髂内动、静脉；2. 髂外动、静脉；3. 后腔静脉；4. 胸主动脉；5. 前腔静脉；6. 心脏；7. 胸内动、静脉；8. 腹壁皮下静脉；9. 阴部外动、静脉；10. 会阴动、静脉

表 6－7 全身静脉回流简表

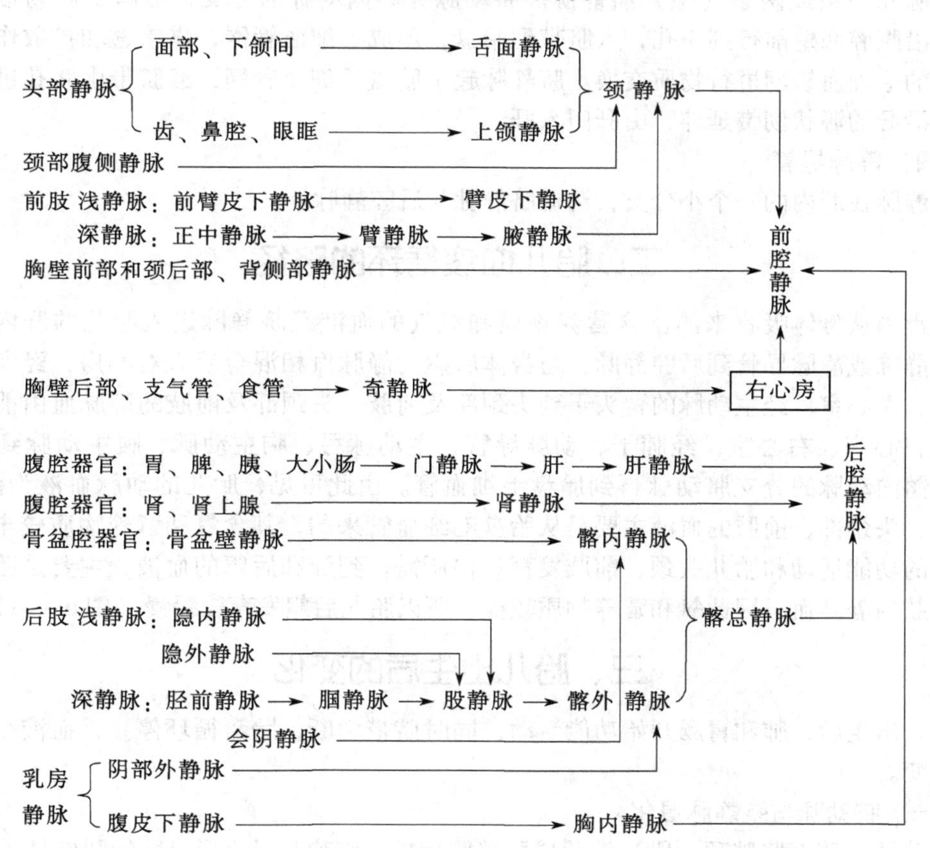

第四节　胎儿血液循环

哺乳动物的胎儿在母体子宫内发育，其发育过程中所需的氧和全部的营养物质都是由母体通过胎盘供给，所产生的代谢产物亦通过胎盘由母体排出。所以胎儿的心血管系统的结构及血液循环的路径均与此相适应。

一、胎儿心脏和血管的结构特点

（一）卵圆孔

胎儿心脏的房中膈上有一天然裂孔——卵圆孔，卵圆孔使左右心房相通。因该孔的左侧有卵圆瓣，所以血液只能从右心房流向左心房。

（二）动脉导管

胎儿的主动脉与肺动脉之间有动脉导管相通。因此来自右心房的大部分血液由肺动脉通过动脉导管流入主动脉，仅少量血液经肺动脉入肺。

（三）脐动脉和脐静脉

胎盘是胎儿与母体进行气体及物质交换的特殊器官，借脐带与胎儿相连。脐带内有两条脐动脉和一条或两条（牛）脐静脉。脐动脉为髂内动脉的分支，沿膀胱侧韧带到膀胱顶，再沿腹腔底壁前行到脐孔，入脐带到胎盘，形成毛细血管网，靠渗透和扩散作用与母体子宫的毛细血管网进行物质交换。脐静脉起于胎盘毛细血管网，经脐带由脐孔进入胎儿腹腔，沿肝的镰状韧带延伸，由肝门入肝。

（四）静脉导管

脐静脉在肝内的一个小分支，沟通脐静脉与后腔静脉。

二、胎儿血液循环的路径

胎盘内从母体吸收来的富含营养物质和氧气的血液经脐静脉进入胎儿的肝内，经肝窦、肝静脉或静脉导管到后腔静脉，与身体后躯的静脉血相混合后入右心房，经卵圆孔入左心房、左心室，经主动脉的臂头干到头颈部及前肢。头颈部及前肢的静脉血由前腔静脉回流到右心房、右心室，经肺干、动脉导管、主动脉弓、胸主动脉、腹主动脉到身体后躯。由髂内动脉的分支脐动脉再到胎盘毛细血管。由此可见，胎儿的动脉血液为混合血，但到肝、头颈部、前肢的血液主要是从胎盘毛细血管来的，其含氧和营养物质较丰富，以适应肝的功能活动和胎儿头颈、前肢发育较快所需。到肺和后躯的血液，主要是胎儿头颈部和前肢的静脉血，因此氧和营养物质较少，所以胎儿后躯发育较缓慢（图 6－18）。

三、胎儿出生后的变化

胎儿出生后，肺和胃肠开始功能活动，同时脐带中断，胎盘循环停止，血液循环随之发生改变。

（一）脐动脉与脐静脉退化

脐动脉（脐至膀胱顶一段）退化成膀胱圆韧带。脐静脉退化形成肝的圆韧带。

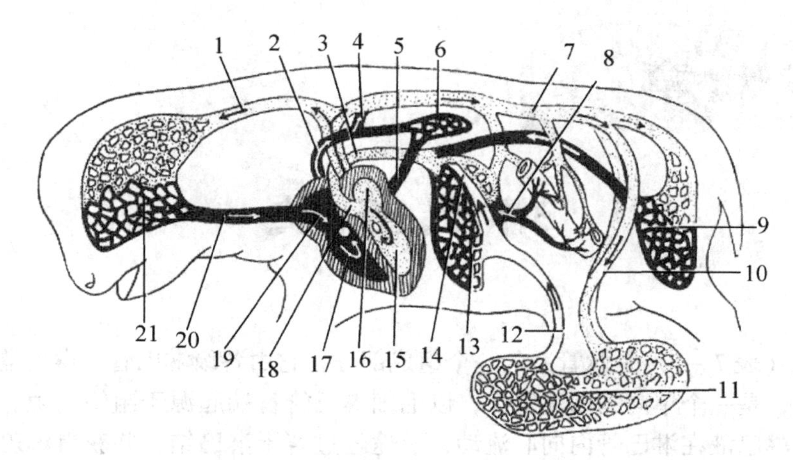

图 6－18 胎儿血液循环模式图

1. 臂头干；2. 肺干；3. 后腔静脉；4. 动脉导管；5. 肺静脉；6. 肺毛细血管；7. 腹主动脉；8. 门静脉；9. 骨盆部和后肢毛细血管；10. 脐动脉；11. 胎盘毛细血管；12. 脐静脉；13. 肝毛细血管；14. 静脉导管；15. 左心室；16. 左心房；17. 右心室；18. 卵圆孔；19. 右心房；20. 前腔静脉；21. 头、颈部毛细血管

（二）动脉导管与静脉导管退化

动脉导管与静脉导管在胎儿出生后逐渐退化，最后管腔收缩闭合形成动脉导索和静脉导管束。

（三）卵圆孔封闭

由于肺静脉大量血液流入左心房，使左、右心房压力相等，卵圆瓣闭合、封闭而形成卵圆窝，使左、右心房的血分隔开，从而形成成体的血液循环（体循环和肺循环）路径。

复习思考题

1. 绘图说明心脏的形态和内部结构。

2. 心脏的瓣膜装置有哪些？对于血液在心腔内的流向有什么作用？

3. 简述大循环、小循环和门脉循环的关系。

4. 简述体循环的动脉主干及头颈部、胸部、腹部、骨盆腔、前后肢和荐尾部的动脉主干。

5. 胎儿的心血管系统和成年家畜的相比有何异同？

6. 简述母牛乳房血管的分布及其与泌乳的关系。

第七章

淋巴系统

淋巴系统（表7－1）是脉管系的一个组成部分，它由各级淋巴管、淋巴器官和散在的淋巴组织构成，是一个单向的回流管道，以毛细淋巴管盲端起源于组织间隙，吸收组织液形成淋巴液，淋巴液在淋巴管内向心流动，沿途经过若干淋巴结，并获得淋巴细胞和浆细胞，最后汇集成两条淋巴导管——胸导管和右淋巴导管，分别开口于前腔静脉或相应的颈静脉。淋巴液为无色透明或微黄色的液体，由淋巴浆和淋巴细胞组成。在未通过淋巴结的淋巴内，没有淋巴细胞。小肠绒毛内的毛细淋巴管尚可吸收脂肪，其淋巴呈乳白色，称乳糜。

淋巴器官包括淋巴结、脾、胸腺和扁桃体等，它们都是由网状组织为基础的淋巴组织构成的，是体内重要的防御器官。同时，淋巴器官还能产生淋巴细胞等血液有形成分。

淋巴系统不仅协助静脉运送体液、转运脂肪和其他大分子物质，而且淋巴器官和淋巴组织还可繁殖增生淋巴细胞、过滤淋巴液、参与机体免疫过程，是动物体的重要防御屏障。

表7－1　淋巴回流径路及其与心血管系统的关系简表

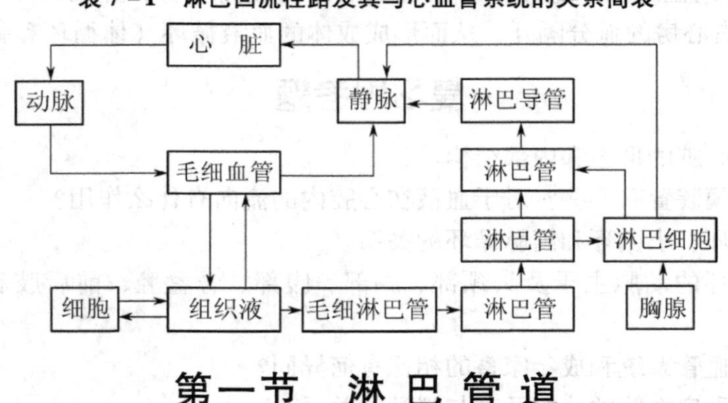

第一节　淋 巴 管 道

淋巴管道几乎遍布全身，仅有少数部位（如脑、软骨、齿等）没有。淋巴管按汇集顺序、口径大小及管壁薄厚，可分为毛细淋巴管、淋巴管、淋巴干和淋巴导管（图7－1）。

一、毛细淋巴管

毛细淋巴管（*Vas lymphocapillare*）是淋巴管的起始部分，以盲端起始于组织间隙，且相互吻合成网。毛细淋巴管的结构与毛细血管相似，也只有一层内皮细胞，但毛细淋巴管的管径较毛细血管的大，粗细不一，通透性也比毛细血管大。因此，一些不能透过毛细血管壁的大分子物质如蛋白质、细菌等由毛细淋巴管收集后回流。

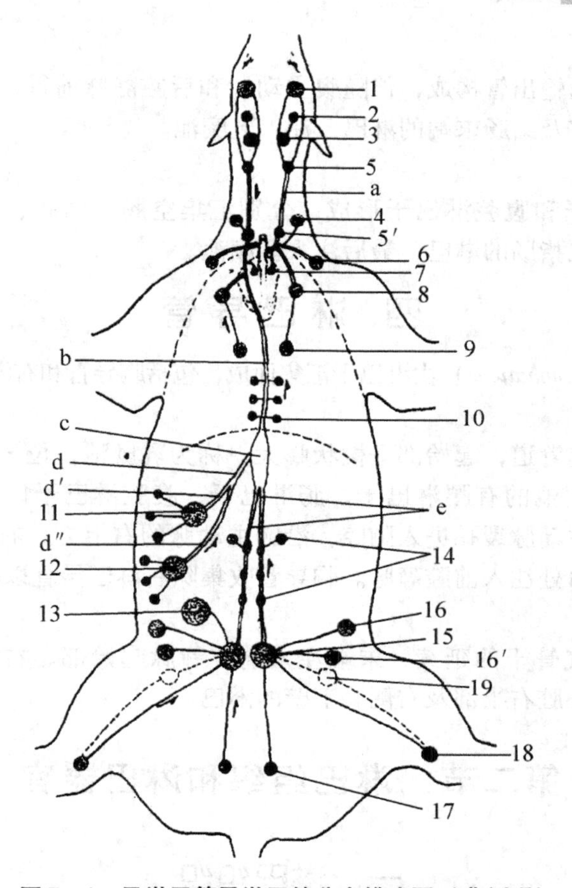

图 7－1　马淋巴管及淋巴结分布模式图（背侧观）

a. 气管干；b. 胸导管；c. 乳糜池；d. 内脏淋巴干；d′. 腹腔淋巴干；d″. 肠淋巴干；e. 腰淋巴干

1. 下颌淋巴结；2. 腮淋巴结；3. 咽后淋巴结；4. 颈浅淋巴结；5. 颈前淋巴结；5′. 颈后淋巴结；6. 腋淋巴结；7. 胸腹侧淋巴结；8. 纵隔淋巴结；9. 支气管淋巴结；10. 胸背侧淋巴结；11. 腹腔；淋巴结；12. 肠系膜前淋巴结；13. 肠系膜后淋巴结；14. 腰淋巴结；15. 髂内淋巴结；16. 髂下淋；巴结；16′. 腹股沟浅淋巴结；17. 肛门直肠淋巴结；18. 腘淋巴结；19. 腹股沟深淋巴结

二、淋巴管

淋巴管（*Vas lymphatica*）由毛细淋巴管汇集而成，其形态结构与静脉相似，但管壁较薄，瓣膜较多；管径较细且粗细不均，常呈串珠状。在其行程中，通常经过一个或多个淋巴结。

三、淋巴干

淋巴干（*Truncus lymphaticus*）由深、浅淋巴管汇集而成，为身体某个区域内大的淋巴集合管，多与大血管伴行。主要的淋巴干有：

（一）气管淋巴干

位于气管两侧，伴随颈总动脉，分别收集左、右侧头颈、肩胛和前肢的淋巴，最后注入胸导管（左）和右淋巴导管或前腔静脉或颈静脉（右）。

（二）腰淋巴干

由髂内侧淋巴结的输出管构成，伴随腹主动脉和后腔静脉前行，收集骨盆壁、部分腹壁、后肢、骨盆内器官及结肠末端的淋巴，注入乳糜池。

（三）内脏淋巴干

很短，由肠淋巴干和腹腔淋巴干形成，分别汇集空肠、回肠、盲肠、大部分结肠和胃、肝、脾、胰、十二指肠的淋巴，最后注入乳糜池。

四、淋 巴 导 管

淋巴导管(*Ductus lymphaticus*）由淋巴干汇集而成，包括胸导管和右淋巴导管。

（一）胸导管

为全身最大的淋巴管道，起始部呈梭状膨大，称为乳糜池，位于最后胸椎和第二、第三腰椎腹侧。注入乳糜池的有腰淋巴干、肠淋巴干、腹腔淋巴干以及附近器官的淋巴管等。然后穿过膈上的主动脉裂孔进入胸腔，沿胸主动脉的右上方，右奇静脉的右下方向前行，最后，在胸腔前口处注入前腔静脉。胸导管收集除右淋巴导管以外的全身淋巴。

（二）右淋巴导管

短而粗，为右侧气管干的延续，末端注入前腔静脉起始部。右淋巴干仅收集右侧头颈、右前肢、右肺、心脏右半部及右侧胸下壁的淋巴。

第二节　淋巴组织和淋巴器官

一、淋巴组织

淋巴组织分布于中枢淋巴器官的中枢淋巴组织，以上皮性网状细胞为支架，网眼中含淋巴细胞和巨噬细胞。上皮性网状细胞可分泌激素，构成淋巴细胞分裂、分化的微环境，促使淋巴细胞的发育；周围淋巴组织，以网状细胞和网状纤维为支架，或分散存在于消化道、呼吸道等器官的黏膜内。淋巴组织根据结构和功能的不同可分为弥散淋巴组织和淋巴小结。

（一）弥散淋巴组织

淋巴细胞分布弥散，与周围组织无明显界线，常分布于咽、消化道及呼吸道等与外界接触较频繁的部位或器官的黏膜内。此种淋巴组织中有的部分以 T 细胞为主，有的则以 B 细胞为主，还常见有内皮为单层立方上皮的毛细血管后微静脉，它是淋巴细胞进入血液与淋巴组织的重要通道，管腔和管壁内常可见到淋巴细胞。

（二）淋巴小结

主要由 B 细胞密集排列而成的致密淋巴组织，呈球形或卵圆形，轮廓清晰。小结周围的细胞小而密，着色深，中央部分的细胞染色浅，多见有丝分裂，称生发中心。淋巴小结单独存在时称淋巴孤结，成群存在时称淋巴集结，如回肠黏膜内的淋巴孤结和淋巴集结。

二、淋 巴 器 官

淋巴器官是由被膜包裹的淋巴组织，根据功能和淋巴细胞的来源不同分为两类：中枢淋巴器官或初级淋巴器官（胸腺、腔上囊）和外周淋巴器官或次级淋巴器官（淋巴结、脾、扁桃体和血淋巴结）。

中枢淋巴器官发育较早，其原始淋巴细胞来源于骨髓的干细胞，在此类器官的影响下，分化成T细胞和B细胞，然后输送到外周淋巴器官，决定外周淋巴器官的发育。外周淋巴器官发育较迟，其淋巴细胞由中枢淋巴器官迁移而来，定居在特定区域内，就地繁殖，再进入淋巴和血液循环，参与机体免疫。

（一）胸腺

1. 胸腺的位置和形态　胸腺（*Thymus*）位于胸腔前部纵隔内，分颈、胸两部，呈红色或粉红色，单蹄类和肉食类动物的胸腺主要在胸腔内，猪和反刍动物的胸腺除胸部外，颈部也很发达，向前可到喉部（图7－2）。胸腺在幼畜发达，性成熟后退化，到老年几乎被脂肪组织所代替，但不完全消失。

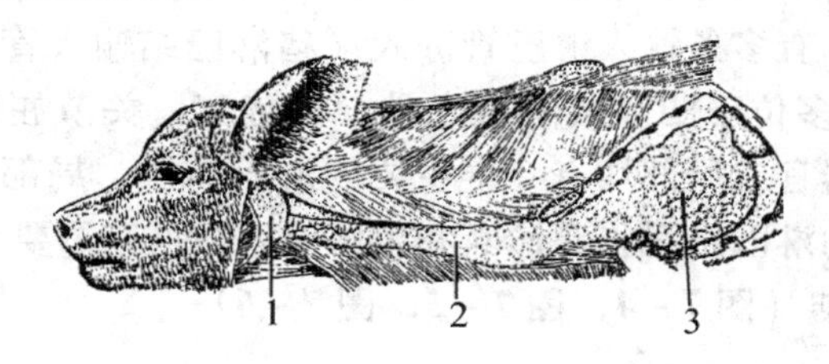

图7－2　犊牛的胸腺

1. 腮腺；2. 颈部胸腺；3. 胸部胸腺

2. 胸腺的组织结构　胸腺的表面被覆一层结缔组织膜。被膜组织向内伸入，将胸腺组织分成许多不完整的小叶，称胸腺小叶。每个胸腺小叶都由皮质和髓质组成，每个小叶可相互连接。皮质和髓质均以上皮性网状细胞作为支架，网眼中充满淋巴细胞（图7－3）。

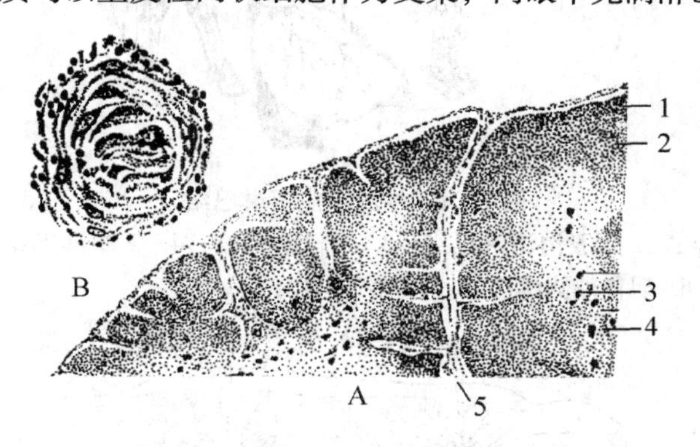

图7－3　胸腺

A. 纵切面（低倍）；B. 胸腺小体（高倍）

1. 被膜；2. 皮质；3. 胸腺小体；4. 髓质；5. 小叶间结缔组织

（1）*皮质*　由上皮性网状细胞和密集的胸腺细胞组成。其中淋巴细胞密集，着色较深。上皮性网状细胞形态多样，大多呈星形，胞质内含张力微丝束，细胞间由桥粒相连，形成一个海绵状的多孔系网架，诱导淋巴细胞在其中进行分裂、分化。皮质被膜下还有一种被膜下上皮细胞，可分泌胸腺生成素和胸腺素。皮质外周的胸腺细胞较大，较幼稚，靠近髓质的较小，较成熟。

（2）髓质　上皮性网状细胞（亦称髓质上皮细胞）较多，淋巴细胞较少，故染色较淡，常见有圆形或椭圆形的胸腺小体。胸腺小体是胸腺的特征性结构，一般呈圆形，直径30～50μm，由上皮性网状细胞呈同心圆状环绕而成，其功能尚不清楚。上皮性网状细胞，呈球形或多边行，胞体较大，是分泌胸腺素的主要细胞。

（3）血－胸腺屏障　血－胸腺屏障能阻止血液内大分子抗原物质进入胸腺皮质，保证淋巴细胞的发育不受抗原刺激。其主要结构基础是皮质毛细血管及其周围结构，它由连续的内皮、完整的基膜、毛细血管周隙内的巨噬细胞、上皮性网状细胞的基膜和连续的胸腺上皮构成。

（二）淋巴结

淋巴结（*Lymphonodus*）是位于淋巴管径路上的淋巴器官。其大小不一，形状多样，有球形、卵圆形、肾形、扁平状等。淋巴结一侧凹陷为淋巴门，是输出淋巴管、血管及神经出入之处，另一侧隆凸，有多条输入淋巴管进入（猪淋巴结输入管和输出管的位置正好相反）。单个或成群分布，多位于凹窝或隐蔽之处，如腋窝、关节屈侧、内脏器官及大血管附近。身体每一个较大器官或局部均有一个主要的淋巴结群。局部淋巴结肿大，常反映其收集区域有病变，体表的淋巴结对临床诊断和兽医卫生检疫有重要实践意义。

1. 畜体的主要淋巴结（图7－4、图7－5、图7－6）

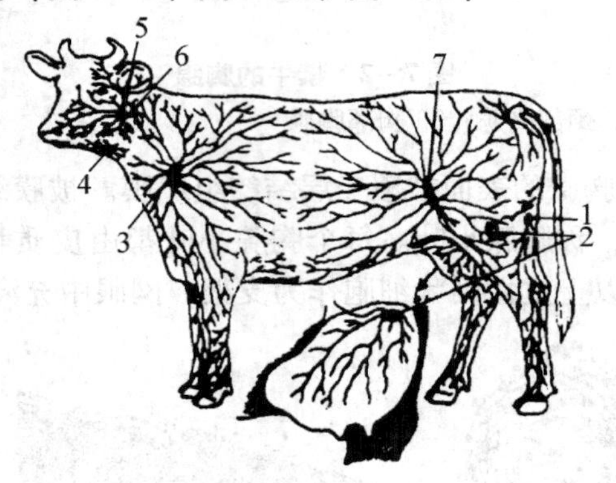

图7－4　牛浅部主要淋巴结

1. 腘淋巴结；2. 腹股沟浅淋巴结；3. 颈浅淋巴结；4. 下颌淋巴结；5. 腮腺浅淋巴结；6. 咽背外侧淋巴结；7. 髂下淋巴结

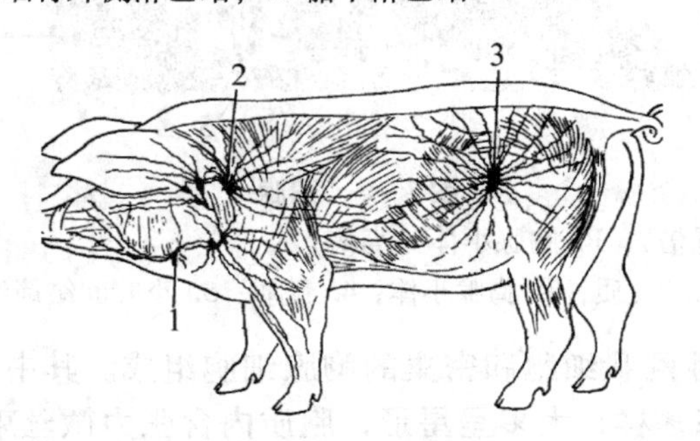

图7－5　猪浅部主要淋巴结

1. 下颌淋巴中心；2. 颈浅淋巴中心；3. 腹股沟淋巴中心的髂下淋巴结

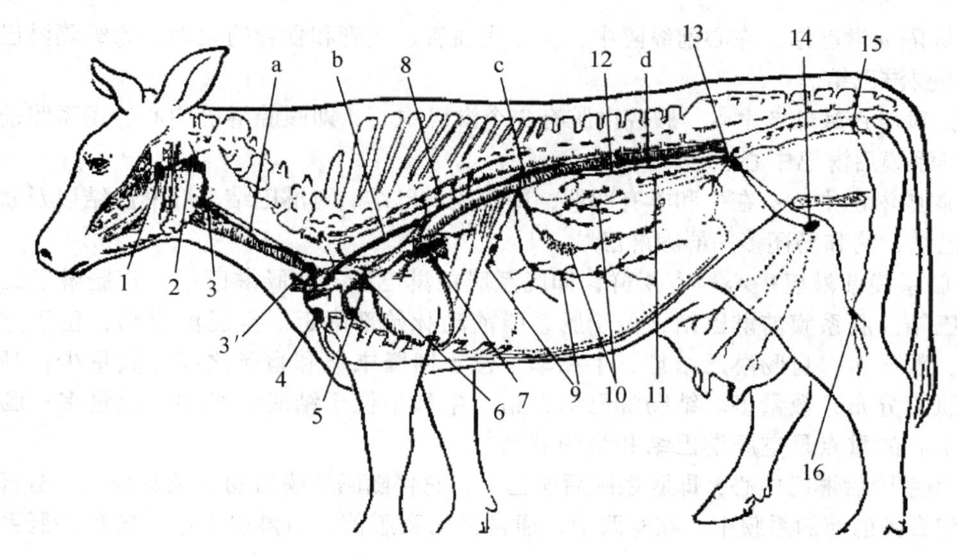

图 7－6　牛深部淋巴结

a. 气管干；b. 胸导管；c. 乳糜池；d. 腰淋巴干

1. 咽后内侧淋巴结；2. 咽后外侧淋巴结；3. 颈深淋巴中心的颈前淋巴结；3′. 颈后淋巴结；4. 腋淋巴中心；5. 胸腹侧淋巴中心；6. 纵隔淋巴中心；7. 支气管淋巴中心；8. 胸背侧淋巴中心；9. 腹腔淋巴中心；10. 肠系膜前淋巴中心；11. 肠系膜后淋巴中心；12. 腰淋巴中心；13. 髂荐淋巴中心的髂内淋巴结；14. 腹股沟股淋巴中心的腹股沟浅淋巴结；15. 坐骨淋巴中心；16. 腘淋巴中心

(1) 头、颈部淋巴中心

① 下颌淋巴结：位于下颌间隙，牛的在下颌间隙后部；呈卵圆形，长 2.0～4.5cm；在猪位置更加靠后，表面有腮腺覆盖，呈卵圆形；马的发达，位置与血管切迹相对。

② 腮腺淋巴结：位于颞下颌关节后下方，部分或全部被腮腺覆盖。马的腮腺淋巴结不如牛、猪发达。

③ 咽后淋巴结：每侧均有内、外两组，内侧组位于咽的背侧壁，在茎突舌骨内侧；外侧组位于腮腺深面。

④ 颈浅淋巴结：又称肩前淋巴结，位于肩前，在肩关节上方，被臂头肌和肩胛横突肌（牛）覆盖。猪的颈浅淋巴结分背侧和腹侧两组，背侧淋巴结相当于其他家畜的颈浅淋巴结，腹侧淋巴结则位于腮腺后缘和胸头肌之间。

⑤ 颈深淋巴结：分为前、中、后三组。颈前淋巴结位于咽、喉的后方，甲状腺附近，前与咽淋巴结相连；颈中淋巴结分散在颈部气管的中部；颈后淋巴结位于颈后部气管的腹侧，表面被覆有颈皮肌和胸头肌。

(2) 前肢淋巴中心　马的前肢由下向上依次有 3 个淋巴结群，即肘淋巴结、腋淋巴结和第一肋淋巴结。

(3) 胸腔淋巴中心（图 7－6）　胸腔有 4 个淋巴中心，即胸腹侧淋巴中心、纵隔淋巴中心、支气管淋巴中心以及胸背侧淋巴中心。胸腔淋巴中心的重点是支气管淋巴结和纵隔前淋巴结。

① 支气管淋巴结：有数群，猪、牛和羊的右肺尖叶有单独的尖叶支气管，起始部有支气管淋巴结的前群。支气管淋巴结在支气管末端分为左、中、右 3 群。

② 纵隔前淋巴结：在心前纵隔中，位于大血管、气管和食管的表面。为纵隔淋巴中心的一个重要淋巴结。

(4) 腹腔内脏淋巴中心　腹腔内脏有3个淋巴中心，即腹腔淋巴中心、肠系膜前淋巴中心及肠系膜后淋巴中心。

① 腹腔淋巴中心：在牛和羊有四群，即腹腔淋巴结、胃淋巴结、肝淋巴结以及胰十二指肠淋巴结，猪和马还多一群脾淋巴结。

② 肠系膜前淋巴中心：有4群，即肠系膜前淋巴结、空肠淋巴结、盲肠淋巴结以及结肠淋巴结。肠系膜前淋巴结，位于肠系膜前动脉始部附近。空肠淋巴结，位于空肠肠系膜中，数量多。盲肠淋巴结猪、牛和羊，位于回肠末端和盲肠之间，数量少；马沿盲肠的纵肌带分布，数量多。结肠淋巴结，猪、牛和羊位于结肠旋袢中，数量多；肠系膜前淋巴中心的重点是空肠淋巴结和结肠淋巴结。

③ 肠系膜后淋巴中心：即肠系膜后淋巴结，它伴随肠系膜后动脉及其分支，分部于结肠末端和直肠前部的系膜中。在实践中，通常把肠系膜前、后淋巴中心，统称为肠系膜淋巴结。

(5) 腹壁和骨盆壁淋巴中心　腹壁和骨盆壁有4个淋巴中心，即腰淋巴中心、髂荐淋巴中心、腹股沟淋巴中心以及坐骨淋巴中心。其中重要的有髂内淋巴结、腹股沟浅淋巴结和髂下淋巴结。

① 髂内淋巴结：左、右各有一大群，位于旋髂深动脉始部和髂外动脉始部的附近。

② 腹股沟浅淋巴结：位于腹壁皮下、大腿内侧、腹股沟管皮下环附近。公畜又称阴囊淋巴结，在阴茎两侧；母畜又称乳腺上淋巴结，在乳腺底上面，母猪在倒数第二乳头外侧。

③ 髂下淋巴结，又称股前淋巴结或膝上淋巴结，位于髋结节和膝关节之间、扩筋膜张肌的前方、腹侧壁的皮下。

(6) 后肢淋巴中心　只有一个腘淋巴结，位于腓肠肌的后上方，股二头肌和半腱肌之间。

2. 淋巴结的组织结构　淋巴结由被膜和实质构成，被膜深入皮质内形成小梁，小梁再进行分支，彼此联络形成网构成实质的粗架网（图7－7、图7－8）。

(1) 被膜和小梁　被膜为包在淋巴结表面的一层致密结缔组织，内含少量弹性纤维和平滑肌纤维。小梁由被膜分出，深入淋巴结内部彼此交织构成网状支架。

(2) 实质　为淋巴组织（由网状组织和淋巴细胞组成），位于被膜下和小梁之间，可分为皮质和髓质两部分。

① 皮质：位于被膜下的外周部分，包括淋巴小结、副皮质区和皮质淋巴窦三部分。

淋巴小结呈圆形或椭圆形，由淋巴细胞（主要为B细胞）集合而成。多数淋巴小结可明显地区分为色淡的中央区和较深的周围区。中央区内除网状细胞外，主要为大、中型淋巴细胞和少量的小淋巴细胞、浆细胞。

副皮质区指分布在淋巴小结之间及其深面的一些弥散淋巴组织，属胸腺依赖区，因而主要由T细胞组成。

皮质淋巴窦（图7－9）指位于被膜、小梁和淋巴小结之间相互连通的腔隙。窦壁表面衬着由网状细胞构成的内皮。内皮细胞之间有小孔，窦内淋巴经此小孔渗入淋巴小结内，而淋巴小结中的淋巴细胞也经此小孔游走到皮质淋巴窦内。

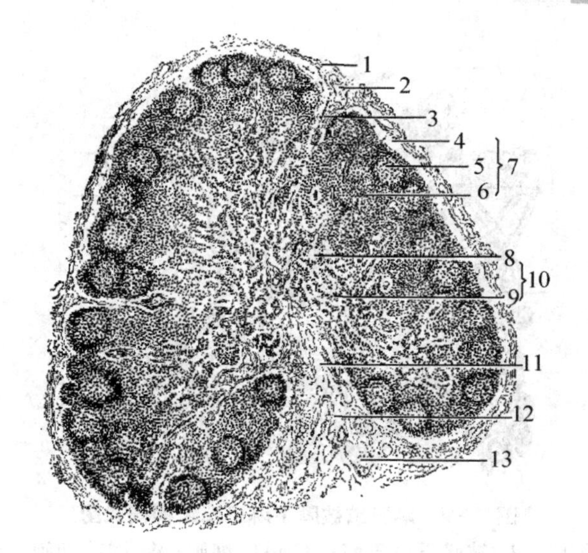

图 7－7　牛的淋巴结（低倍）

1. 被膜；2. 输入淋巴管；3. 小梁；4. 皮质淋巴窦；5. 淋巴小结；6. 副皮质区；7. 皮质；8. 髓窦；9. 髓索；10. 髓质；11. 门部；12. 血管；13. 输出淋巴管

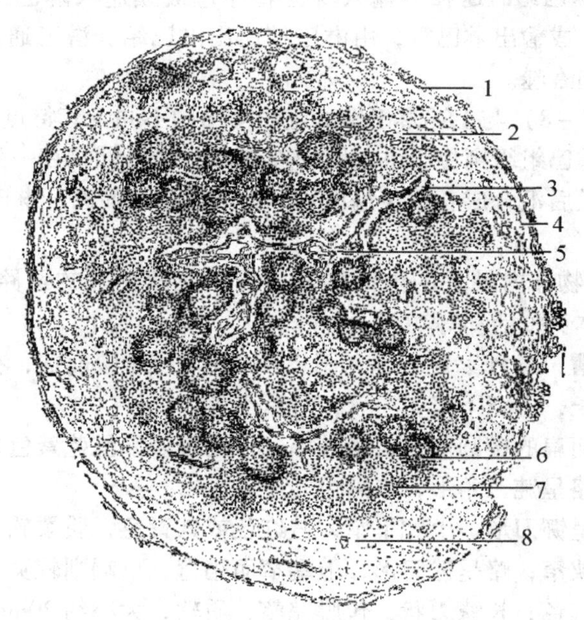

图 7－8　猪的淋巴结

1. 被膜；2. 毛细血管；3. 小梁周围的淋巴窦；4. 被膜下淋巴窦；5. 小梁；6. 淋巴小结；7. 弥散淋巴组织；8. 周围组织

② 髓质：位于淋巴结的中央和门部，包括髓索和髓质淋巴窦两部分。

髓索与淋巴小结相连，为密集排列呈索状的淋巴组织，它们穿行于小梁之间，且彼此连接呈网状。

髓质淋巴窦位于髓索之间或髓索与小梁之间，其结构与皮质淋巴窦相同。

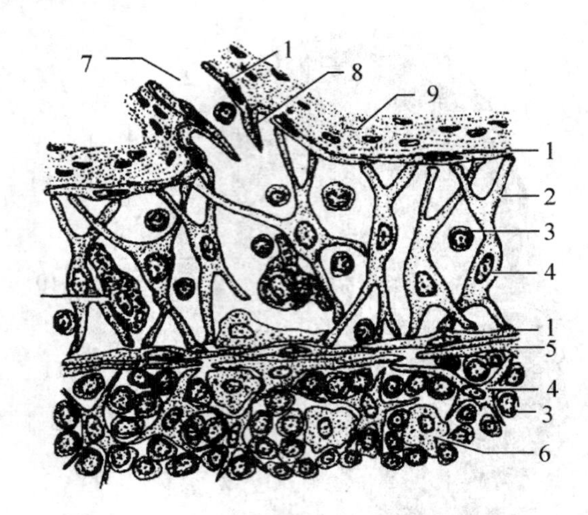

图 7－9　淋巴结被膜下淋巴窦结构模式图

1. 内皮细胞；2. 被膜下淋巴窦；3. 淋巴细胞；4. 网状细胞；5. 扁平网状细胞；6. 巨噬细胞；7. 输入淋巴管；8. 瓣膜；9. 被膜

(3) 淋巴液流经淋巴结的途径　输入淋巴管穿过被膜进入淋巴结内与皮质淋巴窦相通，经髓质淋巴窦汇合成输出淋巴管，由淋巴结门出淋巴结。淋巴通过淋巴窦时，其中的细菌和异物被网状细胞吞噬。

猪的淋巴结（图 7－8）与上述淋巴结的组织学结构不同。其特点是淋巴小结位于淋巴结的中央，而索状的淋巴组织则位于淋巴结的外周部；输入管只在一处（很少有数处）穿入被膜到淋巴结内，最后汇合成若干条输出管，在淋巴结表面离开淋巴结。

（三）脾

脾（*Spleen*）是动物体内最大的淋巴器官，位于血液循环的经路上，有造血、灭血、滤血、贮血及参与机体免疫活动等功能。

1. 脾的形态和位置　各种家畜的脾（图 7－10）均位于腹前部，在胃的左侧。

(1) 猪脾　狭而长，上宽下窄，质软，呈紫红色。

(2) 牛脾　呈长而扁的椭圆形，被膜较厚，色则较淡，呈蓝紫色，质较硬。

(3) 羊脾　扁平略呈钝三角形，红紫色，质软。

(4) 马脾　扁平呈镰刀形，上宽下窄，蓝红色或铁青色，质柔软。

(5) 犬脾　长而狭窄，略呈镰刀形，上端窄而稍弯，下端则较宽。

(6) 兔脾　呈暗红色，长镰刀状，包膜完整，质软，大小约 20mm × 50mm × 5mm。

2. 脾的组织结构　脾的组织结构与淋巴结相似，也是由被膜、脾小梁和实质构成（图 7－11）。

(1) 被膜和脾小梁　被膜由致密结缔组织和平滑肌纤维构成，表面覆以浆膜。由被膜伸入到实质的小梁分支互相连接，构成脾的支架。

(2) 实质　由网状组织和淋巴细胞组成，分为白髓、红髓和边缘区，无皮质和髓质之分。

① 白髓：新鲜脾切面上呈白色的点状，由动脉周围淋巴鞘和脾小体组成。脾小体为密集的淋巴细胞所形成的圆形或椭圆形淋巴小结。脾小体分散于脾髓中，其结构与淋巴结的

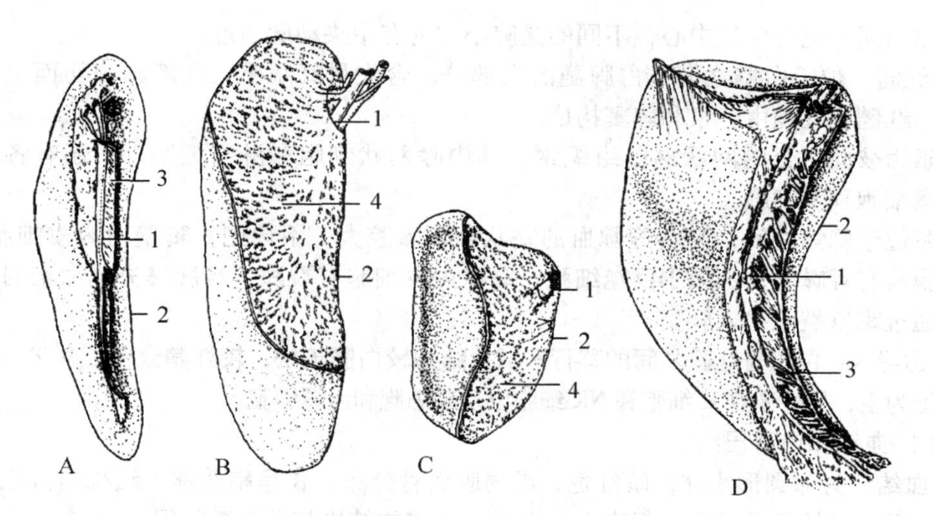

图 7－10 脾的形态

A. 猪脾；B. 牛脾；C. 羊脾；D. 马脾

1. 脾门；2. 前缘；3. 胃脾韧带；4. 脾和瘤胃粘连处

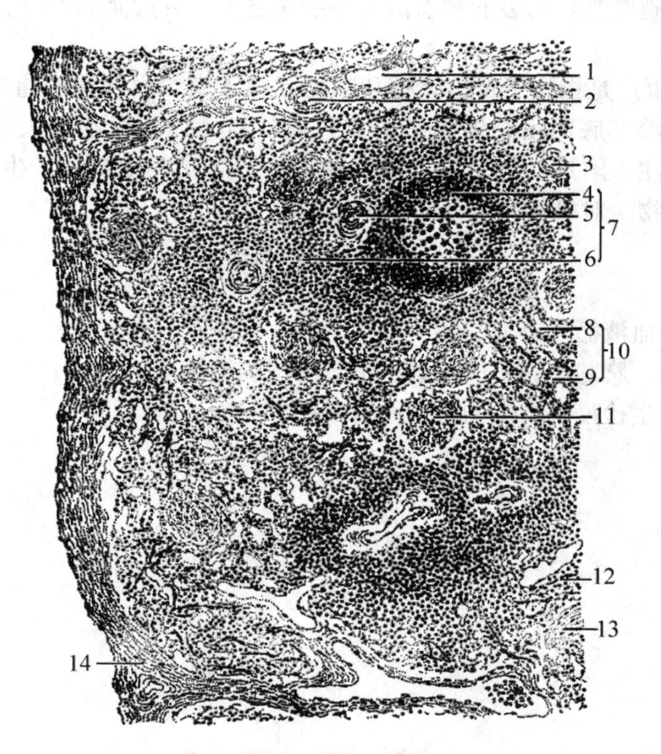

图 7－11 猪脾的白髓和红髓

1. 小梁静脉；2. 小梁动脉；3. 鞘动脉；4. 淋巴小结；5. 中央动脉；6. 淋巴鞘；7. 白髓；8. 脾窦；9. 脾索；10. 红髓；11. 鞘动脉；12. 平滑肌纤维；13. 小梁；14. 被膜

淋巴小结相同，也有生发中心，不同的是脾小体内有中央动脉通过。

② 红髓：位于白髓之间，占脾髓的大部分。含大量红细胞，在新鲜脾切面上呈暗红色，故称红髓。红髓由脾索和脾窦构成。

脾索为彼此吻合的网状淋巴组织索，其中除网状细胞和淋巴细胞外，还有各种血细胞、巨噬细胞和浆细胞。

脾窦位于脾索之间，为含静脉血的窦状隙。窦腔大，不规则，窦壁由内皮细胞构成，这种细胞具有吞噬能力，属于巨噬细胞。窦壁内皮细胞有裂隙，当脾窦充满血液时，血液成分可通过窦壁裂隙出入脾窦。

③ 边缘区：白髓与红髓之间的移行区域。结构较白髓疏松，较红髓致密。含 T、B 细胞，以 B 细胞为主，另外还有 K 细胞和 NK 细胞以及浆细胞和巨噬细胞。

（四）血结和血淋巴结

1. 血结 为卵圆形小体，暗红色，沿内脏血管分布，长呈串珠样。结构与淋巴结和脾脏相似，无淋巴管和淋巴窦，但有大量血窦，血窦的结构与淋巴窦相同。

2. 血淋巴结（*Lymphonodus*） 一般呈圆形或卵圆形，紫红色，其结构介于血结和淋巴结之间，其特点是具有淋巴输入管和输出管，窦腔中同时含有血液和淋巴液。主要分布于主动脉附近，胸腹腔脏器的表面和血液循环的通路上，有滤血的作用。

（五）扁桃体

扁桃体（*Tonsill*）是指位于舌、软腭和咽的黏膜下组织内的淋巴组织群。扁桃体的外表面是黏膜上皮，深部底面由结缔组织构成包囊。扁桃体的形状和大小因动物种类而不同，仅有输出管，注入附近的淋巴结，没有输入管。其功能主要是产生淋巴细胞和抗体，防御细菌和其他异物，对机体有重要的防护作用。

复习思考题

1. 淋巴循环和血液循环有何关系？
2. 简述淋巴结、胸腺、脾脏的位置、形态和组织结构。
3. 临床上和卫生检疫中常检的淋巴结有哪些？

第八章

神经系统

神经系统（*Systema nervosum*）由脑、脊髓和分布于全身的外周神经组成。神经系统能接受来自体内器官和外界环境的各种刺激，并将刺激转变为神经冲动进行传导。一方面调节有机体与外界环境的关系，保证畜体与外界环境之间的平衡和协调一致，以适应环境的变化；另一方面协调机体内各系统、各器官、器官内各组织的活动，保证器官之间的平衡和协调，使机体成为统一的整体。

灰质、白质、皮质、神经核、神经传导束、网状结构、神经节和神经等是神经系统常用的术语。灰质是位于脑、脊髓内的神经元胞体和树突组成，因富含血管，新鲜标本呈暗灰色。位于脊髓内部的灰质，称脊髓灰质；位于大脑和小脑表面的灰质分别称大脑皮质和小脑皮质。在中枢神经内，由功能和形态相似的神经细胞体和树突集聚成的灰质团块称为神经核。白质是指在中枢神经系统内神经纤维聚集的地方，大部分神经纤维有髓鞘，呈白色。分布在小脑皮质深面的白质称髓质。神经传导束位于脑、脊髓内，由行程和功能基本相同的神经纤维组成。网状结构是由纵横交错的纤维网和散在其中的神经细胞所构成，主要分布在脑干内。神经是由周围神经内的神经纤维聚集而成。神经节是由周围神经中神经元胞体聚集而成，有脊神经节、脑神经节和植物性神经节。

第一节　中枢神经系统

一、脊　髓

脊髓（*Medulla spinalis*）是低级的反射中枢。从脊髓发出的神经，广泛分布于躯干和四肢的肌肉和皮肤。同时，脊髓与脑的各部有广泛的传导径路，可把外周的信息通过脊髓传导到脑，也可将脑的冲动通过脊髓传至外周，引起各部的活动。

（一）脊髓的位置形态

脊髓位于椎管内，呈扁圆柱形，前端经枕骨大孔与延髓相连，后端至荐骨中部。在颈部脊髓和胸部脊髓交界处的膨大称颈膨大，由此发出支配前肢的神经；位于腰部脊髓和荐部脊髓交界处的膨大称腰膨大，由此发出支配后肢的神经。腰膨大之后的脊髓逐渐变细，在荐骨中部形成圆锥状称为脊髓圆锥。自脊髓圆锥向后的细丝称为终丝。脊髓圆锥和终丝，共同构成马尾。

剥除脊膜，在脊髓表面有几条纵沟。脊髓背侧正中有一条浅沟称正中沟，在此沟两侧各有一条背外侧沟，脊神经的背侧根丝由此进入脊髓。脊髓腹侧有较深的腹正中裂，裂中有脊软膜皱襞；在此裂两侧各有条腹外侧沟，脊神经的腹侧根由此离开脊髓。

（二）脊髓的内部结构

脊髓中央有细长纵走的中央管，前通第四脑室，内含脑脊髓液。灰质位于脊髓中央管周围，呈蝴蝶形，颜色较深；灰质周围是白质，颜色较浅（图8－1）。

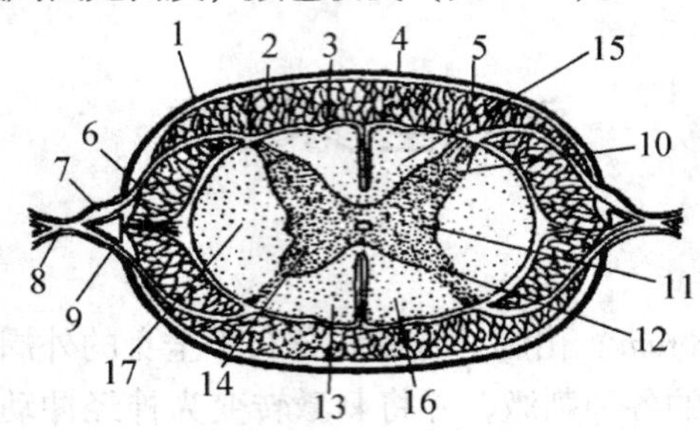

图8－1 脊髓横断面模式图

1. 硬膜；2. 蛛网膜；3. 软膜；4. 硬膜下腔；5. 蛛网膜下腔；6. 背侧根；7. 脊神经节；8. 脊神经；9. 腹侧根；10. 背角；11. 侧角；12. 腹角；13. 白质；14. 灰质；15. 背索；16. 腹索；17. 侧索

1. 灰质 在脊髓的横断面上，灰质呈H形，其背侧的突起称背侧角，腹侧的突起称腹侧角。在胸部和腰部脊髓灰质的外侧，腹角的基部有一浅的隆起称外侧角。从脊髓纵向观分别称背侧柱、外侧柱和腹侧柱。各段脊髓灰质的大小形态均不同，颈膨大和腰膨大处的腹侧柱特别发达，内含较多的运动神经元。在背侧柱内主要是中间神经元的胞体；腹侧柱内为运动神经元的胞体；外侧柱内为交感神经节前神经元的胞体；荐段脊髓的中间外侧柱内为副交感神经节前神经元的胞体。

2. 白质 呈亮白色，位于灰质的周围。根据位置的不同，白质可划分背侧索、外侧索、腹侧索。白质主要由神经纤维构成，靠近灰质柱的白质都是一些短程的纤维，联络各段的脊髓，称固有束。其他都是一些远程的，连于脑和脊髓之间的纤维。这些远程纤维聚集成束，形成脑脊髓的传导径，背侧索内的神经束是由脊神经节内感觉神经元发出的上行纤维束构成。外侧索内的神经束主要由脊髓背侧柱的中间神经元的上行纤维束和来自大脑与脑干中间神经元的下行纤维束构成。腹侧索内的神经束主要是由运动神经元发出的下行纤维束构成。

3. 脊神经根 每一节脊髓的背外侧沟和腹外侧沟，分别与脊神经的背侧根和腹侧根相连。背脊侧根（或感觉根）较粗，上有脊神经节，脊神经节由感觉神经元的胞体构成，其外周突随脊神经伸向外周；腹侧根（或运动根）较细，由腹侧柱和外侧柱内的运动神经元的轴突构成。背侧根和腹侧根在椎间孔附近合并为脊神经。

（三）脊髓的功能

1. 传导功能 全身（除头部外）深、浅部的感觉以及大部分内脏器官的感觉，都要通过脊髓白质才能传导到脑，产生感觉。而脑对躯干、四肢横纹肌的运动以及部分内脏器官的支配也要通过脊髓白质的传导来实现。

2. 反射功能 在正常情况下，脊髓的反射活动都是在脑的控制下进行的。感觉纤维进入脊髓后，有的在沿途分出侧支进入背侧柱，与中间神经元联系。中间神经元再与同侧或对侧的运动神经元相联系。因此，刺激一段脊髓的感觉纤维，能引起本段或临近各段的反应。此外，在脊髓灰质内还有许多低级反射中枢，如肌肉的牵张反射、排尿、排粪以及性功能活动的低级反射中枢等。

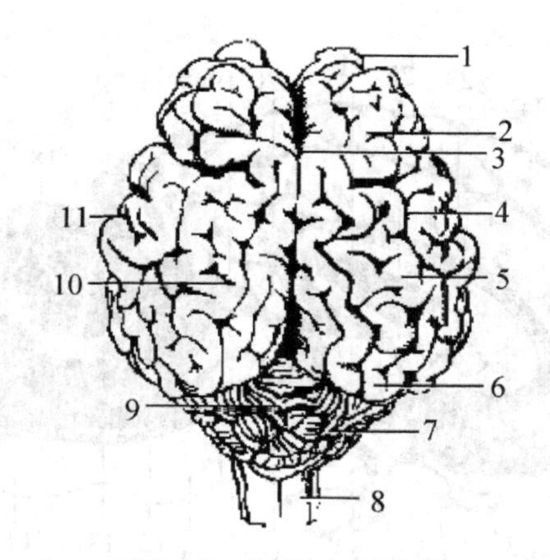

图 8－2　牛脑（背侧面）

1. 嗅球；2. 额叶；3. 大脑纵裂；4. 脑沟；5. 脑回；6. 枕叶；7. 小脑半球；8. 延髓；9. 小脑蚓部；10. 顶叶；11. 颞叶

二、脑

脑（*Encephalon*）位于颅腔内，经枕骨大孔与脊髓相连，是神经系统的高级中枢。脑可分大脑、小脑、间脑和脑干四部分，脑干包括延髓、脑桥和中脑（图 8－2、图 8－3、图 8－4）。

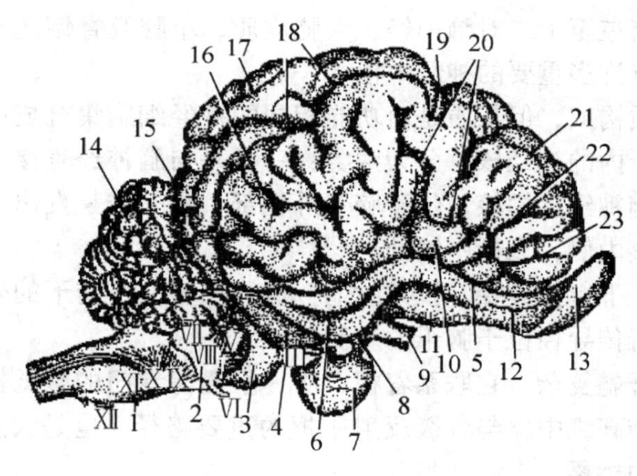

图 8－3　牛脑外侧面

1. 延髓；2. 斜方体；3. 脑桥；4. 大脑脚；5. 嗅沟；6. 梨状叶；7. 垂体；8. 漏斗；9. 视神经；10. 脑岛；11. 嗅三角；12. 嗅回；13. 嗅球；14. 小脑；15. 大脑横裂；16. 外薛氏沟；17. 外缘沟；18. 上薛氏沟；19. 横沟；20. 大脑外侧沟；21. 冠状沟；22. 背角沟；23. 前薛氏沟

Ⅲ. 动眼神经；Ⅴ. 三叉神经；Ⅵ. 外展神经；Ⅶ. 面神经；Ⅷ. 前庭耳蜗神经；Ⅸ. 舌咽神经；Ⅹ. 迷走神经；Ⅺ. 副神经；Ⅻ. 舌下神经

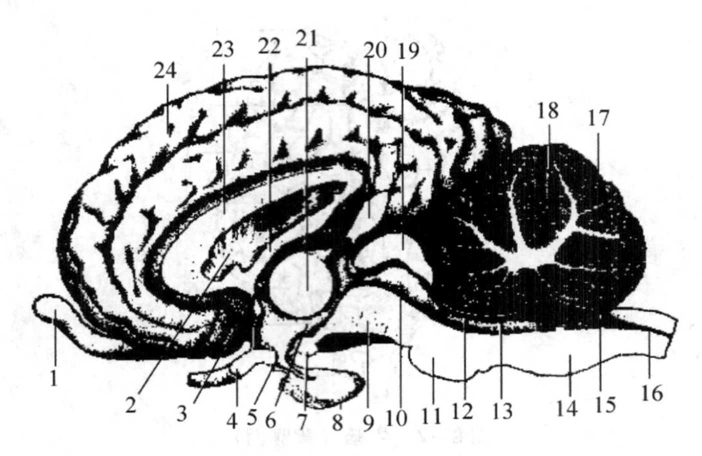

图 8-4　牛脑正中矢状面

1. 嗅球；2. 透明隔；3. 室间孔；4. 视神经交叉；5. 灰结节；6. 第三脑室；7. 乳头体；8. 脑垂体；9. 大脑脚；10. 中脑导水管；11. 脑桥；12. 前髓帆；13. 第四脑室；14. 延髓；15. 后髓帆和第四脑室脉络丛；16. 脊髓；17. 小脑皮质；18. 小脑髓质；19. 四叠体；20. 松果体；21. 丘脑间黏合部；22. 穹窿；23. 胼胝体；24. 大脑皮层

（一）脑干

脑干（*Brain stem*）由后向前依次分为延髓、脑桥、中脑，是脊髓向前的直接延续。脑干从前向后依次发出第三至十二对脑神经，大脑皮质、小脑及脊髓之间要通过脑干进行联系。此外，脑干中还有许多重要的神经中枢。

脑干由灰质和白质构成，但灰质是由功能相同的神经细胞集合成团块状的神经核，分散存在于白质中。脑干内的神经核可分为两类：一类是与脑神经直接相连的神经核，其中接受感觉纤维的，称脑神经感觉核，位于脑干外侧部；另一类是发出运动纤维的，称脑神经运动核，位于感觉核内侧，靠近中线处。

脑干的白质为上、下行传导径。较大的上行传导径多位于脑干的外侧部和延髓靠近中线的部分；较大的下行传导径位于脑干的腹侧部。

脑干在结构上比脊髓复杂，它联系着视、听、平衡等专门的感觉器官，是内脏活动的反射中枢，是联系大脑高级中枢与各级反射中枢的重要路径；也是大脑、小脑、脊髓以及骨骼肌运动中枢之间的桥梁。

1. 延髓（*Medulla oblongata*）　是脊髓向前的延续，前端连脑桥；腹侧部位于枕骨基底部上，背侧大部分为小脑所遮盖。

延髓呈前宽后窄、背腹侧稍扁的锥形体。在腹侧面的正中有腹正中裂，为脊髓腹正中裂的延续。腹正中裂的两侧各有一条纵行隆起，称为延髓锥体，它是由大脑皮质发出的运动纤维束（锥体束）构成的。在延髓的后端，锥体束的大部分纤维向背内侧越过中线交叉至对侧，称锥体交叉。延髓的前端、锥体的两侧有一窄小的横行隆起，称斜方体。斜方体是由耳蜗神经核发出并走向对侧的横行纤维构成。延髓背侧面的前部扩展形成第四脑室底壁后半部分。背侧及两侧各有一股纤维束，连于小脑。

延髓是生命中枢所在地，呼吸、心跳等均直接由延髓调控，它还有唾液分泌、吞咽及呕吐等中枢。

2. 脑桥（*Pons*） 位于延髓的前端，中脑的后方、小脑的腹侧。腹侧面为横向隆起，内含横向纤维，是连接大脑与小脑的重要通道。其背侧面凹，构成第四脑室底壁的前部。脑桥的两侧有粗大的三叉神经根发出。

3. 第四脑室（*Ventriculus quartus*） 位于延髓、脑桥和小脑之间，前方通中脑导水管，后方通脊髓的中央管，充满脑脊髓液。第四脑室顶壁由前向后依次为前髓帆、小脑、后髓帆和第四脑室脉络丛。第四脑室底呈菱形，亦称菱形窝，前部属脑桥，后部属延髓的开敞部。菱形窝被正中沟分为左、右两半。

4. 中脑（*Mesencephalon*） 位于脑桥和间脑之间。腹侧面有两条短粗的纵行纤维柱称大脑脚，主要是由大脑皮层到脑桥、延髓和脊髓的运动纤维组成。背侧有4个丘形隆起，称四叠体。前方1对隆起较大，称前丘，完成视觉反射，是皮层下视觉反射中枢；后方1对隆起较小，称后丘，完成听觉反射，是皮层下听觉反射中枢。四叠体和大脑脚之间有中脑导水管，前接第三脑室，后通第四脑室。

（二）小脑

小脑（*Cerebellum*）略呈球形，位于大脑后方，在延髓和脑桥的背侧。小脑的表面有许多平行的横沟，将小脑分成许多小叶；而两条近平行的纵沟，将小脑分为3部分：两侧的小脑半球和中央的蚓部。小脑腹侧的两侧部有小脑脚。蚓部呈圆嵴状，比小脑半球高，其前后两端向腹侧卷曲并相接近。其中前端卷曲到腹侧的部分称小舌；后端卷曲到腹侧的部分称蚓垂，蚓垂的前端为小结。小脑半球位于蚓部两侧，其中位于小脑半球腹侧，小脑脚外侧和后方的部分称绒球。

小脑的表面为灰质，称小脑皮质；深部为白质，称小脑髓质，呈树枝状分布（又称髓树）。白质中有分散存在的神经核。

根据种系发生的先后，小脑又可划分为古小脑、旧小脑和新小脑。古小脑包括绒球和小结，主要与延髓的前庭核相联系，主管平衡。旧小脑主要由蚓部构成与脊髓相联系，调节肌紧张。新小脑是随大脑半球发展起来的，由大部分小脑半球组成，调节机体随意运动。

（三）间脑

间脑（*Diencephalon*）位于中脑的前方，前外侧被大脑半球所遮盖，内有第三脑室。间脑主要可分为丘脑和下丘脑。

1. 丘脑（*Thalamus*） 占间脑的最大部分，为一对卵圆形的灰质团块。在丘脑周围的环状裂隙称第三脑室。丘脑一部分核是上行传导径的总联络站，接受来自脊髓、脑干和小脑的纤维，由此发出纤维至大脑皮层。在丘脑的背外侧有外侧膝状体和内侧膝状体。外侧膝状体较大，是视觉冲动传向大脑皮层的最后联络站。内侧膝状体较小，接受耳蜗神经核来的纤维，是听觉中枢传向大脑的最后联络站。丘脑还有一些与运动、记忆和其他功能有关的核群。在左、右丘脑的背侧、中脑四叠体的前方，有松果体，为内分泌器官。

2. 丘脑下部（*Hypothalamus*） 又称下丘脑，位于间脑的下部，在第三脑室的底壁，是植物性神经的重要中枢。从脑底面看，自前向后可将下丘脑分为视前部，视上部、灰结节部和乳头体部等四部分。在视束的背侧有一对扁平的核，称视上核；另一对在脑室的外侧壁，位于穹窿与乳丘束之间，称为室旁核。视上核与室旁核分别分泌抗利尿素和催产素。下丘脑是调节内脏活动的较高级中枢。下丘脑的背侧正中有第三脑室，后者伸达漏斗和垂体柄。

3. 第三脑室（*Ventriculrs tertius*） 呈环形，围绕着丘脑间黏合部。第三脑室后通中脑导水管，前方以一对室间孔通两个大脑半球的侧脑室；腹侧形成一漏斗形凹陷；顶壁为第三脑室脉络丛，向前经室间孔与侧脑室脉络丛相接。

（四）大脑

大脑（*Cerebrum*）或称端脑，位于脑干前方，后端以大脑横裂与小脑分开，背侧以大脑纵裂分为左、右大脑半球，纵裂的底是连接两半球的横行宽纤维板，即胼胝体。两个大脑半球内分别有一个呈半环形狭窄腔隙，叫侧脑室。每个大脑半球包括大脑皮质、白质、嗅脑和基底核（图 8－5）。

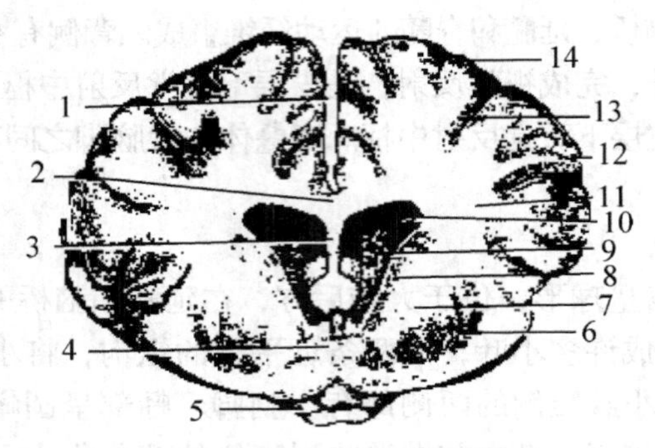

图 8－5 大脑半球横切面

1. 大脑纵裂；2. 胼胝体；3. 透明隔；4. 前联合；5. 视束；6. 豆状核；7. 内囊；8. 尾状核；9. 侧脑室脉络丛；10. 侧脑室；11. 白质；12. 皮质；13. 脑沟；14. 脑回

1. 大脑半球的外形 大脑表层被覆一层灰质，称大脑皮质，其表面凹凸不平，凹陷处为沟，凸起处为回，以增加大脑皮质的面积。每个大脑半球可分为背外侧面、内侧面和腹侧面。

（1）背外侧面 背外侧面的皮质为新皮质，可分为四叶。前部为额叶，是运动区；后部为枕叶，是视觉区；外侧部为颞叶，是听觉区；背侧部为顶叶，是一般感觉区。各区的面积和位置因动物种类不同而异。

（2）内侧面 位于大脑纵裂内，与对侧半球的内侧面相对应。内侧面有位于胼胝体背侧并环绕胼胝体的扣带回。

（3）腹侧面 又称底面，为构成嗅脑的各组成部分，包括嗅球、嗅束、嗅三角、梨状叶、海马和齿状回等部分。其中有些结构与嗅觉有关，有些则与嗅觉无关，属于大脑边缘系统，具有更为复杂的功能。

2. 大脑半球的内部结构 两侧大脑半球的表面覆盖着大脑皮质，皮质深面为白质，由各种神经纤维构成。在大脑基底部有一些灰质团块，称基底核。半球内各有一个内腔称侧脑室。

（1）基底核 基底核是皮质下运动中枢。主要有尾状核和豆状核及两核之间由白质构成的内囊。尾状核位于丘脑的前背侧，构成侧脑室前部的底壁，其外侧为内囊。豆状核位于内囊的外侧；尾状核、豆状核和位于其间的内囊，外观上呈灰、白质相间的条纹状，合称纹状体。纹状体是锥体外系统发放冲动的主要联络站，有维持肌紧张和协调肌肉运动的作用。

（2）白质　大脑半球内的白质由以下三种纤维构成。

① 连合纤维：是连接左、右大脑半球的纤维，主要为胼胝体。

② 联络纤维：是连接同侧半球各脑回、各叶之间的纤维。

③ 投射纤维：是连接大脑皮质与脑其他各部分及脊髓之间的上、下行纤维。内囊就是由投射纤维构成的。

（3）侧脑室　为每侧大脑半球中的不规则腔体，经室间孔与第三脑室相通，侧脑室内有脉络丛，在室间孔处与第三脑室脉络丛相连，可产生脑脊液。侧脑室很不规则，前部通嗅球腔，后部向腹侧到达梨状叶内。

（五）大脑和小脑的组织结构

1. 大脑组织结构　大脑皮质的神经元都是多极神经元，按其细胞的形态分为锥体细胞、颗粒细胞和梭形细胞三大类。大脑皮质的这些神经元是以分层方式排列的，除大脑的个别区域外，一般可分为 6 层，从表面至深层顺次为分子层、外颗粒层、外锥体细胞层、内颗粒层、内锥体细胞层和多形细胞层（图 8－6）。

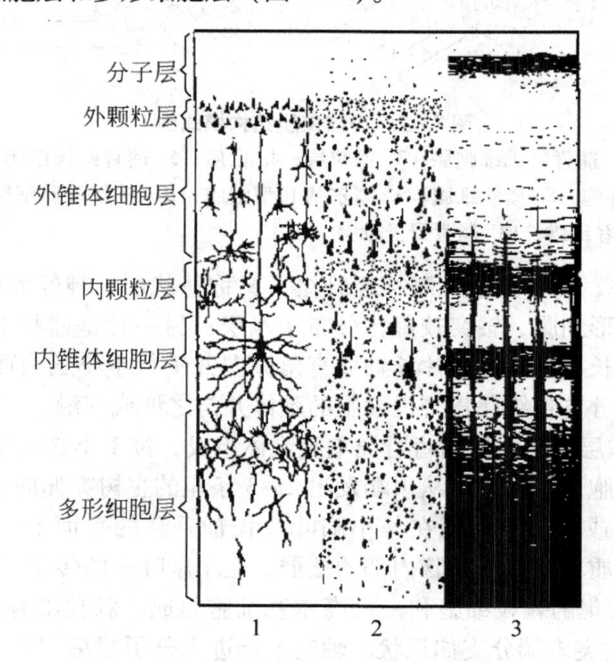

图 8－6　三种染色方法显示大脑皮质切面

1. Golgi 染色；2. Niss 染色；3. Weigert 染色

（1）分子层：神经元小而少，主要是水平细胞和星形细胞，还有许多与皮质表面平行的神经纤维。

（2）外颗粒层：主要由许多星形细胞和少量小型锥体细胞构成。

（3）外锥体细胞层：此层较厚，约占皮层厚度的 1/3，由许多中、小型锥体细胞和星形细胞组成。

（4）内颗粒层：细胞密集，多数是星形细胞。

（5）内锥体细胞层：主要由大、中、小锥体细胞组成。在中央前回运动区，此层有巨大锥体细胞，其顶树突伸到分子层，轴突下行到脑干和脊髓，

（6）多形细胞层：以梭形细胞为主，还有锥体细胞和星形细胞。

2. 小脑组织结构 小脑表面有许多平行的横沟，把小脑分隔成许多小叶片。每一叶片表面是一层灰质，即小脑皮质，皮质下为白质（髓质）。

（1）小脑皮质（图 8－7） 小脑皮质各部分的组织结构基本一致，从外到内明显地分 3 层：分子层、蒲肯野氏细胞层和颗粒层。

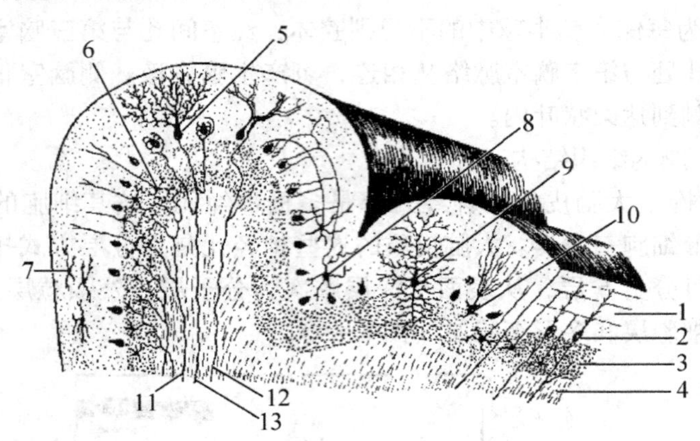

图 8－7 小脑皮质结构模式图

1. 分子层；2. 蒲肯野氏细胞层；3. 颗粒层；4. 白质；5. 蒲肯野氏细胞；6. 颗粒细胞；7. 星形细胞；8. 篮状细胞；9. 高尔基Ⅱ型细胞；10. 神经胶质细胞；11. 苔藓纤维；12. 攀登纤维；13. 蒲肯野氏轴突

① 分子层：较厚，含有大量无髓神经纤维，又称丛状层。神经元较少，主要有两种：一种是小型多突的星形细胞，轴突较短，分布于浅层；另一种是篮状细胞，胞体较大，分布于深层，其轴突较长，与小脑叶片长轴成直角方向并平行于小脑表面走行，沿途发出许多侧支，末端呈篮状分支包绕蒲肯野氏细胞的胞体并与之形成突触。

② 蒲肯野氏细胞层：由一层蒲肯野氏细胞胞体组成，位于小脑皮层的中层，是小脑皮质中最大的神经元，胞体呈梨形，从顶端发出 2～3 条粗的主树突伸向分子层，树突的分支繁多，形如侧柏叶状或扇形，铺展在与小脑叶片长轴垂直的平面上。轴突自胞体底部发出，离开皮质进入髓质，终止于小脑内部的核群，是小脑唯一的传出纤维。

③ 颗粒层：由密集的颗粒细胞和一些高尔基细胞组成。颗粒细胞是小型多极神经元。有 3～4 个短树突，树突末端分支如爪状。轴突上行进入分子层呈“T”形分支，与小脑叶片长轴平行，称平行纤维。高尔基细胞是大的星形细胞，胞体位于颗粒层浅层，树突大部分伸入分子层与平行纤维接触，轴突在颗粒层内呈丛密分支，与颗粒细胞的树突形成突触。

（2）小脑白质 小脑白质含有 3 种有髓纤维，即蒲肯野氏纤维、苔藓纤维和攀登纤维。蒲肯野氏细胞的轴突止于小脑中央核，是小脑的传出纤维。苔藓纤维主要来自脊髓背核，进入颗粒层其末端呈苔藓状分支，与颗粒细胞树突形成突触。攀登纤维来自前庭神经，穿过颗粒层，沿蒲肯野氏细胞树突攀登而上并与之形成突触。

三、脑脊髓膜和脑脊液循环

（一）脑脊髓膜

脑和脊髓表面都有 3 层膜，由内向外依次为软膜、蛛网膜和硬膜。

1. 软膜　较薄，富含血管，紧贴于脑和脊髓表面，分别称脑软膜和脊软膜。软膜上的毛细血管突入各脑室腔内形成脉络丛，能产生脑脊髓液。

2. 蛛网膜　也很薄，包于软膜的外面，并以纤维与软膜相连。蛛网膜与软膜之间的腔隙称蛛网膜下腔，内含脑脊髓液。

3. 硬膜　较厚，包围于蛛网膜之外。位于硬膜与蛛网膜之间的腔隙称硬膜下腔，内含淋巴。在脑部，脑硬膜紧贴于颅腔壁，其间无腔隙存在。脊髓部分的脊硬膜在脊硬膜与椎管之间有一较宽的腔隙，称为硬膜外腔，内含静脉和大量脂肪，有脊神经通过。脊硬膜与脊蛛网膜之间形成狭窄的硬膜下腔，内含淋巴液，向前方与脑硬膜下腔相通。

（二）脑脊液

脑脊液是无色透明的液体，由侧脑室、第三脑室和第四脑室的脉络丛产生，充满于脑室和脊髓中央管，通过第四脑室脉络丛上的孔（正中孔和外侧孔）进入蛛网膜下腔。蛛网膜下腔内的脑脊髓液通过硬膜窦而归入静脉。脑脊髓液具有营养脑、脊髓的作用，还有缓冲和维持恒定的颅内压作用。若脑脊液循环障碍，可导致脑积水或颅内压升高。

第二节　周围神经系统

周围神经系统是神经系统的外周部分，可划分为脊神经、脑神经和植物性神经。周围神经系统是中枢神经与外周各器官间联系的结构基础。

一、脊神经

脊神经（*N. spinales*）为混合神经，在椎间孔附近由背侧根和腹侧根聚集而成，它由椎间孔或椎外侧孔伸出，分为背侧支和腹侧支。背侧支分布于脊柱背侧的肌肉和皮肤；腹侧支分布于脊柱腹侧和四肢的肌肉和皮肤。分布于肌肉的为肌支，分布于皮肤的为皮支。按部位分为颈神经（牛8对，猪8对，犬8对）、胸神经（牛13对、猪4~15对，犬13对）、腰神经（牛6对、猪7对，犬7对）、荐神经（牛5对、猪4对，犬3对）和尾神经（牛5对、猪5对，犬4~7对）（图8-8）。

（一）分布于躯干的神经

1. 脊神经背侧支　每一颈神经、胸神经、腰神经背侧支又分为内侧支和外侧支，分布于颈部背侧、鬐甲、背部和腰部。荐神经和尾神经的背侧支分布于荐部和尾背侧。

2. 脊神经腹侧支　一般较粗，分布于脊柱腹侧、胸腹部及四肢。

（1）隔神经　为膈的运动神经，来自第五、第六、第七颈神经的腹侧支。膈神经沿斜角肌的腹侧缘向后伸延，经胸前口入胸腔，沿纵隔向后伸延，分布于膈。

（2）肋间神经　为胸神经的腹侧支，沿肋骨后缘向下伸延，与同名血管并行，分布于肋间肌、腹肌和皮肤。最后胸神经的腹侧支，沿最后肋骨后缘，向下伸延，进入腹直肌，有浅支穿过腹外斜肌形成皮神经，分布于腹底壁的皮肤。

（3）髂下腹神经　来自第一腰神经的腹侧支。马的向后向外，行经第二腰椎横突末端腹侧，牛的行经第三腰椎横突腹侧及末端的外侧缘，分为浅深两支。浅支分布于腹下壁及膝关节外侧的皮肤，且有分支分布于腹内、外斜肌；深支先后在腹膜与腹横肌之间以及腹横肌和腹内斜肌之间，向下伸延，进入腹直肌，且有分支分布于腹横肌和腹内斜肌。（图8-9）

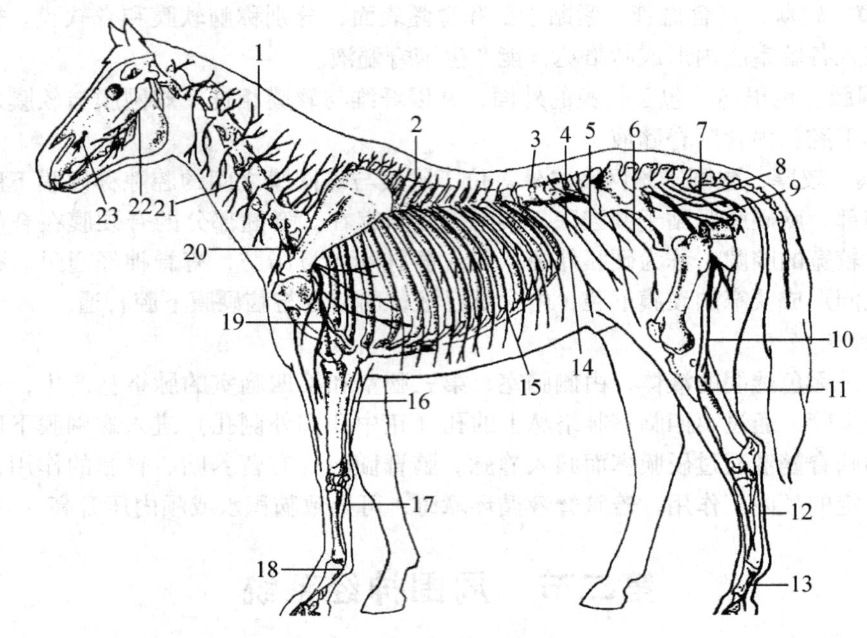

图 8－8　马的脊神经

1. 颈神经的背侧支；2. 胸神经的背侧支；3. 腰神经的背侧支；4. 髂下腹神经；5. 髂腹股沟神经；6. 股神经；7. 直肠后神经；8. 坐骨神经；9. 阴部神经；10. 胫神经；11. 腓总神经；12. 足底外侧神经；13. 趾跖外侧神经；14. 最后肋间神经；15. 肋间神经；16. 尺神经；17. 掌外侧神经；18. 指外侧神经；19. 桡神经；20. 臂神经丛；21. 颈神经的腹侧支；22. 面神经；23. 眶下神经

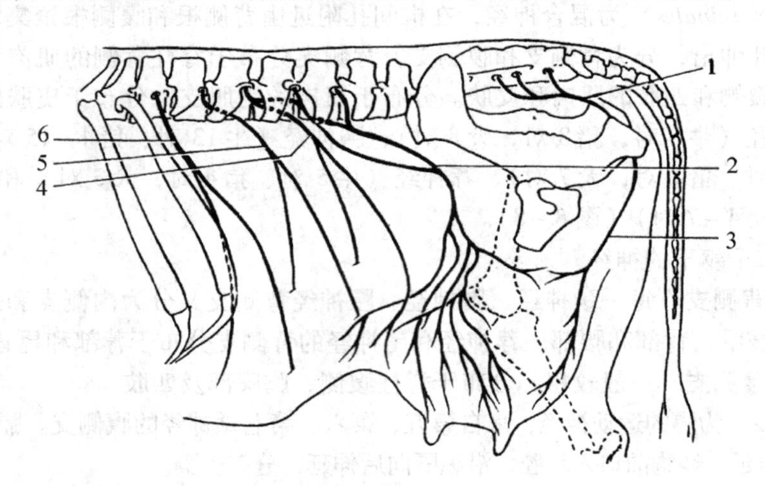

图 8－9　母牛的腹壁神经

1. 阴部神经；2. 精索外神经；3. 会阴神经的乳房支；4. 髂腹股沟神经；5. 髂下腹神经；6. 最后肋间神经

（4）**髂腹股沟神经**　来自第二腰神经的腹侧支。在腰大肌与腰小肌之间向外侧伸延，马的行经第三腰椎横突末端，牛的行经第四腰椎横突末端外侧缘，分为浅深两支。浅支分布到膝外侧及以下的皮肤；深支分布的情况与髂腹下神经的相似，分布区域略靠后方。

（5）**生殖股神经**　来自第二至四腰神经的腹侧支，沿腰肌间下行，分为前、后两支，向下伸延穿过腹股沟管，公畜分布于睾外提肌、阴囊和包皮；母畜分布于乳房。

（6）*阴部神经* 来自第二至四荐神经的腹侧支，开始沿荐结节阔韧带的内侧面向后下方伸延，分出侧支分布于尿道、肛门、会阴及股内侧皮肤以后，绕过坐骨弓成为阴茎背神经，沿阴茎背侧缘向前延伸分布于阴茎和包皮。在母畜，则为阴蒂背神经，分布于阴唇和阴蒂。

（7）*直肠后神经* 来自第四、第五（牛）或第三、第四（马）荐神经的腹侧支，有1～2支，在阴部神经背侧，沿荐结节阔韧带内侧面向后向下伸延，分布于直肠和肛门。母畜还分布于阴唇。

（二）分布于前肢的神经

前肢神经来自臂神经丛。由第六至八颈神经和第一、第二胸神经腹侧支组成，经斜角肌背腹侧二部之间穿出，在肩关节的内侧，形成臂神经丛，由此神经丛发出的神经有：胸肌神经、肩胛上神经、肩胛下神经、腋神经、桡神经、尺神经、肌皮神经和正中神经（图8－10、图8－11）。

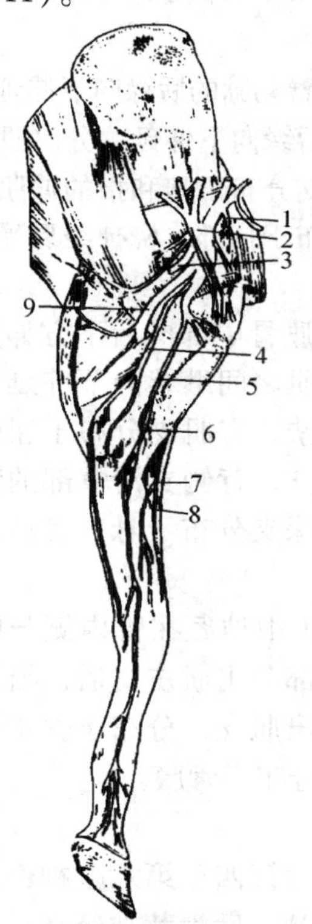

图8－10 牛的前肢神经（内侧面）

1. 肩胛上神经；2. 臂神经丛；3. 腋神经；4. 腋动脉；5. 尺神经；6. 正中神经和肌皮神经总干；7. 正中神经；8. 肌皮神经皮支；9. 桡神经

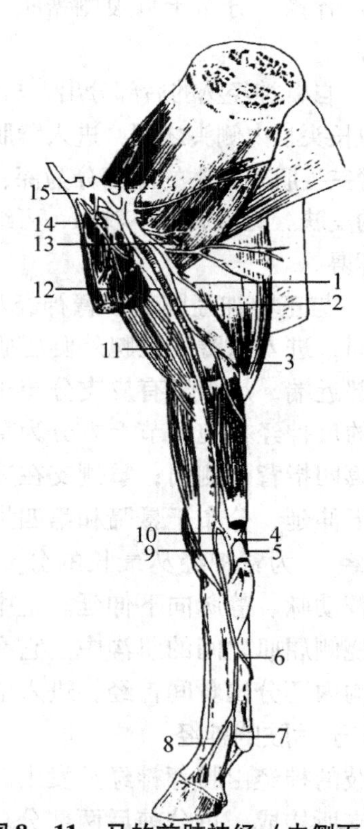

图8－11 马的前肢神经（内侧面）

1. 桡神经；2. 尺神经；3. 尺神经的皮支；4. 尺神经深支；5. 尺神经浅支；6. 交通支；7. 指内侧神经掌侧支；8. 指内侧神经背侧支；9. 掌内侧神经；10. 掌外侧神经；11. 肌皮神经的皮支；12. 正中神经和肌皮神经的总干；13. 腋神经；14. 肩胛上神经；15. 臂神经丛

1. 肩胛上神经 由臂神经丛的前部发出，经肩胛下肌与冈上肌之间，绕经肩胛骨前缘到冈上窝，分布于冈上肌、冈下肌及肩臂皮肌和皮肤。因位置关系，肩胛上神经常受损伤，发生肩胛上神经麻痹。

2. 肩胛下神经　在肩胛上神经的后方自臂神经丛发出，分支分布于肩胛下肌及肩关节。

3. 腋神经　由臂神经丛中部发出，较粗；穿过肩胛下肌与大圆肌之间的缝隙，分支分布于肩关节的屈肌，并分出皮支，分布于前臂近端背侧和前臂外侧的皮肤。

4. 肌皮神经　在肩胛下神经的后方自臂神经丛的中部分出，在肩关节附近分出肌支至喙臂肌和臂二头肌的近端，本干与正中神经合并沿臂动脉前缘向下伸延，至臂中部与正中神经分开，并分出肌支到臂二头肌、臂肌和肘关节囊，主干在臂二头肌与臂肌之间到达前臂部背内侧面的皮下，为前臂内侧皮神经，分布于前臂、腕、掌内侧面的皮肤。

5. 胸肌神经

（1）胸肌前神经　由臂神经丛的前部和腋袢发出，分布于胸浅肌、胸深肌及肩关节囊。

（2）胸肌后神经　分布于胸腹侧锯肌，胸背神经分布于背阔肌，胸外侧神经分布于胸腹皮肌和皮肤。

6. 桡神经　自臂神经丛的后部分出，与尺神经一起沿臂动脉的后缘向下伸延，在臂内侧中部，经臂三头肌长头与内侧头之间，进入臂肌沟，沿臂肌后缘向下伸延，分出肌支分布于臂三头肌之后，在臂三头肌外侧头的深面分为深、浅两支。深支分布于腕和指的伸肌。浅支在马分布于前臂外侧的皮肤。此浅支在牛较粗，可继续下行，分布于指部。桡神经易受压迫，在临床上常见桡神经麻痹。

7. 尺神经　与正中神经同起于臂神经丛的后部，自肱骨中部向后下方伸延，经肱骨内侧髁与肘突之间，进入前臂，在腕外侧屈肌与腕尺侧屈肌之间继续向下伸延到腕部。在臂部远端和前臂部近端，尺神经有皮支分布于前臂后面皮肤，有肌支分布于屈腕关节和指关节的肌肉。牛的尺神经在腕关节上方分为背侧支和掌侧支，背侧支沿掌部的背外侧面向下伸延，分布于第四指背外侧面；掌侧支在掌近端分出一深支分布于悬韧带后，沿指浅屈肌腱的外侧缘向下伸延，分布于悬蹄和第四指掌外侧面。

8. 正中神经　为臂神经丛最长的分支。牛和马的正中神经在臂内侧与肌皮神经合成一总干，随同臂动脉、静脉向下伸延。正中神经在臂中部分出肌皮支后，沿肘关节内侧进入前臂骨和腕桡侧屈肌之间的肌沟中。它在前臂近端分出肌支，分布于腕桡侧屈肌和指深屈肌；在正中沟内还分出骨间神经，进入前臂骨间隙，分布于骨膜。

（三）分布于后肢的神经

分布于后肢的神经由腰荐神经丛发出。腰荐神经丛由第四至第六腰神经及第一、第二荐神经的腹侧支所构成，可分前后两部分。前为腰神经丛，后为荐神经丛。由此发出的主要神经有：股神经、闭孔神经、臀前神经、臀后神经和坐骨神经（图 8－12、图 8－13）。

1. 股神经　由腰荐神经丛前部发出，其纤维主要来自第四、第五腰神经的腹侧支，经腰大肌与腰小肌之间向后向外向下伸延，穿出腹腔，股神经在缝匠肌的深面于分出至髂腰肌的肌支及隐神经后，本干与股前动脉一起进入股直肌与股内肌之间，分数支分布于股四头肌。

2. 闭孔神经　由闭孔穿出，分支分布于闭孔外肌、耻骨肌、内收肌和股薄肌。

3. 臀前神经　与臀前动、静脉一起出坐骨大孔，分数支分布于臀肌和股阔筋膜张肌。

4. 臀后神经　沿荐结节阔韧带外侧面向后伸延，分支分布于股二头肌、臀浅肌、臀中肌和半腱肌。此外，还分出一皮支，分布于股后部的皮肤。

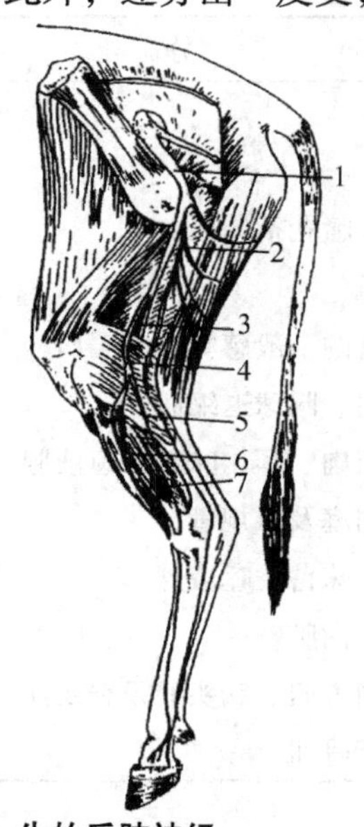

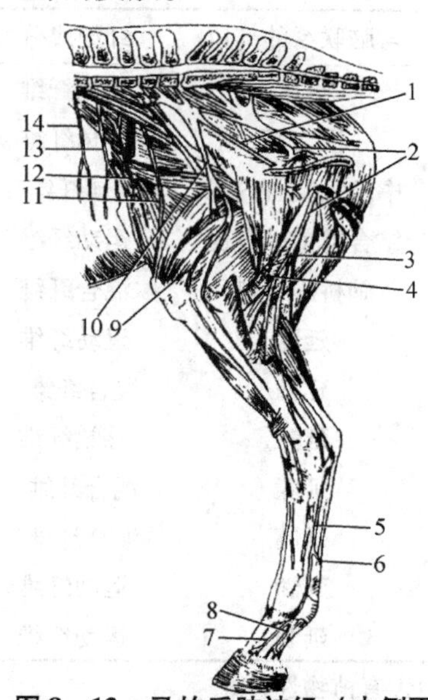

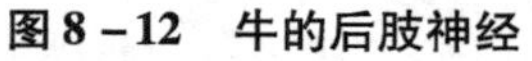

图 8－12　牛的后肢神经

（外侧面，切去股二头肌）

1. 坐骨神经；2. 肌支；3. 胫神经；4. 腓总神经；5. 小腿外侧皮神经；6. 腓浅神经；7. 腓深神经

图 8－13　马的后肢神经（内侧面）

1. 闭孔神经；2. 坐骨神经；3. 胫神经；4. 腓总神经；5. 足底内侧神经；6. 交通支；7. 趾内侧神经背侧支；8. 趾内侧神经跖侧支；9. 隐神经；10. 股神经；11. 股外侧皮神经；12. 髂腹股沟神经；13. 髂腹下神经；14. 最后肋间神经

5. 坐骨神经　为全身最粗大的神经，自坐骨大孔出骨盆腔，沿荐结节阔韧带的外侧向后下方伸延，绕过髋关节后下行于股后部的股二头肌、半膜肌和半腱肌之间，沿途分支分布于半膜肌、股二头肌和半腱肌。约在股骨中部分为腓神经和胫神经。

（1）胫神经　沿臀股二头肌深面进入腓肠肌内、外侧头之间，沿趾浅屈肌的内侧缘向下沿伸至小腿远端，在跟腱背侧，分为足底内侧神经和足底外侧神经，继续向下延伸。胫神经在小腿近端分出肌支分布于跗关节的伸肌和趾关节的屈肌，并在股远端分出皮支，分布于小腿后面和跗趾外侧面的皮肤。

（2）腓总神经　在臀股二头肌的深面沿腓肠肌外侧面向前向下延伸，到腓骨近端外侧分为腓浅神经和腓深神经。并在股部分出皮支，穿出股二头肌远端，分布于小腿外侧的皮肤。

二、脑 神 经

脑神经（*Nn. craniales*）是与脑相连的周围神经，共有 12 对，按其与脑相连的前后顺序及其功能、分布和行程而命名。它们通过颅骨的一些孔出颅腔，脑神经按其所含纤维传递功能不同，分为感觉性、运动性和混合性三类神经（表 8－1）。

表 8-1　脑神经分布简表

名　称	与脑联系的部位	纤维成分	分　布
Ⅰ嗅神经	嗅球	感觉纤维	嗅黏膜
Ⅱ视神经	视交叉	感觉纤维	视网膜
Ⅲ动眼神经	中脑大脑脚内缘	运动纤维*	眼球肌、瞳孔括约肌
Ⅳ滑车神经	结合臂前端背侧	运动纤维	眼上斜肌
Ⅴ三叉神经	脑桥腹外侧	混合纤维	头部器官的一般感觉、咀嚼肌
Ⅵ外展神经	延髓	运动纤维	眼外直肌、眼球退缩肌
Ⅶ面神经	延髓	混合纤维*	颜面部肌肉、耳、味蕾、唾液腺
Ⅷ前庭耳蜗神经	延髓	感觉纤维	耳蜗、前庭及半规管
Ⅸ舌咽神经	延髓	混合纤维*	舌、咽、味蕾、唾液腺
Ⅹ迷走神经	延髓	混合纤维*	咽、喉、内脏
Ⅺ副神经	延髓	运动纤维	喉丛、斜方肌、胸头肌及臂头肌
Ⅻ舌下神经	延髓	运动纤维	舌肌及舌骨肌

*　脑神经中含有植物性神经

1. 嗅神经　起于鼻腔嗅区黏膜中的嗅细胞。嗅细胞为双极神经元，其周围突伸向嗅区黏膜；中枢突聚集成许多嗅丝，穿过筛板，入颅腔连接嗅球。

2. 视神经　为传导视觉的感觉神经，由眼球视网膜节细胞的轴突构成，经视神经孔入颅腔，形成视交叉。

3. 动眼神经　动眼神经含有运动神经纤维和植物性神经的副交感纤维。运动神经纤维，支配眼球和上眼睑的运动。副交感神经纤维，参与瞳孔和晶状体对光反射的调节。

4. 滑车神经　起于中脑的滑车神经核，自结合臂与下丘交界处的背侧出脑，是唯一一对自脑干背侧发出的脑神经，经眶圆孔出颅腔，分布于眼球上斜肌，参与调节眼球的运动。

5. 三叉神经　三叉神经为最粗大的脑神经，由大的感觉根和较小的运动根组成，与脑桥的腹外侧部相连。感觉根上有的半月神经节，该神经节位于颈静脉孔的前外侧，其感觉神经元的中枢突组成感觉根入脑桥，终于三叉神经感觉核；周围突组成眼神经、上颌神经和下颌神经。头部的一般性感觉主要由三叉神经传导。运动根起自脑桥三叉神经运动核，参与组成下颌神经。三叉神经的主要分支是眼神经、上颌神经和下颌神经。

6. 外展神经　起于延髓内的外展神经核，自延髓的前端锥体的两侧发出，经眶窝孔伸入眶窝分布于眼球外直肌和眼球退缩肌，参与调节眼球的运动。

7. 面神经　由延髓斜方体的外侧发出，与前庭耳蜗神经一起进入内耳道，在内耳道底部独自进入面神经管，并从茎乳孔出颅壁。其运动神经纤维来自延髓内的面神经核，分布于颜面肌群，另有很多小分支分布于耳部肌肉、眼轮匝肌、腮腺表面的肌肉。其躯体神经一般感觉神经的神经元位于膝神经节，后者位于面神经管内，其周围突分布于外耳凸面、凹面的皮肤。其内脏特殊传入神经参与组成鼓索神经，后者在茎乳孔处由面神经分出，沿下颌骨内侧向前下方，伸至下颌孔处与下颌神经的舌神经相连，分布于舌前2/3处的味蕾。其副交感神经神经纤维主要组成岩大神经，节后神经纤维分布到头部除腮腺以外的腺体。

8. 前庭耳蜗神经　连斜方体的外侧缘，自内耳道进入耳内。为传导听觉和平衡觉的神经，分为前庭神经和耳蜗神经。前庭神经起于前庭神经节，分布于椭圆囊斑、球囊斑和壶腹脊，传导平衡觉。耳蜗神经起于螺旋神经节，分布于内耳膜迷路听觉感觉器，传导听觉。

9. 舌咽神经 自延髓的腹外侧缘发出，经颈静脉孔出颅腔。舌咽神经出颅腔后，在咽外侧沿舌骨大支向前下伸延，分为咽支和舌支。咽支主要分布于咽部的肌肉；舌支分布于舌后 1/3 的味蕾。此外尚有分支分布于颈动脉窦（内脏特殊感觉）、腮腺（副交感）。

10. 迷走神经 为混合神经，含有感觉传入纤维和躯体传出与内脏传出纤维。其根丝附着于延髓的腹侧面，在舌咽神经根的后方，是脑神经中行程最远、分布区域最广的神经（详见植物性神经部分）。

11. 副神经 为运动神经由两根组成，颅根起自延髓腹外侧缘，位于迷走神经根的后方；脊髓根由前部颈段脊髓腹侧柱发出的腹根分支组成，经枕骨大孔入颅腔，与颅根合并成副神经后自颈静脉孔出颅腔，分布于喉、咽肌、胸头肌、斜方肌和臂头肌。

12. 舌下神经 为运动神经，起自延髓的舌下神经核，自延髓腹侧下橄榄体的外侧缘发出，经舌下神经孔出颅腔，分布于舌肌和舌骨肌。

三、植物性神经

植物性神经（Vegetative nervous）又名自主神经，是指分布到内脏器官、血管和皮肤的平滑肌以及心肌、腺体等处的传出神经，也称其为内脏神经。植物性神经与躯体神经的运动神经相比较，具有下列一些结构和机能上的特点：

1. 躯体运动神经支配骨骼肌，植物性神经支配平滑肌、心肌和腺体。

2. 躯体运动神经神经元的胞体存在于脑和脊髓，神经冲动由脑和脊髓传至效应器只需一个神经元；植物性神经的神经冲动由中枢传至效应器需要通过两个神经元，第一神经元为节前神经元，位于脑和脊髓的灰质侧柱中，由它发出的轴突称节前纤维；第二个神经元，称节后神经元，位于外周神经植物性神经节内，由它发出的轴突称节后纤维。节前纤维离开中枢后，在植物性神经节内与节后神经元形成突触，节后纤维将中枢发出的冲动传至效应器。植物性神经节根据位置可分为三类：椎旁神经节、椎下神经节、终末神经节。

3. 躯体运动神经的神经纤维一般为较粗的有髓神经纤维；植物性神经的节前纤维为较细的有髓神经纤维，节后纤维为较细的无髓神经纤维。

4. 躯体运动神经受意识支配；植物性神经不受意识的直接控制，具有相对的自主性。

植物性神经分为交感神经和副交感神经，二者的区别有：

（1）交感神经的节前神经元位于胸腰段脊髓的灰质外侧柱，称胸腰部；副交感神经的节前神经元主要存在于脑干和荐段脊髓的灰质外侧柱，称颅荐部。

（2）交感神经的节后神经元位于椎旁节和椎下节，发出的纤维要经过较长的路径才能到达效应器；副交感神经的节后神经元在终末节，发出的节后纤维经过较短的路径就可以到达效应器。

（3）畜体大部分组织和器官接受交感神经和副交感神经的双重支配，但交感神经支配更广；一般认为肾上腺髓质、四肢血管、头颈部的大部分血管以及皮肤的腺体和竖毛肌等，没有副交感神经支配。

（4）交感神经和副交感神经对同一种器官的作用不同，在中枢的调节下，既对立又统一。

(一) 交感神经

交感神经（*N. sympatheticus*）（图 8－14）的节前神经元胞体位于胸腰段脊髓灰质外侧柱内。发出的节前神经纤维经脊髓腹侧根至脊神经，出椎间孔后离开脊神经，形成单独的神经支，即白交通支，进入相应节段的椎旁神经节，或经过椎旁神经节随神经干或神经干的分支至椎下神经节，与其内的节后神经元形成突触。节后神经元胞体位于椎旁神经节和椎下神经节内。椎旁神经节发出的节后神经纤维组成灰交通支返回脊神经，随脊神经分布于躯体的血管、汗腺和竖毛肌，或围绕动脉形成神经丛，随动脉至其所分布的器官。椎下神经节的节后纤维形成神经丛分布于它所支配的器官。

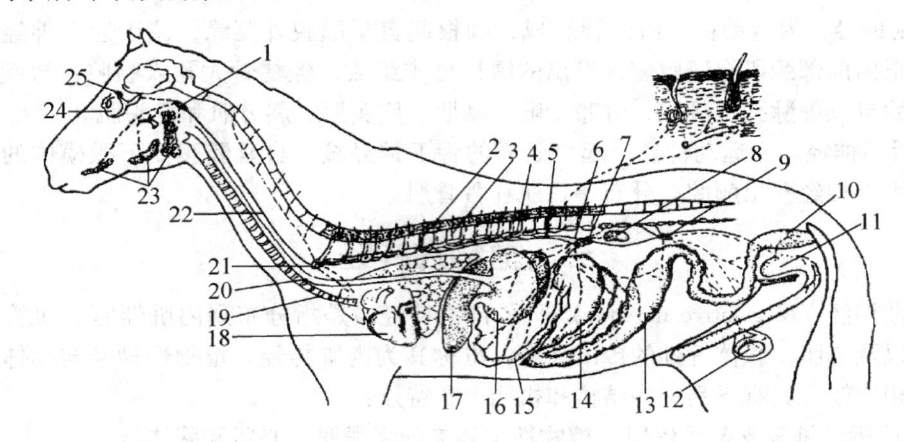

图 8－14　交感神经分布模式图

（实线示节前神经纤维，虚线示节后神经纤维）

1. 颈前神经节；2. 白交通支；3. 灰交通支；4. 交感神经干；5. 内脏大神经；6. 内脏小神经；7. 腹腔肠系膜前神经节；8. 肾；9. 肠系膜后神经节；10. 直肠；11. 膀胱；12. 睾丸；13. 大结肠；14. 盲肠；15. 小肠；16. 胃；17. 肝；18. 心；19. 气管；20. 食管；21. 星状神经节；22. 颈交感神经干；23. 唾液腺；24. 眼球；25. 泪腺

交感神经干位于脊柱的腹外侧，左右成对，可分为颈部交感干、胸部交感干、腰部交感干和荐尾部交感干。

(1) 颈部交感神经干　由前部胸段脊髓发出的节前神经纤维构成，沿气管的背外侧向前伸延至颅腔底面，常与迷走神经并行，称迷走交感干。颈部交感干上有颈前、颈中和颈后 3 个椎神经节。颈前神经节呈梭形，位于颅底腹面。发出节后神经纤维分布于唾液腺、泪腺、虹膜开大肌和头部的血管、汗腺、竖毛肌。颈中神经节位于颈后部，其节后神经纤维分布于主动脉、心、气管和食管。颈后神经节与第一和第二胸神经节合并成星状神经节。位于胸前口内，在第一肋骨椎骨端的内侧，呈星芒状，向四周发出节后神经纤维：向前上方发出椎神经，伴随椎动脉伸延，连第二至第八颈神经；向背侧到臂神经丛；向后下方发出心支，构成心神经丛，分布于心和肺。

(2) 胸部交感干　紧贴于胸椎的腹外侧，每一节有一个胸神经节。由神经节发出节后神经纤维，组成灰交通支返回胸神经，分布于胸壁的皮肤；另一些节后神经纤维形成小支，至主动脉、食管、气管和支气管，组成心和肺神经丛。胸部交感干还发出内脏大神经和内脏小神经。

① 内脏大神经：由胸部交感干中后段分出，并与其并行，分开后穿过膈脚的背侧入腹腔，连于腹腔肠系膜前神经节。

② 内脏小神经：由胸部交感干的后段分出，在内脏大神经的后方，也连腹腔肠系膜前神经节，并参与构成肾神经丛。

(3) *腰部交感干*　沿腰小肌内侧缘向后伸延，有2~5个腰神经节，发出节后神经纤维组成灰交通支返回腰神经。腰部交感干尚发出腰内脏神经，连于肠系膜后神经节。

腹腔内有两个主要神经节，腹腔肠系膜前神经节和肠系膜后神经节。

肠系膜前神经节由两个腹腔神经节和一个肠系膜前神经节构成，位于腹腔动脉根部的两侧和肠系膜前动脉根部的后方，由节间纤维连在一起，因其呈半月形，又称为半月状神经节。此神经节接受内脏大神经和内脏小神经的纤维，迷走神经背侧干的纤维也经此通过。从此神经节发出的节后纤维，构成腹腔肠系膜前神经丛，沿动脉的分支分布到肝、胃、脾、胰、小肠、大肠和肾等器官。

肠系膜后神经节在肠系膜后动脉根部两侧，位于肠系膜后神经丛内，接受来自交感神经干的腰内脏神经和来自腹腔肠系膜前神经节的节间支。从肠系膜后神经节发出的节后神经纤维沿动脉分布到结肠后段、精索、睾丸、附睾或卵巢、输卵管和子宫角。还分出一对腹下神经，向后伸延到盆腔内，构成盆神经丛，分布于结肠后段、直肠、膀胱、前列腺和阴茎或子宫和阴道。

(4) *荐尾部交感干*　沿荐骨骨盆面向后伸延并逐渐变细，前部的神经节较大，后部的变小，节后神经纤维组成灰交通支连荐神经和尾神经。

（二）副交感神经

副交感神经（*N. parasympathicus*）（图8-15）的节前神经元胞体位于脑干和荐部脊髓。分为颅部副交感神经和荐部副交感神经。

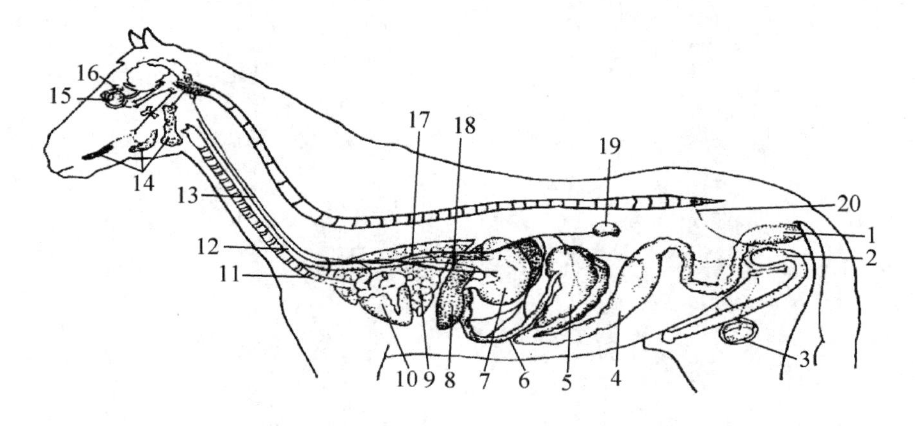

图8-15　副交感神经分布模式图

（实线示节前神经纤维，虚线示节后神经纤维）

1. 直肠；2. 膀胱；3. 睾丸；4. 大结肠；5. 盲肠；6. 小肠；7. 胃；8. 肝；9. 肺；10. 心；11. 气管；12. 食管；13. 迷走神经；14. 唾液腺；15. 眼球；16. 泪腺；17. 迷走神经食管背侧干；18. 迷走神经腹侧干；19. 肾；20. 盆神经

由脑干发出的副交感神经与某些脑神经一起行走，分布到头、颈和胸腹腔器官。其中迷走神经是体内行程最长、分布最广的混合神经。它由延髓发出，出颅腔后行，在颈部与交感神经干形成迷走交感干，经胸腔至腹腔，伴随动脉分布于胸腹腔器官。其节后纤维分布于咽、喉、气管、食管、胃、肠、肝、胰、肺、心、肾等器官，调节平滑肌、心肌、腺体的活动。

从荐部发出的副交感神经，形成2~3支盆神经。盆神经沿骨盆侧壁向腹侧伸延到直肠或阴道外侧，与来自肠系膜后神经节的腹下神经一起构成盆神经丛，节前纤维在盆神经丛中的终末神经节（盆神经节）交换神经元，节后纤维分布于结肠末段、直肠、膀胱、前列腺和阴茎（公畜）或子宫和阴道（母畜）。

复习思考题

1. 神经系统由哪些部分组成？
2. 脊髓的外部形态及内部结构如何？
3. 试述脑干、间脑、小脑和大脑的结构。
4. 简述小脑的组织学结构。
5. 支配腹侧壁肌肉的神经有哪些？
6. 分布于后肢的神经主要有哪些？

第九章

感觉器官

感觉器官是由感受器及其附属结构构成的，如视觉、听觉器官。感受器能接受体内外各种刺激，并将其转变为神经冲动，传达到中枢神经系。感受器通常根据所在部位和所接受刺激的来源，分为外感受器、内感受器和本体感受器三大类。外感受器能接受外界环境的各种刺激，如皮肤的触觉、压觉、温觉和痛觉，舌的味觉，鼻的嗅觉，以及接受光波和声波的感觉器官眼和耳。内感受器分布于内脏，以及心、血管，能感受体内各种物理、化学变化，如压力、渗透压、温度、离子浓度等刺激。本体感受器分布于肌、腱、关节和内耳，能感受运动器官所处状况和身体位置的刺激。

第一节 视觉器官

视觉器官能感受光的刺激，经视神经传至中枢，而引起视觉，包括眼球和辅助器官。

一、眼 球

眼球（*Bulbus oculi*）位于眼眶内，后端有视神经与脑相连。眼球的构造分眼球壁和内容物两部分（图 9－1、图 9－2）。

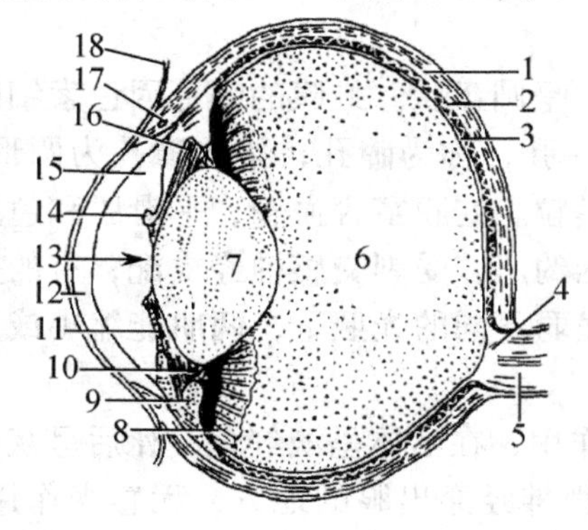

图 9－1 眼球纵切面模式图

1. 巩膜；2. 脉络膜；3. 视网膜；4. 视乳头；5. 视神经；6. 玻璃体；7. 晶状体；8. 睫状突；9. 睫状肌；10. 晶状体悬韧带；11. 虹膜；12. 角膜；13. 瞳孔；14. 虹膜粒；15. 眼前房；16. 眼后房；17. 巩膜静脉窦；18. 球结膜

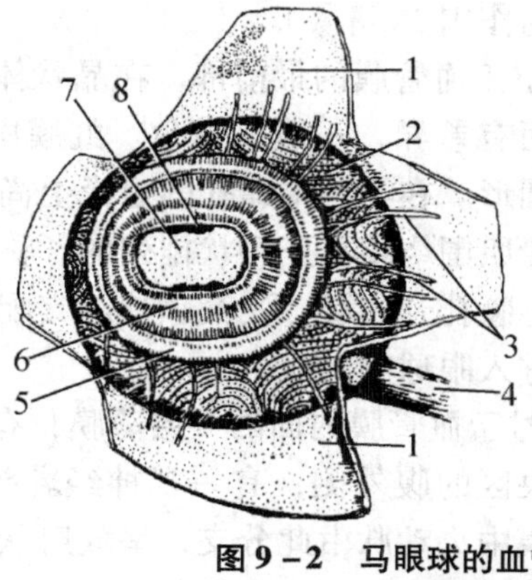

图 9－2 马眼球的血管膜前部（角膜切除，巩膜翻开）

1. 巩膜；2. 脉络膜；3. 睫状静脉；4. 视神经；5. 睫状肌；6. 虹膜；7. 瞳孔；8. 虹膜粒

（一）眼球壁

分三层，由外向内顺次为纤维膜、血管膜和视网膜。

1. 纤维膜（*Tunica fibrosa*） 厚而坚韧，形成眼球的外壳，有保护内部柔软组织和维持眼球形状的作用。前部约 1/5 透明的为角膜；后部 4/5 色白而不透明的为巩膜。

（1）角膜 是无色透明的凹凸透镜，主要为排列整齐的纤维层所构成，外面盖有一层复层扁平上皮，内面衬一单层扁平的内皮。角膜上皮在角膜外周移行为眼球结膜的上皮。角膜中无血管和淋巴管，但分布有丰富的感觉神经末梢，所以感觉灵敏。

（2）巩膜 色白不透明，主要为互相交织的胶原纤维束所构成，含有少量弹性纤维。巩膜与角膜相连接的地方称角巩膜缘，其深面有静脉窦，是眼房水流出的通道。

2. 血管膜（*Tunica vascularis*） 是眼球壁的中层，富含血管和色素细胞，有营养眼内组织的作用，并形成暗环境，有利于视网膜对光和色的感应。血管膜由后向前分为脉络膜、睫状体和虹膜三部分。

（1）脉络膜 呈棕色，衬于巩膜的内面且与之疏松相连。脉络膜后部，除猪外，有呈青绿色带金属光泽的三角形区，称为照膜，反光很强，有加强对视网膜刺激的作用，有助于动物在暗光环境下对光的感应。

脉络膜的外层由疏松结缔组织构成，内有色素细胞；在脉络膜与视网膜之间，有一透明均质的薄膜，称为玻璃膜。照膜是位于视神经乳头上方的一半月形区域，对光起反射作用的膜，缺色素。照膜的作用是将外来光线反射到视网膜，加强光刺激作用，有助于动物在暗光下对外界的感应。猪无照膜。

（2）睫状体 是血管膜中部的增厚部分，呈环状围于晶状体周围，形成睫状环，其表面有许多向内面突出并呈放射状排列的皱褶，称睫状突。睫状突与晶状体之间由纤细的晶状体韧带连接。在睫状体的外部有平滑肌构成的睫状肌，肌纤维起于角膜和巩膜连接处，向后止于睫状环。睫状肌受副交感神经支配，收缩时可向前拉睫状体，使晶状体韧带松弛，有调节视力的作用。

（3）虹膜 位于血管膜的最前部，在晶状体之前，呈圆盘状。虹膜的颜色因色素细胞多少和分布不同而有差异，一般呈棕色。虹膜中部有一孔，称为瞳孔，猪的瞳孔为圆形，其他家畜为横椭圆形。在马、牛瞳孔的边缘上尚有虹膜粒。虹膜富含血管、平滑肌和色素细胞。虹膜的平滑肌围绕瞳孔呈环状排列的，称瞳孔括约肌，受副交感神经支配；有的呈辐射状排列的，称瞳孔开大肌，受交感神经支配。在强弱不同的光照下，两肌能缩小或开大瞳孔，以调节进入眼球的光线。

3. 视网膜 衬于血管膜内面的一层薄膜，有感光作用，在活体呈淡红色，死后呈灰白色。在视网膜中央区的腹外侧，有一视神经乳头，是视神经穿出眼的地方，无感光作用，称为盲点，视网膜中央动脉由此分支，呈放射状分布于视网膜。在眼球后端的视网膜中央区是感光最敏锐的地方，相当于人的黄斑。

视网膜衬于脉络膜内面的部分，为感光的部分，称视部；衬于虹膜和睫状体内面的没有感光作用，称盲部。

构成视网膜的细胞主要由色素上皮细胞和感光细胞。色素上皮细胞为单层立方或扁平形细胞构成，胞质内富含黑色素颗粒，并从细胞顶端伸出突起进入感光细胞之间，有吸收散射光线、供给感光细胞营养和运出代谢产物的作用。感光细胞包括视杆和视锥细胞两种。

视锥细胞感光敏锐，能分辨颜色，可能含有对红、绿、蓝三色分别感光的化学物质。视锥细胞在视网膜中央区最多，由此向四周逐渐减少。视杆细胞的视杆含有视紫质，能感弱光，视杆细胞比视锥细胞多若干倍，在视网膜中央区很少或不存在，由此向外周逐渐增多。

（二）眼球内容物

包括晶状体、眼房水和玻璃体，它们与角膜一起组成眼的折光系统。

1. 晶状体（*Lens crystallina*）　呈双凸透镜状，透明而富弹性，位于虹膜与玻璃体之间，主要为排列致密而整齐的晶状体纤维所构成。晶状体借晶状体悬韧带连接于睫状体。睫状肌的收缩与松弛，可改变悬韧带对晶状体的拉力，从而改变晶状体的凸度，以调节焦距，使物体的投影能聚集于视网膜上。

2. 眼房（*Camera oculi*）和眼房水（*Humor aquells*）　眼房位于晶状体与角膜之间，被虹膜分为前房与后房。眼房水为无色透明液体，充满于眼房内，由睫状突和虹膜产生，渗入巩膜静脉丛而汇注于眼球的静脉。眼房水除供给角膜和晶状体的营养外，还有维持眼内压的作用。眼房水排出受阻，则眼内压增高，导致青光眼。

3. 玻璃体（*Corpus vitreum*）　是无色透明的胶状物质，充满晶状体与视网膜之间。

二、眼的辅助器官

眼的辅助器官（图9－3）有眼睑、泪器、眼球肌和眶骨膜。

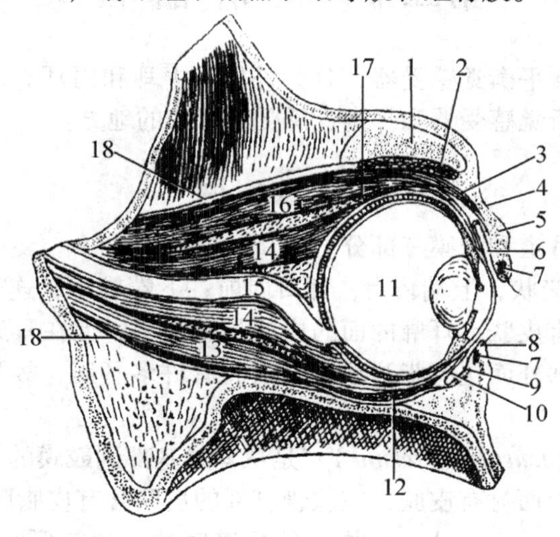

图9－3　眼的辅助器官

1. 额骨眶上突；2. 泪腺；3. 眼睑提肌；4. 上眼睑；5. 眼轮匝肌；6. 结膜囊；7. 睑板腺；8. 下眼睑；9. 睑结膜；10. 球结膜；11. 眼球；12. 眼球下斜肌；13. 眼球下直肌；14. 眼球退缩肌；15. 视神经；16. 眼球上直肌；17. 眼球上斜肌；18. 眶骨膜

1. 眼睑（*Palpabrae*）　位于眼球前面，分为上眼睑和下眼睑。眼睑外面覆有皮肤，里面衬有睑结膜。睑结膜折转覆盖于巩膜前部，为球结膜。在睑结膜与球结膜之间的裂隙为结膜囊。正常的结膜呈淡红色，在某些疾病时，常发生变化，可作为诊断的依据。眼睑含有眼轮匝肌和睑板腺。睑板腺在睑结膜下方的游离缘附近，排成一列，开口于眼睑缘。眼睑缘长有睫毛。

第三眼睑又称瞬膜，为位于眼内角的结膜褶，略呈半月形，含有一软骨。软骨后部在眼球内侧，包围于腺体和脂肪内。检查马眼结膜时，轻压眼球，第三眼睑则被眶内脂肪推移到眼球的前面。

2. 泪器

(1) 泪腺　位于眼球背外侧，有十余条导管，开口于上眼睑结膜囊内。泪腺分泌泪水，有湿润和清洁眼球的作用。

(2) 泪道　是泪水排出的通道，分泪小管、泪囊和鼻泪管三段。泪小管有两条，位于眼内侧角，上端为缝状小孔，称为泪孔。泪囊为鼻泪管上端的膨大部，位于泪囊窝内。鼻泪管先后行经额窦和鼻腔背外侧壁，开口于鼻前庭。猪无泪囊，鼻泪管开口于下鼻道后部。

3. 眼球肌（*Mm. oculi*） 是使眼球灵活运动的横纹肌，在眼眶内包围于眼球和视神经周围，起于视神经孔周围的眼眶壁，止于眼球巩膜，共有4条直肌、2条斜肌和1条眼球退缩肌。

4. 眶骨膜（*Prriobita*） 为一致密坚韧的纤维膜，略呈圆锥形，包围于眼球、眼肌、神经、血管和泪腺等的周围。圆锥基附着于眶缘，锥顶附着于视神经附近。在眶骨膜内、外有许多脂肪，与眶骨膜共同起着保护的作用。

第二节　位 听 器 官

耳包括听觉感受器和平衡觉感受器，分为外耳、中耳和内耳。外耳和中耳是收集和传导声波的部分，内耳是听觉感受器和平衡觉感受器存在的地方。

一、外　耳

外耳包括耳廓、外耳道和鼓膜三部分。

1. 耳廓　一般呈圆筒状，上端较大，开口向前；下端较小，连于外耳道。耳廓以耳廓软骨为支架，内外均覆有皮肤。耳廓内面的皮肤长有长毛，但在耳廓基部毛很少而含有很多皮脂腺。耳廓软骨基部外面包有脂肪垫，并附着有许多耳肌，故耳廓转动灵活，便于收集声波。

2. 外耳道（*Meatus acustius externus*） 是从耳廓基部到鼓膜的一条管道，外侧部是软骨管，内侧部是骨管，内面衬有皮肤，在软骨管部的皮肤含有皮脂腺和耵聍腺。

3. 鼓膜（*Membrana tympani*） 是构成外耳道底的一片圆形纤维膜，坚韧而有弹性，外面覆盖皮肤，内面衬有黏膜。

二、中　耳

中耳（图9-4）包括鼓室、听小骨和咽鼓管。

1. 鼓室（*Cavum tympani*） 为位于岩颞骨内部的一个小腔，内面衬有黏膜，外侧壁有鼓膜，内侧壁与内耳为界。内侧壁上有前庭窗和耳蜗窗。前庭窗被镫骨底及其环状韧带封闭，蜗窗被第二鼓膜封闭。

2. 听小骨　鼓室内有3块听小骨，由外向内顺次为锤骨、砧骨和镫骨。这3块听小骨以关节连成一个骨链，一端以锤骨柄附着于鼓膜；另一端以镫骨底的环状韧带附

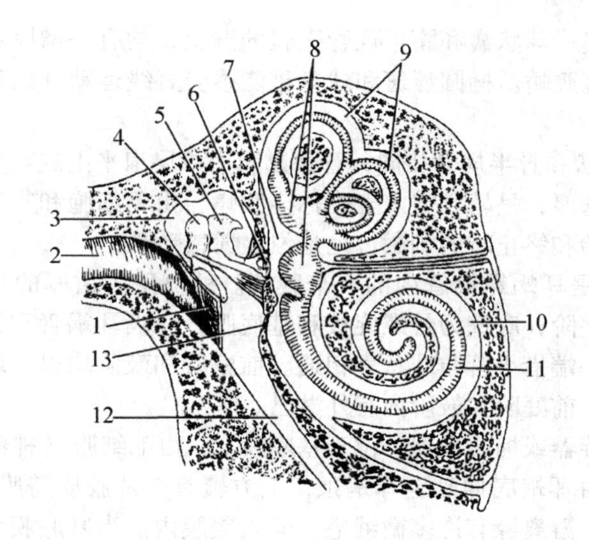

图 9－4　耳的构造模式图

1. 鼓膜；2. 外耳道；3. 鼓室；4. 锤骨；5. 砧骨；6. 镫骨及前庭窗；7. 前庭；8. 椭圆囊和球囊；9. 半规管；10. 耳蜗；11. 耳蜗管；12. 咽鼓管；13. 耳蜗窗

着于前庭窗。鼓膜的振动，借此骨链传递到前庭窗。

3. 咽鼓管（*Tuba auditiva*）　咽鼓管为一衬有黏膜的软骨管，一端开口于鼓室的前下壁；另一端开口于咽侧壁。空气从咽腔经此管到鼓室，可以保持鼓膜内外两侧大气压力的平衡，防止鼓膜被冲破。马属动物咽鼓管的黏膜向外突出，形成咽鼓管囊，位于颅底腹侧与咽的后上方之间。

三、内　耳

内耳（*Inner ear*）（图 9－4）又称迷路，是盘曲于岩颞骨内的骨管，在骨管内套有膜管。骨管称骨迷路，膜管称膜迷路，膜迷路内充满内淋巴，在膜迷路与骨迷路之间充满外淋巴。

（一）骨迷路

包括前庭、耳蜗和 3 个骨半规管。

1. 前庭　位于鼓室的内侧，是骨迷路的扩大部。

2. 骨半规管　位于前庭的后内侧，且与之相通连；它们互相垂直，按其位置分别称为上半规管、外半规管和后半规管。骨半规管一端膨大成骨壶腹。

3. 耳蜗　位于前庭的前下方，由耳蜗螺旋管围绕蜗轴盘旋数圈形成，管的起端与前庭相通，盲端位于蜗顶。沿蜗轴向螺旋管内发出骨螺旋板，将螺旋管不完全地分隔为前庭阶和鼓阶两部分。

（二）膜迷路

为套于骨迷路内且互相通连的膜性管和囊，由纤维组织构成，内面衬有单层上皮。膜迷路由椭圆囊、球状囊、膜半规管和耳蜗管组成。

1. 椭圆囊和球囊　椭圆囊与 3 个半规管相通连，球状囊一端与椭圆囊相通；另一端与耳蜗管相通。在椭圆囊、球状囊和膜半规管壶腹的壁上，均有一增厚部分，分别形成椭圆囊斑、球状囊置斑和壶腹嵴。椭圆囊斑和球囊斑能感受直线运动开始和终止时的刺激，是位置觉感受器。

2. 膜半规管 形状和骨半规管相同，管壁黏膜由单层扁平上皮与皮下薄层结缔组织构成，在膜壶腹处管壁增厚，呈嵴状突入壶腹称壶腹嵴，由毛细胞和支持细胞构成。壶腹嵴感受头部旋转运动开始和终止时的刺激，也是位置觉感受器。

3. 蜗管 耳蜗管是耳蜗螺旋管内的一个膜管。外侧壁为增厚的骨膜；内侧壁为前庭膜，分隔耳蜗管和前庭阶；底壁为骨螺旋板和基底膜，分隔耳蜗管和鼓阶。耳蜗管属于膜迷路，为一盲管，仅一端借小管与球状囊相通。前庭阶和鼓阶均以一端与前庭相通，另一端在耳蜗顶互相交通。前庭阶和鼓阶内有外淋巴。

听觉感受器称螺旋器或柯蒂氏器，位于基底膜上，由毛细胞（神经上皮细胞）和支持细胞组成，呈带状，由耳蜗底伸延至耳蜗顶，上方覆有一片胶质盖膜。毛细胞成行排列，固定于支持细胞之间，游离缘有许多微绒毛，伸入盖膜内。当基底膜为鼓阶内的外淋巴传导来的声波冲动振动时，毛细胞因受到刺激而产生神经冲动。

复习思考题

1. 试述眼球壁的结构。
2. 简答内耳的构造特点。

第十章

内分泌系统

内分泌系统是机体重要的调节系统之一，由独立的内分泌腺、散在的内分泌细胞群和兼有内分泌功能的细胞组成。内分泌系统分泌特殊的生物活性物质，称为激素。激素按其化学成分不同分为两类：即含氮激素（氨基酸衍生物、胺类、肽类和蛋白质类激素）和类固醇激素。激素具有高效性和特异性，极微小的量就能使特定的器官或细胞产生效应。受激素作用的器官或细胞称为靶器官或靶细胞。靶细胞的质膜上具有与相应含氮激素相结合的受体，而细胞质内具有与类固醇激素结合的受体。受体与激素特异性地结合即可产生效应。

第一节　甲状腺

（一）甲状腺的形态和位置

甲状腺（*Gll. thyreoidea*）位于喉后方、气管的两侧和腹面。各种家畜甲状腺的形状不同（图 10－1）。

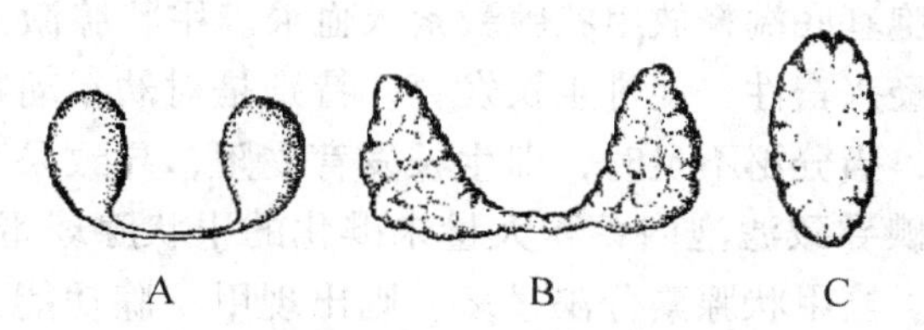

图 10－1　甲状腺的形态

A. 马；B. 牛；C. 猪

马的甲状腺由两个侧叶和峡组成，侧叶呈红褐色，卵圆形，长约 3.4～4cm，宽约 2.5cm，厚约 1.5cm。腺峡不发达，为由结缔组织构成的窄带，连接侧叶的后端。

牛甲状腺的侧叶较发达，色较浅，呈不规则三角形，长约 6～7cm，宽约 5～6cm，厚约 1.5cm。腺小叶明显。腺峡较发达，由腺组织构成。

猪甲状腺的侧叶和腺峡结合为一整体，呈深红色，位于胸前口处气管的腹侧面。长约 4～4.5cm，宽约 2～2.5cm，厚约 1～1.5cm。

甲状腺主要分泌甲状腺素，有提高机体代谢水平，促进生长发育的作用。

（二）甲状腺的组织结构

甲状腺表面有一薄层疏松结缔组织所形成的被膜，结缔组织随血管伸入腺实质，将其分成界限不清、大小不等的腺小叶。牛和猪的甲状腺小叶界限比较明显。马的甲状腺被膜和小叶不发达。

1. 滤泡 呈球形、椭圆形或不规则形，大小不等。滤泡壁由单层立方上皮细胞围成。滤泡腔内充满均质状的嗜酸性胶体，它是滤泡上皮细胞的分泌物（图 10－2），其主要成分为甲状腺球蛋白，是一种糖蛋白，PAS 反应呈阳性。滤泡上皮细胞的核圆形，位于细胞的中央，胞质嗜酸性。甲状腺机能活跃或亢进时，细胞增高呈柱状，重吸收胶体，因而滤泡腔内胶体减少，镜检时胶体内常出现大小不等的空泡；当机能不活跃或低下时，细胞变低呈扁平形，滤泡腔内胶体增多。

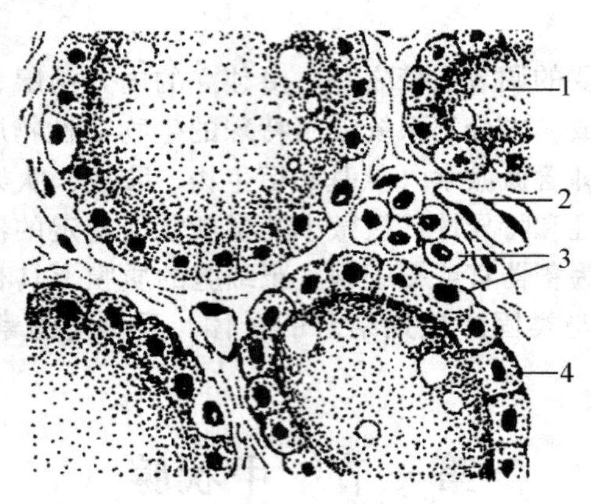

图 10－2 甲状腺

1. 胶质；2. 毛细血管；3. 滤泡旁细胞；4. 滤泡上皮细胞

甲状腺滤泡上皮细胞具有双向性功能活动，一方面从细胞游离端向滤泡腔分泌甲状腺球蛋白；另一方面从细胞基底端释放甲状腺激素入血液。甲状腺激素的主要功能是促进机体的新陈代谢，提高神经兴奋性，促进生长发育，特别是对幼年动物的骨骼、肌肉和中枢神经系统发育影响很大，当分泌不足时，即生长发育受阻，导致呆小症，对成年个体，则发生黏液性水肿，因缺碘导致滤泡内蓄积大量未碘化的甲状腺球蛋白，引起甲状腺肿大。故在临床中应及时补碘。当甲状腺素分泌过多，则出现甲状腺功能亢进症，代谢加快，机体消瘦。

2. 滤泡旁细胞 又称 C 细胞或亮细胞，常单个嵌在滤泡上皮细胞与基膜之间或成群地分布于滤泡间质中。滤泡旁细胞可分泌降钙素。即一种多肽激素能增强成骨细胞的活动，抑制破骨细胞对骨盐的溶解，降低血钙。

第二节 甲状旁腺

（一）甲状旁腺的形态和位置

甲状旁腺（*Gll. parathyreoideae*）很小，位于甲状腺附近，呈圆形或椭圆形。家畜一般具有两对甲状旁腺。

马有前、后两对甲状旁腺。前甲状旁腺大多数位于食管和甲状腺前半部之间，有些在甲状腺的背缘，少数在甲状腺内面。后甲状旁腺位于颈部后 1/4 的气管上。两侧腺体不对称，大小约 1～1.3cm。

牛有内、外两对甲状旁腺。外甲状旁腺5～8mm，位于甲状腺的前方，靠近颈总动脉。内甲状旁腺较小（1～4mm），位于甲状腺的内侧面，靠近甲状腺的背缘或后缘。

猪只有一对甲状旁腺，大小不定，约1～5mm，位于颈总动脉分叉处附近。有胸腺时，则埋于胸腺内。

甲状旁腺能分泌甲状旁腺激素，其作用是调节钙磷代谢，维持血钙正常水平。

（二）甲状旁腺的组织结构

甲状旁腺表面被覆有一层致密结缔组织被膜，被膜发出小隔深入实质，并有血管、淋巴管和神经穿行。腺实质由主细胞和嗜酸性细胞组成。细胞排列成索或团，其间有少量的结缔组织和丰富的毛细血管（图10－3）。

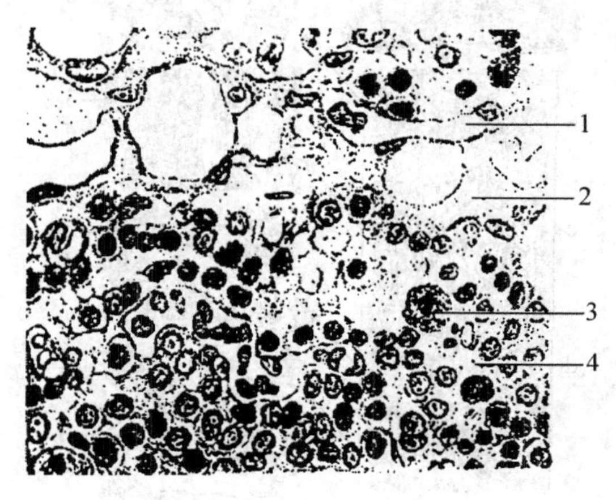

图10－3　甲状旁腺

1. 血管；2. 结缔组织；3. 嗜酸性细胞；4. 主细胞

1. 主细胞　此种细胞数量最多，为圆形或多边形。核圆形，染色质稀疏，染色浅，位于细胞的中央。主细胞能分泌肽类激素。甲状旁腺激素进入毛细血管，调节钙和磷的代谢，维持血钙的稳定，增强破骨细胞的活动，释放溶酶体溶解骨质，并能促进肠及肾小管吸收钙，使血钙升高。当分泌甲状旁腺激素过多时，可引起骨质疏松，易发生骨折。

2. 嗜酸性细胞　此种细胞仅见于灵长类、牛和马等动物的甲状旁腺内。嗜酸性细胞比主细胞大，但数量较少，单个或成群分布。细胞呈多边形或不规则形，核小而深染，胞质内充满嗜酸性颗粒。电镜下，嗜酸性颗粒是由大量密集的线粒体所致，机能尚不清楚。

第三节　肾 上 腺

（一）肾上腺的形态和位置

肾上腺（*Gll. suprarenales*）是成对的红褐色器官，位于肾的的前内方。

马的肾上腺呈长扁圆形，长4～9cm，宽2～4cm，位于肾内侧缘的前方。

牛两个肾上腺的形状、位置不同，右肾上腺呈心形，位于右肾的前端内侧；左肾上腺呈肾形，位于左肾的前方。

猪的肾上腺狭而长，位于肾内侧缘的前方。

肾上腺在切面上明显地分为皮质部和髓质部。皮质部呈淡黄色，靠近髓质部的部分因含血液和色素而呈红褐色；髓质部呈灰色。皮质部与髓质部为来源和功能不同的两个部分。

（二）肾上腺的组织结构

肾上腺表面有致密结缔组织构成的被膜，被膜中含散在的平滑肌和未分化的皮质细胞。实质由来源和功能不同的皮质和髓质组成。皮质和髓质主要由腺细胞组成。皮质位于外周，分泌类固醇激素；髓质在中央，分泌含氮激素。

1. 皮质 皮质占肾上腺的大部分，根据细胞形态和排列的不同，皮质由外向内分为多形带、束状带和网状带（图 10－4）。

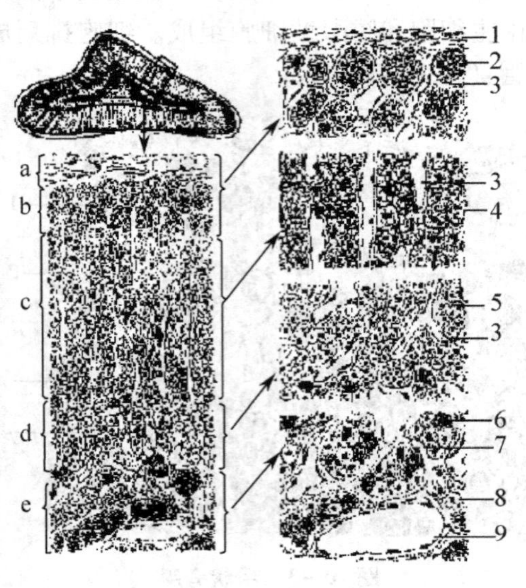

图 10－4 肾上腺

a. 被膜；b. 多形带；c. 束状带；d. 网状带；e. 髓质；

1. 被膜；2. 多形带细胞；3. 血窦；4. 束状带细胞；5. 网状带细胞；6. 去甲肾上腺素细胞；7. 交感神经节细胞；8. 肾上腺素细胞；9. 中央静脉

（1）多形带 位于被膜下，较薄。细胞排列因动物种类不同而异。反刍动物的细胞排列呈不规则的团状；马、肉食兽的细胞为柱状，排列成弓形；猪的细胞排列不规则。细胞核小而染色深，胞质染色均匀，能分泌盐皮质激素，如醛固酮。此外，马、狗和猫的多形带和束状带之间，有一个密集小细胞的中间带。

（2）束状带 最厚，由较大的多边形细胞从皮质向髓质呈索状排列，索间富含血窦。细胞核较大，圆形，常有双核现象。在常规染色时，脂滴被溶解，呈泡状。束状带细胞能分泌糖皮质激素，如可的松、皮质醇等。

（3）网状区 位于皮质的深层，最薄，细胞索相互吻合呈网状，与束状带无明显的分界。细胞呈多边形，脂滴较少，脂褐素较多。有的细胞核固缩，深染。此区的细胞能分泌雄激素和少量的雌激素。

2. 髓质 髓质约占肾上腺体积的 15%，主要由髓质细胞排列成团索状，髓质细胞呈多角形或卵圆形，胞核大而圆，位于细胞的中央。用含铬盐固定液处理的标本中，胞质中可见被铬盐染成黄褐色的嗜铬颗粒，故髓质细胞又称嗜铬细胞。嗜铬细胞分为肾上腺素细胞和去甲肾上腺素细胞。前者数量多，细胞大，分泌肾上腺素。后者数量少，细胞小，分泌去甲肾上腺素。髓质的嗜铬细胞间还有少量的交感神经节细胞（图 10－4），并可与嗜铬细胞形成突触，二者的作用也相似。

第四节　垂　体

（一）垂体的形态和位置

垂体（*Hypophysis*）是体内重要的内分泌腺，它与下丘脑有直接的联系，并与其他内分泌腺有密切的生理联系。它直接受控于中枢神经系统，调节其他内分泌腺的功能活动。

垂体为一卵圆形小体，其形状和大小各种家畜略有不同（图 10－5）。垂体位于脑的底面，在蝶骨构成的垂体窝内，借漏斗连于下丘脑。脑垂体由腺垂体和神经垂体两部分组成，腺垂体又可分为远侧部、中间部、结节部；神经垂体分为神经部和漏斗部。漏斗的上半部连于灰白结节的正中隆起，下半部为漏斗柄。腺垂体的远侧部称垂体前叶，中间部和神经部合成垂体后叶。

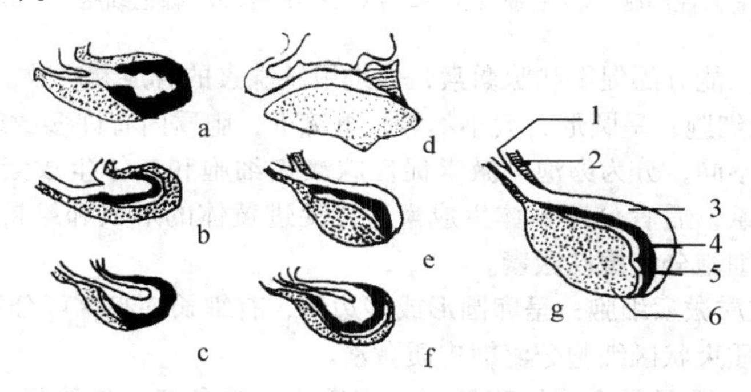

图 10－5　各种动物脑垂体模式图

a. 马；b. 羊；c. 猪；d. 鸡；e. 猫；f. 狗；g. 牛

1. 垂体腔；2. 结节部；3. 神经部；4. 中间部；5. 垂体裂；6. 远侧部

（二）垂体的组织结构

1. 远侧部　腺细胞呈团状、索状或滤泡状，细胞团索之间有丰富的血窦和少量的网状纤维。在 HE 染色的标本中，根据腺细胞质颗粒着色性质不同，分为嗜酸性细胞、嗜碱性细胞和嫌色细胞。远侧部的细胞按功能及分泌激素的不同，又可分为以下数种。

（1）嗜酸性细胞　数量较多，胞体较大，呈圆形或卵圆形。胞质中有大量的嗜酸性颗粒（图 10－6）。嗜酸性细胞可分为两种：

① 生长激素细胞：细胞数量较多，常集聚成群。电镜下，胞质内充满致密圆形的分泌颗粒能分泌生长激素。

② 催乳激素细胞：胞质内的分泌颗粒较少，体积较大，多分散存在。在妊娠期和泌乳期，此细胞数量增多并变大；在非妊娠期，细胞数量则减少。催乳激素细胞能分泌催乳激素，可促进乳腺发育和分泌乳汁。

（2）嗜碱性细胞　数量最少，主要分布在远侧部周边，呈圆形、卵圆形或不规则形，胞质中充满了嗜碱性颗粒（图 10－6）。嗜碱性细胞可分为 3 种：

① 促甲状腺激素细胞：呈多角形，较大。常成群分布。电镜下，胞质的边缘含有较小

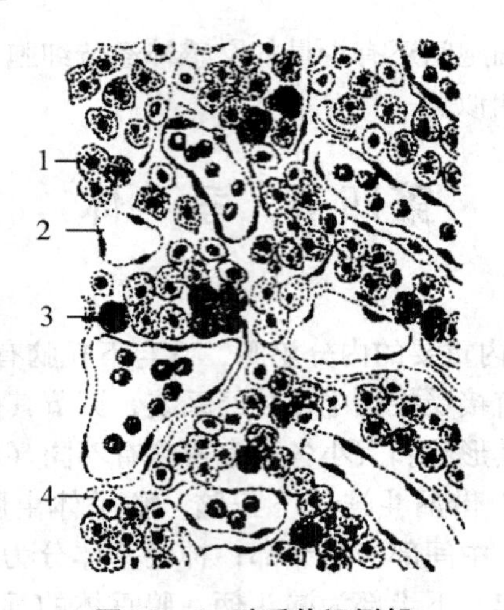

图 10－6　腺垂体远侧部

1. 嗜碱性细胞；2. 毛细血管；3. 嗜酸性细胞；4. 嫌色细胞

而致密的分泌颗粒。能分泌促甲状腺激素，促进甲状腺素的合成和释放。

② 促性腺激素细胞：呈圆形，大小不等，电镜下，胞质内有许多致密的分泌颗粒。根据细胞分泌激素的不同，分为卵泡刺激素促性腺激素细胞和黄体生成素促性腺激素细胞，前者分泌卵泡刺激素，后者分泌黄体生成素，可促进黄体的形成和维持黄体的分泌功能，并能促进睾丸间质细胞分泌雄性激素。

③ 促肾上腺皮质激素细胞：呈卵圆形或多边形，有细长突起。可分泌促肾上腺皮质激素，促进肾上腺皮质束状区细胞分泌糖皮质激素。

（3）嫌色细胞　数量最多，体积较小，胞质少，着色淡，细胞界限不清楚。嫌色细胞功能尚不清楚，有可能是无分泌机能的未分化细胞，随着机能的需要可分化为其他各种分泌细胞，也有可能是上述细胞脱颗粒后的细胞。

2. 结节部　围绕着神经垂体的漏斗，有丰富的毛细血管，细胞呈索状沿血管纵行排列。结节部的细胞主要是嫌色细胞及一些较小的嗜酸性细胞和嗜碱性细胞，可分泌少量促性腺激素和促甲状腺激素。

3. 中间部　靠近神经部的一狭窄区，并与神经部合成后叶。该部由大量嫌色细胞和少量嗜碱性细胞构成，细胞呈多边形，常围成大小不等的滤泡，滤泡腔中常含有胶状物质。中间部细胞能产生促黑色素细胞激素，有促进表皮内的黑素细胞合成黑色素的作用。在两栖类和鱼类，此激素可使皮肤的黑色素细胞的黑色素颗粒分散，使皮肤颜色变深。

4. 神经部　包括正中隆起、漏斗柄和神经部。由大量的神经胶质细胞和无髓神经纤维组成，其间含有少量的网状纤维和较多的毛细血管。神经胶质细胞呈纺锤形，或具有短突起，称垂体细胞。神经垂体细胞不分泌激素，对神经纤维起支持和营养作用。无髓神经纤维由来自下丘脑的视上核和室旁核的神经分泌细胞的轴突构成，经丘脑下部进入神经垂体，形成丘脑下部垂体束，视上核和室旁核的神经分泌细胞可产生的分泌颗粒，可沿轴突输送，经正中隆起和漏斗柄进入神经部，输向轴突末端，终止于毛细血管周围。分泌颗粒常密集成大小不等的团块，称赫令氏体，一般认为是贮存激素的地方。

视上核的神经分泌细胞主要分泌抗利尿素，或称加压素，可增强肾远曲小管和集合管对水分的重吸收，调节体内水分和钾钠的平衡。室旁核的神经分泌细胞主要分泌催产素，可加强妊娠子宫平滑肌收缩，并促进乳腺分泌乳汁。

第五节　松果体

（一）松果体的形态和位置

松果体（*Gll. pinealis*）为一红褐色坚实的豆状小体，位于四叠体与丘脑之间，以柄连于丘脑上部，其分泌的激素与动物的生长和性腺发育有关。

（二）松果体的组织结构

松果体（图 10－7）为卵圆形小体，以细柄连于第三脑室顶。松果体外包结缔组织形成的被膜，被膜深入实质，将腺体分为许多不规则的小叶。实质主要由松果体细胞和神经胶质细胞组成，并有许多小血管。松果体细胞又称主细胞，排列成团、索状。核大而圆，核仁明显，可分泌多种激素。

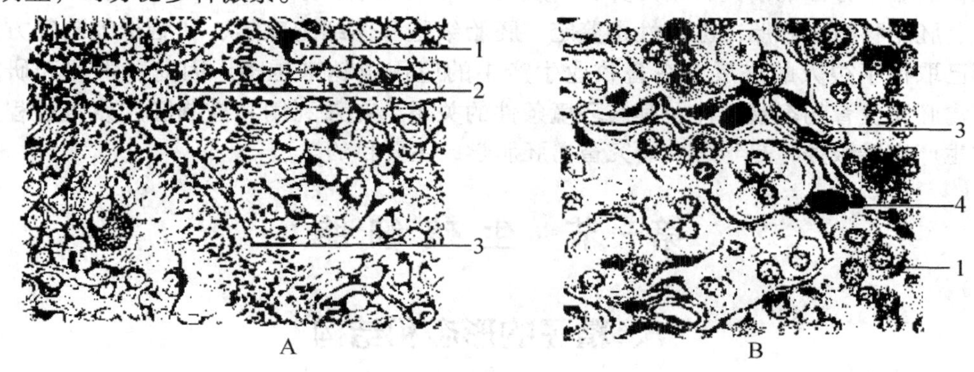

图 10－7　松果体

A. 松果体（银染）；B. 松果体（高倍）

1. 主细胞；2. 小叶间结缔组织；3. 血管；4. 脑砂

神经胶质细胞分布于血管周围及松果体细胞之间，核椭圆形，有长突起围绕松果体细胞及其突起。在松果体的结缔组织中，常见有不规则的球状结构，称脑砂，脑砂是松果体细胞的分泌物蛋白多糖和羟基磷灰石等钙化而形成的颗粒，可随年龄增长而增多。

（三）松果体的功能

松果体细胞分泌褪黑激素，在哺乳类主要是抑制腺垂体分泌卵泡刺激素和黄体生成素，而间接抑制性腺的活动。在两栖类，褪黑激素的作用与黑素细胞刺激素相反，导致皮肤颜色变浅。鸟类松果体对光敏感，当延长人工照明，可使笼养母禽提前产蛋。

复习思考题

1. 从甲状腺滤泡上皮细胞的结构说明甲状腺素的合成、贮存和释放过程。
2. 叙述下丘脑与腺垂体、神经垂体的关系。
3. 试述肾上腺皮质与髓质的结构与功能。

第十一章

胚胎学基础

畜禽胚胎学是研究畜禽个体发生、发展和衰亡规律的一门科学。个体发育包括胚前发育、胚胎发育和胚后发育三个重要的发育时期。胚前发育是指两性生殖细胞的形成过程。胚胎发育是指从受精到分娩或孵出前的发育过程。胚后发育是指从出生到性成熟前的发育阶段。胚胎学一般只研究胚前发育和胚胎发育。

家畜胚胎学方面的研究日新月异，自从人工授精技术在家畜中得到广泛应用以来，体外受精、胚胎移植、胚胎冷冻、性别鉴定、胚胎细胞和体细胞克隆、胚胎干细胞等方面的研究都已取得了很大的进展，在畜牧业生产中的应用也越来越多。因此，学习和研究家畜、家禽胚胎发育的客观规律及其与环境条件的关系，有效利用和控制胚胎发育过程为动物科学生产实践服务，是学习和研究畜禽胚胎学的主要目的。

第一节　生 殖 细 胞

一、精子的形态和结构

家畜的精子形态各异（图 11－1），长度在 55～75μm，主要由头部、颈部和尾部组成，尾部从前到后又可分为中段、主段和末段。

1. 头部　精子头部不同动物形态差异很大，牛、羊、猪精子头部为扁卵圆形，马精子头部为椭圆形，牛精子头部较宽，呈梨形。精子头部由细胞核和顶体组成。细胞核主要由 DNA 和核蛋白构成的高度致密化的染色质构成。顶体是细胞质在核的前段形成一个帽状结构，其中富含透明质酸酶、酸性蛋白酶、酯酶、神经氨酸酶、磷酸酶等。当精子发生顶体反应时释放这些水解酶，有利于精子通过卵外的各层结构（图 11－2）。

2. 颈部　此部最短，介于头部和尾部之间，从近端中心粒起到远端中心粒止。近端中心粒横位附着于核底部的浅窝中，远端中心粒则变为基粒，由它产生精子尾部的轴丝。颈部最易受损破坏，使头尾分离。

3. 尾部　尾部长约 50μm，由前向后可分为中段、主段和末段三部分（图 11－3）。整个精子尾部的轴丝由中央的 2 条单根纤维和外围 9 对纤维构成。中央的 1 对纤维起传导作用，外围的纤维起收缩作用。尾部中段是尾部最粗的一段，是精子活动的能量供应中心。中段与主段连接处具有环，也叫终环，可防止精子运动时线粒体鞘向尾部移动。主段是尾部最长的部分，轴丝的外围由纤维鞘包围，纤维鞘内的纤维由 9 条变为 7 条，而且纤维鞘的背腹各有一纵嵴。末段为精子最后的一段，外周的 9 条粗纤维逐渐变细而消失，仅由中央的轴丝和外围的质膜构成。

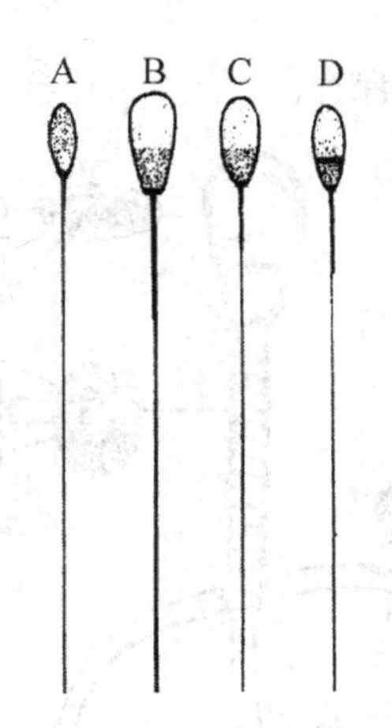

图 11－1 各种家畜的精子

A. 马；B. 牛；C. 羊；D. 猪

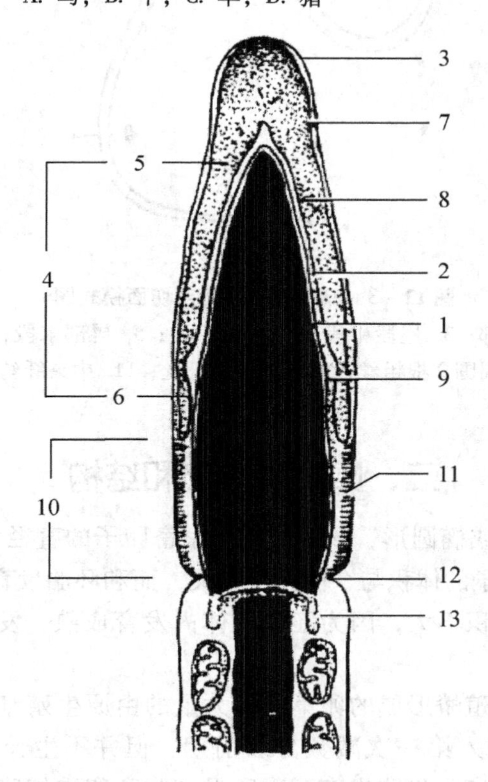

图 11－2 精子头部结构模式图

1. 核；2. 核膜；3. 质膜；4. 顶体；5. 顶体帽；6. 赤道段；7. 顶体外膜；8. 顶体内膜；9. 顶体下物质；10. 后顶体区；11. 后顶体致密层；12. 后环；13. 残余核膜

精子的最大特点是有运动能力。精子尾部的节律性收缩，使精子绕纵轴旋转前进。精子是一种高度分化的细胞，生存能力差。家畜的精子在母畜生殖道内，一般只能生存 1～2 天。马精子生存时间较长，个别可达 5～6 天，一直保持受精能力。现代精液冷冻技术，可

使精子在 -78 ~ -196℃条件下长期保存。

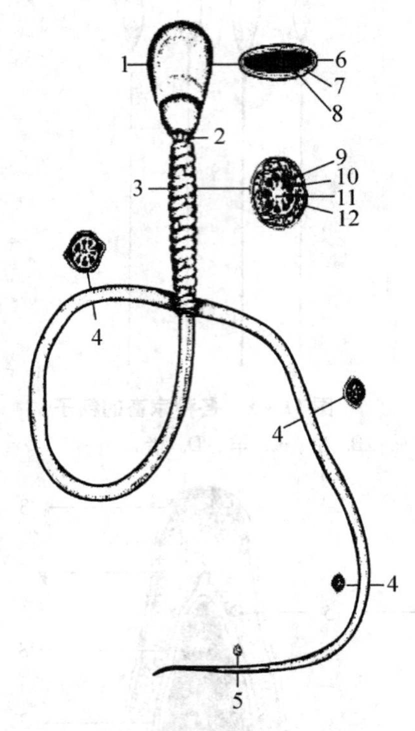

图 11-3　精子外形及各部切面模式图

1. 头部；2. 颈部；3. 尾段中段；4. 尾部主段；5. 尾部末段；6. 细胞膜；7. 顶体；8. 细胞核；9. 周围 9 根粗丝；10. 9 对内部纤丝；11. 中央纤丝；12. 线粒体

二、卵子的形态和结构

畜禽的卵子多呈圆形或椭圆形，核呈圆形。家畜卵子的直径为 100 ~ 150μm，因种类和个体而有差异。畜禽卵子的体积与个体大小无关，而和胚胎发育特点关系密切。家畜卵子的卵黄含量少，卵子体积不大，因为胚胎在体内发育成熟，发育期间可以利用母体营养，无须很多营养贮备。

家畜在胎儿时期由生殖嵴形成的卵巢内有大量的由原生殖细胞形成的卵原细胞，这些细胞在胎儿出生前后进入第一次减数分裂前期，但并不生长而停滞。一直到青春期后，每一周期内只有一组卵母细胞发育。由卵母细胞和卵泡细胞构成卵泡。卵泡又分为原始卵泡、生长卵泡和成熟卵泡。在排卵前 36 ~ 48h 初级卵母细胞完成第一次减数分裂，产生一个次级卵母细胞和一个很小的第一极体。第一极体位于次级卵母细胞和透明带之间的卵周隙中。次级卵母细胞随即进入第二次减数分裂中期，一直停留在此期，等待受精（图 11-4）。

卵细胞胞质丰富，卵质膜很薄，核圆形，有 1 个或 2 个核仁。卵细胞外面包有一层均质的半透明的膜，称为透明带，其作用是保护卵细胞和参与受精过程的精卵识别；在透明带的外周有由卵泡细胞转化而成的放射冠，牛、绵羊和猪在排卵 14h 左右，放射冠细胞

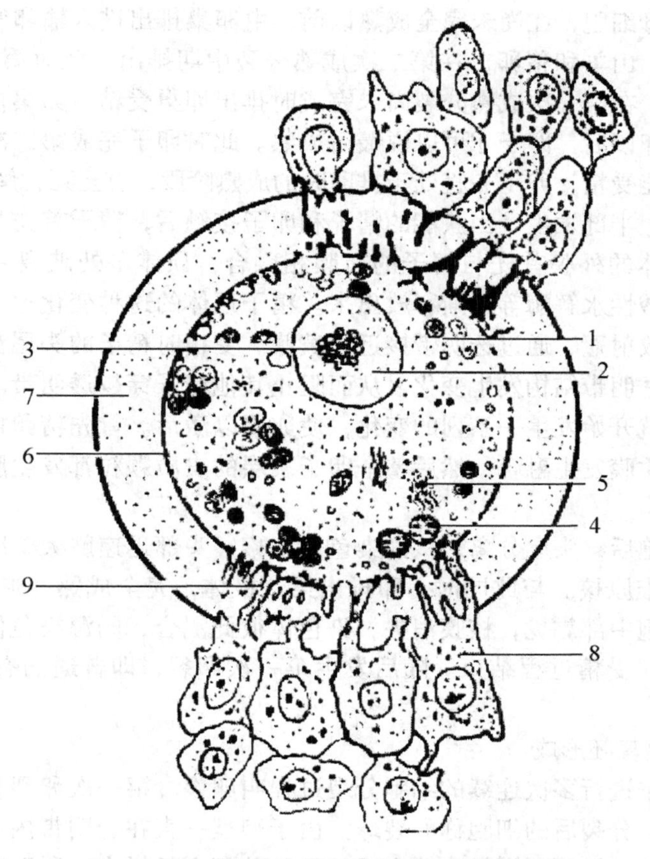

图 11－4　哺乳动物排卵时卵细胞结构示意图

1. 细胞质；2. 细胞核；3. 核仁；4. 线粒体；5. 内网器；6. 卵黄膜；7. 透明带；8. 放射冠；9. 卵细胞的突起及放射冠的突起伸到透明带中

脱落。

第二节　家畜早期胚胎发育

家畜的早期胚胎发育过程，包括受精、卵裂、囊胚、原肠形成、胚泡植入、三胚层形成及分化等过程。

一、受精和卵裂

（一）受精

精子和卵子结合成合子的过程，叫受精。受精前，家畜的精子和卵子都必须发育到一定的成熟阶段，才能受精。精子在睾丸中产生，在附睾内发育成熟。进入母畜生殖道内的精子，不能立即受精。精子需要在子宫、输卵管内度过一段时间（2～4h），进行受精准备，才能获得受精能力，此过程称为精子获能。获能过程在于精子发生形态、生理和生物化学变化，有利进入卵细胞。获能的机理还不清楚。未获能的精子不能进入卵细胞内。

所有家畜的卵母细胞，在尚未完全成熟以前，由卵巢排出进入输卵管，但成熟程度并不一样。牛、绵羊、山羊和猪卵，在第二次成熟分裂中期排出，此时第一极体已经排出；狗和狐狸的卵细胞，在第一次成熟分裂尚未完成时排出卵巢受精。卵巢排出的卵，进入输卵管内。当精子入卵以后，卵子才可以说最后成熟。此时卵子完成第二次成熟分裂，排出第二极体。如果未能受精，卵子一直处于排卵时的成熟阶段，直至死亡解体。

受精在输卵管上半部发生。当获能的精子和卵子接触后，精子首先与卵周围的放射冠相遇，这时精子顶体的外膜首先与精子的质膜相融合，顶体多处破裂后所含的顶体粒蛋白、透明质酸酶及酸性水解酶等逐渐释放出来。精子顶体的这种变化称为顶体反应。精子经过顶体反应溶解放射冠，通过透明带接近卵黄膜。受精时精子的头尾都进入卵内后，发生透明带反应，使透明带结构发生变化，从而阻止其他精子穿越透明带。精子一旦与卵子质膜接触后，卵子就开始发生一系列的变化，使卵得以激活。首先精卵接触处的卵母细胞表层的皮质颗粒与质膜发生融合，然后整个卵子表层的皮质颗粒都发生胞吐作用，该过程称为皮质反应。

精子进入卵细胞后，头尾分离，核内染色体解聚，头部迅速膨大，胞核出现核仁及核膜。这种圆形核称雄原核。与此同时，卵排出第二极体，完全成熟并形成雌原核。随后，雌雄原核逐渐在细胞中部靠拢，核膜消失，染色体彼此混合，同源染色体配对，形成二倍体的受精卵—合子，受精过程结束。随后发生第一次卵裂，即普通的有丝分裂（图 11－5）。

（二）卵裂、桑葚胚形成

合子在输卵管中进行多次连续的细胞分裂过程叫卵裂。第一次卵裂将单细胞合子一分为二成为两个细胞。分裂后的细胞称卵裂球。由于卵裂一直在透明带内进行，随着卵裂的不断进行，卵裂球数量虽不断增加，分裂后的细胞并不生长增大，所以卵裂球的体积随卵裂次数增多而逐渐变小。进行几次卵裂后形成一实心的胚胎，形似桑葚，称为桑葚胚。不同家畜到达桑葚胚的时间不同。进入桑葚胚不久，卵裂球之间排列更加紧密，开始出现细胞连接，将此过程称为致密化（Compaction）。

卵裂开始在输卵管内进行，随后胚胎迅速通过输卵管峡部，进入子宫。各种家畜的早期胚胎，在输卵管内的停留时间和进入子宫时所处的发育阶段，稍有不同，参见表 11－1。

表 11－1　家畜胚胎发育时期表

种类	2－细胞期	4－细胞期	8－细胞期	16－细胞期	进入子宫		胚泡期	着床	分娩（怀孕日数）
					时期	状态			
牛	40～50h	44～65h	46～90h	71～141h	～96h	8～16 细胞	8～9 天	30～35 天	277～300
马	16～24h	27～39h	50～60h	96～99h	96～120h	胚泡	120～144h	8～9 周	345
绵羊	36～50h	50～67h		67～72h	48～96h	16－细胞	144～168h	17～18 天	144～152
山羊	30～48h	60h	85h	98h	98h	10～13 细胞	158h	13～18 天	147
猪	51～66h	66～72h	90～110h		75h	4～6 细胞	5～6 天	11 天	112～115

（自菅原七郎，1981）

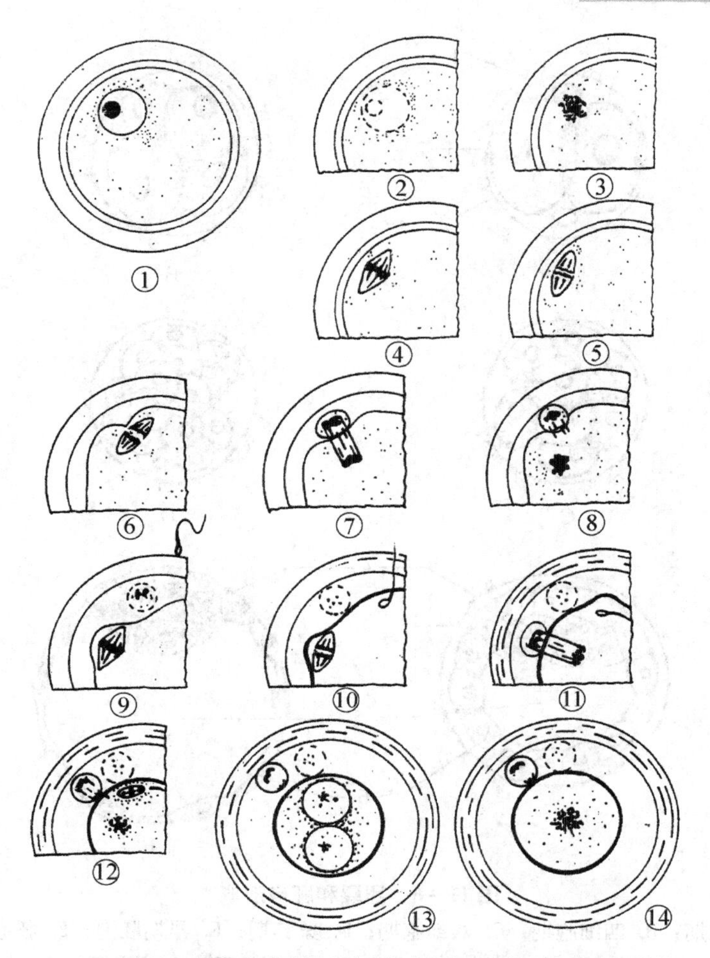

图 11－5 哺乳动物卵细胞成熟与受精模式图

①②③示核向外移，染色质密集；④示第一次成熟分裂中期；⑤示第一次成熟分裂后期；⑥⑦⑧示第一极体排出；⑨示刚排出卵的特征（牛、猪、羊等），第二次成熟分裂中期；⑩示精子已进入，卵黄膜和透明带反应发生；⑪示第二极体排出；⑫示雌雄原核形成；⑬⑭示雌雄原核结合，形成合子

二、胚泡形成和附植

（一）胚泡形成

桑葚胚形成之后，卵裂球之间出现小的腔隙，而且腔隙中的液体越来越多，腔也越来越大，将内部细胞挤向一侧，形成一个有腔的胚泡，也称囊胚（Blastula）。在胚泡外围的一层细胞称滋养层（Trophoblast），是将来形成胎膜的外胚层细胞。中央的腔为胚泡腔，位于胚泡一侧的一群细胞称为内细胞团（Inner cell mass），将来发育成胚体和胚外部分（图 11－6）。

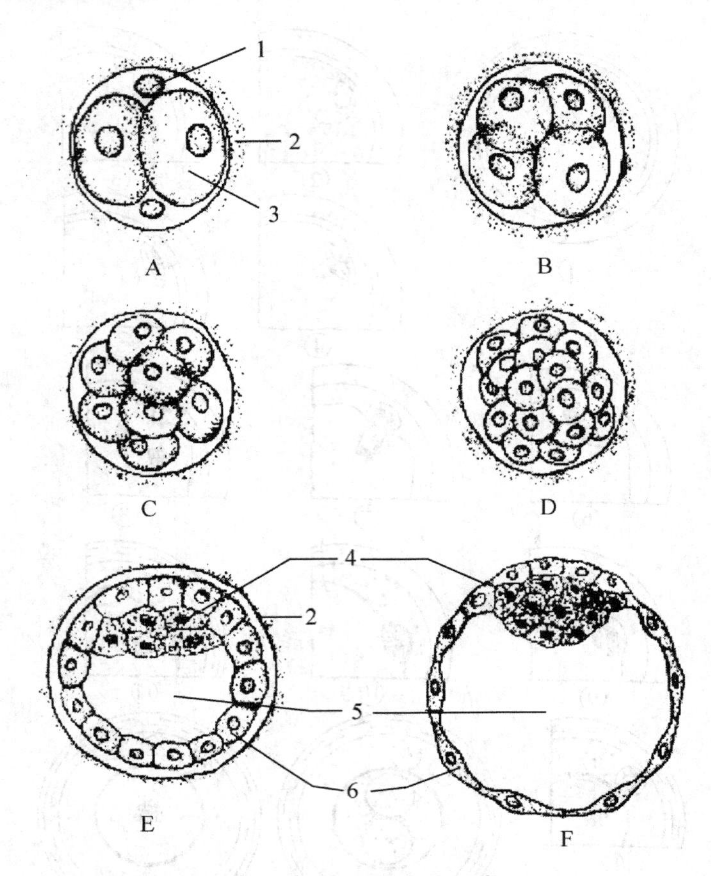

图 11－6　卵裂和胚泡形成

A. 二细胞期；B. 四细胞期；C. 八细胞期；D. 桑葚期；E. 早期胚泡；F. 胚泡
1. 极体；2. 透明带；3. 卵裂球；4. 内细胞群；5. 胚泡腔；6. 滋养层

（二）附植

胚胎与子宫内膜相接触并附着或侵入子宫内膜的过程称为附植（也称着床）。大部分动物胚胎自透明带中孵出后，立即附植。但牛及猪等动物，圆形的胚泡通过滋养层吸收子宫腔内的营养，迅速生长变成纺锤形和长带状。牛配种 21 天后，胚泡长 30cm，胚体长 3mm 左右；猪配种 13 天后，个别胚泡可长达 157cm，但此时胚体尚小。

初期的胚泡游动于子宫腔内。随后，胚胎在子宫角内调整间隔后均匀分布于子宫角中。由于胚泡变长变大，胚泡腔液体增多，胚泡在子宫内的运动受到限制，胚泡逐渐定位在子宫角内特定的位置，然后开始附植。牛和羊胚泡滋养层只在子宫肉阜处与子宫黏膜接触，随后胚泡滋养层细胞侵入并破坏子宫黏膜上皮，使其联系更为紧密。猪胚泡滋养层迅速生长变长后形成皱襞，此时子宫黏膜的皱襞也加深，胚泡的皱襞逐渐附着在子宫黏膜上。马胚泡表面生出绒毛与子宫黏膜的腺窝和皱襞相接触。

猪配种后 11～15 天，绵羊 16～17 天，牛 30～35 天，马 40～50 天，胚泡开始附植。胚胎附植是家畜妊娠过程中最关键的阶段，很多胚胎在此阶段发生损失。胚胎附植的成败，是早期胚胎存活的关键。母畜妊娠初期，要注意保胎，以免胚胎死亡或造成流产。

三、三胚层的形成及分化

（一）三胚层的形成

1. 内胚层和外胚层的形成　胚泡附植后，内细胞团继续增殖分化形成由两层细胞构成的圆盘状的胚盘，即靠近表面滋养层的外胚层（Ectoderm）和下面的位居胚泡腔顶侧的内胚层（Endoderm）。随后，在外胚层的近滋养层侧出现一个腔，为羊膜腔，腔壁为羊膜。这时外胚层构成羊膜腔的底部。而内胚层的周缘向下延伸形成卵黄囊。

2. 中胚层形成　随着胚泡变长，圆形的胚盘变成卵圆形。胚盘外胚层细胞迅速增殖并不断地自两侧向胚盘尾侧的中轴迁移，在尾侧中轴线上形成一条增厚的细胞索，称为原条。原条出现后，在其前端膨大形成原结。在原结的后部有一凹陷，称原窝。以后原条的中央下陷形成原沟，两侧的细胞隆起形成原褶。此时，原条头端原结处的细胞继续向深部下陷，并在内外胚层之间的中轴线上向头侧生长，形成一条脊索。随着胚盘的继续发育，脊索继续增长，而原条则逐步缩短，最后消失。脊索在胚胎早期起支持作用，以后为脊柱所代替。随着原条的形成，在胚盘后端的内外胚层之间逐渐分化出另一层细胞，即中胚层（Mesoderm）。中胚层细胞不断增殖，并向胚盘的后方、两侧及前方扩展，在胚盘的外胚层与内胚层之间，以及胚盘区以外的滋养层和内胚层之间形成一个完整的中胚层。

由于胚盘各部位的生长速度不同，扁平形的胚盘周区向腹侧陷入并向中央集中，逐渐使胚体变为圆柱形。这时胚盘中部的生长速度快于边缘部，外胚层的生长速度快于内胚层，使外胚层包在胚体的外部，而内胚层包在内部，形成头尾方向的原始消化管。由于胚盘头部的生长速度快于尾部，前后方向的速度又快于左右方向，胚盘卷折形成头大尾小的筒状结构，且胚盘的边缘也向胚体的腹部汇合，最终在胚体腹侧形成条状的原始脐带。胚体通过边缘形成头褶、尾褶和左右褶，使胚体凸入羊膜腔的羊水中。

（二）三胚层的分化

胚层分化成各种组织，称为组织发生（Histogenesis）；由各种组织相互协同形成各种器官的过程，称为器官发生（Organogenesis）。

1. 外胚层的分化　由外胚层发育而来的主要有神经系统、感觉器官、皮肤的表皮层、毛和皮肤腺等。脊索出现后，诱导其背侧的外胚层增厚形成一条板状结构，称神经板（Neural plate）。以后神经板随着脊索的生长而增长，且头部宽于尾部，神经板的两侧向上突起形成神经褶，中间凹陷成神经沟。以后，神经褶在背侧合并围成神经管。神经管以后分化形成前脑、中脑、后脑及脊髓等中枢神经系统，以及松果体、神经垂体和视网膜等。在神经褶闭合形成神经管时，一部分细胞分离出来，在神经管的背外侧形成两条纵行的细胞索，称神经嵴。神经嵴以后形成周围神经系统及肾上腺髓质等。

家畜皮肤的表皮及衍生物由外胚层发育；真皮及皮下组织由中胚层发育而成。家畜毛和皮肤腺的发生，比其他器官晚，绵羊毛囊原基在胚胎发育50～110天发生。

2. 内胚层的分化　内胚层在胚体下部缩细，胚内为原肠，胚外为卵黄囊。原肠在脊索下方，纵贯前后，可分为前肠、中肠和后肠。中肠与卵黄囊连通。内胚层主要分化为消化和呼吸系统的上皮和腺体（口咽和肛门的上皮除外），其余组织除神经成分外，均由脏壁中胚层发生。

3. 中胚层分化　畜体全身的肌组织、结缔组织、心血管淋巴系统和泌尿生殖系统，都由中胚层分化形成。它们对畜体的物质代谢、运动、保卫和繁殖起重要作用。随着三胚层的形成，中胚层进一步分化。在脊索两侧形成上段中胚层、中段中胚层和下段中胚层。下段中胚层延续至胚外称胚外中胚层。随后胚外中胚层出现腔隙并扩展到胚内下段中胚层内形成体腔。体腔延续胚体内外，分别称胚内体腔和胚外体腔。

上段中胚层发育分化为生肌节、生皮节和生骨节。生肌节位于背内侧，发育形成骨骼肌。生皮节发育形成皮肤真皮。生骨节位于腹内侧，围绕脊索形成脊柱。

下段中胚层的脏壁中胚层形成消化、呼吸器官壁的平滑肌、结缔组织和浆膜。体壁中胚层形成体壁肌肉及结缔组织。心血管和淋巴系统都是由中胚层的间充质演变而来。

中段中胚层又叫生肾节，形成泌尿生殖器官。家畜的生殖腺及主要生殖管道都由中胚层发生。

在胚胎发育过程中，由内、中、外三胚层分化形成的主要组织器官如下：

外胚层：神经系统及感觉器官上皮。肾上腺髓质部；垂体前叶；口腔、鼻腔的黏膜上皮；肛门、生殖道和尿道末端部分的上皮；皮肤的表皮及其衍生物、蹄、角、毛、汗腺、皮脂腺和乳腺上皮。

中胚层：各种肌组织；各种结缔组织；心血管淋巴系统；肾上腺皮质部；生殖器官及泌尿器官的大部分；体腔上皮等。

内胚层：消化系统从咽到直肠末端的上皮及壁内、壁外腺上皮；呼吸系统从喉到肺泡的上皮；甲状腺、甲状旁腺和胸腺上皮等。

第三节　胎膜与胎盘

家畜胚胎由于卵内所含的卵黄物质很少，在母体子宫内发育，借助胎膜和胎盘与母体进行物质交换，吸取营养，排泄废物，创造胚胎发育的条件，保证胎儿正常发育。

一、胎　膜

家畜的胎膜（Fetal membrane）也称胚外膜，可分为卵黄囊、羊膜、绒毛膜和尿囊。

（一）卵黄囊

家畜卵的卵黄含量少，但在胚胎发育过程中仍有卵黄囊（Yolk sac）形成。卵黄囊早期较大，很快缩小退化。牛、羊和猪的卵黄囊对胚胎营养作用不大。马的卵黄囊与绒毛膜接触，形成卵黄囊胎盘，并有丰富的血管吸收子宫乳，作为胚胎早期的营养。

（二）羊膜和绒毛膜

早期胚胎体褶形成时，胚盘周围的胚外外胚层和胚外体壁中胚层，向胚体上方褶起形成羊膜褶。猪胚胎 15 天左右，羊膜褶在背侧会合形成羊膜（Amnion）和绒毛膜（Chorion）。羊膜在内，直接包围胎儿；绒毛膜在外，包围所有其他胎膜，并与子宫黏膜直接接触。

羊膜腔内充满羊水。羊水呈弱碱性，其中有蛋白质、脂肪、葡萄糖、果糖、无机盐、黏蛋白和尿素等，此外，还有脱落上皮和白细胞。随着胚胎胃肠发育和吞咽反射建立以后，胚胎吞食羊水，这种吞食现象，妊娠后期尤为显著。消化残渣积蓄在肠内成为胎粪。

胎儿在羊水的液体环境中生长发育，既能调节温度，又能缓冲来自各方面的压力，保证胎儿正常的形态发生。分娩时，胎膜破裂，羊水连同尿囊液外流，能扩张子宫颈，润滑产道，有利于胎儿分娩。

由于尿囊的接触与迅速扩大，绒毛膜与尿囊壁紧密相贴发育形成尿囊绒毛膜。尿囊绒毛膜表面的绒毛与子宫黏膜紧密联系，通过渗透进行物质交换。这就构成了胎盘的基础（图 11－7）。

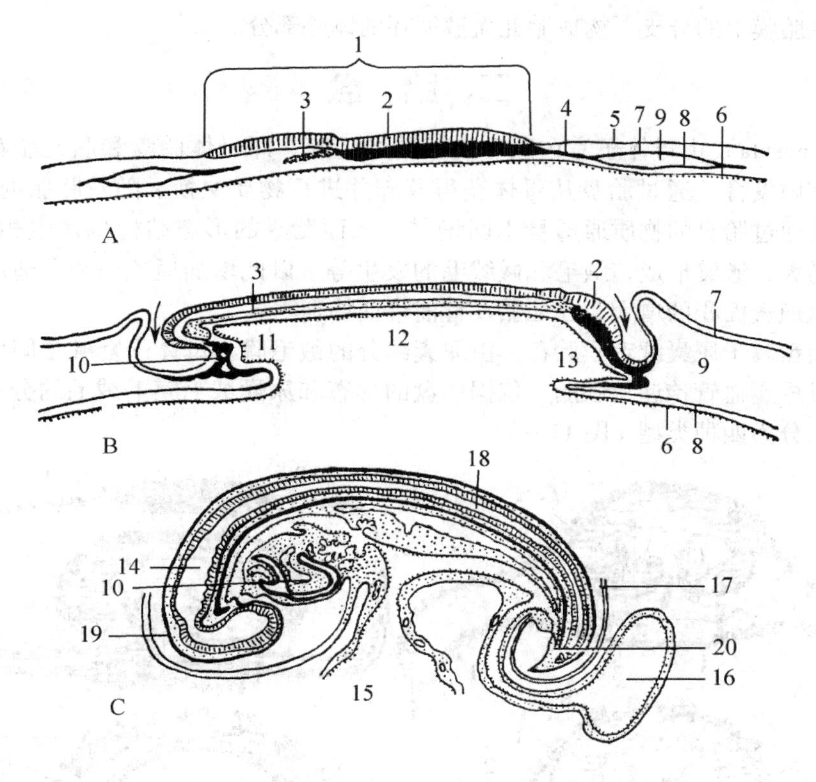

图 11－7　猪胚胎膜形成

A. 原条期；B. 体节开始形成期；C. 25 对体节期

1. 胚盘；2. 原条；3. 脊索；4. 中胚层；5. 滋养层；6. 内胚层；7. 体壁中胚层；8. 脏壁中胚层；9. 胚外体腔；10. 心脏；11. 前肠；12. 中肠；13. 后肠；14. 脑；15. 卵黄囊；16. 尿囊；17. 羊膜断端；18. 脊髓；19. 头部；20. 尾部

（三）尿囊

尿囊（Allantois）由后肠末端腹侧向外突出的盲囊发育形成。尿囊壁的结构同肠壁。猪胚 13 天时尿囊发生，突向胚外体腔。16 天左右与绒毛膜接触，随后逐渐形成尿囊绒毛膜胎盘。通过分布于尿囊上的脐血管到达胎盘，与母体间进行物质交换。

尿囊发展迅速，1 个月左右扩展至整个胚外体腔并包围羊膜。但尿囊的形状和在胚外体腔内扩展的程度因家畜种类而异。牛、羊和猪的尿囊分成左右两支，且尿囊未完全包围羊膜。尿囊腔内贮存尿囊液，内含胎儿排泄的废物。尿囊通过尿囊柄与胚体后肠部分相连通。胎儿出生后随着脐带的断离，残留在胚体内的尿囊柄闭合形成膀胱的韧带。

（四）脐带

脐带（Umbilical cord）起源于胚胎早期的体褶，随着胚胎发育逐渐向胎儿腹部脐区集中缩细。由于羊膜腔的扩大，使尿囊柄和退化的卵黄囊柄靠拢缩细，并被羊膜包围形成长索状称脐带。

脐带外被覆着一层光滑的羊膜，内部主要为中胚层发生的黏性结缔组织，内有尿囊柄、脐动脉和脐静脉通过。胎儿体内的尿液可通过脐带中的尿囊柄贮于尿囊腔内。脐动脉将胎儿体内血液输至胎盘，而脐静脉将胎盘处的血液输送至胎儿体内。脐带中的脐动脉、脐静脉及其在胎膜上的分支，构成胎儿血液循环的体外部分。

二、胎　盘

胎盘（Placenta）由母体子宫内膜和胚胎的绒毛膜，即母体胎盘和胎儿胎盘组成。胚胎在母体子宫内发育，通过胎盘从母体获得营养并进行物质交换。随着胚胎的生长发育，胎儿和母体间通过胎盘的物质通透量不断增加。因而胎盘的形态结构也发生相应的变化，如胎盘体积增大，皱襞形成，绒毛和微绒毛的发生等，以此增加通透面积，适应功能变化的要求。胎盘通透面积的增大，在胚胎发育前半期特别明显。

家畜的胎盘属于尿囊绒毛膜胎盘，由尿囊部分的绒毛膜与母体子宫壁之间建立相互联系，营养通过尿囊血管传递给胚胎。依据胎盘的形态和尿囊绒毛膜上绒毛的分布不同，家畜的胎盘可以分为四种类型（图 11－8）。

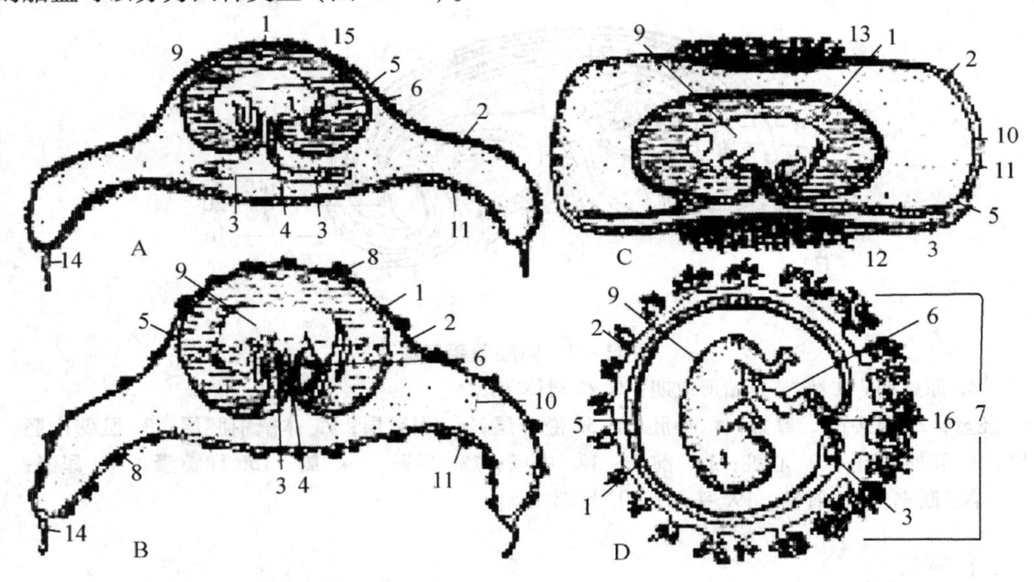

图 11－8　哺乳动物胎盘模式图

A. 猪散布胎盘；B. 牛子叶型胎盘；C. 肉食兽环带状胎盘；D. 人盘状胎盘

1. 羊膜；2. 绒毛膜；3. 卵黄囊；4. 尿囊管；5. 胚外体腔；6. 脐带；7. 盘状胎盘；8. 子叶；9. 胎儿；10. 尿囊；11. 尿囊绒毛膜；12. 绒毛环；13. 环带状胎盘；14. 退化的绒毛膜端；15. 绒毛晕；16. 尿囊血管

（一）散布胎盘

散布胎盘（Diffuse placenta）见于猪、马。除尿囊绒毛膜的两端外，这种胎盘的绒毛或皱褶比较均匀地分布在整个绒毛膜表面。绒毛（马）或皱褶（猪）与子宫内膜相应的凹陷部分相嵌合。

（二）绒毛叶胎盘

绒毛叶胎盘（Cotyledonary placenta）见于牛、羊、山羊。胎儿绒毛膜上的绒毛，在绒毛膜表面集合成群，构成绒毛叶或称子叶（Cotyleton）。子叶与子宫内膜上的子宫肉阜紧密嵌合。羊的子宫肉阜上有一大的凹窝，绒毛叶伸入凹窝内构成胎盘块；牛的子宫肉阜上无凹窝，由绒毛叶包裹子宫肉阜而构成胎盘块。

（三）环状胎盘

环状胎盘（Zonary placenta）见于猫、狗等肉食兽。胎儿绒毛膜上的绒毛仅分布在绒毛膜的中段（相当胚体腰部水平位），呈一宽环带状。

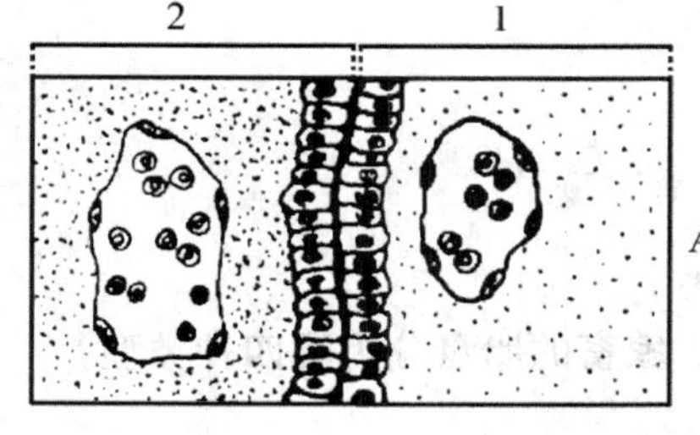

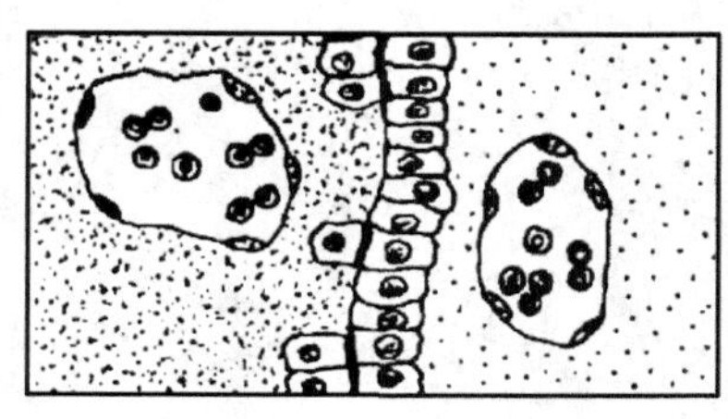

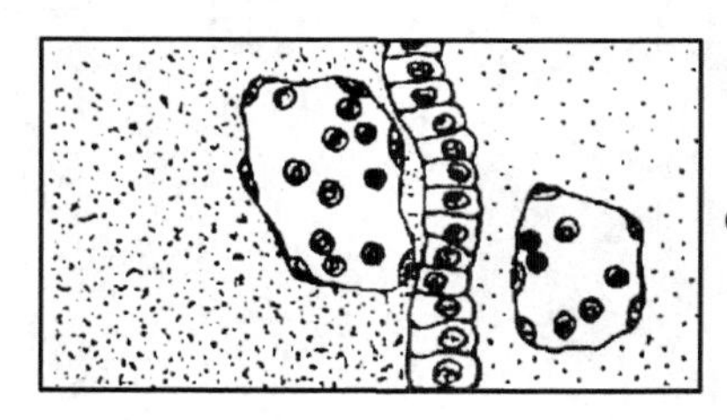

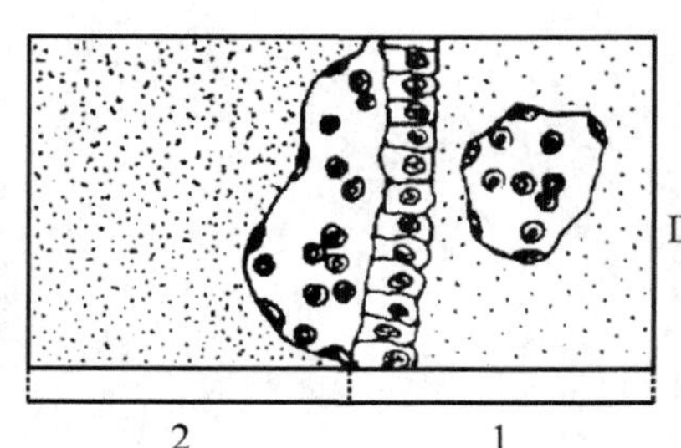

图 11－9　胎盘屏障类型模式图

1. 胎儿胎盘；2. 母体胎盘

A. 上皮绒毛膜胎盘；B. 结缔绒毛膜胎盘；C. 内皮绒毛膜胎盘；D. 血绒毛膜胎盘

（四）盘状胎盘

兔和人的胎盘属于盘状胎盘（Discoidal placenta），胎儿绒毛膜上的绒毛集中在一盘状区域内。

另外，根据胎盘的组织结构和对母体子宫内膜的破坏程度，又可将高等哺乳动物的胎盘分为以下四类（图 11－9）：

1. 上皮绒毛膜胎盘（Epitheliochorial placenta）　这种胎盘屏障的组织层次结构比较完整，物质由母体血液渗透到胎儿血液中或反向渗透时，都要经过六道屏障：①母体血管内皮；②子宫内膜结缔组织；③子宫内膜上皮；④胎儿绒毛膜上皮；⑤绒毛膜间充质；⑥绒毛膜血管内皮。家畜中的猪、马、牛、羊属这种胎盘。

2. 结缔绒毛膜胎盘（Syndesmochorial placenta）　这种胎盘的子宫内膜上皮脱落，绒毛膜上皮直接接触子宫内膜的结缔组织。这种胎盘的联系较散布胎盘紧密，物质交换经过五道屏障：①子宫血管内皮；②子宫内膜结缔组织；③绒毛膜上皮；④ 绒毛膜血管内皮；⑤绒毛膜间充质。

上述两种胎盘，胎儿绒毛膜与子宫内膜接触时，子宫内膜没有破坏或破坏轻微。分娩时胎儿胎盘和母体胎盘各自分离，没有出血现象，也没有子宫内膜的脱落，又称非蜕膜胎盘。

3. 内皮绒毛膜胎盘（Endotheliochorial placenta）　这种胎盘的绒毛深达子宫内膜的血管内皮，猫、狗等肉食兽属这种类型。物质交换经过四道屏障：①子宫血管内皮；②绒毛膜上皮；③绒毛膜血管内皮；④绒毛膜间充质。

4. 血绒毛膜胎盘（Hemochorial placenta）　兔和人的胎盘属这种类型。这种胎盘的绒毛浸在子宫内膜绒毛间腔的血液中，物质渗透经过三道屏障：①绒毛膜上皮；②绒毛膜血管内皮；③绒毛膜间充质。

上述两种胎盘，胎儿胎盘深入子宫内膜，子宫内膜被破坏的组织较多。分娩时不仅母体子宫有出血现象，而且有子宫内膜的大部或全部脱落，所以又称蜕膜胎盘。

胎盘是胎儿与母体进行物质交换的器官。胎儿所需营养物质和氧，从母体吸取；胎儿的代谢产物通过胎盘排入母体血液内。应该注意，胎儿循环血管和母体循环血管，并不直接连通，物质交换以渗透方式进行。但这种渗透具有选择性，物质通过主动运输而传递。

复习思考题

一、名词：畜禽胚胎学　受精　卵裂　附植　胎盘

二、简答

1. 家畜早期的胚胎发育主要包括哪几个过程？

2. 桑葚胚是怎样形成的？

3. 内、中、外三胚层分化后分别形成哪些组织器官？

4. 依据胎盘的形态和尿囊绒毛膜上绒毛的分布不同，家畜的胎盘分为哪四种类型？

三、论述题：试述胎膜的组成及生理功能。

第十二章

家禽解剖

家禽包括鸡、鸭、鹅和鸽等，属于脊椎动物的鸟纲，禽类因适应飞翔的生理功能，在漫长的进化过程中身体构造形成了一系列特征。由于人类长期驯化，家禽除鸽外已丧失飞翔能力，但身体构造仍保留其原有特点。

第一节　运动系统

一、骨和关节

因适应飞翔，禽骨发生相应的变化，其特点是强度大、重量轻。强度大是由于骨质中含无机质钙盐较多，骨密质非常致密并且有些骨互相愈合成一个整体，如颅骨、腰荐骨和盆带骨等。重量轻是由于成年家禽大多数骨髓腔内充满着与气囊相通的含气腔而成为含气骨，但是幼禽的所有骨都含有红骨髓。

禽类全身骨骼（图 12－1）可分为躯干骨、头骨、前肢骨和后肢骨。

（一）躯干骨

躯干骨包括椎骨、肋骨和胸骨。禽的颈椎数目较多（鸡 14，鸭 15～16，鹅 17～18，鸽 12），呈“S”状弯曲，活动灵活，伸展自如。胸椎数目较少（鸡、鸽 7，鸭、鹅 9），鸡和鸽的第二至五胸椎愈合，第七胸椎与腰荐骨愈合；鸭和鹅是第二至第三个胸椎与腰荐骨愈合。腰椎、荐椎及一部分尾椎愈合成一整块，称综荐骨。分离的尾椎数目较少（鸡、鸽有 5～6 个，鸭、鹅有 7 个），最后一块由几节尾椎在胚胎期愈合形成的综尾骨（*Pygostyle*），是尾羽和尾脂腺的支架。

肋骨的对数与胸椎一致。第一至第二对肋为浮肋，不与胸骨连接，其余每一肋又分为椎肋骨和胸肋骨两段，互相连接构成一定的角度，前部为钝角，向后逐渐减小成锐角。椎肋骨较长与相应的胸椎相接，胸肋骨相当于骨化的肋软骨，除最后一至二对外，与胸骨直接相接。此外，椎肋骨除第一和最后二至三个外，均具有钩突，向后附着于后一肋的外面，对胸廓侧壁有加固作用。

禽的胸骨非常发达，腹侧面沿中线有一胸骨嵴（*Crista sterni*），又叫龙骨，鸡、鸽特别发达。前缘有一对关节面，与乌喙骨构成关节；侧缘有一系列小关节面，与胸肋骨构成关节。胸骨前形成一个正中突和一对前外侧突；胸骨体后端有一长剑突，一直伸延到骨盆部；胸骨向后有一对后外侧突，鸡的特别长，与胸骨体之间形成切迹，鸽则围成卵圆形孔，在活体均以纤维膜封闭，鸡和鸽的胸骨后部还有一对胸突。此外，胸骨的背侧面有大小不等的气孔，与气囊相通。

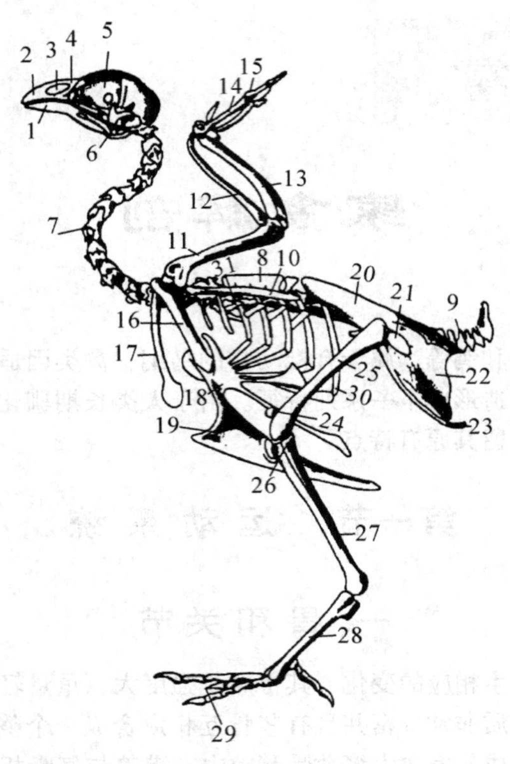

图 12－1　鸡的骨骼

1. 下颌骨；2. 颌前骨；3. 鼻孔；4. 鼻骨；5. 筛骨；6. 方骨；7. 颈椎；8. 胸椎；9. 尾椎；10. 肩胛骨；11. 肱骨；12. 桡骨；13. 尺骨；14. 掌骨；15. 指骨；16. 乌喙骨；17. 锁骨；18. 胸骨；19. 胸骨嵴；20. 髂骨；21. 坐骨孔；22. 坐骨；23. 耻骨；24. 髌骨；25. 股骨；26. 胫骨；27. 腓骨；28. 大跖骨；29. 趾骨；30. 肋骨；31. 钩突

（二）头骨

头骨（图 12－2）以眼眶为界分为颅部和面部。

禽类颅骨呈圆形，愈合成一整体，围成颅腔。眶缘不完整，由颞骨、额骨和泪骨围成。

面骨主要形成喙，发育程度和形态在不同禽类差异较大。禽面骨中有一方骨（此骨在哺乳动物则移入中耳成为砧骨），它与颞骨间形成活动关节；又以细长的颧骨与上喙相连接，同时还通过翼骨、腭骨与上喙相连接。方骨的关节突与下颌骨形成方骨下颌关节。禽的上、下喙在开闭时（图12－3），通过方骨等的作用，可同时引起上喙的上提或下降，从而使口开张较大。

（三）前肢骨

肩带骨由肩胛骨、乌喙骨和锁骨三部分构成。肩胛骨狭而长，紧贴椎肋骨，几乎与脊柱平行；前端与乌喙骨相连接，并一起形成关节盂。乌喙骨坚强，呈长柱状，斜位于胸前口两旁，下端与胸骨的肋突构成关节，上端与肩胛骨相连接，其后下部有一气孔通锁骨气囊。左、右两锁骨（*Claviculac*）的下端已互相愈合，构成叉骨，鸡、鸽呈“V”字形，鸭、鹅呈“U”字形，位于胸前口前方。其上端与肩胛骨、乌喙骨相连接，三骨间形成三骨孔，供肌腱通过。锁骨在禽类飞翔时起着撑开两翼的作用。

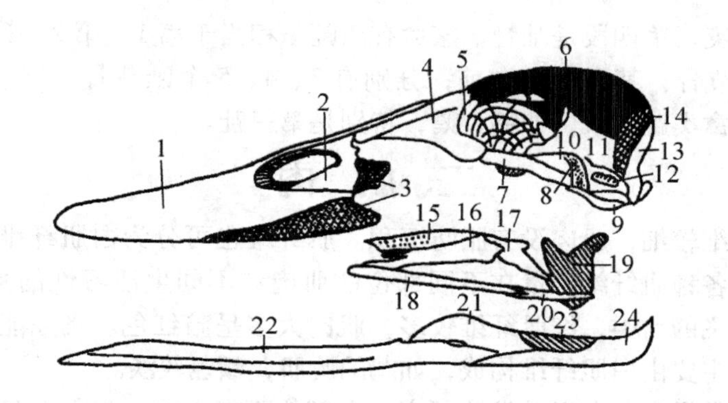

图 12－2　鹅头骨侧面观

1. 颌前骨；2. 鼻骨；3. 上颌骨；4. 泪骨；5. 筛骨；6. 额骨；7. 前蝶骨；8. 眶蝶骨；9. 基蝶骨；10. 翼蝶骨；11. 麟蝶骨；12. 耳骨；13. 枕骨；14. 顶骨；15. 犁骨；16. 腭骨；17. 翼骨；18. 轭骨；19. 方骨；20. 方轭骨；21. 上隅骨；22. 齿骨；23. 关节骨；24. 隔骨

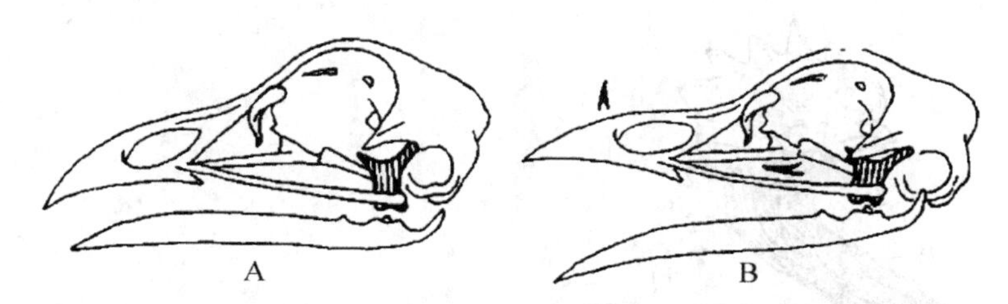

图 12－3　禽方骨（有纵纹者）在喙闭合(A)和张开(B)时的模式图

前肢的游离部为翼骨（*Ossa alae*），分为三段，平时折叠成“Z”字形紧贴于胸廓。第一段肱骨为含气骨，近端具有大的气孔。第二段前臂骨由桡骨和尺骨构成，尺骨较发达，尺骨和桡骨的两端之间通过关节相连接，因此两骨可做纵向滑动，从而使肘关节和腕关节可同时进行伸屈运动，以便于翅膀的展开。第三段相当于前脚，包括腕骨、掌骨和指骨。腕骨仅有尺腕骨和桡腕骨两块。掌骨只有第 2、第 3、第 4 掌骨；第 2、第 3 掌骨的两端已互相愈合，第四掌骨仅为一小突起。指骨也相应有 3，每一指骨分别有 2、2、1 个指节骨，鸭、鹅则有 2、3、2 个指节骨。末节指节骨的尖端突出于指外。

（四）后肢骨

盆带骨由髂骨、坐骨和耻骨愈合成髋骨。髂骨发达而长，内面为凹的肾面，以容纳肾。坐骨为三角形的扁骨与髂骨形成髂坐孔，供坐骨血管和神经通过。耻骨狭长，沿坐骨腹侧缘向后延伸，末端突出于坐骨之外，可在肛门略下两侧摸到。在耻骨与坐骨之间，形成小的闭孔。两侧髋骨的腹侧不互相连接，因此骨盆腔底壁是敞开的，以便产卵。

后肢骨的游离部为腿骨，分为四段。第一段是股骨，较短，特别是鸭、鹅。近端有股骨头和大转子，远端形成滑车和两个髁，股骨滑车的前方有髌骨（膝盖骨）。第二段小腿骨有胫骨和腓骨：胫骨长而发达，在鸭、鹅几乎为股骨的两倍；腓骨较细，向远端逐渐退化。第三段跖骨有大、小跖骨；跗骨则与胫骨、跖骨合并，又称胫跗骨和跗跖骨。公鸡大跖骨具有发达的距突。第四段是趾骨，家禽有四趾，相当于第1、第2、第3、第4趾。第1趾向后，有2趾节骨；其余三趾向前；分别有3、4、5个趾节骨。末节趾节骨为爪骨，藏在爪内。有蹼的禽类趾较长，如鸭、鹅，特别是第三趾。

二、肌　肉

禽肌肉的肌纤维较细，肌肉没有脂肪沉积。肌纤维也可分为白肌纤维、红肌纤维以及中间型的肌纤维。各种肌纤维含量在不同部位的肌肉和不同生活习性的禽类有很大差异。鸭、鹅等水禽和善飞的禽类，红肌纤维较多，肌肉大多呈暗红色。飞翔能力差或不能飞的禽类，有些肌肉则主要由白肌纤维构成，如鸡的胸肌，颜色较淡。

禽全身肌肉的数量和分布以及发达程度，因部位而有不同，与整个身体结构以及各部位的功能活动相适应（图12－4）。家禽的肌肉分皮肌、头部、躯干、前肢和后肢肌等。

（一）皮肌

薄而分布广泛，主要与皮肤的羽区相联系，控制其紧张和活动。还有几块翼膜肌，飞翔时使翼膜保持紧张。

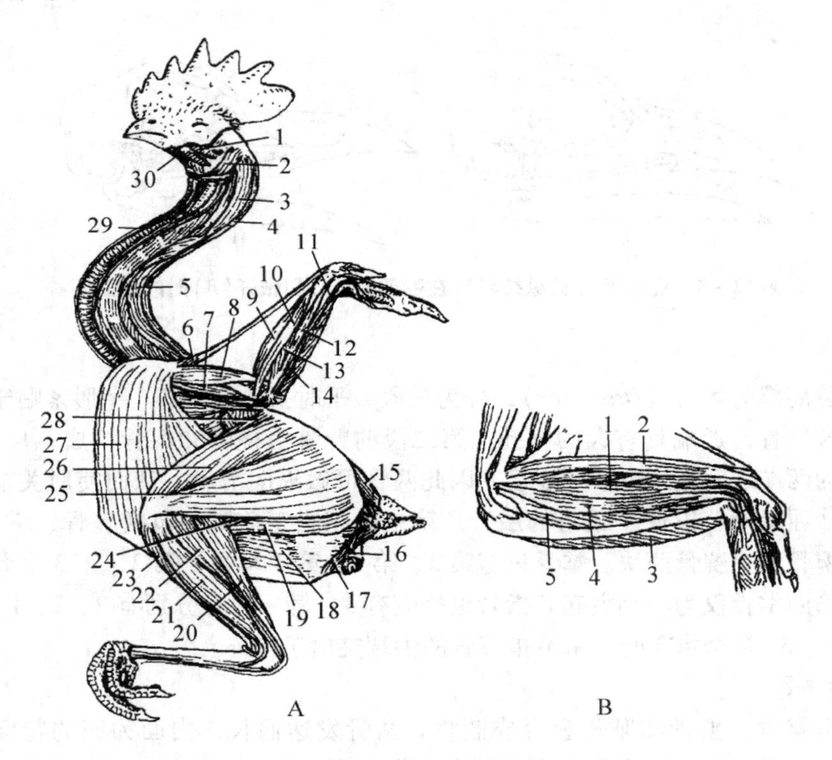

图12－4　鸡的肌肉

A. 全身肌肉：1. 下颌内收外肌；2. 下颌降肌；3. 复肌；4. 颈二腹肌；5. 颈升肌；6. 翼膜长肌；7. 臂三头肌；8. 臂二头肌；9. 掌桡侧伸肌；10. 旋前浅肌；11. 指浅屈肌；12. 指深屈肌；13. 旋前深肌；14. 腕尺侧屈肌；15. 尾提肌；16. 肛提肌；17. 尾降肌；18. 腹外斜肌；19. 小腿外侧屈肌；20. 腓肠肌；21. 腓骨长肌；22. 第二趾穿孔和被穿屈肌；23. 胫骨前肌；24. 髂腓肌；25、26. 髂胫外侧肌；27. 胸肌；28. 髂胫前肌；29. 胸骨舌骨肌；30. 颌舌骨肌

B. 翼部背侧肌肉：1. 指总伸肌；2. 掌桡侧伸肌；3. 腕尺侧屈肌；4. 掌尺侧伸肌；5. 外上髁尺侧肌

（二）头部肌

禽的面肌大多退化。咀嚼肌非常发达，并有一些特殊的方骨肌，作用于上、下喙，进行采食等活动。

（三）颈部肌

禽颈部较长，运动异常灵活，有赖于一系列分节性明显的肌肉，作用于颈椎、枢椎和寰椎。但禽无臂头肌和胸头肌，颈静脉直接位于颈部皮下。

（四）躯干肌

背部和腰荐部因椎骨大多愈合，肌肉也大大退化。尾部肌肉比较发达。胸廓肌和腹肌的作用主要是维持呼吸。胸廓肌除肋间内肌、外肌和斜角肌外，还有肋胸骨肌，从胸骨前部向后连接到前几个肋骨的胸肋骨上，收缩和松弛时使两段肋骨之间的角度增大或复原，从而使胸骨下降或上提，同时使气囊充气或排气，肺则在此通气过程中进行气体交换。禽肺张缩性很小，没有膈肌。因禽有发达的胸骨，腹肌很薄弱，主要参与呼气作用，此外也协助排粪和产蛋的作用。

（五）肩带肌和翼肌

1. 肩带肌　主要是通过肩关节作用于翼。其中最发达的是胸部肌，可占全身肌肉总重的一半以上。胸部肌有两块：胸肌和乌喙上肌，起始于胸骨、锁骨和乌喙骨以及其间的腱质薄膜。胸肌终止于肱骨近端的外侧，作用是将翼向下扑动。乌喙上肌的止腱则穿过三骨孔而终止于肱骨近端，作用是将翼向上举。这些肌肉在飞行时对翼提供强大的动力。

2. 翼肌　主要分布于臂部和前臂部，飞翔时可以伸展各关节将翼张开，并维持其一定姿势；静息时则屈曲各关节而将翼收拢。前臂外侧面的掌桡侧伸肌和指总伸肌（图 12－4，B）是重要的展翼肌。

（六）盆带肌和腿肌

盆带肌不发达。腿肌是禽体内第二群最发达的肌肉，主要分布于股部和小腿部。后肢肌中的趾骨肌是位于股部前内侧面的小肌，细长的腱向下绕过膝关节外侧而转到小腿后面，合并入趾浅屈肌内，当髋关节、膝关节在禽下蹲栖息而屈曲时，跗关节和所有趾关节也同时被屈曲，从而牢固地攀住栖木，不需消耗能量，因此，该肌也称为栖肌。鸡跖部的趾浅屈肌腱常随年龄增大而骨化。

第二节　消化系统

一、口　咽

（一）口咽腔

禽因没有软腭，口腔与咽腔无明显分界，常合称为口咽（*Oropharynx*）（图12－5、图12－6）。此外，禽的上、下颌发育成上喙和下喙，无唇和齿，颊不明显。口咽特别是口腔的形态与喙相一致。

口腔顶壁正中有腭裂或称鼻后孔裂，前部狭而后部宽，鸡和鸽的长，鸭、鹅较短。呼吸时，舌背紧贴口腔顶，将狭部封闭，保留宽部沟通鼻腔与喉；吞咽时则腭裂主动闭合。咽腔顶壁以一列（鸡、鸽）或一群（鸭、鹅）咽乳头与食管为界。咽部黏膜血管丰富，可使大量血液冷却，有参与散发体温的作用。

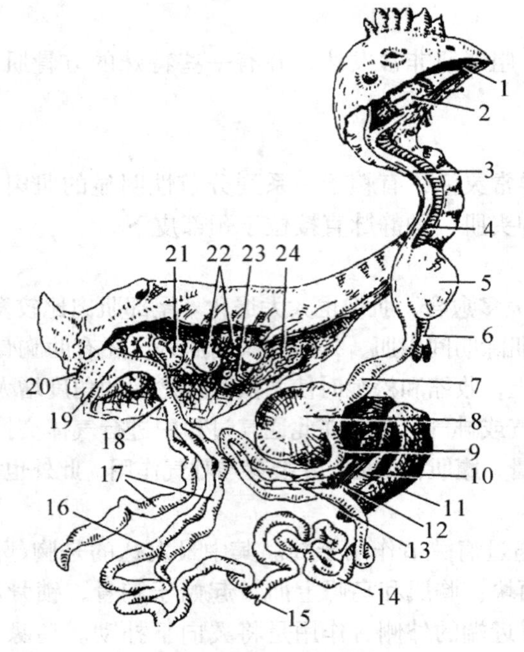

图 12－5 鸡消化器官

1. 口腔；2. 咽；3. 食管；4. 气管；5. 嗉囊；6. 鸣管；7. 腺胃；8. 肌胃；9. 十二指肠；10. 胆囊；11. 肝肠管和胆囊肠管；12. 胰管；13. 胰腺；14. 空肠；15. 卵黄囊憩室；16. 回肠；17. 盲肠；18. 直肠；19. 泄殖腔；20. 肛门；21. 输卵管；22. 卵巢；23. 心；24. 肺

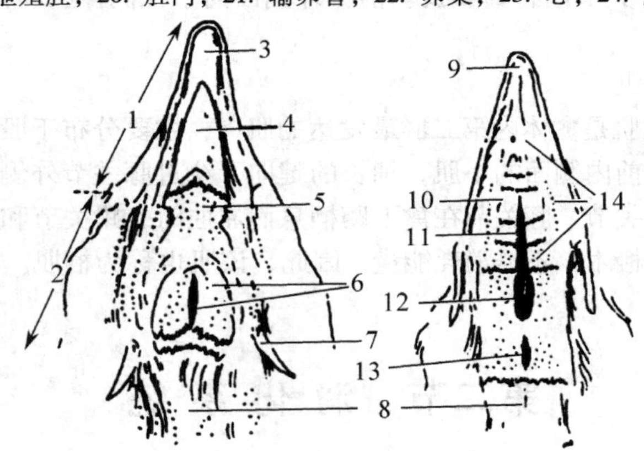

图 12－6 鸡的口咽腔

1. 口腔；2. 咽；3. 下喙；4. 舌尖；5. 舌根；6. 喉及喉口；7. 舌骨支；8. 食管；9. 上喙；10. 硬腭；11、12. 上腭裂的狭部和宽部；13. 咽鼓漏斗；14. 唾液腺导管开口

（二）喙

喙（*Rostrum*）分上喙和下喙，形态因禽的种类而不同。鸡、鸽的喙呈尖锥形，大部分被覆以角质化的鞘。雏鸡上喙尖部有角化上皮细胞形成的所谓蛋齿，孵出时用来划破蛋壳。鸭、鹅的喙长而扁，除尖部外大部分被覆光滑而较柔软的蜡膜；喙缘形成一系列角质横褶，在水中采食时能将水滤出。蜡膜和横褶内含有丰富的赫氏小体（*Herbst corpuscle*）等触觉小体。

（三）舌

形态与下喙相一致，鸡、鸽的舌为尖锥形，鸭、鹅的舌较长而厚。鸭、鹅舌的侧缘具有丝状的角质乳头分布，与喙缘的横褶一同参与滤水作用。舌表面没有味觉乳头。所以味觉对禽的采食作用不大。

（四）唾液腺

唾液腺不大但分布很广，在口咽腔的黏膜内几乎连续成一片。口腔顶壁有上颌腺、腭腺和蝶翼腺；底壁有下颌腺、口角腺、舌腺和环杓腺。导管较多，开口于该腺所在部位的口腔黏膜和咽黏膜上，肉眼可见。各腺全由黏液细胞构成。

二、食管和嗉囊

禽类的食管可分为颈段和胸段两部分。开始位于气管背侧，然后与气管一同偏至颈的右侧，位于颈部皮下。鸡和鸽的食管在锁骨前形成嗉囊。鸭、鹅无真正的嗉囊，但食管颈段可扩大成长纺锤形，以贮存饲料。胸段伴随气管进入胸腔，通过鸣管与肺之间行于心基和肝的背侧，在相当于第三至第四肋间隙处略偏向左与腺胃相接。

鸡的嗉囊略呈球形，位于锁骨前方右侧皮下。鸽的分为对称的两叶。嗉囊前后两口较近，有时饲料可经此直接进入胃。嗉囊可贮存和软化饲料。鸽在育雏期，嗉囊的黏膜上皮细胞增生、脂肪变性而脱落，与分泌的黏液形成嗉囊乳，又称鸽乳，和嗉囊内容物一起用来哺育幼鸽。

三、胃

禽胃分为前、后两部：前部为腺胃（*Ventriculus glandularis*），又称腺部或前胃；后部为肌胃（*Ventriculus muscularis*）（图 12－7）。

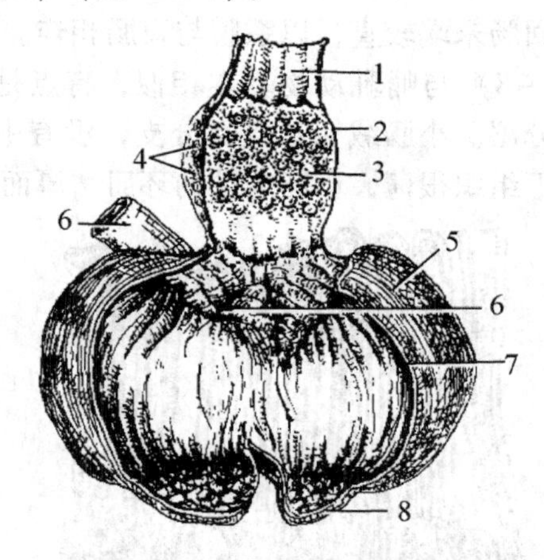

图 12－7　鸡的胃（纵剖开）

1. 食管；2. 腺胃；3. 乳头及前胃深腺开口；4. 深腺小叶；
5. 肌胃的厚肌；6. 幽门；7. 胃角质层；8. 肌胃后囊的薄肌

（一）腺胃

位于腹腔左侧，呈短纺锤形，在肝左、右两叶之间的背侧。前与食管相通，后与肌胃相接，两者之间的黏膜形成中间区。胃壁较厚，但胃腔不大，黏膜表面形成乳头，乳头上有深层腺导管的开口。鸡、鸽的乳头较大；鸭、鹅的数目较多。深腺相当于家畜的胃底腺，但盐酸和胃蛋白酶原是由一种细胞分泌的。腺胃的肌膜由环肌和纵肌两层构成。

（二）肌胃

俗称肫（*Gizzard*），形状有如圆形或椭圆形的双凸透镜，质地坚实；位于腹腔左侧在肝后方两叶之间。肌胃的肌膜非常发达因富含肌红蛋白而呈暗红色；包括构成体部的两块厚肌和前、后囊的两块薄肌。四肌在肌胃两侧以腱中心相连接，形成腱面。肌膜以薄的黏膜下组织与黏膜相连接，无黏膜肌层。

肌胃黏膜被覆柱状上皮；在与腺胃交接部形成中间区，鸡较明显。黏膜固有层里排列有单管状的肌胃腺，腺及黏膜上皮的分泌物与脱落的上皮细胞一起，在酸性环境中硬化，形成一片胃角质层紧贴于黏膜上，俗称肫皮（又称鸡内金），起保护作用。表面不断被磨损，由深部持续分泌、硬化而增补。角质的成分为类角素，是一种糖－蛋白复合物。

因肌胃内经常含有吞食的砂砾，又叫砂囊。肌胃内的砂砾以及粗糙而坚韧的角质层，在发达的肌膜强力收缩作用下，对食料进行机械研磨加工。因此，肉食性和以浆果为食的禽类，肌胃不发达。长期以粉料饲养的家禽，肌胃也较薄弱。

四、肠和泄殖腔

禽的肠一般较短。在不同家禽，肠长与躯干长之比为：鸽（5～8）：1，鸭（8.5～11）：1，鸡（7～9）：1，鹅（10～12）：1。

（一）小肠

十二指肠位于腹腔右侧，形成长的“U”字形肠袢。空回肠以肠系膜悬挂于腹腔右半，鸡形成10～11圈肠袢，鸭、鹅形成长而较恒定的6～8圈肠袢。空回肠的末段以系膜与两盲肠相联系。空回肠的中部有一小突起，叫卵黄囊憩室，是胚胎期卵黄囊柄的遗迹，常以此作为空肠与回肠的分界。回肠末端较直，以系膜与盲肠相连。

小肠的组织结构（图12－8）与哺乳动物基本相似，特点是没有十二指肠腺，黏液由杯状细胞及单管状腺的浅部分泌。小肠绒毛长且有分支，没有中央乳糜管，脂肪直接吸收入血液；小肠腺较短，黏膜下组织很薄，小肠末端的环肌增厚而形成括约肌。

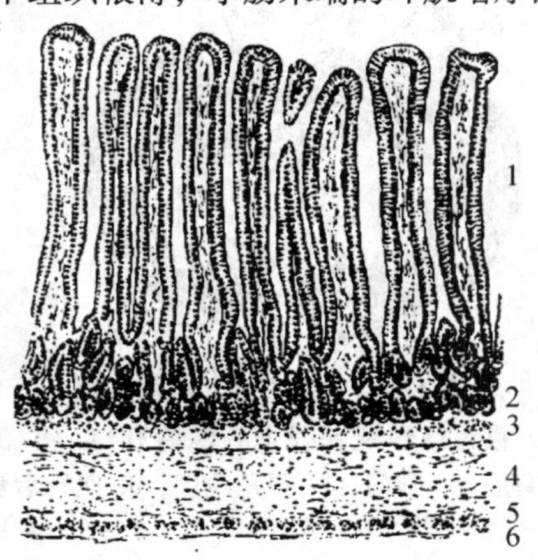

图12－8　鹅十二指肠横切面

1. 绒毛；2. 肠腺；3. 勃膜肌层；4. 肌膜的环形肌；5. 肌膜的纵肌层；6. 浆膜

（二）大肠

包括一对盲肠和一条直肠。盲肠发达，沿回肠两旁向前延伸；可分颈、体、顶三部分。在盲肠颈处的淋巴小结集合成盲肠扁桃体（*Tonsilla cecalis*），鸡较明显。鸽盲肠很不发达，如芽状。直肠短，没有明显的结肠，因此有时也称结一直肠。大肠的组织结构与小肠相似；除盲肠顶部外，黏膜也具有绒毛，但较短、较宽。

（三）泄殖腔

泄殖道（*Cloaca*）是消化、泌尿和生殖系统后端的共同通道，略呈椭圆形，向后以泄殖孔开口于外，通常也称肛门。泄殖腔以黏膜褶分为三部分（图 12－9）。前部为粪道，向前与直肠相连，较宽大，黏膜上有较短的绒毛。中部为泄殖道，最短；向前以环形褶与粪道为界，向后以半月形褶与肛道（*Proctodeum*）为界。输尿管、输精管、输卵管开口于泄殖道。肛道为最后部分，背侧在幼禽有腔上囊的开口。肛门由背侧唇和腹侧唇围成。

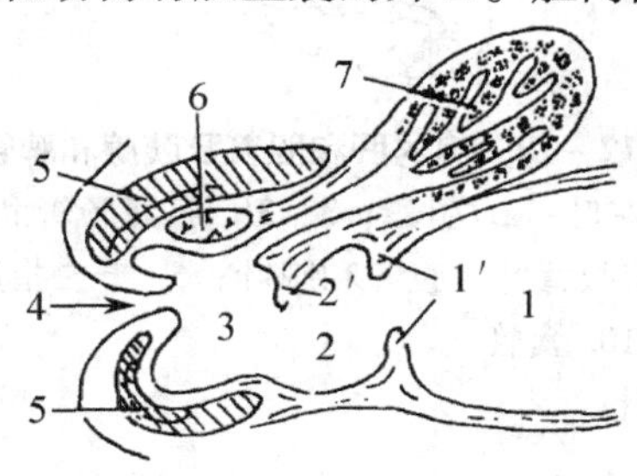

图 12－9　幼禽泄殖腔正中矢面示意图

1. 粪道；1′. 粪道泄殖道襞；2. 泄殖道；2′. 泄殖道肛道襞；3. 肛道；4. 肛门；5. 括约肌；6. 肛道背侧腺；7. 腔上囊

五、肝和胰

（一）肝

较大，位于腹腔前下部，分左、右两叶。右叶略大，除鸽外具有胆囊。成禽的肝为淡褐色至红褐色，肥育的禽因肝内含有脂肪而为黄褐色或土黄色。刚孵出的雏禽，由于吸收卵黄色素，肝呈鲜黄至黄白色，约两周后色转深。肝两叶的脏面有横窝，相当于肝门，每叶的肝动脉、门静脉和肝管由此进出。左叶的肝管直接开口于十二指肠终部，称肝肠管；右叶的肝管注入胆囊，再由胆囊发出胆囊肠管开口于十二指肠终部（图 12－10）。鸽的两支均为肝肠管：右管开口于十二指肠升支；左管较粗，开口于降支。

禽肝的肝小叶不明显。肝小叶内肝细胞板的厚度，在鸡是 2 个肝细胞构成的，而哺乳类是一个肝细胞。毛细胆管则由邻接的 3～5 个肝细胞围成。

（二）胰

淡黄或淡红色；长条形，位于十二指肠袢内，通常分为背叶、腹叶和小的脾叶（图 12－10）。胰管在鸡、鸽有 2～3 条，鸭、鹅两条；1～2 条来自腹叶，1 条来自背叶。所有胰管均与胆管一起开口于十二指肠终部。

胰的外分泌部与家畜相似，为复管泡状腺。内分泌部即胰岛可分为两类：一类主要由甲细胞构成，称为甲胰岛，又叫暗胰岛；另一类主要由乙细胞构成，称乙胰岛，又叫明胰岛。两种胰岛均含有少数丁细胞。明胰岛中等大小，分散分布于较广范围。暗胰岛大小不

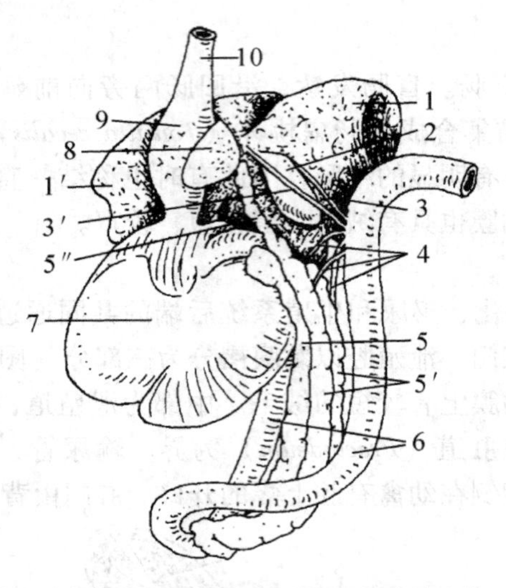

图 12－10　鸡的肝和胆管及胰腺和胰管

1、1″. 肝右叶和左叶；2. 胆囊；3、3′. 胆囊肠管和肝肠管；4. 胰管；5、5′、5″. 胰腺背叶、腹叶和脾叶；6. 十二指肠袢；7. 肌胃；8. 脾；9. 腺胃；10. 食管

一，主要分布于脾叶和部分腹叶。

第三节　呼吸系统

一、鼻　腔

禽鼻腔（图 12－11）　较狭。鼻孔位于上喙基部。鸡鼻孔上缘为具有软骨性支架的鼻孔盖；鸽的上喙基部在两鼻孔之间形成隆起的蜡膜（*Cere*），其形态是品种的重要特征之一。水禽鼻孔周围为被覆蜡膜的软骨板。鼻中隔大部分由软骨构成。每侧鼻腔侧壁上有三个以软骨为支架的鼻甲。眶下窦又称上颌窦，是禽唯一的鼻旁窦；位于眼球的前下方和上颌外侧。窦的后上方有两个开口，分别通鼻腔和后鼻甲腔。

鼻腺　鸡的鼻腺不发达，长而细，位于鼻腔侧壁，导管沿鼻骨内面向前，开口于鼻前庭。水禽的鼻腺较发达，特别是在海洋生活的禽类，位于眼眶顶壁和鼻腔侧壁。鼻腺有分泌盐分的作用，又称盐腺（*Salt gland*），对调节机体渗透压起重要作用。

二、喉和气管

（一）喉

喉位于咽底壁，在舌根后方，与鼻后孔相对。喉软骨（图 12－12）仅有环状软骨和杓状软骨，常随年龄而骨化。环状软骨是喉的主要基础，呈长匙形。杓状软骨一对，形成喉口的支架。喉口呈缝状。喉软骨上分布有扩张和闭合喉口的肌肉，浅层肌的作用为扩张喉口，深层肌是关闭喉口，喉口在吞咽过程中，可因喉肌的作用引起反射性的关闭。禽的喉无声带。

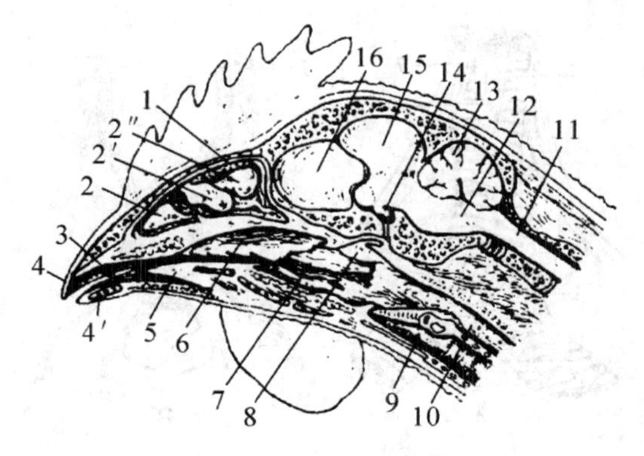

图 12－11 鸡头部纵切面

1. 鼻腔；2、2′、2″. 前、中和后鼻甲；3. 口腔；4、4′. 上、下喙；5. 舌；6. 咽襞；7. 咽；8. 漏斗襞；9. 喉；10. 食管；11. 脊髓；12. 延髓；13. 小脑；14. 垂体；15. 大脑半球；16. 眶间隔

（二）气管

较长较粗，在皮肤下伴随食管向后行，并一起偏至颈的右侧，入胸腔后转至食管胸段腹侧，至心基上方分为两条支气管，分叉处形成鸣管。相邻气管环互相套叠，可以伸缩，适应颈的灵活运动。沿气管两侧附着有薄的纵行肌带，起始于胸骨和锁骨，一直延续到喉，可使气管和喉作前后颤动，在发声时有辅助作用。

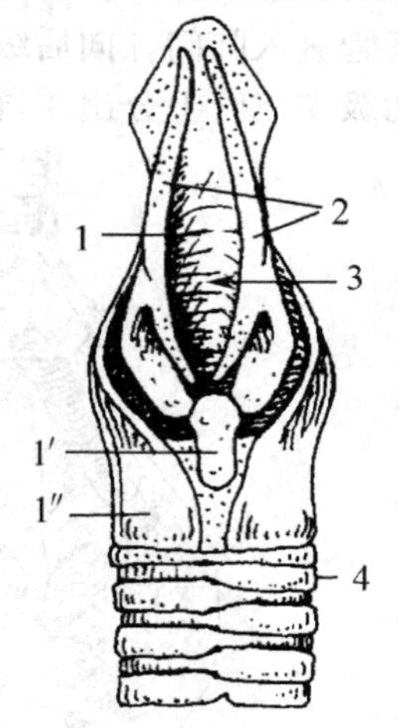

图 12－12 鸡的喉软骨（背侧观）

1. 环状软骨体；1′. 环状软骨翼；1″. 前环状软骨；2. 杓状软骨；3. 喉口；4. 气管环

（三）鸣管

鸣管（图 12－13）是禽的发声器官，位于胸腔入口后方，被锁骨气囊包裹。支架为气管的最后几个气管环和支气管最前的几个软骨环，以及气管杈处呈楔形的鸣骨（*Pessulus*），又叫鸣管托，在鸣骨与支气管之间，以及气管与支气管之间，有两对弹性薄膜，称为内、外侧鸣膜。鸣骨将鸣腔分为两部分；在同侧的内、外侧鸣膜之间形成狭缝。鸣膜相当于声带，当禽呼气时，受空气振动而发声。公鸭的鸣管因为大部分软骨环互相愈合，并形成膨大的骨质鸣管泡（*Bullasyringealis*）向左侧突出，缺少鸣膜，因此发声嘶哑。鸣禽的鸣管还有一些复杂的小肌肉，能发出悦耳多变的声音。

（四）支气管

支气管经心基上方进入肺门。其支架为“C”字形的软骨环，内侧壁为结缔组织膜。

三、肺

（一）一般形态

禽肺不大，鲜红色；呈扁平椭圆形或卵圆形，内侧缘厚，外侧缘和后缘薄，一般不分叶（图 12－14，A）。两肺位于胸腔背侧部，从第一或第二肋骨向后延伸到最后肋骨。背

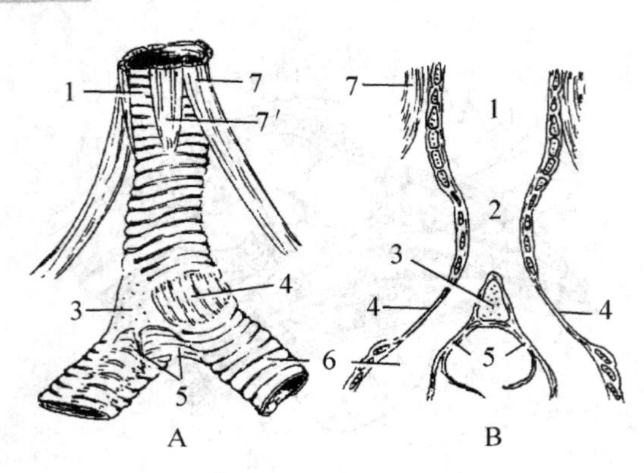

图 12－13　鸡的鸣管

A. 外形；B. 纵剖面

1. 气管；2. 鸣腔；3. 鸣骨；4. 外侧鸣膜；5. 内侧鸣膜；6. 支气管；

7、7′. 胸骨气管肌及气管肌

侧面有椎肋骨嵌入，在背内侧缘形成几条肋沟。肺门位于腹侧面的前部；此外，肺上还有一些与气囊相通的开口。

支气管进入肺门，向后纵贯全肺并逐渐变细，称为初级支气管；后端出肺连接于腹气囊。从初级支气管上分出 4 群次级支气管（图 12－14，B）；内腹侧群（前内侧群），一般

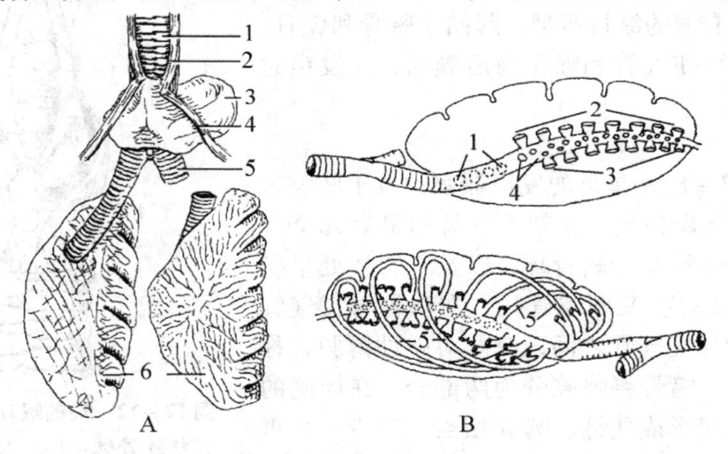

图 12－14　禽肺外形和构造

A. 公鸭气管和肺（腹侧观）：1. 气管；2. 气管肌；3. 鸣管泡；4. 胸骨气管肌；5. 支气管；6. 肺（左肺为背侧面）

B. 鸡肺支气管模式图：1. 内腹侧群；2. 内背侧群；3. 外腹侧群；4. 外背侧群次级支气管；5. 三级支气管

有 4 条；内背侧群（后背侧群）和外腹侧群（后腹侧群），各有 8～9 条；外背侧群（后外侧群），较细，数目较多（鸡 23～30 条，鸭 40 条）。从次级支气管上分出许多三级支气管，又叫旁支气管，呈袢状，连接于两群次级支气管之间，直径 0.5～2.0mm，数目极多，占肺体积的一半以上。其中由内腹侧群到内背侧群的旁支气管在鸡有 150～200 条，相叠成层；浅部的最长（3～4cm），深部的最短（约 1cm），占全肺的 2/3。肺的另 1/3 主要为连接于外腹侧和外背侧群的旁支气管。相邻旁支气管之间，还具有许多横的吻合支。因此，

禽肺的支气管分支不形成哺乳动物的支气管树，而是互相连通的管道。

（二）组织结构

初级支气管的结构与气管相似，但软骨仅见于起始部分，而环形平滑肌则逐渐增多，形成连续的一层。次级支气管的黏膜除内腹侧群外，其余三群以及三级支气管均衬以单层扁平上皮，外面环绕螺旋形平滑肌束和弹性纤维网。从三级支气管上，呈辐射状分出许多肺房（*Atria*），肺房呈不规则的球形腔，直径约 100～200μm，相当于哺乳动物的肺泡囊。肺房底部又分出若干漏斗，再分出许多肺毛细管，又称毛细气管，相当于家畜的肺泡，是一些弯曲细长的盲管，直径只有 7～12μm，以分支互相吻合。肺毛细管仅有网状纤维支架，衬以单层扁平上皮，外面包绕丰富的毛细血管。三级支气管及其所分出的肺房、漏斗和肺毛细管，构成一个呈六面棱柱体的肺小叶（图 12－15）。

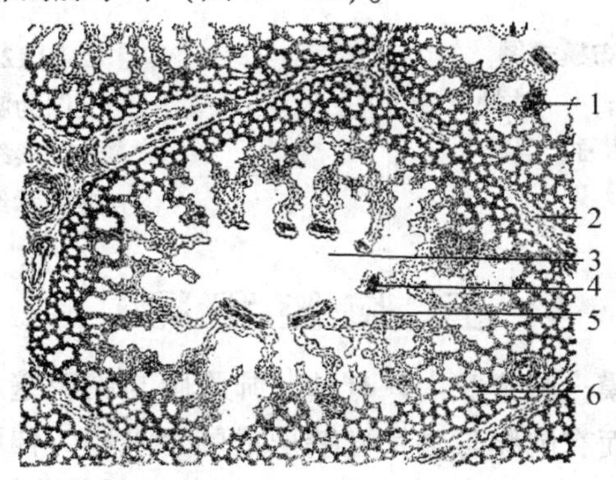

图 12－15 鸡肺小叶横切面

1. 淋巴组织；2. 小叶间隔；3. 三级支气管管腔；4. 平滑肌束；5. 肺房；6. 肺毛细管

禽肺虽然不大，但肺毛细管所形成的气体交换面积，若以每克体重计，要比哺乳动物大 10 倍，血液供应也很丰富。

四、气 囊

气囊（*Sacci pneumatici*）是禽类特有的器官，属于肺的衍生物，其雏形已见于爬行类；系由支气管的分支出肺后形成，大部分与许多含气骨的内腔相通。气囊在胚胎发生时共有 6 对，但在孵出前后，一部分气囊合并，多数禽类只有 9 个（图 12－16）。一对颈气囊，其中央部在胸腔前部背侧，左右相通；分出几支管状部沿颈椎的椎管和横突管向前延伸达第二颈椎。一个锁骨气囊，位于胸腔前部腹侧，并有分支延伸到胸部肌之间、腋部和肱骨内，形成一些憩室。一对胸前气囊，位于两肺腹侧。一对胸后气囊，较小，在胸前气囊紧后方。一对腹气囊，最大，位于腹腔内脏两旁，并形成肾周、髋臼和髂腰等憩室。颈气囊、锁骨气囊和胸前气囊均与内腹侧群的次级支气管相通，共同组成前气囊。胸后气囊与外腹侧群次级支气管相通，腹气囊直接与初级支气管相通，共同组成后气囊。此外，除颈气囊外，所有气囊还与若干三级支气管相通。

气囊在禽体内可能有多种功能，如减轻体重、调整重心位置、调节体温、共鸣作用等，而主要是作为空气的贮存器官参与肺的呼吸作用（图 12－17）。当吸气时，新鲜空气一部分进入肺毛细管，大部分（约3/4）进入后气囊，而已通过气体交换的空气则由肺毛细管进入前气囊。当呼气时，前气囊的气体由气管排出，后气囊里的新鲜空气又送入肺毛细管。因此，不论吸气或呼气时，肺内均可进行气体交换，以适应禽体强烈的新陈代谢需要。此外，气囊还有减轻体重、调节体温等作用。

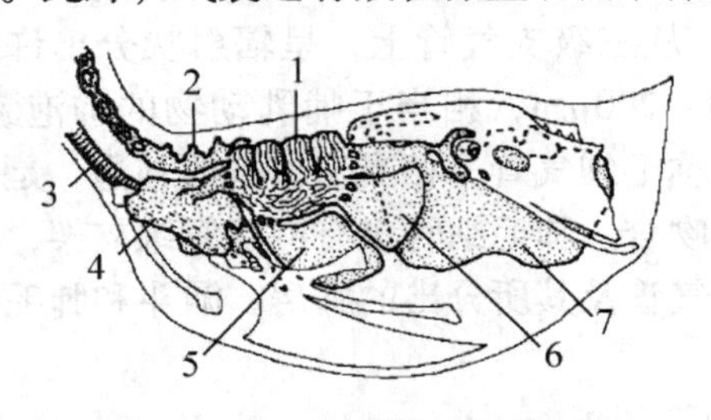

图 12－16　禽气囊分布模式图

1. 肺；2. 颈气囊；3. 气管；4. 锁骨气囊；5. 胸前气囊；6. 胸后气囊；7. 腹气囊

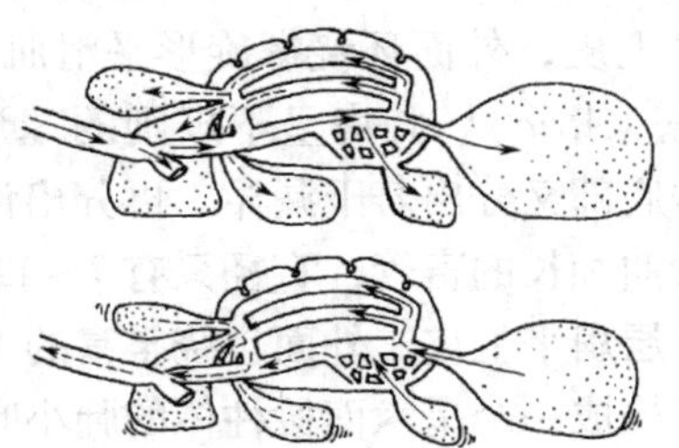

图 12－17　禽气囊作用模式图

上图为吸气时，下图为呼气时

实线示吸入的新鲜空气径路，虚线示经气体交换后的空气径路

五、胸腔和膈

禽的胸腔也被覆有胸膜，胸膜腔内只有肺。肺胸膜与胸膜壁层之间有纤维相连。禽没有相当于哺乳动物的膈，而有胸膜与胸气囊壁形成的水平膈，伸张于两肺腹侧，壁内含有较多胶原纤维，两侧并有一些小肌束（肋膈肌），附着于两段肋骨的交界处。

禽的胸气囊壁另与腹膜形成所谓斜膈，将心脏及其大血管等与后方腹腔内脏隔开。

第四节　泌尿系统

一、肾

（一）一般形态

肾比例较大，有的禽可占体重1%以上。淡红至褐红色；质软而脆。位于腰荐骨两旁和髂骨的内面；形狭长，可分前、中、后三部分（图12－18）。周围没有脂肪囊，仅背侧与骨之间垫有腹气囊形成的肾憩室。禽肾没有肾门，肾的血管和输尿管直接从表面进出。肾实质由许多肾小叶构成，轮廓可在肾表面看出（直径1～2mm）。肾小叶也分皮质区和髓质区，但由于小叶的位置有深有浅，因此整个肾不能区分出皮质和髓质。

（二）组织结构

肾小叶略呈横枕形，上部为皮质区，较宽；下部为髓质区，较窄。小叶周围分布有小叶间静脉，后者是两支肾门静脉入肾后的分支；它们分支进入小叶的皮质区，形成肾小管周围毛细血管网，并向小叶内静脉汇集。小叶内静脉一支，纵贯小叶皮质区的中央，出肾小叶后，陆续汇合为两支肾静脉而出肾。肾动脉有三支，即肾前、肾中和肾后动脉，入肾后最后分支为小叶内动脉，与肾小叶的同名静脉并行，有一支或若干支。

肾小叶是由无数上皮性小管即肾单位构成的，鸡约有20万个。禽肾单位有两种类型：

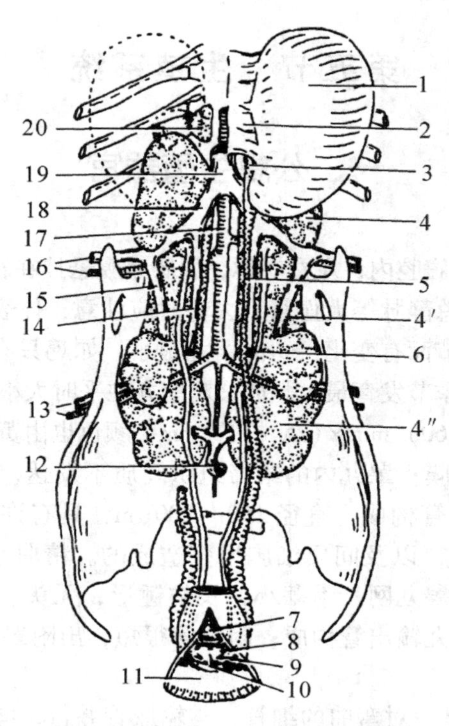

图 12-18 公鸡泌尿和生殖器官

（腹侧观，右侧睾丸和部分输精管切除，泄殖腔从腹侧剖开）

1. 睾丸；2. 睾丸系膜；3. 附睾；4、4′、4″. 肾部前、中部和后部；5. 输精管；6. 输尿管；7. 粪道；8. 输尿管口；9. 输精管乳头；10. 泄殖道；11. 肛道；12. 肠系膜后静脉；13. 坐骨血管；14. 肾后静脉；15. 肾门后静脉；16. 股血管；17. 主动脉；18. 髂总静脉；19. 后腔静脉；20. 肾上腺

一类不形成髓袢，完全位于皮质区内，又称皮质肾单位；另一类形成髓袢下降至髓质区，又称髓质肾单位。肾单位的肾小体较小，肾小球结构较简单，只有 2~3 条毛细血管袢。入球小动脉和出球小动脉管径没有明显差异；肾小管被毛细血管网包绕，最后注入位于肾小叶外周部的集合管。肾小球旁复合体的结构与哺乳动物相似。禽每一肾小叶的所有集合管和髓袢，构成髓质区。几个相邻的肾小叶，其集合管相聚合并包以结缔组织，形成一个肾叶的髓质部，相当于家畜的肾锥体，此髓质部加上所属小叶的皮质部，构成一个肾叶。

输尿管在肾内不形成肾盂，而分成若干初级分支（鸡约 17 条）；每一初级分支又分为若干次级分支（鸡 5~6 条）。每一肾叶的髓质部直接与二级分支相连。

二、输尿管

输尿管从肾中部走出，沿肾的腹侧向后延伸，开口于泄殖道顶壁两侧。输尿管管壁也由黏膜层、肌层和外膜构成，输尿管壁很薄，有时可看到腔内有白色尿酸盐晶体。

禽类没有膀胱，输尿管直接通连泄殖腔。

第五节　生殖系统

一、公禽生殖器官

（一）睾丸和附睾

睾丸（图 12－18）位于腹腔内，左右对称，以肠系膜悬挂在肾前部腹侧，与胸、腹气囊相接触，邻近后腔静脉、髂总静脉等大血管，去势时应注意；体表投影在最后两椎肋骨的上部。睾丸的大小因年龄和季节而有变化，幼禽睾丸很小，如鸡只有米粒大，黄色。成禽睾丸具有明显的季节变化，生殖季节发育最大。如公鸡睾丸在平时大小为（10～19）mm×（10～15）mm，生殖季节达（35～60）mm×(25～30) mm；颜色也由黄色转为淡黄色甚至白色。

睾丸包以腹膜和薄的白膜；睾丸内的结缔组织间质不发达，因此不形成睾丸小隔和纵隔。实质也是由许多精曲小管构成，直径 150～200μm，具有许多吻合支。睾丸增大主要是由于精曲小管增长和加粗，以及间质细胞增多造成的。精曲小管汇合为一些精直小管，后者注入睾丸背内侧缘处的睾丸网。附睾小，长纺锤形，无头、体、尾之分，紧贴在睾丸的背内侧缘。附睾主要由睾丸输出管构成；附睾管很短，出附睾后延续为输精管。

（二）输精管

输精管（图 12－18）是一对弯曲的细管，与输尿管并行，向后因壁内平滑肌增多而逐渐加粗，输尿管的终部变直，然后略扩大成纺锤形，进入泄殖腔壁内；末端形成输精管乳头，突出于输尿管口略下方。禽输精管是精子成熟和主要贮存处，在生殖季节增长并加粗，弯曲密度也变大，因贮有精液而呈乳白色。禽没有副性腺。

（三）交配器

鸽无交配器。公鸡的交配器不发达（图 12－19），除一对输精管乳头外，还包括阴茎

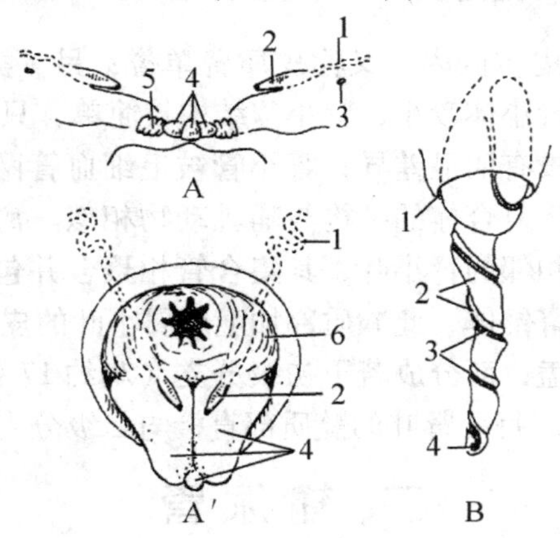

图 12－19　公禽交配器

A. 成年公鸡（A′为勃起时）：1. 输精管；2. 输精管乳头；3. 输尿管口；4. 阴茎体；5. 淋巴褶；6. 粪道泄殖道襞

B. 成年公鸭勃起时的阴茎：1. 肛门；2. 纤维淋巴体；3. 阴茎沟；4. 阴茎腺部的开口

体、生殖突和一对淋巴褶，阴茎体包括一个正中突和一对外侧突，位于肛门腹侧唇的内侧，刚孵出的雏鸡可用于鉴别雌雄。此外，在泄殖道侧壁上还有一对泄殖腔旁血管体为红色的卵圆形体，由上皮细胞和窦状毛细血管构成。交配射精时，一对外侧阴茎体因充满淋巴而勃起增大，伸入母鸡的阴道，精液则沿其间的沟导入。阴茎体内的淋巴来自充血的血管体。

公鸭和公鹅有较发达的阴茎，位于肛道腹侧偏左，分别长 6～8cm 和7～9cm，由两个长而卷曲的纤维淋巴体和一个分泌黏液的腺管（阴茎腺部）构成。

二、母禽生殖器官

母禽生殖器官仅左侧充分发育而具有生殖功能。右侧生殖器官的发育，在鸡于孵化第7 天时，即开始慢于左侧，孵出后头几天退化而仅为遗迹。母禽的生殖器官由卵巢和输卵管构成。

（一）卵巢

卵巢（图 12－20）以系膜和结缔组织附着于左肾前部及肾上腺腹侧，幼禽为扁平椭圆形，呈灰白色或白色，表面呈颗粒状。卵巢表面被覆单层生殖上皮。生殖上皮下为一薄层结缔组织。卵巢内部分为皮质区和髓质区。皮质区内有大量卵泡和间质细胞。髓质区为含有丰富血管的疏松结缔组织，并具有平滑肌细胞，以及一些间质细胞群。

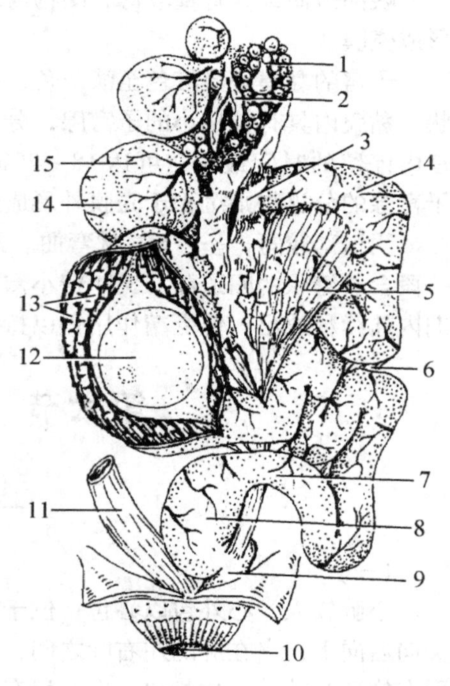

图 12－20　母鸡生殖器官

1. 卵巢；2. 排卵后的卵泡膜；3. 漏斗；4. 膨大部；5. 输卵管腹侧韧带；6. 背侧韧带；7. 峡；8. 子宫；9. 阴道；10. 肛门；11. 直肠；12. 在膨大部中的卵；13. 勃膜褶；14. 卵泡斑；15. 成熟卵泡

刚孵出的禽，卵巢表面平坦，此后因卵泡的发育而呈颗粒状。随着年龄和性活动期，卵泡逐渐生长发育为成熟卵泡，同时贮积大量卵黄，突出于卵巢表面，仅以细的卵泡蒂与卵巢相连，如一串葡萄状；同时卵巢皮质和髓质的划分也不明显。在产蛋期，卵巢经常保持有 4～5 个较大的卵泡。在非生殖季节以及孵卵期和换羽期，卵泡停止排卵和成熟，一些卵泡退化而被吸收，直到下一个产蛋期，卵泡又开始生长。

禽卵泡的特点是没有卵泡腔和卵泡液。排卵后，卵泡膜逐渐退化，鸡的在第10～14天甚至第 7 天即完全消失，不形成黄体。

当左卵巢功能衰退或丧失时，右侧未发育的生殖腺有时能继续发育，如成为睾丸或卵睾体，则发生所谓性逆转现象，母鸡偶可见到。

（二）输卵管

1. 一般形态　左侧输卵管发育充分。在刚孵出的幼禽是一条细而直、壁很薄的管道，随年龄而逐渐增厚、加粗成为长而弯曲的管道（图 12－20）。成禽输卵管因生殖周期而具有显著的变化，以长度而言，如母鸡，产蛋期达 60～70cm，几乎为躯干长的一倍，孵卵期回缩至 30cm，而在换羽期只有 18cm。

根据构造和功能，禽输卵管由前向后可顺次分为五部分：漏斗部、膨大部（蛋白分泌部）、峡部、子宫部和阴道部。

2. 组织结构 输卵管壁由黏膜、肌膜和浆膜三部分构成。黏膜形成皱褶，富有血管，上皮由柱状纤毛细胞和腺细胞构成；固有层内含有管状腺，黏膜下组织薄，没有黏膜肌层。管壁的肌膜由两层平滑肌构成。

漏斗的黏膜形成低褶，上皮由扁平上皮逐渐移行为柱状上皮，漏斗的功能是获取排出的卵子并将其纳入输卵管内，受精作用也在此段进行；腺的分泌物参与形成卵的系带膜和系带。

膨大部的壁较厚，管径大，主要是黏膜层，被覆单层柱状纤毛上皮或假复层柱状纤毛上皮。固有层内有丰富的弯曲状分支管状腺，分泌物形成蛋白，因此膨大部又叫蛋白分泌部。

峡部短而细，管壁较薄，结构与膨大部相似。峡腺较小，分泌物是一种角蛋白，主要形成壳膜。

子宫的黏膜呈淡红色至淡灰色，因功能状况而有不同；黏膜褶分割成次级褶，如叶片状。黏膜内具有较狭小的子宫腺，分泌物为碳酸钙、碳酸镁，形成蛋壳及其色素。卵在子宫内停留的时间最长，可达 18 ~ 20h，有水分和盐类透过壳膜加入于蛋白而形成稀蛋白；子宫腺的分泌物则沉积于壳膜外形成蛋壳。

阴道部较短，呈“S”状弯曲。黏膜呈白色，形成细而低的褶。在与子宫相连接的第一段含有管状的阴道腺，又叫精小窝，无分泌作用，交配后可贮存部分精子，可在一定时期内陆续释放出，使受精作用得以持续进行（鸭、鹅 8 ~ 12 天，鸡 10 ~ 21 天）。

第六节　心血管和淋巴系统

一、心血管系统

（一）心

心脏较大，心外包以心包；位于胸部的前下方。心基向前向上，与第一肋骨相对；心尖向后向下，夹在肝的左右叶之间，与第五肋骨相对。禽心也有两个心房和两个心室，其形态构造与哺乳动物相似。右心房有一个静脉窦，是左右前腔静脉和后腔静脉注入处，但外表并不明显，有的禽类可能没有。右房室口上的三尖瓣以一片肌肉瓣（右房室瓣肌）代替，没有腱索。左房室口和两动脉口上的瓣膜与哺乳动物相同。心传导系统与哺乳动物相似，但房室束的右脚尚分出一支到右房室瓣肌；房室束尚分出一返支，绕过主动脉口，与房室结分出的一支环绕右房室口而互相连接，形成右房室环。禽的房室束及其分支无结缔组织鞘包裹，兴奋易扩布到心肌，可能与禽的心跳频率较高有关（图 12 – 21 中 A、B）。

（二）血管

1. 动脉（图 12 – 21 中 C） 肺动脉干由右心室发出，在接近臂头动脉的背侧分为左、右两支肺动脉入两肺。主动脉由左心室发出，可分为升主动脉、主动脉弓和降主动脉。升主动脉自起始部向前右侧斜升，然后弯向背侧，到达胸椎下缘移行为主动脉弓。主动脉弓起始部分出左、右臂头动脉；每一臂头动脉又分为颈总动脉和锁骨下动脉。

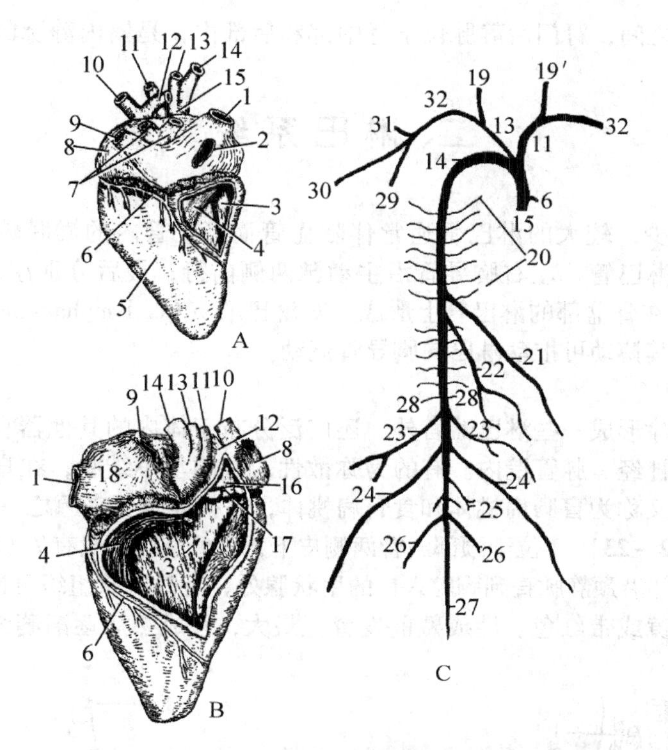

图 12－21 鸡心脏和动脉模式图

A. 鸡心后背侧面；B. 鸡心前腹侧面；C. 鸡主要动脉示意图

1. 右前腔静脉；2. 后腔静脉；3. 右心室；4. 肌瓣；5. 左心室；6. 冠状动脉；7. 肺静脉；8. 左心房；9. 左前腔静脉；10. 左肺动脉；11. 左臂头动脉；12. 右肺动脉；13. 右臂头动脉；14. 胸主动脉；15. 主动脉；16. 肺动脉干；17. 半月状瓣；18. 右心房；19. 左颈总动脉；19′. 右颈总动脉；20. 肋间动脉；21. 腹腔动脉；22. 肠系膜前动脉；23. 髂外动脉；24. 坐骨动脉；25. 肠系膜后动脉；26. 髂内动脉；27. 荐中动脉；28. 肾动脉；29. 胸动脉；30. 腋动脉；31. 胸锁动脉；32. 左锁骨下动脉；33. 右锁骨下动脉

降主动脉沿体壁背侧中线向后行，分出成对的肋间动脉、腰动脉和荐动脉到体壁；内脏支有腹腔动脉、肠系膜前动脉、肠系膜后动脉和一对肾前动脉。降主动脉在相当于肾前部与中部之间，分出一对髂外动脉至后肢；在肾中部与后部之间，又分出一对较粗的坐骨动脉，穿过肾和髂坐孔至后肢，是后肢的动脉主干。此动脉在肾内分出肾中和肾后动脉。降主动脉最后分出一对细的髂内动脉后，延续为尾动脉。

睾丸和卵巢动脉由肾前动脉分出。输卵管动脉有前、中、后三支，输卵管前动脉来自左肾前动脉，输卵管中动脉来自左坐骨动脉，输卵管后动脉来自左髂内动脉。

2. 静脉 肺静脉有左、右两支，注入左心房。全身静脉汇集成两支前腔静脉和一支后腔静脉，分别开口于右心房的静脉窦。

肝门静脉有左、右两干，进入肝的两叶。左干较细，主要收集胃和脾的血液，注入肝左叶；右干较粗，主要收集肠的血液，注入肝右叶。后者并与盆腔内两髂内静脉间的吻合支相连，体壁静脉和内脏静脉借此相沟通。肝静脉有两支，由肝的两叶走出，直接注入后腔静脉。

禽有两支肾门静脉：肾门前静脉和肾门后静脉。肾门前静脉位于肾前部内，联系髂总静脉与椎内静脉窦之间；肾门后静脉位于肾中部和后部内，是髂内静脉的延续，并有坐骨静脉注入。

二、淋巴系统

（一）淋巴管

禽的淋巴管较少，较大的淋巴管通常伴随血管而行；管内的瓣膜较少。胸导管有一对，是体内最大的淋巴管，左右胸导管沿主动脉两侧前行，最后分别注入左右前腔静脉。有的禽类（如鹅）在骨盆部的淋巴管上形成一对淋巴心（Cor lymphaticum）（图 12－22），壁内有肌肉组织，其搏动可推动淋巴向胸导管流动。

（二）淋巴组织

禽的淋巴组织除形成一些淋巴器官外，还广泛分布于体内的其他器官内，如实质性器官、消化道壁以及神经、脉管壁内。有的为弥散性，有的呈小结状；在盲肠颈和食管末端壁内的淋巴节结，又称为盲肠扁桃体和食管扁桃体，是抗体重要来源之一。

1. 胸腺（图 12－23） 位于颈部气管两侧皮下，每侧胸腺一般有7（鸡）或5（鸭、鹅或鸽）叶，从颈前部沿颈静脉直到胸腔入口的甲状腺处，有时胸腺组织可进入甲状腺和甲状旁腺内，颜色呈淡黄或带红色。性成熟前发育至最大，性成熟后逐渐萎缩，但常保留一些遗迹。

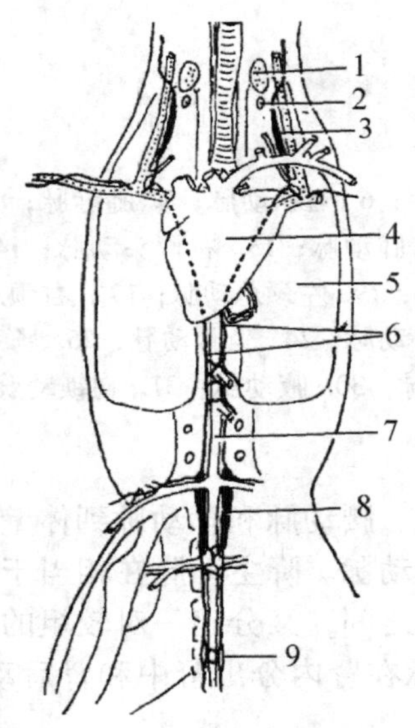

图 12－22 鹅淋巴管和淋巴结模式图

1. 甲状腺；2. 甲状旁腺；3. 颈胸淋巴结；4. 心；5. 肺；6. 胸导管；7. 主动脉；8. 腰淋巴结；9. 淋巴心

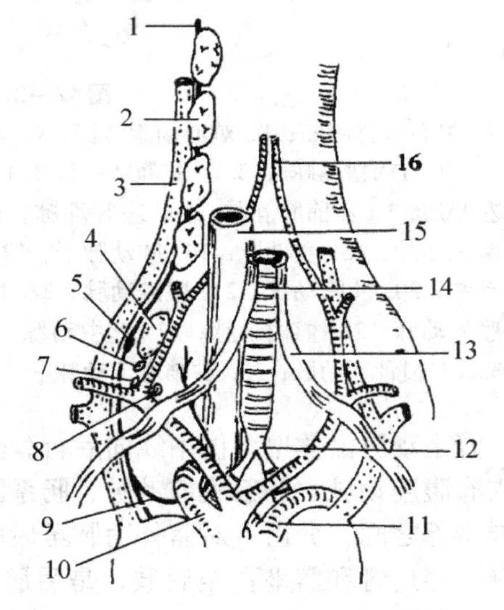

图 12－23 鸡颈基部及胸腔入口处的主要结构

1. 迷走神经；2. 胸腺；3. 颈静脉；4. 甲状腺；5. 结状节；6. 甲状旁腺；7. 颈动脉体；8. 鳃后腺；9. 返神经；10. 主动脉；11. 肺动脉；12. 鸣管；13. 胸骨气管肌；14. 气管；15. 食管；16. 颈总动脉

2. 腔上囊（图 12－9） 又称泄殖腔囊（*Bursa cloacalis*）或法氏囊（*Bursa fabriicii*），是禽特有的淋巴器官，位于泄殖腔背侧，开口于肛道；鸡的呈球形，鸭、鹅的呈椭圆形。禽孵

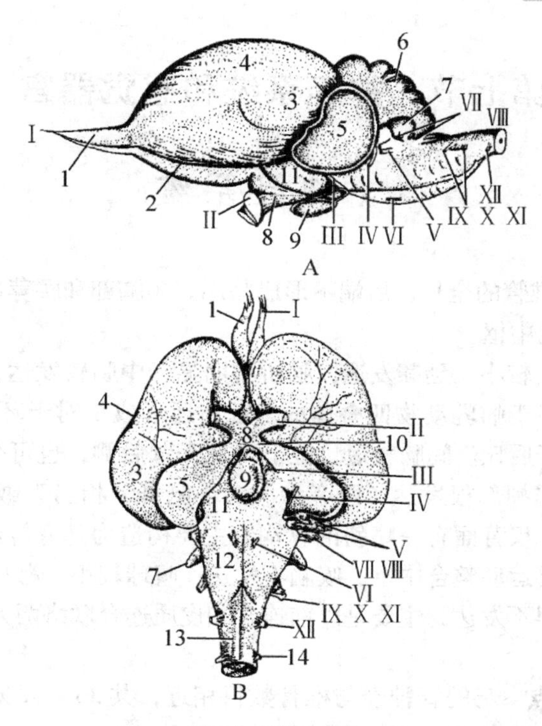

图 12-24 禽脑

A. 鸡脑侧面；B. 禽脑腹侧面

1. 嗅球；2. 嗅沟；3. 大脑半球；4. 外侧沟；5. 视叶；6. 小脑绷部；7. 小脑绒球；8. 视交叉；9. 垂体；10. 视束；11. 大脑脚；12. 延髓；13. 脊髓；14. 第一颈神经；Ⅰ~Ⅻ. 第一至十二对脑神经

出时已存在，性成熟前发育至最大（3~5 月龄，鹅稍迟），此后开始退化，到 10 月龄（鸭 1 年，鹅稍迟），仅留小的遗迹，甚至完全消失。

囊壁由黏膜、肌层和外膜 3 层构成。黏膜形成纵褶（鸡 12~14 个，鸭、鹅 2~ 3 个）；被覆假复层柱状上皮，固有层分布有大量排列紧密的淋巴小结。小结可分为皮质部和髓质部，两部之间有一层未分化的上皮细胞。肌膜分为内纵层和外环层两层。外膜为浆膜。腔上囊是产生 B 淋巴细胞的初级淋巴器官。

3. 脾 位于腺胃右侧（图 12-10），较小，圆形或三角形，鸽为长形；质地柔软，呈褐红色。主要参与免疫等功能。贮血作用很小。

4. 淋巴结 仅见于鸭、鹅等水禽；恒定的有两对（图 12-24 中 B），在淋巴管壁内发育而成。一对颈胸淋巴结，长纺锤形，长 1.0~1.5cm；位于颈基部和胸前口处，紧贴颈静脉；另一对腰淋巴结，长形，长达 2.5cm；位于腰部主动脉两侧。

第七节 神经系统和感觉器官

一、神经系统

（一）中枢神经

1. 脊髓 纵贯脊柱椎管的全长，后端不形成马尾。颈胸部和腰荐部形成颈膨大和腰荐膨大，是翼和腿的低级运动中枢。

2. 脑（图12－24） 较小，延髓发达，脑桥不明显，中脑较发达，顶盖形成一对发达的中脑丘，又叫视叶，相当于哺乳动物四叠体的前丘；还形成一对半环状枕突向中脑导水管，内为中脑外侧核，相当于后丘。间脑较短，位于视交叉背后侧，也可分为上丘脑、丘脑和下丘脑，没有乳头体。小脑蚓部很发达，两旁为一对小脑耳，相当于绒球。禽大脑皮质较薄，表面平滑，没有沟和回，仅背面有一略斜的纵沟。主要构造为基底神经节；发达的纹状体突入侧脑室内，是禽的重要运动整合中枢。嗅脑不发达；嗅球较小。海马位于大脑半球内侧面，在半球间裂内。胼胝体很不发达，主要是以前连合和皮质连合联络两大脑半球。

（二）周围神经系

1. 脊神经的分布特点 鸡的脊神经与椎骨数目相近，共36～41对，其中颈神经13～14对，胸神经7对，腰荐神经11～14对，尾神经5～6对。

（1）*臂神经丛（图12－25中A）* 由颈胸部4～5对（第13～16对）脊神经的腹侧支形成，集合为丛背侧干和腹侧干，分支经锁骨、第一肋和肩胛骨之间走出。背侧干发出腋神经和桡神经，主要供应翼的背侧面，即伸肌和皮肤；腹侧干主要发出胸肌神经和正中尺神经，主要供应腹侧面即屈肌和皮肤。

（2）*腰荐神经丛（图12－25中B）* 由腰荐部8对（第23～30对）脊神经的腹侧支形成，又可分腰神经丛和荐神经丛两部分，位于腰荐骨两旁，在肾的内侧面。腰神经丛主要分支有股神经和闭孔神经等。荐神经丛主要形成粗大的坐骨神经，穿过髂坐孔而到腿部。

（3）*阴部神经丛* 是由31～34对脊神经的腹侧支形成，其壁支分布于泄殖腔和尾部、腹底壁皮肤；脏支即阴部神经，属副交感神经。

2. 脑神经的分布特点 脑神经有12对，基本与哺乳动物相同。三叉神经较发达，在头部分布较广，也分为眼神经、上颌神经和下颌神经。面神经不发达，缺少面肌的分支。舌咽神经分为三支：舌神经、喉咽神经和食管降神经。后者沿颈静脉而行，分布于食管和气管，在嗉囊处与迷走神经的返支相汇合，分布于嗉囊。副神经合并入迷走神经，出颅腔后从迷走神经上分出一小支，支配颈皮肌的一部分，其余副神经纤维随迷走神经而分布。舌下神经有前、后两个根，出颅腔后还有第一、第二颈神经腹支的分支加入，并与迷走神经和舌咽神经间有交通支。舌下神经有两大分支：舌支，细小，分布于舌骨肌；气管支细长，沿气管下行，分布于气管肌。

3. 植物性神经的分布特点

（1）*交感神经* 交感神经干有一对，从颅底沿脊柱两侧延伸到综尾骨，具有一串椎旁神经节。交感干的颈段行于颈椎横突管内；交感干胸段的节间支分裂为两支，包绕肋骨头或椎骨横突。从颈胸神经节上分出心支和肺支，分布于心、肺；从胸神经节上分出内脏大、小神经，到

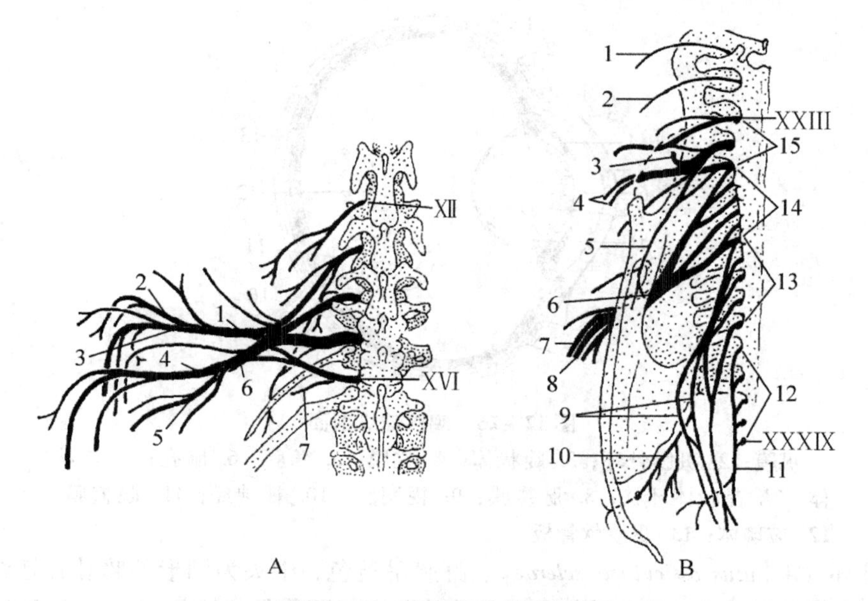

图 12－25　鸡的臂丛和腰荐丛

A. 臂丛：1. 丛背侧干；2. 腋神经；3. 桡神经；4. 正中尺神经；5. 胸肌神经；6. 丛腹侧干；7. 第一肋间神经；Ⅻ、XVI. 第十二、十六脊神经

B. 腰荐丛：1. 最后肋间神经；2. 肋腹神经；3. 髋前神经；4. 股神经；5. 闭孔神经；6. 坐骨神经；7. 腓神经；8. 胫神经；9. 阴部神经；10、11. 尾外侧和内侧神经；12. 尾丛；13. 阴部丛；14. 荐丛；15. 腰丛

XXIII、XXXIX. 第二十三、第三十九脊神经

腹腔动脉和肠系膜前动脉周围以及主动脉上的椎前神经丛。交感干的腹段（腰荐椎旁干）被肾覆盖，向后逐渐变细，至泄殖腔处与对侧者合并而形成具有许多神经节的神经丛。腹段分支于输尿管、输精管、输卵管和泄殖腔及腔上囊等处。

（2）副交感神经　与哺乳动物相似。迷走神经主要含副交感神经纤维，很发达，在头部有分支与舌咽神经相联系，然后沿颈静脉向后行，在胸腔入口处甲状腺附近具有结状节，有分支到甲状腺和心，并分出返支折向前与舌下神经的降支相汇合，分支到气管和食管。迷走神经在分出心支和肺丛后，沿食管向后，在腺胃左右两侧合并为迷走神经总干，分支到胃、肝和脾，而入交感的椎前神经丛内。荐部副交感神经，其节前纤维行于腰荐部四至五对脊神经腹支形成的阴部丛内，节后纤维分布到泄殖腔和输尿管、输精管（或输卵管）等。

禽植物性神经中还有一条特殊的肠神经，从直肠与泄殖腔的连接部起，在肠系膜内与肠管平行向前延伸，并由粗逐渐变细，直到十二指肠后端。肠神经接受来自肠系膜前丛、主动脉丛、肠系膜后丛和盆丛的交感神经纤维。从肠神经上分支到肠和泄殖腔。

二、感觉器官

（一）视觉器官

1. 眼球（图 12－26）　较大，成年鸡两眼球重量与脑之比为 1∶1。家禽等白昼鸟的眼球较扁。角膜较突，巩膜较坚硬，其后部含有软骨板；角膜与巩膜连接处有一环形小骨片形

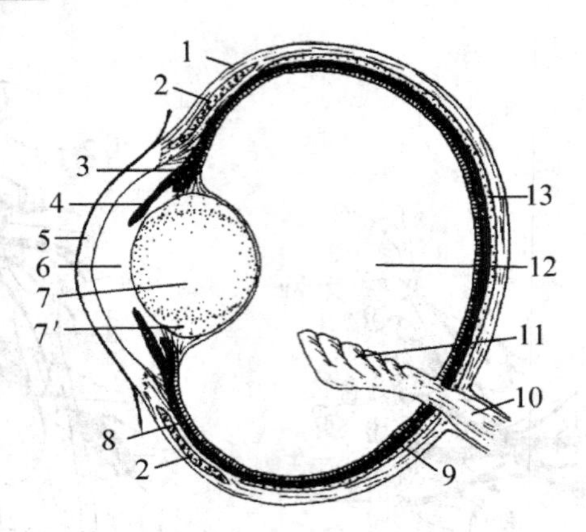

图 12－26　鸡眼球纵剖面

1. 巩膜；2. 巩膜骨环；3. 睫状体；4. 虹膜；5. 角膜；6. 瞳孔；7. 晶状体；7′. 晶状体环枕；8. 脉络膜；9. 视网膜；10. 视神经；11. 眼梳膜；12. 玻璃体；13. 巩膜软骨板

成的巩膜骨环（*Annulus ossicularis sclerae*）。虹膜呈黄色，中央为圆形的瞳孔，括约肌发达，与睫状肌均由横纹肌构成，因此动作迅速。睫状肌不仅调节晶状体凸度，还能调节角膜的曲度。视网膜层较厚，但无血管分布，在视神经盘处形成特殊的眼梳膜（*Pecten uculi*），内含丰富的血管，与视网膜等的营养及代谢有关。晶状体较柔软，与睫状体牢固相连接。

2. 辅助器官　下睑较大而薄，较活动；眼睑无腺体。第三眼睑（又称瞬膜）发达，有两块小横纹肌控制其活动，受外展神经支配，能将眼球前面完全盖住。泪腺较小，位于下眼睑后部内侧。瞬膜腺则较发达，又称 Harder 氏腺，鸡的淡红色至褐红色，位于眶的前部和眼球内侧；分泌物如黏液样，有清洁和湿润角膜以及利于瞬膜活动的作用。禽眼球的运动由六块小而薄的眼肌控制，肌肉中无缩肌；眼球的活动范围也不大。

（二）位听器

禽无耳廓，外耳门周缘有褶，被小的耳羽遮盖。外耳道较短，鼓膜向外隆凸。中耳只有一块听小骨，叫耳柱骨（*Columella*），其一端以多条软骨性突起连于鼓膜，另一端膨大呈盘状嵌于内耳的前庭窗；中耳腔有一些小孔通颅骨内的气腔。内耳的半规管很发达；耳蜗不形成螺旋状，是一个稍弯的短管。

第八节　内分泌系统

1. 甲状腺（图 12－23）　一对，不大，椭圆形，暗红色；位于胸腔前口附近气管的两侧，在颈总动脉与锁骨下动脉分叉处的前方，紧靠颈总动脉及颈静脉。

2. 甲状旁腺（图 12－23）　有两对，很小，如芝麻粒大，呈黄色或淡褐色，紧位于甲状腺之后，每侧的两个腺体常被结缔组织包在一起，并与甲状腺的后端或颈总动脉的外膜相连接，但位置变异较大。

3. 鳃后腺（图 12－23）　又叫鳃后体，一对，位于甲状腺和甲状旁腺之后，紧靠颈总动脉与锁骨下动脉分叉处，但右侧鳃后腺位置变化较大。新鲜时为淡红色，形状不规则，没有被膜，周界常不明显。鳃后腺分泌降钙素，参与体内钙的代谢。

4. 肾上腺（图 12－18）　一对，位于两肾前端；形状为不正的卵圆形或三角形，较小，乳白色至橙黄色。皮质与髓质分散形成镶嵌分布。皮质也不明显分为三个区。此外，禽肾上腺里还有一些未分化或作用不明的细胞。

5. 垂体　位于脑的腹侧，以垂体柄与间脑相连，呈扁平长卵圆形，可分为腹侧部的腺垂体和背侧部的神经垂体。远部或前叶位于腹侧，又分前、后两区，其滤泡的细胞组成略有不同，没有明显的中间部。神经叶内有发达的隐窝。

第九节　被皮系统

一、皮　肤

禽皮肤较薄。皮下组织疏松，有利于羽毛的活动。皮下脂肪在羽区和水禽躯干腹侧形成一层，此外在其他一定部位形成若干脂肪体。

皮肤没有皮脂腺。尾部具有尾脂腺，位于综尾骨背侧，鸡的为圆形，水禽的为卵圆形，分泌物为脂性，经排泄管开口于腺腔，再经一条或数条导管开口于尾脂腺乳头，尾脂腺的分泌物含有脂质、卵磷脂和高级醇，但无胆固醇。禽可用喙压迫尾脂腺，将分泌物涂布于羽毛，起着润泽羽毛，使之不被水浸湿的作用。水禽的尾脂腺特别发达；极少数禽类无此腺，如有些鸽类和鹦鹉。此外，外耳道和肛门的皮肤含有少量皮脂腺。

禽皮肤无汗腺，体温调节的散热作用除依靠体表主要是裸区外，蒸发散热则依靠呼吸道。

皮肤真皮和皮下层里的血管形成血管网。母鸡和火鸡在孵卵期，羽毛较少的胸部皮肤，因血管增生而形成特殊的孵区（*Areaincubationis*），即所谓孵斑（*Brood patch*）。其血液供应主要来自一支皮动脉，因此又称孵动脉（*A. incubatoria*）。

皮肤还形成一些固定的皮肤褶，如翼膜（*Plica alaris*）和蹼。

二、羽　毛

羽毛（图 12－27）是禽皮肤特有的衍生物，根据形态基本可分为三类：正羽、绒羽和纤羽。正羽又叫廓羽，覆盖体表的绝大部分，构造较典型。有一根羽轴，下段为羽根（基翮），着生在皮肤的羽囊里；上部为羽茎，其两侧为羽片。羽片是由许多平行的羽枝构成的，从其上又分出两行小羽枝，远侧小羽枝具有小钩，与相邻的近侧小羽枝钩搭，从而构成一片完整的弹性结构。绒羽密生于皮肤表面，被正羽所覆盖。羽茎短而细，羽枝长而软，小羽枝无小钩，主要起保温作用。纤羽分布于全身长短不一，细长如毛发状，仅在羽茎顶部有少数羽枝。

羽毛的颜色主要取决于羽毛细胞内所含色素的颜色，以及各种色素的比例和分布。羽毛和图案由遗传决定。有些雌雄异形的羽色及图案还与性激素有关。

正羽着生在禽体的一定部位，叫羽区；其余部位为裸区，以利肢体的运动。

三、其他衍生物

头部有冠、肉髯和耳垂，都是皮肤褶演变形成。冠的表皮很薄，真皮厚，浅层含有毛细血管窦，中间层为厚的纤维黏液组织，能维持冠的直立；冠中央为致密结缔组织，含有

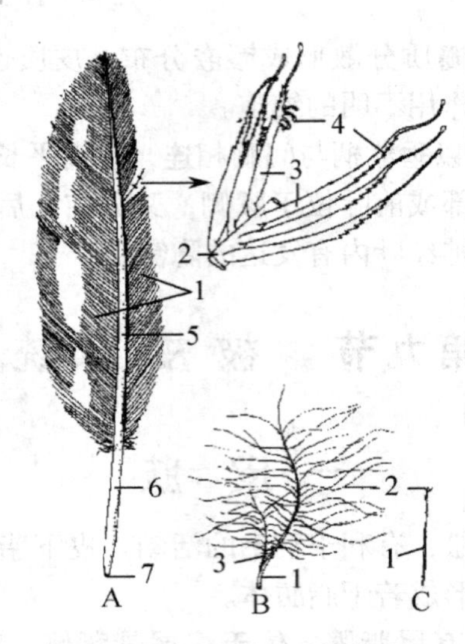

图 12-27　禽羽毛模式图

A. 廓羽（正羽）：1. 羽片；2. 羽枝；3. 小羽枝；4. 羽钩；5. 羽茎；6. 基翮；7. 下脐

B. 绒羽：1. 基翮；2. 羽枝；3. 下羽

C. 纤羽：1. 羽轴；2. 羽枝

较大血管，其结构、形态可作为辨别鸡的品种、成熟程度和健康情况的标志。肉髯和耳垂的构造与冠相似，但真皮缺纤维黏液性组织，中央部则为疏松结缔组织构成。

耳叶位于耳孔开口的下方，呈椭圆形，多为红色或白色。

喙、爪和距的角质是表皮角质层增厚、同时角蛋白钙化而形成；脚的鳞片也是表皮角质层加厚形成。

复习思考题

1. 比较家畜、家禽骨骼特点的异同。
2. 鸡的输卵管由哪几部分构成？在鸡蛋的形成过程中分别起什么作用？
3. 家禽的气囊主要有哪些？
4. 为什么鸡粪可以再利用？
5. 家禽肺的结构特点和家畜有何不同？
6. 家禽的泄殖腔包括哪几部分？
7. 家禽的发音器官和家畜有何不同？
8. 家禽的哪些结构特点适合于飞翔？

实训指导

实训一　显微镜的构造和使用

【目的与要求】了解生物显微镜的构造和使用。

【内容和方法】

一、生物显微镜的构造

生物显微镜（图实-1）包括机械部分和光学部分。

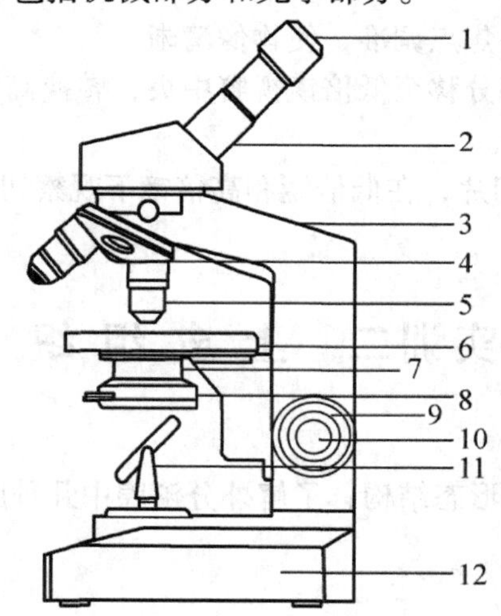

图实-1　生物显微镜的结构

1. 接目镜；2. 镜筒；3. 镜臂；4. 物镜转换器；5. 接物镜；6. 载物台；7. 聚光器；8. 光阑；9. 粗调节螺旋；10. 细调节螺旋；11. 反光镜；12. 镜座

（一）机械部分

主要包括镜座、镜臂、载物台（镜台）、标本推进器、镜筒、物镜转换器、调节螺旋等。

（二）光学部分

主要包括接物镜、接目镜、聚光器、光阑、反光镜、光源等。

二、生物显微镜的使用

（一）显微镜的提取和放置

显微镜提取和放置时，一手握住镜臂；另一手托住镜座。显微镜使用前要平放于使用者前方偏左的位置上。

（二）对光

转动粗调螺旋，降低载物台或升高镜筒。旋转物镜转换器，先把低倍物镜对准载物台中央的透光圈，升高聚光器，打开光阑，将反光镜对准光源（自带光源的显微镜打开光源），集光器调到适当亮度。

（三）观察切片

1. 低倍镜使用法

（1）将切片标本置于载物台上，固定好并使切片内的标本对准镜台中央小孔。

（2）将10×物镜移至中央，旋动粗调螺旋使物镜与载片相距1cm左右。

（3）旋动粗调螺旋，使载物台渐渐上升，至标本的影像现出为止。

（4）旋动细调螺旋，使载物台上、下微微移动，直到显出清晰的影像。

2. 高倍镜使用方法

（1）依前法先用低倍镜将焦点调准，使物像清晰。

（2）将欲检标本的某一部分移至低倍镜视野中央，转换高倍物镜，稍将细调螺旋上下旋动，至显出清晰的物像为止。

【作业】任取一HE染色切片，在低倍镜和高倍镜下观察切片标本图像，直至熟练找到图像为止。

实训二　上皮组织

【目的与要求】

掌握各种类型被覆上皮的形态结构；了解外分泌腺中几种腺上皮细胞的形态结构特点。

【观察内容和方法】

（一）单层上皮

观察单层立方上皮、单层柱状上皮、假复层柱状纤毛上皮 。

（二）复层上皮

1. 复层扁平上皮　食管横切片（石蜡切片，HE染色）

（1）肉眼观察　食管横切面呈椭圆形，黏膜向管腔突出形成数个皱襞，故管壁面凹凸不平。

（2）低倍镜观察　找到紧靠腔面的复层扁平上皮，可见到上皮厚，层数多，选择一清晰部位换高倍镜观察。

（3）高倍镜观察　移动切片，找到上皮与结缔组织交界处，可见到最基层的上皮细胞多呈矮柱状，排列较整齐，核为长椭圆形。中部的细胞为多边形，核为圆形或椭圆形，近表层的细胞逐渐变扁，呈梭形或扁平，细胞也趋于角质化，核深染、固缩。表层细胞常呈不同程度的角化状态，细胞核可固缩而浓染变小以至消失，最后呈鳞片状脱落。

【作业】

1. 绘制部分单层柱状上皮细胞（含杯状细胞）的高倍镜图。

2. 绘制高倍镜下的部分复层扁平上皮。

实训三　结缔组织

【目的与要求】认识固有结缔组织的基本形状和构造，熟记各种结缔组织间的区别。

【观察内容和方法】

（一）疏松结缔组织

小鼠皮下结缔组织铺片（活体注射台盼蓝），HE 及特殊的弹性纤维染色法复染。

1. 低倍镜观察　可见纵横交错呈淡红色的胶原纤维和深紫色单根的弹性纤维，纤维间有许多散在的细胞。选择一薄而清晰的部位换高倍镜观察。

2. 高倍镜观察　可以辨认以下两种纤维和细胞成分：

纤维成分有：胶原纤维、弹性纤维。

细胞成分有：成纤维细胞、巨噬细胞、肥大细胞、浆细胞、脂肪细胞。

（二）透明软骨

气管横切片（石蜡切片，HE 染色）

1. 低倍镜观察　在管壁上找到“C”软骨环，即透明软骨。软骨表面有嗜酸性的软骨膜，中央的基质着浅蓝紫色，其中散布许多软骨细胞。

2. 高倍镜观察　软骨膜由致密的结缔组织构成，可见嗜酸性平行排列的胶原纤维束，束间夹有扁平的成纤维细胞；软骨细胞，位于软骨陷窝内，近软骨膜的细胞小，呈扁平形，由于软骨细胞分裂增殖，一个陷窝内常可见到 2～4 个细胞，称这些细胞为同族细胞群。软骨基质嗜酸性、均质，软骨陷窝周围的基质中含较多的硫酸软骨素而呈强嗜碱性，染色深蓝，称软骨囊。基质内有许多胶原纤维，但它与软骨基质有相同的折光率，所以分辨不出。

【作业】绘制高倍镜下疏松结缔组织结构图。

实训四　血　液

【目的与要求】

1. 掌握家畜血液中有形成分的形态结构特点，要求在显微镜下能正确地加以区分。

2. 了解畜、禽血液的有形成分形态上的异同。

【观察内容和方法】

（一）猪（牛）血涂片（瑞氏染色）

1. 肉眼观察　良好的血涂片厚薄适宜，血膜分布均匀，呈粉红色。

2. 低倍镜观察　可见到大量圆形而细小的红细胞。白细胞很少，稀疏地散布于红细胞之间，具有蓝紫色的细胞核。

3. 高倍镜观察　找血细胞类型较多的区域，观察血液中的三种有形成分：红细胞、白细胞和血小板。

（1）红细胞　数量最多，体积小，呈盘状，边缘厚，中央薄，无核无细胞器。

（2）中性颗细胞　体积比红细胞大，胞质中的特殊颗粒细小，分布均匀，着淡红色或浅紫色。胞核着深紫红色，有豆形、杆状或分叶状。核分叶的多少与细胞年龄有关。

（3）嗜酸粒细胞　比中性粒细胞略大，数量少，胞核常分2～3叶，着紫蓝色。主要特点是胞质内充满粗大的嗜酸性特殊颗粒，色鲜红或橘红。

（4）嗜碱粒细胞　数量很少，主要特征是胞质中含有大小不等、形状不一的嗜碱性特殊颗粒，颗粒着蓝紫色，常盖于胞核上。

（5）淋巴细胞　血液中主要是小淋巴细胞和一定数量的中淋巴细胞。其中小淋巴细胞最多，核大而圆，核一侧常见凹陷，染色质呈致密块状，着深紫蓝色。胞质极少，仅在核的一侧出现一线状天蓝色或淡蓝色的胞质，有时甚至完全不见。

（6）单核细胞　是白细胞中体积最大的一种，胞核呈肾形、马蹄形或不规则形，着色浅。细胞质丰富，弱嗜碱性，呈灰蓝色，偶见细小紫红色的嗜天青颗粒。细胞形状不一，有圆形、多角形等。

（7）血小板　体积很小，常三五成群散布于红细胞之间，形态有圆形、椭圆形、星形或多角形的蓝紫色小体。

（二）鸡血涂片（瑞氏染色）

鸡血的有形成分与家畜比较有以下不同：

1. 红细胞　呈椭圆形，中央有一深染的椭圆形细胞核，不见核仁，胞质呈均质的淡红色。

2. 中性粒细胞　又称异嗜性粒细胞，圆形，具有2～5个分叶核，胞质内嗜酸性的特殊颗粒呈杆状或纺锤形。

3. 凝血细胞　相当于家畜的血小板，比红细胞略小，两端钝圆，核呈椭圆形、染色质致密。胞质微嗜碱性，内有1～2个紫红色的嗜天青颗粒。其他血细胞基本上与家畜血细胞形态相似。

【作业】绘制高倍镜下马（牛、猪）血液中各种血细胞形态图。

实训五　肌肉组织、神经组织

【目的与要求】

1. 以骨骼肌为重点，掌握三种肌纤维的形态和结构特点，要求在显微镜下准确识别它们纵横切面的不同。

2. 掌握神经元的形态结构特点。

【观察内容和方法】

（一）骨骼肌纵、横切面（铁苏木素或HE染色）

1. 低倍镜观察　骨骼肌的纵切面，可见肌纤维呈圆柱状，且具有明暗相间横纹，肌纤维表面有肌膜。肌膜下方有多个染成深蓝色的长卵圆形核。

2. 高倍镜观察　肌纤维内有纵行排列的肌原纤维，肌原纤维相互排列紧密，因此不易分出单个的肌原纤维。每条肌原纤维都具有特殊的横纹，构成肌纤维交替相间的明带和暗带。

（二）心肌切片（HE 染色）

1. 低倍镜观察 由于心肌纤维走向不同，故在同一切面中可同时观察到心肌纤维的纵切、斜切或横切面。

2. 高倍镜观察 细胞呈短柱状，平行排列，并以较细而短的分支与邻近的肌纤维相吻合，互连成网。胞核椭圆形，位于细胞中央，注意核周围由于肌浆较多而呈淡染区。心肌纤维亦可见明暗相间的横纹，但不如骨骼肌明显。

（三）平滑肌（HE 染色）

1. 小肠横切片

2. 高倍镜观察 纵切的平滑肌纤维呈细长的纺锤形，彼此嵌合紧密排列，胞核为长椭圆形，位于肌纤维中央。胞质嗜酸性，呈均质状，不具横纹。横切的肌纤维呈大小不等的圆形切面，较大的切面上可见到圆形的细胞核，偏离肌纤维中部的切面均较小而无核。

（四）脊髓横切片（硫堇或 HE 染色）

1. 肉眼观察 标本略呈椭圆形，中间灰质着色较深呈蝶翼状，灰质的周围白质呈淡蓝色。

2. 低倍观察 可见在灰质中有成群或单个呈蓝色、大小不等、形态各异的多极神经元，位于腹角的神经元多而大，选择一个大而突起多，胞核清晰的神经元换高倍镜观察。

3. 高倍镜观察 神经元呈星状，由胞体和胞突构成。胞体中央有一个大而圆，着色很淡的细胞核。胞质中散布许多深蓝色、大小不等的块状物即尼氏体。在 HE 切片上尼氏体不甚清楚，呈淡紫红色；胞突有树突和轴突两种。

【作业】

1. 绘制高倍镜下的多元神经元。
2. 绘制骨骼肌、心肌、平滑肌纤维的纵、横切面高倍镜图。

实训六　全身骨骼及骨连结

【目的与要求】

1. 认识和记忆躯干骨、头部、四肢骨各骨的名称、位置及特点。
2. 了解躯干骨、头骨和四肢骨的连接构造。

【材料】

1. 牛、马、猪、羊及犬的全身骨架。
2. 零散的躯干骨、四肢骨。

【观察内容和方法】

（一）观察牛或马的躯干骨及骨连接

在整体骨架上观察脊柱和胸廓的各组成部分。

（二）观察牛或马头骨标本

1. 观察头骨总体的形态特点，并区分颅骨和面骨。

2. 颅骨：依次观察枕骨、蝶骨、顶骨、顶间骨、额骨、颞骨、筛骨各骨的位置和主要形态特征。

3. 面骨：依次观察鼻骨、切齿骨、上颌骨、泪骨、顶骨、鼻甲骨、腭骨，翼骨、犁骨、下颌骨和舌骨的位置和主要形态特征。

4. 鼻旁窦：观察额窦和上颌窦的位置和表面投影。

（三）观察牛或马前肢骨及其骨连接

1. 在连结的牛或马前肢骨架上观察肩胛骨、肱骨、前臂骨（尺骨和桡骨）、腕骨、掌骨和指骨各骨的自然位置，及其构成的肩关节、肘关节、腕关节和指关节，注意各关节的组成，关节角度及关节角顶方向。

2. 依次观察牛（或马）组成前肢各骨的形态，特点（近端、骨体、远端）。

（四）观察牛或马后肢骨及其骨连接

1. 在连结的牛（或马）后肢骨架上观察：髋骨（髂骨、坐骨、耻骨）、股骨、膝盖骨、小腿骨（胫骨和腓骨）、跗骨、跖骨和趾骨各骨的自然位置以及荐髂关节、髋关节、膝关节、跗关节和趾关节的组成、关节角度和方向。

2. 依次观察牛（或马）后肢各骨的形态特点（近端、骨体和远端）。

【作业】

1. 说明牛（或马）前肢骨和后肢骨的组成和自然位置。

2. 说明马额窦和上颌窦的表面投影。

实训七　全身肌肉

【目的要求】认识头部、躯干部、四肢部肌肉的位置及主要作用。

【材料】

1. 牛（或马）肌肉标本。

2. 显示肌肉层次的示教板或模型。

【观察内容和方法】

（一）头部肌肉的观察

在牛或马的头部肌肉标本上观察面部肌和咀嚼肌的位置形态和作用。

（二）躯干部肌肉的观察

躯干肌包括：脊柱肌、颈腹侧肌、胸壁肌和腹壁肌。

1. 脊柱肌

（1）背侧组　背最长肌、夹肌、头寰最长肌、头半棘肌。

（2）腹侧组　颈长肌、腰小肌。

2. 颈腹侧肌　主要有胸头肌、胸骨甲状舌骨肌和肩胛舌骨肌。

3. 胸壁肌　主要有肋间外肌、肋间内肋和膈。

4. 腹壁肌　由外向内为腹外斜肌、腹内斜肌、腹直肌和腹横肌。注意观察腹股沟管的组成及构造特点。

5. 膈　构成胸腔的后壁，位于胸、腹腔之间。膈的周围由肌纤维构成，称肉质缘，膈的中央由强韧的腱膜构成中心腱。

（三）前肢肌肉的观察

1. 肩部肌

（1）外侧组　冈上肌、三角肌、冈下肌。

（2）内侧组　肩胛下肌、大圆肌。

2. 臂部肌

（1）伸肌组　臂三头肌（长头、外头和内头）、前臂筋膜张肌。

（2）屈肌组　臂二头肌、臂肌。

3. 前臂及前脚部肌

（1）背外侧组　腕桡侧伸肌、指总伸肌、指内侧伸肌（牛）、指外侧伸肌。

（2）掌侧组　腕外侧屈肌（尺外侧伸肌）、腕尺侧屈肌、腕桡侧屈肌、指浅屈肌、指深屈肌。

（四）后肢肌肉的观察

1. 髋部肌

（1）臀肌群　臀浅肌（马）、臀中肌、臀深肌。

（2）髂腰肌　髂肌、腰大肌。

2. 股部肌

（1）股后肌群　股二头肌、半腱肌、半膜肌。

（2）股前肌群　阔筋膜张肌、股四头肌。

（3）股内侧肌群　股薄肌、内收肌。

3. 小腿及后脚部肌

（1）牛的背外侧肌　胫骨前肌、腓骨第三肌、趾内侧伸肌、趾长伸肌、腓骨长肌、趾外侧伸肌。

（2）马的背外侧肌　胫骨前肌、腓骨第三肌、趾长伸肌、趾外侧伸肌。

（3）跖侧肌　腓肠肌、趾浅层肌、趾深屈肌。

【作业】

1. 试分析呼气与吸气时呼吸肌的作用。

2. 指出四层腹壁肌的层次与纤维方向。

3. 后肢是推动身体前进的动力，主要表现在哪些肌肉？

实训八　消化器官的解剖

【目的要求】认识和记忆牛、猪消化器官结构特点。

【材料】

1. 牛、猪头的正中矢状切面标本。

2. 牛、猪胃、肠、肝胰标本。

3. 牛、猪内脏位置模型或显示内脏位置的标本。

【观察内容和方法】

（一）口咽器官

主要观察舌、齿、硬腭、软腭的位置和构造。

（二）食管

在标本上观察食管颈段、胸段和腹段的位置及与气管等器官的关系。

（三）胃

1. 在标本或模型上观察瘤胃、网胃、瓣胃和皱胃的形态和位置。

2. 观察猪胃的形态、结构。

(四) 肠

1. 小肠 观察十二指肠、空肠和回肠的形态、位置及其与胃和大肠的关系。

2. 观察十二指肠上胆管和胰管开口的位置

3. 大肠 观察盲肠、结肠（初袢、旋袢和终袢）和直肠的形态位置及与腹腔其他器官的关系。

(五) 肝、胰

观察肝、胰的形态、位置；肝门（门静脉、肝动脉和胆管）、胆囊的形态位置；肝膈面上肝静脉开口于后腔静脉的情况。

【作业】

1. 牛胃各室的形态、位置、黏膜特点及其相互关系。

2. 牛、猪大肠的特点。

实训九　胃和小肠的组织学结构

【目的要求】

1. 认识和掌握胃的组织结构，重点观察胃黏膜。

2. 通过观察肠横断面切片，理解绒毛和肠腺的关系，联系组织结构理解小肠的功能。

【观察内容和方法】

(一) 胃

猪胃底部切片（HE 染色）

肉眼观察： 标本着深紫红色一面为黏膜层，疏松而淡染的为黏膜下层，着色略浅的一面为肌层与浆膜。

低倍镜观察： 从黏膜面向外分辨胃壁四层结构。注意黏膜层中的胃小凹和胃底腺的形态结构，肌层注意肌纤维的种类和排列。转换高倍镜观察胃底部各层的微细构造。

1. 黏膜层 很厚，着紫红色。

(1) *黏膜上皮* 为单层柱状上皮，细胞质部分为淡蓝色或略带红色，胞核卵圆形，靠近细胞基部，为蓝紫色，上皮细胞不仅被覆于黏膜表面，还下陷形成胃小凹。

(2) *固有层* 位于上皮深面，由疏松结缔组织构成。固有层中存在着大量平行排列的胃底腺。

胃底腺为单管状腺或分支管状腺。腺分颈、体和底三部分。胃底腺的腺细胞在 HE 染色的标本可见到主细胞、壁细胞和颈黏液细胞。内分泌细胞用镀银法方可显示。

① 主细胞（泌酶细胞）：数目较多，可见于腺体部和底部。细胞呈柱状，胞核圆形，位于细胞基部，胞质弱嗜碱性。

② 壁细胞（泌酸细胞）：比主细胞大，胞体呈锥状或多面形。单个或成群镶嵌于主细胞之间，在腺颈部和体部较多。胞质强嗜酸性。

③ 颈黏液细胞：多数动物仅见于腺颈部，但在猪和狗的腺底部和体部亦存在。细胞形状呈柱状或不规则形，胞核扁平或不规则形，位于细胞基部，胞质弱嗜碱性。

(3) *黏膜肌层* 位于胃底腺底部的深面，很薄，由内环行和外纵行的平滑肌构成。

2. 黏膜下层 为疏松结缔组织，着淡红色，内有较大的血管。

3. 肌层 很厚，大致呈内斜、中环和外纵三层，有的部位仅见内环行，外纵行两层。

4. 浆膜 由一薄层疏松结缔组织和外表面的间皮构成。

（二）小肠

猪空肠切片（HE 染色）

1. 肉眼观察 可见黏膜形成数个皱襞突向管腔，皱襞上有许多小突起即绒毛，染成紫红色，黏膜下层结构疏松淡染，肌层染成深红色，最外层为浆膜。

2. 低倍镜观察 分辨肠壁的四层结构。观察时注意黏膜层的皱襞、绒毛和肠腺等结构。

3. 高倍镜观察 重点观察黏膜层的微细结构。

（1）*黏膜层* 小肠的黏膜层形成两种重要结构，一种是绒毛，另一种是肠腺。

① 绒毛：为黏膜上皮与固有层结缔组织伸向肠腔的指状突起。绒毛表面是单层柱状上皮，其间夹杂有杯状细胞，上皮的游离面有纹状缘。绒毛的轴芯是固有层的结缔组织，其中央有一纵走的乳糜管，管壁由内皮围成。

② 肠腺：位于固有层内，由黏膜上皮下陷形成的单管状腺，腺上皮细胞在 HE 染色的标本上只能分辨出柱状细胞和杯状细胞。有的动物如马、牛、羊在腺体底部还可见到胞体内充满红色颗粒的潘氏细胞。肠腺开口于相邻两根绒毛底部之间的肠腔。黏膜肌层位于固有层深面，很薄，由内环、外纵的平滑肌构成。

（2）*黏膜下层* 为疏松结缔组织，内有较大的血管和淋巴等。注意一些部位的黏膜下层与黏膜层一起突向肠腔，形成皱襞。

（3）*肌层* 为内环、外纵的平滑肌。内环肌层厚，外纵肌层薄。

（4）*浆膜* 很薄，由少量结缔组织和间皮构成。

【作业】

1. 绘制一条完整的胃底腺及其周围结缔组织图。
2. 绘制部分空肠结构低倍图。

实训十　肝的组织结构

【目的要求】通过实验掌握肝的显微结构，重点观察肝的结构。

【观察内容和方法】

猪肝切片（HE 染色）

1. 肉眼观察 肝切片着色紫红色，可见有多角形肝小叶，由于猪肝脏的小叶间结缔组织发达，因此，肝小叶明显。

2. 低倍镜观察

（1）*被膜* 是位于肝表面的一层结缔组织膜，表面有间皮细胞被覆。

（2）*肝小叶* 呈多角形，小叶的中央有一条圆形中央静脉，管壁主要由内皮细胞围成。

（3）*肝细胞索* 肝细胞以中央静脉为轴心呈放射状排列，切片上呈索状称为肝细胞索。肝细胞索分支可彼此连成不规则的网。

（4）窦状隙　是肝细胞索之间的不规则腔隙。

（5）门管区　在几个相邻肝小叶之间的结缔组织中，可见有三条伴行的管道断面，它们是小叶间动脉、小叶间静脉和小叶间胆管。

3. 高倍镜观察

（1）肝细胞　肝细胞较大，呈多边形，细胞质呈细颗粒状，胞核大而圆，着色浅，偶见双核。

（2）肝血窦　位于相邻两条肝细胞索之间。窦腔大小不等，窦壁由内皮围成，内皮细胞紧贴肝细胞。窦腔中可见到体积较大的星状细胞即枯否氏细胞及少量血细胞。

胆小管和窦周间隙（狄氏间隙），在HE染色法的标本中不易分辨。

（3）门管区　观察小叶间动脉、小叶间静脉和小叶间胆管。

① 小叶间动脉：管腔小而规则，内皮细胞稍突向管腔；管壁较厚，由平滑肌纤维组成。

② 小叶间静脉：管腔较大不规则，管壁较薄，平滑肌纤维不发达。

③ 小叶间胆管：可见管壁有单层立方体或柱状上皮细胞，胞核圆形，管腔较小。

【作业】绘制一个猪肝小叶及门管区低倍镜图。

实训十一　呼吸器官的解剖

【目的与要求】通过实验认识呼吸系统各器官的解剖结构特点。

【材料】

1. 马或牛鼻腔纵、横切面标本。
2. 牛或马喉、气管标本。
3. 马、牛猪肺标本。

【观察内容和方法】

1. 呼吸系统整体标本上观察　鼻腔、咽、喉、气管和肺的位置及相互关系。

2. 鼻　在鼻腔纵、横断面标本上观察鼻孔、鼻旁窦与鼻腔的关系。

3. 喉　观察喉软骨、喉腔、喉黏膜（声带）和喉肌。

4. 气管　观察气管颈段、胸段的走向及与周围器官的关系，观察气管环的形态特点。

5. 肺　比较观察牛、马、猪肺的分叶，肺小叶间结缔组织的多少，观察肺门。

【作业】联系机能说明呼吸系统的组成。

实训十二　肺的组织结构

【目的与要求】掌握肺的组织结构，并进一步了解其功能。

【观察内容和方法】

猪肺切片（HE染色）

低倍镜观察肺表面有浆膜和富含弹性纤维的致密结缔组织，伸入肺内把肺实质分隔成许多肺小叶。在肺小叶内根据管腔的大小，管壁结构的厚薄，区分出肺内支气管、细支气管、终末细支气管等各级导管和呼吸部。再转换高倍镜逐个观察它们的微细结构。

（1）肺内支气管　位于小叶间结缔组织内，上皮为假复层柱状纤毛上皮。黏膜下层内有大量气管腺。外膜又称为软骨纤维膜，其中有透明软骨环或片，以及致密结缔组织。在支气管周围有管腔较大的肺动脉和肺静脉分支伴行。

（2）细支气管　管腔面上许多纵行皱襞，黏膜上皮为假复层柱状纤毛上皮，平滑肌显著增厚，软骨片和腺体均消失。

（3）终末细支气管　管腔更小，管壁更薄。上皮为单层柱状上皮或立方上皮，缺纤毛及杯状细胞，平滑肌层薄而完整。

（4）呼吸性细支气管　与肺泡管通连，管壁不完整，见有少量肺泡开口，由单层柱状或立方上皮构成。并逐渐移行为扁平上皮。上皮外面有少量结缔组织和很薄的平滑肌层。

（5）肺泡管　由多个肺泡围成，在相邻肺泡开口处，立方上皮或扁平上皮外面有较多的结缔组织和少量的平滑肌，故呈结节状膨大，可视为肺泡管的管壁。

（6）肺泡囊　是由相邻几个肺泡围成的空腔，是个部位名称。

（7）肺泡　肺泡壁是由单层扁平上皮构成，有三种细胞：

① 扁平上皮细胞（I 型细胞）：其基膜紧贴毛细血管，构成肺泡壁。

② 分泌上皮（II 型细胞）：该细胞为立方状，突向管腔或夹在扁平上皮细胞之间。

③ 隔细胞：位于肺泡间隔中，当进入肺泡腔内就叫尘细胞。在尘细胞的细胞质内含有黑色灰尘颗粒，属于吞噬细胞。

（8）肺泡隔　是相邻肺泡壁之间的结构，由结缔组织和丰富的毛细血管组成，气体交换就是通过肺泡隔内毛细血管和肺泡腔进行的。

【作业】绘制肺呼吸部的高倍镜图。

实训十三　泌尿系统的解剖

【目的与要求】通过实验认识并掌握泌尿器官的解剖结构特点。

【材料】

1. 牛或马泌尿系统标本。

2. 牛、马、猪、羊肾的外形和断面标本。

【观察内容和方法】

1. 泌尿系统标本观察：肾、输尿管、膀胱、尿道的相互关系。

2. 观察比较马肾、牛肾、猪肾的形态与内部结构。观察肾的纵切面，可以看到：肾的外表有一层致密的结缔组织膜，称为被膜。被膜下为皮质部，颜色较淡，深部为颜色较深的髓质部，在皮质和髓质部之间可见有大的血管断面。如用放大镜观察，皮质部断面上可见有许多针尖大小的颗粒，叫肾小体。在髓质部可见许多平行排列的条纹，叫做髓放线，在显微镜下是由许多许多小管组成。牛肾或猪肾的髓质部形成圆锥形的肾锥体，肾锥体末端称为肾乳头。肾乳头于肾盏（或肾小盏）相对。马无散在的肾乳头。

3. 观察输尿管的走向、位置及其在膀胱上的开口。

4. 观察膀胱的形态、位置和固定以及与雌、雄性尿道的区别。

【作业】

1. 联系功能说明泌尿系统的组成。
2. 比较牛、马、猪肾的形态和构造。

实训十四 肾的组织结构

【目的与要求】通过观察肾的组织学结构，理解泌尿系统的功能。

【观察内容和方法】

猪肾纵切片（HE 染色）

1. 肉眼观察 标本呈深紫红色的一侧为皮质，淡红色一侧为髓质。

2. 低倍镜观察 分辨被膜、皮质和髓质。

3. 高倍镜观察

（1）*被膜* 为肾表面的致密结缔组织膜，内夹杂有少量平滑肌纤维。

（2）*皮质* 位于被膜的深面，主要由肾小体和大量染色深浅不同的肾小管切面构成。

① 肾小体：呈圆球状，包括肾小球和肾小囊。肾小球为一团动脉毛细血管球。在切片上可以找到稍粗的入球小动脉和稍细的出球小动脉（往往容易找到其中一个）。肾小囊壁层为单层扁平上皮，脏层细胞紧贴肾小球，不易区分，观察脏层和壁层间形成的囊腔。该腔就是收集原尿的地方。

② 近曲小管：为肾小管起始部，位于肾小体附近，管径较粗，管腔不规则。管壁上皮呈锥状或立方形，细胞界限不清，胞质强嗜酸性。上皮细胞的腔面有一层红色的线状物，即刷状缘，细胞核圆形或椭圆形，位于细胞基底部。

③ 远曲小管：位于肾小体附近，切面比近曲小管少。管腔大，管壁上皮为立方上皮，细胞界限较清楚，胞核圆形，位于细胞中央，胞质弱嗜酸性。

④ 致密斑：位于远曲小管近肾小体一侧的管壁上。致密斑的上皮细胞呈高柱状，胞核椭圆形，深染且密集，形成突向管腔的盆状区。

⑤ 肾小球旁细胞：在入球小动脉内皮细胞外侧，细胞呈立方形，核圆形，它是由小动脉中膜的平滑肌细胞转化而来。

（3）*髓质* 位于皮质深层，髓质主要由大量纵行的肾小管和集合管构成。

① 近端小管直部：见于髓质浅部，其管壁上皮的结构和染色性与近曲小管相似。

② 髓袢细段（降支）：髓质深部特别多，由单层扁平上皮围成，管径细、管腔小、管壁薄，胞核扁椭圆形，并向腔面突出。

③ 髓袢粗段（升支）：常见于髓质浅部，管径较粗，由立方上皮围成。细胞质嗜酸性，但着色比近端小管直部浅，胞核圆形，位于细胞中央或近腔面。

（4）*集合管* 上皮细胞由立方移行为矮柱状，细胞界限清楚，胞质清亮，核呈圆形。

（5）*乳头管* 管壁由高柱状细胞移行为复层柱状细胞，在肾乳头开口处逐渐转为变移上皮。

【作业】绘制部分肾皮质（一个肾小体及其周围 2 ~ 3 个肾小管）的高倍图。

实训十五 生殖器官解剖结构

【目的要求】观察雌性生殖器官与雄性生殖器官的位置、形态和构造。

【材料】

1. 牛、猪雌性生殖器官标本。
2. 牛、猪雄性生殖器官标本。
3. 母畜与公畜骨盆腔器官模型（示生殖器官位置）。

【观察内容和方法】

（一）在模型上观察母畜生殖系统各器官的位置和相互关系

1. 在母牛生殖器官标本上观察卵巢、输卵管、子宫、阴道、尿生殖前庭和阴门的形态、构造。观察子宫阔韧带上卵巢动脉、子宫动脉的位置和分布。

2. 在母猪生殖器官标本上比较观察卵巢、输卵管、子宫角、子宫颈的形态构造特点。

（二）在公畜骨盆腔器官模型上观察公畜生殖系统的组成、位置和相互关系

1. 公牛的生殖系统

（1）睾丸和附睾　观察睾丸和附睾的形态，在纵切面标本上观察睾丸和附睾的构造。

（2）输精管和精索　观察精索的组成及输精管的位置。

（3）尿生殖道骨盆部　观察与膀胱的关系；输精管壶腹、前列腺、精囊腺和尿道球腺的位置及开口。

（4）阴茎　观察阴茎的形态和构造。

（5）阴囊　观察阴囊各层构造及其与睾丸附睾的关系。

2. 比较观察公猪的生殖器官

注意睾丸长轴的方向、阴囊的位置，副性腺的形态，阴茎头上的尿道突形态及包皮憩室。

【作业】联系功能说明母牛（母猪）生殖系统各器官的形态、位置和构造。

实训十六 睾丸和卵巢的组织结构

【目的与要求】

1. 掌握睾丸的组织构造及精子的形成过程。
2. 掌握卵巢的组织构造及卵泡的发育过程，并掌握卵泡的形态结构特点。

【观察内容和步骤】

（一）睾丸

羊（或兔）睾丸切片（HE 染色）

低倍镜观察　分辨睾丸表面的被膜和其深面的实质。

（1）被膜　睾丸的表面覆盖有浆膜和致密结缔组织的白膜。

（2）曲精小管　从基膜向内观察不同发育阶段的生精细胞、支持细胞和管腔中的

精子。

① 精原细胞　为紧贴基膜的1～2层、较小、圆形或椭圆形细胞，胞质着色很淡，胞核大，呈圆形或椭圆形，着色较深。

② 初级精母细胞　位于精原细胞的内侧，常有1～3层细胞。细胞大，呈圆形。由于常处于细胞分裂状态，故可见到粗线状的染色体或成团的染色体。该分裂相为第一次成熟分裂。

③ 次级精母细胞　在初级精母细胞的内侧，细胞体积比前者小，但比近腔面的精子细胞大。次级精母细胞存在的时间很短，很快进入第二次成熟分裂，成为精子细胞。

④ 精子细胞　靠近管腔面，可有数层细胞，细胞体积小，呈圆形，胞核圆形，染色很深。

⑤ 精子　蝌蚪状，头部朝向管壁或在管腔中，深蓝色，尾部朝向管腔，为淡红色的丝状。

⑥ 支持细胞　数量少，分散在生精细胞之间，细胞轮廓不清，呈高柱状或锥状，底部宽，位于基膜上，顶部伸入管腔。细胞核大，呈椭圆形或三角形，着色很浅。

(3) *间质细胞*　位于曲细精管之间的结缔组织内，细胞呈多角形或圆形，体积大，胞质嗜酸性，红染，核呈圆形。可分泌雄性激素。间质细胞之间可见毛细血管。

（二）卵巢

兔卵巢切片（HE染色）

1. 肉眼观察　卵巢切面为椭圆形，紫红色。内有大小不等的不同发育时期的卵泡。

2. 低倍镜观察　卵巢表面覆盖有立方形或扁平形的生殖上皮，其深面是致密结缔组织白膜。白膜的深面是卵巢的皮质和髓质，皮质在外周，髓质在中央。

3. 高倍镜观察　皮质中有不同发育阶段的卵泡。呈球状，但大小、形状和结构各异。

(1) *原始卵泡*　位于白膜深面，数量多、体积小，中央有一个较大的初级母卵细胞，周围有一层扁平的卵泡细胞。

(2) *初级卵泡*　位于原始卵泡深层，由原始卵泡发育而来，卵泡体积增大。其周围出现透明带。卵泡细胞由扁平形变成立方形和柱状，由单层变成双层乃至多层。并在多层卵泡细胞间出现一些小腔隙，内有少量卵泡液。

(3) *次级卵泡*　次级卵泡体积更大，卵泡细胞之间的腔隙汇合成一个大的卵泡腔，内充满卵泡液。由于卵泡腔的形成，卵泡细胞分成两部分。围绕着卵泡腔的数层卵泡细胞称颗粒层；而支持卵母细胞并呈丘状突向卵泡腔的卵泡细胞称卵丘。若切面未经过卵母细胞，则卵泡内仅见一些卵泡细胞或颗粒层以及卵泡腔。卵泡膜明显地分为内、外两层，内层含较多的细胞和血管。外层纤维成分多。

(4) *成熟卵泡*　卵泡更大，且接近卵巢的表面。附着在卵母细胞和透明带外周的一层高柱状卵泡细胞，呈放射状排列，形成放射冠。

【作业】

1. 绘制部分曲精小管及其间质的高倍镜图。
2. 绘制次级卵泡的低倍镜图。

实训十七　心脏及全身动、静脉

【目的要求】

1. 认识心脏的位置、形态、构造、心包、传导系统和心脏的功能。
2. 认识动物体内动脉主干及主要静脉的位置、名称及主要分支。

【材料】

1. 显示心脏位置的胸腔标本或模型。
2. 牛或马心脏外形标本。
3. 牛或马全身血管标本。
4. 牛或马显示血管的腹腔内脏标本。

【观察内容和方法】

（一）心脏

1. 观察心脏的位置、外形，注意心脏各室的外部分界，识别心基部的大血管。

2. 在心脏各种切面标本上，按右心房、右心室、左心房、左心室的顺序，观察心脏各室的构造，注意各部的入口、出口和瓣膜的形态构造。

3. 观察心脏的血管。

4. 观察心壁的构造，注意各室的厚薄与功能间的关系。

5. 观察心脏的传导系统以及心包。

（二）全身动脉及其分支

1. 胸腔动脉　主动脉从左心室向上弯曲呈弓形的一段称主动脉弓，主动脉弓基部发出左、右冠状动脉，向前方分出臂头动脉总干后，向后伸延称为胸主动脉。

2. 头颈部动脉　由臂头动脉分出的双颈动脉干是头颈部动脉的主干。在胸前口处分为左、右颈总动脉，沿颈腹侧向前伸延，观察颈总动脉在颈部和头部的分支和分布。

3. 前肢动脉　左、右前肢动脉的主干来自左、右锁骨下动脉主干的延续，称左、右腋动脉，观察前肢动脉主干和主要分支的分布情况。

4. 腹腔动脉　腹主动脉是腹腔动脉的主干，是胸主动脉的延续，观察腹主动脉的分支及其在腹腔内脏上的分布。

5. 骨盆及尾部动脉　髂内动脉是骨盆及尾部动脉的主干，由腹主动脉末端成对分出，观察髂内动脉的分支及分布情况。

6. 后肢动脉　髂外动脉是后肢动脉的主干，由腹主动脉在髂内动脉前方成对分出。观察髂外动脉，延续形成的后肢动脉主干及其分支和分布情况。

（三）全身主要静脉及其分支

1. 前腔静脉及其属支　前腔静脉由来自头部的左、右颈静脉和来自前肢的左、右腋静脉汇集而成。分别观察头部和前肢静脉。注意观察与应用有关的浅静脉的位置。

2. 奇静脉　牛为左奇静脉，马为右奇静脉，观察来自胸壁和胸腔器官的属支。

3. 后腔静脉　后腔静脉由左、右髂总静脉汇合而成。每侧髂总静脉由来自骨盆的髂内静脉和来自后肢的髂外静脉汇合而成，分别观察骨盆和后肢静脉。

4. 门静脉　胃、肠、脾、胰的静脉汇合成门静脉进入肝门，在肝内反复分支形成肝血窦，然后又汇合成肝静脉，开口于经过肝膈面的后腔静脉。

【作业】

1. 简述心脏的形态和位置，并联系大、小循环说明心脏各室的构造。

2. 简述门静脉的组成和机能意义。

实训十八　全身主要的淋巴结

【目的要求】了解主要淋巴结的位置、形态。

【材料】

1. 活羊。

2. 解剖器械，注射器、针头、墨汁。

【观察内容和方法】

1. 右侧向上保定，常规颈总动脉放血、剥皮。

2. 观察体表浅淋巴结：下颌淋巴结、颈浅淋巴结、髂下淋巴结、乳房淋巴结，注意淋巴结的位置、大小、色泽，收集范围和引流方向。

3. 切除右侧胸壁，观察胸腔内淋巴结，注意纵隔淋巴结和支气管淋巴结的位置、大小和色泽。

4. 切开右侧腹壁，观察内脏淋巴结：腔淋巴结、肝淋巴结、脾淋巴结、空肠淋巴结、结肠淋巴结、盲肠淋巴结。

5. 用墨汁注射空肠壁和空肠淋巴结，边注射边用手按摩，观察淋巴管走向，并追踪观察肠淋巴干、乳糜池和胸导管。

6. 观察骨盆壁的淋巴结，注意髂内淋巴结的位置、大小、色泽，收集范围和引流方向。

7. 观察前肢的腋淋巴结和后肢的腘淋巴结。

【作业】说明下颌淋巴结、颈浅淋巴结、髂下淋巴结、髂内淋巴结的位置。

实训十九　淋巴结和脾的组织结构

【目的与要求】掌握淋巴结和脾脏的组织结构。

【观察内容和方法】

（一）淋巴结

牛淋巴结纵切片（HE 染色）

1. 肉眼观察　淋巴结正中切面呈豆状，一侧凹陷处为淋巴门。表面淡红色的是被膜，深面着紫蓝色部分是淋巴结皮质，中央淡红色部分是髓质。

2. 低倍镜观察　依次分辨被膜、小梁、皮质和髓质。

3. 高倍镜观察

（1）*被膜和小梁*　被膜由较致密的结缔组织构成，被膜伸入淋巴结内，形成小梁。

（2）*皮质*　位于被膜深面由淋巴组织密集成圆形或椭圆形的淋巴小结，副皮质区位于淋巴小结之间或皮质深层的弥散淋巴组织，主要由 T 淋巴细胞和巨噬细胞等构成。在被膜深面或小梁周围，可见到一些疏网状的间隙，即为皮质淋巴窦中的被膜下窦和小梁周窦。

（3）髓质　位于副皮质区深部，包括呈紫蓝色的髓索和其周围疏网状的髓质淋巴窦。髓索主要由 B 淋巴细胞、浆细胞、网状细胞和巨噬细胞等构成。髓质淋巴窦是髓索之间的疏网状区域，窦腔较大，是滤过淋巴液的场所。

（二）脾脏

牛脾脏切片（HE 染色）

1. 肉眼观察　脾切面呈三角形或长椭圆形，其中呈紫红色部分为红髓，散布于红髓间蓝色的块状结构即白髓。

2. 低倍镜观察　区分脾脏的被膜、小梁、白髓和红髓等结构。

3. 高倍镜观察

（1）被膜与小梁　脾的表面覆盖着浆膜，可见到间皮的细胞核整齐地排列于表面。浆膜下是致密结缔组织和大量平滑肌纤维构成的被膜。结缔组织和平滑肌纤维深入实质，形成粗大的肌性小梁切面。

（2）实质　包括白髓和红髓。

① 白髓：呈圆形、蓝紫色的致密淋巴组织团块，散布于红髓中，由动脉周围淋巴鞘和脾小体构成。动脉周围淋巴鞘在切面上是围绕着 1 ~2 个小动脉周围的一团淋巴组织（T 淋巴细胞）。脾小体是位于淋巴鞘一侧的淋巴小结。

② 红髓：位于白髓和小梁之间，由脾索、脾窦和边缘区构成。脾索在切面上呈索条状，由网状组织、各种血细胞和巨噬细胞等构成。脾窦则位于脾索之间，可有纵、横、斜等切面。窦壁的长杆状内皮细胞含核部分较厚，突向管腔。窦腔大小不等，含有各种血细胞。边缘区位于白髓和红髓交接处，切面中可见该处淋巴组织较疏松，但有较多的红细胞和巨噬细胞。

【作业】绘制淋巴结、脾脏高倍镜下结构图。

实训二十　脑、脊髓及神经

【目的与要求】掌握脊髓和脑的解剖结构，并认识外周神经的分布。

【观察内容和方法】

（一）脊髓

1. 观察脊髓的形态　颈膨大，腰膨大，脊髓圆锥、终丝和脊髓两侧成对的脊神经。

2. 观察脊髓的结构　在脊髓横断面上区分中央灰质柱（背柱、腹柱、外侧柱、中央灰质联合、中央管）和白质（背索、外侧索和腹索）。

（二）脑

1. 观察脑的外观　在脑外观和正中矢状切面标本上区分中脑、间脑、大脑和小脑的界限。

2. 中脑　识别四叠体、大脑脚和中脑导水管，观察脚间窝和第Ⅲ对脑神经根。在中脑厚片标本上观察前丘或后丘核，红核和黑质。

3. 间脑　区分丘脑（外侧膝状体、内侧膝状体、丘脑中间块、第三脑室）、松果体和丘脑下部（视束及视交叉、灰结节、漏斗、垂体、乳头体）。

4. 大脑 在标本上观察大脑的形态结构。

5. 小脑 在标本上观察小脑的形态结构。

6. 延髓和脑桥 在暴露脑干的标本上观察延髓和脑桥。

7. 脑室 观察侧脑室、第三脑室、中脑导水管和第四脑室。

（三）外周神经

1. 脊神经

（1）膈神经 观察其组成、走向及分布。

（2）臂神经丛 观察其组成、走向及主要分支分布（肩胛上神经、肩胛下神经、腋神经、桡神经、尺神经、正中神经）。

（3）腰荐神经丛 观察其组成、走向及主要分支分布（臀前神经、臀后神经、阴部神经、坐骨神经、直肠后神经）。

（4）观察肋间神经及腰神经的分布。

2. 脑神经

（1）三叉神经的上颌神经、下颌神经和眼神经的主要分支和分布。

（2）舌咽神经舌下神经（Ⅻ）副神经的分支和分布。

（3）迷走神经在头部的分支及主干的走向。

（4）观察分布于眼部的神经：视神经、动眼神经、滑车神经、外展神经的分布情况。

3. 植物性神经

（1）交感神经 交感神经干位于脊柱两侧，节前纤维来自胸，腰部脊髓的外侧柱，沿腹根出柱间孔，经白交通支沿脊柱两侧前后伸延。观察颈部交感干、胸部、腰部和荐尾部交感干；观察椎神经节的分布，及其发出的节后纤维经灰交通支混入脊神经的情况。

（2）副交感神经 观察迷走神经的行程、分支和分布情况。观察荐部副交感神经（盆神经、盆神经丛）分布情况。

【作业】绘制脊髓的内部结构图。

实训二十一 家禽解剖

【目的与要求】通过对鸡或鸭的内脏器官解剖，掌握禽类消化、呼吸、泌尿、生殖器官系统的构造特点。

【材料】

1. 活鸡或鸭。
2. 解剖器械（刀、剪、镊、肋骨剪、细玻璃管、结扎线）。
3. 水桶、水盆（褪毛用）。

【观察内容和方法】

1. 观察禽的外观：注意羽毛的形态、分布。冠、肉髯、耳垂、脚部鳞片和爪等皮肤衍生物的形态。
2. 颈动脉或桥静脉放血致死。
3. 用热水退毛，观察皮肤的羽区和裸区，以及喙和爪上的角质套。
4. 分离颈部，切断气管，向肺端插入玻璃管并吹气，使气囊充满气体，然后用止血钳夹住气管。

5. 从肛门下方横向切开腹壁（注意不要切破气囊）并向两侧扩大至胸骨，用肋骨剪剪断胸骨突和肋骨，向上方掀开胸骨，暴露胸、腹腔脏器。

6. 观察气囊。

7. 观察胸腹腔内各器官的位置关系。

8. 分离食管、嗉囊，摘出全部消化系统。观察嗉囊、腺胃、肌胃、小肠、大肠和肝、胰的形态构造和相互关系。

9. 观察心脏、鸣管、肺和肺膈形态及位置。

10. 观察公禽睾丸、附睾、输精管和母禽卵巢、输卵管的形态位置。

11. 观察泌尿系统，肾和输尿管的形态、位置。

12. 观察泄殖腔，区分粪道、泄殖道和肛道，观察泄殖道内输尿管和输精管（或输卵管）的开口。观察腔上囊（幼禽）。

【作业】

1. 简述禽消化系统的构造特点。

2. 简述禽呼吸和泌尿系统的构造特点。

3. 联系机能说明母禽生殖器官的构造特点。

主要参考文献

[1] 内蒙古农牧学院．家畜解剖学．上海：上海科学技术出版社，1978

[2] 秦鹏春等译．兽医组织学．第二版．北京：中国农业出版社，1989

[3] 内蒙古农牧学院，安徽农学院．家畜解剖学及组织胚胎学．北京：中国农业出版社，1990

[4] 内蒙古农牧学院，安徽农学院．家畜解剖学．第二版．北京：中国农业出版社，1994

[5] 沈和湘等．畜禽系统解剖学．合肥：安徽科学技术出版社，1997

[6] 杨维泰等．家畜解剖学．北京：中国科学技术出版社，1998

[7] 马仲华．家畜解剖学及组织胚胎学．第二版．北京：中国农业出版社，1999

[8] 成令忠．组织学与胚胎学．第四版．北京：人民卫生出版社，2000

[9] 王树迎等．动物组织学与胚胎学．北京：中国农业科学技术出版社，2000

[10] 高英茂．组织学与胚胎学．北京：人民卫生出版社，2001

[11] 沈霞芬．家畜组织学与胚胎学．第三版．北京：中国农业出版社，2001

[12] 秦鹏春等．哺乳动物胚胎学．北京：科学出版社，2001

[13] 陈耀星．畜禽解剖学．北京：中国农业大学出版社，2001

[14] 董常生等．家畜解剖学．第三版．北京：中国农业出版社，2001

[15] 尹逊河，杨维泰．家畜解剖学．第三版．北京：中国科学技术出版社，2001

[16] 彭克美，张登荣．组织学与胚胎学．北京：中国农业出版社，2002

[17] 成令忠，钟翠平，蔡文琴．现代组织学．上海：上海科学技术文献出版社，2003

[18] 安铁洙等．犬解剖学．长春：吉林科学技术出版社，2003

[19] 李德雪等．动物组织学与胚胎学．长春：吉林人民出版社，2003

[20] 马仲华等．家畜解剖学及组织学．第三版．北京：中国农业出版社，2005

[21] 高英茂．组织学与胚胎学．双语版．北京：科学出版社，2005

[22] 雷亚宁．实用组织学与胚胎学．杭州：浙江大学出版社，2005

[23] 程会昌．动物解剖学与组织胚胎学．北京：中国农业大学出版社，2006

[24] 张春光．宠物解剖．北京：中国农业大学出版社，2007